Linux
技术丛书

Ubuntu Linux 运维
从零开始学

肖志健 编著

清華大学出版社
北 京

内 容 简 介

Ubuntu Linux是目前最流行的Linux操作系统之一。Ubuntu的目标在于为一般用户提供一个最新的、相当稳定的、主要由自由软件构建而成的操作系统。Ubuntu具有庞大的社区力量，用户可以方便地从社区获得帮助。本书详解Ubuntu Server 22.04运维基础和常用工具，配套PPT课件和作者QQ群答疑服务。

全书共分24章，内容包括了解Linux、安装Ubuntu、文件系统基础知识、文件和目录管理、用户和权限管理、系统启动和关闭、服务和进程管理、软件包管理、磁盘和文件系统管理、文本编辑器、网络管理、系统和网络安全、Samba文件服务器、FTP文件传输服务、NFS网络文件服务、NTP服务搭建与应用、DNS域名服务、DHCP动态主机配置协议、Nginx服务的搭建、Tomcat服务搭建与应用、LAMP的搭建、Jenkins服务搭建与应用、Zabbix监控系统搭建与应用、Ansible配置与应用。

本书适合Ubuntu Linux初学者、Ubuntu运维人员、Ubuntu应用开发人员。本书也适合作为高等院校或高职高专Linux课程的教材。

本书封面贴有清华大学出版社防伪标签，无标签者不得销售。

版权所有，侵权必究。举报：010-62782989，beiqinquan@tup.tsinghua.edu.cn。

图书在版编目（CIP）数据

Ubuntu Linux 运维从零开始学 / 肖志健编著. —北京：清华大学出版社，2024.5
（Linux 技术丛书）
ISBN 978-7-302-66252-5

Ⅰ. ①U… Ⅱ. ①肖… Ⅲ. ①Linux 操作系统 Ⅳ. ①TP316.85

中国国家版本馆 CIP 数据核字（2024）第 096475 号

责任编辑：夏毓彦
封面设计：王　翔
责任校对：闫秀华
责任印制：刘海龙

出版发行：清华大学出版社
　　　网　　址：https://www.tup.com.cn，https://www.wqxuetang.com
　　　地　　址：北京清华大学学研大厦 A 座　　　　　　邮　　编：100084
　　　社 总 机：010-83470000　　　　　　　　　　　　邮　　购：010-62786544
　　　投稿与读者服务：010-62776969，c-service@tup.tsinghua.edu.cn
　　　质量反馈：010-62772015，zhiliang@tup.tsinghua.edu.cn
印 装 者：北京同文印刷有限责任公司
经　　销：全国新华书店
开　　本：190mm×260mm　　　　　印　　张：25.5　　　　字　　数：687 千字
版　　次：2024 年 6 月第 1 版　　　　　　　　　　　印　　次：2024 年 6 月第 1 次印刷
定　　价：129.00 元

产品编号：105866-01

前　言

自从1991年10月Linux诞生以来，一直受到IT界的广泛关注。大批人士加入学习、研究、使用、开发以及交流Linux操作系统的队伍。尤其是20世纪90年代末，随着国际互联网的飞速发展，Linux系统更是得到了充足的发展，在互联网中扮演了一个极其重要的角色，目前已经成为运用领域最广泛、使用人数最多的操作系统。

正因为众多研究者和开发者的积极参与，使得Linux系统出现了流派纷呈的局面。不同的派别Linux发行版百花齐放、各具特色。目前已经有超过300个发行版被积极开发，最普遍被使用的发行版有十几个。其中，比较有名的有Debian、Ubuntu、Fedora、CentOS、Slackware、RedHat和openSUSE等。在诸多发行版中，Ubuntu尤其引人注目，成为Linux发行版中的佼佼者。

尽管Linux各个发行版各有不同，但是它们使用的却是同一个内核，其核心功能是相同的。从这个方面讲，学习任何一个发行版都是可行的。由于目前Ubuntu在服务器市场上占有率比较高，以及支持常用运维工具的最高版本为22.04 LTS，因此我们选择Ubuntu Server 22.04 LTS来讲解Linux运维。

为了方便广大读者学习，作者结合自己十多年的Linux维护、开发和培训经验写作本书。本书全面介绍Linux的基础知识、Ubuntu的安装方法、文件系统、文件管理、用户管理、服务管理、文件系统管理、网络管理、系统与网络安全、网络服务管理、常见的运维工具用法等技术。在介绍每部分内容时，都给出具体的实例，使得读者能够深入了解，快速掌握Linux系统。力求让读者学完本书之后能够胜任Linux的日常管理和运维工作。

本书的特点

（1）内容丰富，知识全面。全书采用从易到难、循序渐进的方式进行讲解，内容几乎涉及Linux系统运维的各个方面。

（2）循序渐进，由浅入深。为了方便读者学习，本书首先让读者了解Linux的基础知识，并掌握Ubuntu的安装方法。读者在掌握这些入门知识的基础上，逐渐学习Ubuntu更深入的知识，包括文件系统、文件和目录管理、用户管理、网络管理、系统和网络安全、网络服务管理、常见的运维工具等相关知识。读者可以边学习边动手，更快地掌握Ubuntu的各种知识。

（3）格式统一，讲解规范。书中的每个命令都给出了详细的语法，并结合具体的实例。这样使得读者可以很清晰地知道每个命令的功能和使用方法，从而提高学习效率。

（4）重点突出，言简意赅。由于Linux的相关技术非常多，让很多读者无所适从，无从下手。本书在介绍Ubuntu时，突出了日常维护所需要重点关注的知识点和技巧，避免了冗长的、无关知识的介绍，使得读者能够抓住重点，快速掌握。

（5）案例精讲，深入剖析。根据作者本人多年的管理和开发经验，Ubuntu的管理万变不离其宗，一通百通。所以本书没有像其他书籍一样过多地举例，而是在每个知识点中选取了最典型的几个例子，然后通过对其以及相关知识点进行详细讲解，使读者可以真正掌握Linux的精髓。

配套资源下载

本书配套PPT课件和作者QQ群答疑服务，读者需要用自己的微信扫描下边的二维码下载。如果学习本书的过程中发现问题或疑问，可发送邮件至booksaga@163.com，邮件主题写上"Ubuntu Linux运维从零开始学"。

适合阅读本书的读者

- Ubuntu Linux 初学者
- Ubuntu 运维人员
- Ubuntu 应用开发人员
- 高等院校或高职高专的学生

作者

2024年3月

目 录

第 **1** 章
了解 Linux

作为一位零基础入门运维的工程师，Linux 操作系统是运维工程师的入门 OS，所以第一部分我们将详细讲解 Linux 的基础知识。

在 1991 年，Linus Torvalds，这个芬兰赫尔辛基大学计算机系统的学生开发出了第 1 版的 Linux 内核。后来，随着互联网的兴起，Linux 席卷了整个 Internet，成为 Internet 上最流行的操作系统。其中，Ubuntu 是众多 Linux 发行版中的佼佼者。因此，了解和掌握 Ubuntu 成为从事互联网行业的必备条件之一。本章将帮助读者了解什么是 Linux、Ubuntu 与 Linux 的关系以及如何快速掌握 Ubuntu。

本章主要涉及的知识点有：

❋ 什么是Linux：了解Linux的发展历史。

❋ 常见的Linux发行版：介绍常见的Linux发行版以及特点。

❋ 了解Ubuntu：介绍Ubuntu的特点及其发展历史。

❋ GNU GPL和POSIX介绍：介绍GNU GPL与Linux的关系以及POSIX。

❋ 学习Ubuntu的方法：介绍快速学习Ubuntu的方法。

1.1 什么是Linux

对于大多数初学者来说，Linux是一座令人畏惧的高山，似乎高得无法攀登。然而，当你进入Linux世界之后，就会发现这里面的风景真的很好，令人流连忘返。本节首先介绍什么是Linux，使得用户对于Linux有个初步认识，并了解常见的Linux发行版。然后介绍Ubuntu，让用户了解Ubuntu与其他发行版的区别。最后介绍如何有效地、系统地学习Ubuntu。

可以说，Linux存在于人们日常生活的各个领域，尽管人们不一定意识到。但是，除专门从事Linux或者UNIX系统开发或者维护的人员外，其他人很少去真正了解什么是Linux。当你去问别人这个问题时，经常得不到满意的答案，因为绝大多数人知其名而不知其意。

举个简单的例子，如果你问目前最流行的智能手机操作系统是什么，相信大部分人会告诉你，是Android。没错，Android是当前两大移动设备操作系统之一。那么Android与我们这本书讲的Linux有关系吗？答案是肯定的，因为Android是在Linux内核的基础上开发出来的。也就是说，没有Linux，就没有今天的Android。

接下来我们要搞清楚什么是Linux。要想搞清楚Linux的起源，不得不提操作系统的老祖宗UNIX。故事总是从很久很久以前开始说起，1969年，AT&T贝尔实验室的3位殿堂级的大师肯·汤普森、丹尼斯·里奇和道格拉斯·麦克罗伊开发出了UNIX系统，如图1-1~图1-3所示。

图 1-1　肯·汤普森　　　　图 1-2　丹尼斯·里奇　　　　图 1-3　道格拉斯·麦克罗伊

最初的UNIX完全用汇编语言开发，这在现在看来几乎是不可能的事情，因为很少有人再去深入研究汇编语言了。当然，汇编语言与硬件有着密切的联系，这也影响了UNIX在其他的硬件平台上面的运行。到了1973年，丹尼斯·里奇这位C语言大师用C语言重新编写了UNIX。由于C语言的应用，使得UNIX能够在多种硬件平台上运行。

由于最初美国反垄断法的限制，UNIX操作系统不能作为商业产品发行。因此，AT&T只能将UNIX的代码免费授权给需要的机构使用。也正是这个缘故，使得UNIX在大学、研究机构甚至商业公司中得到了广泛使用，在一定程度上促进了UNIX的发展。

然而，当初的AT&T并没有想着把UNIX变成一个免费的产品，而是急于从UNX中获得回报。1984年，AT&T脱离贝尔实验室，同时，UNIX也变成了一个商业产品。

UNIX操作系统的收费使得当时的人们非常想念那段免费使用UNIX的时光，于是，GNU计划便在这种背景下产生了。GNU计划的最初目标是开发一套完全免费的与UNIX系统兼容的操作系统。可以看出，GNU计划正是针对UNIX的商业化而提出的。GNU计划的提出也促进了Linux的诞生。按照林纳斯·托瓦兹的说法，如果没有GNU计划，他可能不会考虑开发Linux内核。

在Linux诞生之前，还有一个操作系统不得不提，那就是MINIX。对于这个操作系统，国内大部分读者都会感到陌生，因为这个操作系统并没有流行起来。但是，如果不是当时某些条件的限制，这个操作系统很有可能会变成今天的Linux。

在UNIX商业化之后，计算机界的另一位殿堂级大师Andrew S. Tanenbaum开发出了一套面向教育领域的与UNIX系统兼容的小型操作系统，即MINX，MINX 1.0的大约12000行C语言代码就打印在当时的教科书上面。然而，尽管Andrew S. Tanenbaum非常希望所有学习操作系统和计算机原理的学生都能够免费获得MINX的代码，但是MINX的发行公司却仍然收取9美元的许可费。因此，MINX仍然存在着重走UNIX的老路，变成商业软件的风险。于是，当Linux出现之后，许多MINX的参与开发者便抛弃了MINX，投向了Linux的怀抱。

　　1991年，还在赫尔辛基大学读书的小伙子林纳斯·托瓦兹对操作系统充满了好奇，同时，也对MINX仅用于教育用途的许可感到非常不满，于是，他决定开发自己的操作系统内核，这就是后来大名鼎鼎、风靡整个互联网的Linux内核。

　　随着开发的深入，Linux内核越来越成熟。同时，伴随着GNU计划的实施，越来越多的开发者参与到Linux应用程序的开发中来，也有许多开发者将其他系统平台上的GNU项目移植到Linux平台上来，将其他的GNU项目与Linux内核整合。林纳斯·托瓦兹修改了Linux内核的许可，从最初的禁止商业性的重新发布，到GNU GPL许可，从而吸引了更多的商业公司参与到Linux的开发中来，包括红帽子、Novell等，使得Linux成为一套完整的、免费的操作系统。

　　接下来，讲一下Linux名称的由来。许多人也许会感到困惑，Linux这个名称与林纳斯·托瓦兹的名字Linus是不是十分相似？难道林纳斯·托瓦兹以自己的名字来命名他开发的Linux操作系统内核？实际上，林纳斯·托瓦兹原本打算把他开发的操作系统内核命名为Freax，这是免费（free）、突然的念头（freak）和x三者拼凑起来的。其中，最后一个字母x暗指UNIX操作系统。可以看到，林纳斯·托瓦兹为Linux命名也费尽了心思，同时，也反映出了Linux内核开发时的处境。Linux这个名称也不是没有考虑过，由于与他的名字太相似，显得太过于自我，所以最终还是放弃了。

　　在当时，没有Subversion，也没有Git，许多人一起分享文件，最流行的就是FTP了。为了促进Linux的开发，在1991年的秋天，林纳斯·托瓦兹将Linux内核的文件上传到了ftp.funet.fi FTP服务器上。林纳斯·托瓦兹当时的合作者之一，身为FTP服务器管理员的Ari Lemmke认为Freax是一个非常糟糕的名字，于是他自作主张把这个项目名称改为Linux。最终，林纳斯·托瓦兹也同意了使用这个名称，于是，Linux就正式诞生了。

1.2　Linux发行版

　　前面已经介绍了Linux的发展历程。可以看到，Linux操作系统实际上是由分布在世界各地的参与者共同开发出来的，林纳斯·托瓦兹的主要工作是提供了Linux内核。而作为一个完整的操作系统，除内核外，还有许多应用程序。面对这么多的软件包，最终用户如何管理整个Linux系统就成为一个非常棘手的问题。不可能要求每个Linux都是软件高手，即使对于一个软件高手来说，也不能精通Linux系统中的每个软件包。因此，迫切需要把一套相对比较容易管理、易于使用的Linux操作系统提供给普通用户。在这种情况下，产生了众多形形色色的Linux发行版，例如Debian、Gentoo、Fedora、Arc、Ubuntu、红旗以及Slackware等，而在这些主流分支上面，又产生了许多其他的分支。可以说，每个发行版都有自己的特色，有的发行版专注于桌面应用，有的发行版专注于服务器应用。而所有的发行版汇集在一起，构成了整个Linux家族。接下来，我们重点介绍几个比较流行的发行版。

1. Debian

　　Debian绝对是Linux发行版中的佼佼者。该发行版由Debian项目开发社区维护，诞生于1993年。该项目的基本目标是完全免费，所以Debian是一套全部由免费软件构成的操作系统。而本书的主角Ubuntu也是在Debian的基础上开发出来的。Debian的标识如图1-4所示。Debian目前的新版本为8.2，支持GNOME 、KDE、Xfce以及LXDE等桌面环境，如图1-5和图1-6所示。

图 1-4　Debian 的 LOGO 　　　　图 1-5　GNOME 的 LOGO 　　　图 1-6　KDE 的 LOGO

2. Ubuntu

前面已经提到过，Ubuntu是基于Debian开发而来的，其基本目标是为用户提供良好的体验和技术支持。实际上，Ubuntu的发展非常迅猛，其应用领域已经扩展到了云计算、服务器、个人桌面甚至移动终端，例如手机和平板电脑等。此外，在Ubuntu的基础上衍生出了十几个发行版，包括Edubuntu、Kubuntu、Ubuntu GNOME、Ubuntu MATE、Ubuntu Kylin、Ubuntu Server、Ubuntu Studio、Ubuntu Touch和Ubuntu TV等。它们要么有专门的应用领域，例如Edubuntu专门面向教育领域，可以用在教室等场合，Ubuntu Studio提供了大量开源的多媒体处理工具，用户可以用来处理视频、音频或者图片等，要么用在不同的设备上面，例如Ubuntu Server运行在服务器上，Ubuntu Touch专门为触摸设备设计。

Ubuntu的LOGO如图1-7所示。

图 1-7　Ubuntu 的 LOGO

3. Arch Linux

与其他的发行版不同，Arch Linux被设计成一个简单的、轻量的Linux发行版。Arch采用BSD风格的启动脚本，集中管理，对于普通用户来说，非常容易上手。Arch Linux拥有特定的软件包管理器Pacman。Arc Linux的LOGO如图1-8所示。

4. Fedora

Fedora是一套知名度较高的Linux发行版，由Fedora项目社区开发、红帽公司赞助，其目标是创建一套新颖、多功能并且自由，即开放源代码的操作系统。

图 1-8　Arc Linux 的 LOGO

Fedora基于Red Hat Linux衍生而来。在Red Hat Linux终止发行后，红帽公司项目以Fedora来取代Red Hat Linux在个人领域的应用，而另外发行的Red Hat Enterprise Linux则取代Red Hat Linux在商业领域的应用。

对于用户而言，Fedora是一套功能完备、更新快速的免费操作系统；而对于赞助者Red Hat公司而言，Fedora是许多新技术的测试平台，被认为可用的技术最终会加入Red Hat Enterprise Linux中。Fedora大约每6个月发布新版本。Fedora的LOGO如图1-9所示。

图 1-9　Fedora 的 LOGO

5. openSUSE

openSUSE的前身为SUSE Linux和SuSE Linux Professional，主要由SUSE公司赞助。openSUSE在全世界，尤其是在德国被广泛使用。它的开发重心是为软件开发者和系统管理者创造适用的开放源代码的工具，并提供易于使用的桌面环境和功能丰富的服务器环境。openSUSE针对桌面环境进行了一系列的优化，对Linux新手较为友好。目前最新的稳定版为openSUSE Leap 42.2。

2003年11月4日，Novell公司收购SuSE Linux AG后创建了openSUSE。YaST（Yet another Setup Tool）作为openSUSE的重要特性之一包含在内。它是一套集系统安装、网络设定、RPM软件包安装、在线更新、硬盘分区等诸多功能于一身的管理工具，以其管理功能及集成界面见长。openSUSE的LOGO如图1-10所示。

图 1-10　openSUSE 的 LOGO

6. CentOS

CentOS（Community Enterprise Operating System）是Linux发行版之一，它是来自Red Hat Enterprise Linux依照开放源代码规定发布的源代码所编译而成的。由于出自同样的源代码，因此有些要求高度稳定性的服务器以CentOS替代商业版的Red Hat Enterprise Linux使用。两者的不同在于CentOS并不包含商业源码软件。CentOS对上游代码的主要修改是为了移除不能自由使用的商业软件包。

CentOS和RHEL一样，都可以使用Fedora EPEL来补足软件。CentOS目前的新版本为CentOS Stream 9。CentOS的LOGO如图1-11所示。

图 1-11　CentOS 的 LOGO

7. Red Hat Enterprise Linux

Red Hat Enterprise Linux（RHEL）是一个由Red Hat开发的商业市场导向的Linux发行版。红帽公司从Red Hat Enterprise Linux 5开始对企业版Linux的每个版本提供10年的支持。Red Hat Enterprise Linux常被简称为RHEL，但它并非官方名称。Red Hat Enterprise Linux大约每3年发布一个新版本。RHEL可以使用Fedora EPEL来补足软件。Red Hat Enterprise Linux 9的LOGO如图1-12所示。

图 1-12　RedHat Enterprise Linux 9 的 LOGO

1.3　了解Ubuntu

通过前面两节的介绍，读者对于Linux有了一个比较全面的了解。在本节中，将会对Ubuntu进行详细介绍，以便读者对Ubuntu有更加深入的理解。

1.3.1　什么是 Ubuntu

Ubuntu这个名字非常神奇，它取自非洲南部祖鲁语的ubuntu，是一个哲学名称，其意思为"人性"或者"我的存在是因为大家的存在"。对于中国人来说，一般称呼它为乌班图。

Ubuntu是在Debian的基础上开发出来的，最早的版本发布于2004年10月，其版本号为4.10。细心的读者会发现，Ubuntu的版本号不是从1.0开始的。究其原因，在于Ubuntu特殊的版本号命名规则，即年份加上月份。目前Ubuntu服务器版的新版本为17.10。通常来说，Ubuntu每6个月会发布一个新版本，一般是在每年的4月和10月。

Ubuntu的设计理念非常强调易用性和国际化。在Linux发展初期，所搭配的桌面环境还非常简陋，但是，Ubuntu的出现惊艳了整个Linux界，为Linux的普及起到了极大的促进作用。后来，Ubuntu又在GNOME的基础上开发出了自己的用户界面Unity，使得Ubuntu成为全世界Linux界的桌面先驱者和创新者。

除个人计算机外，Ubuntu又推出了面向多种设备的版本，包括面向移动设备，转为触屏设计的Ubuntu Touch，用于智能电视的操作系统Ubuntu TV，在Intel Atom处理器上运行的Ubuntu Mobile，等等。甚至后来，Ubuntu又推出了面向服务器的版本Ubuntu Server。

总之，Ubuntu目前已经成为Linux众多发行版中开发最活跃的版本之一。

1.3.2　Ubuntu 的版本

前面提到Ubuntu推出了多种面向不同设备以及应用到不同领域的版本。在本小节中，重点介绍目前应用比较广泛的几个版本。

1. Ubuntu 桌面版

Ubuntu桌面版主要运行在个人计算机以及笔记本电脑等设备上，可以替代Windows或者Mac OS作为个人日常办公、开发的操作系统。目前，Ubuntu桌面的新版本为Ubuntu 24.04 LTS和Ubuntu 23.13。前者为长期支持版本，每两年发布一次，其中LTS表示长期技术支持。针对LTS版，Ubuntu会提供5年的技术支持服务。后者为常规发布版本，每6个月发布一次，对于这种版本，Ubuntu会提供至少9个月的安全更新服务。

Ubuntu Desktop 24.04 LTS默认安装GNOME 46，文件管理器如图1-13所示。

Ubuntu Desktop 24.04 LTS默认安装LibreOffice作为办公套件，用户可以用来处理日常事务，如图1-14所示。

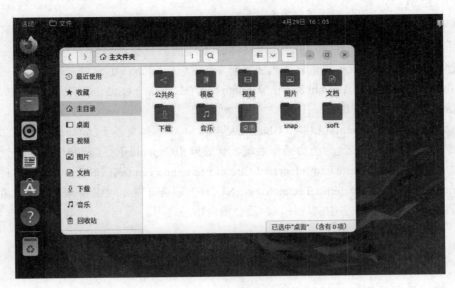

图 1-13 文件管理器

图 1-14 LibreOffice

2. Ubuntu 服务器版

Ubuntu服务器版是专门针对服务器硬件开发的版本，主要用来提供各种网络服务，例如文件服务、Web服务等。Ubuntu服务器版支持的硬件架构比较广泛，例如常见的x86、IBM POWER以及ARM等。Ubuntu服务器也提供LTS版本，目前新版本为24.04 LTS。

3. Ubuntu 云版

Ubuntu是OpenStack的早期采用者，OpenStack Autopilot是安装、配置和升级OpenStack最容易的方法之一。据Ubuntu背后的公司Canonical Software声称，在OpenStack部署环境中，2/3的服务器中运行其OpenStack解决方案。

4. Ubuntu 风味版

Ubuntu风味版提供了一种特别的方式来体验不同的默认应用程序与设置的Ubuntu，其由Ubuntu归档（Ubuntu Archive）提供软件包和更新，目前包括Edubuntu、Kubuntu、Lubuntu、Ubuntu Budgie、Ubuntu Cinnamon、Ubuntu Kylin、Ubuntu MATE、Ubuntu Studio、Ubuntu Unity、Xubuntu等，详细信息可以上官网查询。

这里重点介绍一下Ubuntu优麒麟（Ubuntu Kylin）。优麒麟是基于Ubuntu的一款官方衍生版。它是一款专门为中国市场打造的免费操作系统。优麒麟由Canonical、工业和信息化部软件与集成电路促进中心（China Software and Integrated Circuit Promotion Center，CSIP）以及国防科学技术大学（National University of Defense Technology，NUDT）联合开发，对Ubuntu进行了大量的本土化改造。优麒麟默认配备了许多中文软件包，适合国内用户使用。

1.3.3　Ubuntu 的特点

Ubuntu是世界上最受欢迎的操作系统之一。与其他的Linux发行版相比，Ubuntu拥有非常明显的特点。

1. 简单易用

易用性一直是Ubuntu强调的重点之一。Ubuntu桌面版拥有比其他发行版更加友好的用户界面。Ubuntu与GNOME密切合作，每个新版本均会包含当时最新的GNOME桌面环境。

2. 自由免费

无论是哪个版本，Ubuntu都会使用那些自由、开源的软件。而其他的发行版则往往包含许多商业软件包。这给用户带来了许多不必要的麻烦。

3. 开发活跃度高

Ubuntu拥有庞大的社区群支持它的开发，用户可以及时获得技术支持，软件更新快，系统运行稳定。常规的发布版通常6个月发布一次，用户可以获得9个月的技术支持。而LTS版则两年发布一次，用户可以获得长达5年的技术支持。

4. 拥有优秀的软件管理工具

Ubuntu拥有优秀的软件管理工具Synaptic，方便更新、安装、删除软件。Ubuntu安装比较"傻瓜化"，使用sudo操作可以防止用户的错误操作。

1.3.4　如何获取 Ubuntu

获取新版本的Ubuntu非常简单，用户可以登录Ubuntu的官方网站下载，下载网址为https://www.ubuntu.com/download，如图1-15所示。

⊞📌注意 本书介绍的常用运维软件，目前最高版本仅支持22.04 LTS，因此我们需要下载Ubuntu Server 22.04 LTS版本。

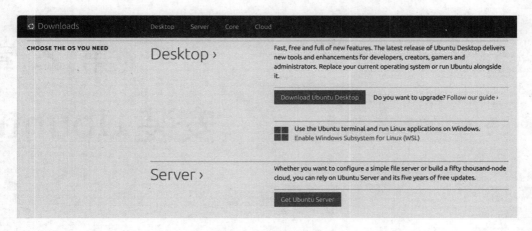

图 1-15　下载 Ubuntu

从图1-15可以看到，用户可以下载桌面版、服务器版、核心版以及云版等。

除此之外，用户还可以通过其他的途径获得Ubuntu，网址为https://www.ubuntu.com/download/alternative-downloads。通过该网址，用户可以下载网络安装包来安装Ubuntu，也可以通过BitTorrent来快速下载各个版本的Ubuntu，如图1-16所示。

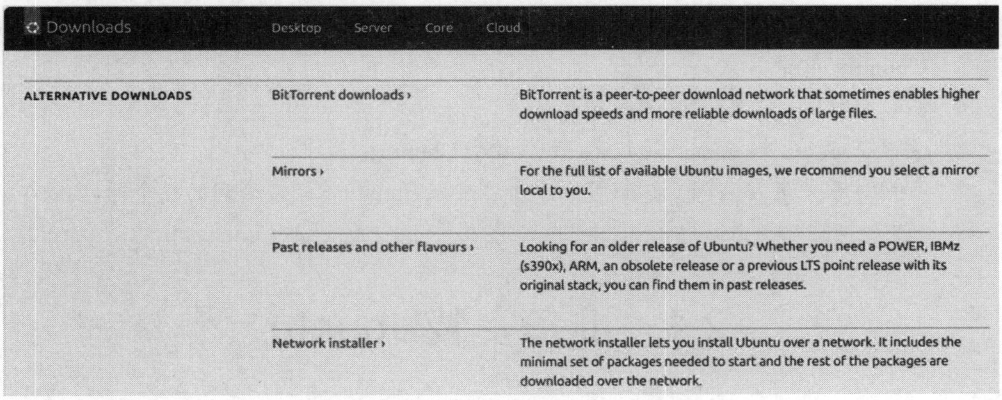

图 1-16　通过其他途径获得 Ubuntu

第 **2** 章

安装 Ubuntu

学习 Ubuntu 操作系统的第一步是学会如何安装 Ubuntu。掌握 Ubuntu 系统安装方法的目的不仅仅是能够顺利把它安装好，此外，读者还应该在安装的过程中加深对 Linux 系统引导过程、文件系统、磁盘分区以及 Ubuntu 的软件包管理的理解。

本章将帮助读者了解 Ubuntu 的获取方法、Ubuntu 的安装方式以及 Ubuntu 的安装过程等。

本章主要涉及的知识点有：

※ **Ubuntu安装前的准备工作**：了解Ubuntu安装介质的获取方法、Ubuntu的硬件要求以及Ubuntu的安装方式。

※ **虚拟机软件**：了解常见的虚拟机软件。

※ **安装Ubuntu**：学会如何通过ISO文件安装Ubuntu。

※ **安装过程中的常见问题**：解答初学者在安装Ubuntu时经常遇到的几个问题。

2.1 准备安装Ubuntu

对于初学者来说，要想顺利安装完成Ubuntu并不是一件非常容易的事情。在正式安装之前，需要了解与安装Ubuntu有关的各种基础知识。本节将介绍如何获取Ubuntu的安装介质、Ubuntu的基本硬件要求以及Ubuntu的各种常见的安装方式。

1. 获取安装介质

正如前面介绍的，Ubuntu是一款完全免费的操作系统，所以用户可以非常容易地从Ubuntu的官方网站下载自己所需要的安装介质。Ubuntu的下载网址为：

```
https://www.ubuntu.com/download
```

该网页详细介绍了如何获取Ubuntu的各个版本以及各种类型的安装介质，局部截图如图2-1所示。这里需要提醒一下，由于本书重点讲解Ubuntu Server的运维，这是一个完全由字符界面构成的操作系统，读者一开始学习可能不是非常适应，只要坚持一段时间就能掌握相应的操作方法了。

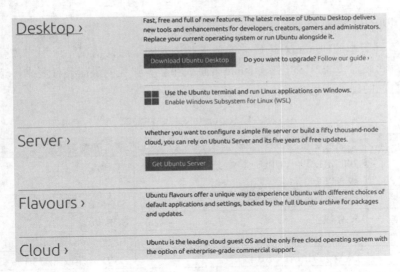

图 2-1　获取 Ubuntu

单击图2-1所示页面中的Server链接，打开Ubuntu服务器版下载页面，如图2-2所示。

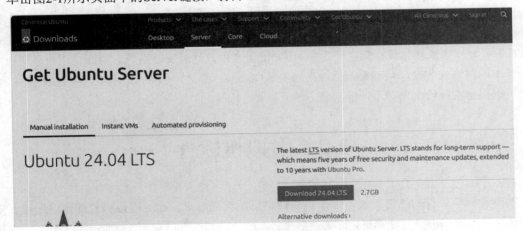

图 2-2　下载 Ubuntu 服务器版

在图2-2所示的页面中，Ubuntu提供了最新的长期技术支持版24.04 LTS。由于本书介绍的常用运维软件，目前最高版本仅支持22.04 LTS，因此读者需要在本页面下方找到如图2-3所示的下载按钮，单击Download 22.04.4 LTS按钮开始下载。当然，读者也可以下载Ubuntu网络安装器或者通过BitTorrent快速下载Ubuntu。

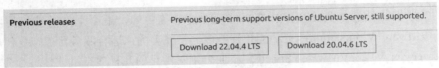

图 2-3　下载 Ubuntu 桌面版

无论通过哪种方式下载，得到的文件都为ISO镜像文件。对于每个ISO文件，都有对应各种硬件平台的多个版本，例如i386或者amd64等。其中，22.04.4的64位版本下载后的文件名为ubuntu-22.04.4-server-amd64.iso，而64位网络安装器的文件名为mini.iso。

2. Ubuntu 的硬件要求

实际上，不同版本的Ubuntu对于硬件的要求是不同的。通常情况下，用户需要重点关注的硬件为CPU、内存和硬盘。表2-1列出了Ubuntu桌面版和服务器版的最低硬件要求，读者可以参考其中的数值配置自己的硬件环境。

表 2-1　Ubuntu 安装硬件要求

硬　　件	桌面版要求	服务器版要求
CPU	700 MHz 以上 CPU，相当于英特尔的赛扬或者以上	1GHz 以上 CPU
内存	512 MB 或者以上	512 MB 或者以上
硬盘空间	5GB 以上	5GB 以上
显卡分辨率	1024×768 或者以上	1024×768 或者以上
引导设备	DVD 光驱或者 USB 接口	DVD 光驱或者 USB 接口

3. Ubuntu 的安装方式

Ubuntu的安装方式非常灵活，用户可以根据实际情况采用不同的引导和安装方式。首先，用户可以下载ISO镜像文件，刻录成DVD或者CD光盘，然后通过光驱进行安装。其次，用户还可以将ISO镜像文件写入U盘中，制作成可引导U盘，然后通过该U盘引导后安装。第三，用户还可以通过GRUB引导程序直接加载存储在硬盘中的ISO镜像文件，然后安装系统。第四，用户还可以下载一个基本的网络安装器，启动系统后，在线安装Ubuntu。总之，Ubuntu常用的安装方式就这四种，用户可以根据实际情况选择不同的安装方法。

2.2　虚拟机软件

随着计算机硬件的飞速发展，虚拟机软件也日益流行起来。通过虚拟机软件，用户可以将一台物理计算机虚拟出多台计算机，称之为虚拟机。这些虚拟机可以安装不同的操作系统，而在物理机硬盘上面，这些虚拟机通常是一个磁盘文件或者一个目录。虚拟机技术的出现为读者进行各种操作系统的学习提供了极大的方便。用户需要学习哪种操作系统，只要创建一个虚拟机就可以了。这些虚拟机的表现与物理机几乎相同。本节将对常见的虚拟机软件进行简单介绍。

2.2.1　常见的虚拟机软件

目前，虚拟机软件的种类比较多。有功能相对比较简单的，适合个人计算机使用的，例如VirtualBox和VMware Workstation；有功能和性能都非常完善的，适合服务器虚拟化使用的，例如Xen、KVM、Hyper-V以及VMware vSphere。下面分别对常见的几种虚拟机软件进行简单介绍。

1. VirtualBox

VirtualBox是一款开源的虚拟机软件，最初由美国SUN公司开发。后来SUN被Oracle公司收购以后，VirtualBox更名为Oracle VirtualBox。VirtualBox是在GPL协议下开放源代码的，因此任何个人或者公司都可以免费使用。

VirtualBox可以在多种操作系统平台上面运行，包括Windows、Linux、Solaris以及Macintosh等，支持Windows、DOS/Windows 3.x、Linux、Solaris、OpenSolaris、OS/2以及OpenBSD等多种客户机操作系统。其中Windows操作系统从Windows 98一直到Windows 10都支持，支持内核为2.4、2.6、3.x以及4.x的各种Linux发行版，例如Ubuntu、Debian、SUSU/openSUSE、Fedora、Oracle Linux以及RHEL等，支持Mac OS X以及FreeBSD，甚至支持DOS。

由于VirtualBox免费且支持非常多的客户机操作系统，因此非常适合用来学习Ubuntu。

2. VMware

VMware是全球桌面到数据中心虚拟化解决方案的领导厂商。VMware拥有多个虚拟化产品，例如VMware Workstation、VMware Player、VMware Fusion、VMware Server、VMware ESXi 服务器以及VMware vSphere等。其中大部分为商业软件，部分为免费软件，例如VMware Player以及vSphere Hypervisor等。

3. Xen

Xen是一个开放源代码的虚拟机管理系统，最初由剑桥大学开发。XEN是基于X86架构、发展最快、性能最稳定、占用资源最少的开源虚拟化技术。对于大部分人来说，XEN是一个陌生的名词。但是，如果提起XenServer，相信会有很多人知道。XenServer是Citrix公司推出的完整服务器虚拟化平台。XenServer软件包中包含创建和管理在Xen上运行的x86计算机部署的所需的所有功能。目前XEN主要用于服务器虚拟化或者桌面虚拟化中，支持Windows、Linux以及Solaris等客户机操作系统。

4. Hyper-V

Hyper-V是微软的一款虚拟化产品，其功能与VMware和Xen非常相似。Hyper-V最早是在Windows 2008中发布的，是Windows中的一个组件。Hyper-V支持多种客户机操作系统，例如Windows或者Linux。

2.2.2　选择虚拟机软件

虚拟机软件的选择要根据用户自己的需求和实际环境来进行。通常来说，如果用户仅仅是用来学习某个操作系统或者进行简单的测试，则可以选择小巧、简单的虚拟机软件，例如VirtualBox或者VMware Player。如果想要用在正式的生产环境中，则需要选择功能完善、性能稳定的虚拟化软件，例如XenServer、VMware ESXi服务器或者Hyper-V等。当然，某些虚拟化软件是商业软件，需要购买相应的许可才可以长期使用。

在本书中，全部例子都运行在VirtualBox的Ubuntu中。接下来，我们将简单地介绍VirtualBox的安装和配置方法。

2.2.3　安装 Oracle VM VirtualBox

前面已经讲过，Oracle VM VirtualBox能够在许多硬件平台和操作系统环境中安装运行，所以，读者可以根据自己的环境选择不同的安装包。用户可以通过VirtualBox的官方网站下载所需的安装包，网址为：https://www.virtualbox.org/wiki/Downloads。

在其官方网站上，提供了Windows、macOS、Linux以及Solaris等常见操作系统的安装包，目前新版本为7.0.10，如图2-4所示。

接下来，将以Windows为例演示如何安装VirtualBox。

（1）下载VirtualBox。单击图2-3中的Windows hosts链接，下载VirtualBox安装包。

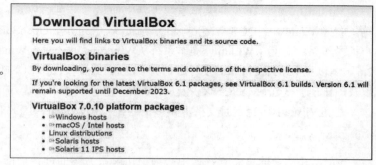

图 2-4　下载 VirtualBox

（2）双击下载后的安装包，开始安装，如图2-5所示。

（3）选择安装路径。单击"下一步"按钮，出现"自定义安装"对话框，默认的安装路径为C:\Program Files\Oracle\VirtualBox\，用户可以单击"浏览"按钮改变默认的路径，如图2-6所示。选择好安装路径之后，单击"下一步"按钮。

图 2-5　开始安装 VirtualBox

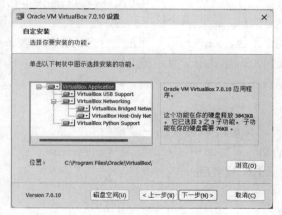

图 2-6　选择安装路径

（4）配置选项。用户可以选择是否创建开始菜单项目、是否创建桌面快捷方式等，如图2-7所示。

（5）网络连接重置确认。由于VirtualBox会安装一个虚拟网卡，因此会导致当前系统的网络连接暂时断开。如果用户在下载或者上传文件，此时需要特别注意，如果继续安装操作，就会出现下载或者上传中断的情况。单击"是"按钮，如图2-8所示。

（6）开始安装。前面所有的安装选项都设置好之后，单击"安装"按钮，正式开始安装过程，如图2-9所示。

（7）安装过程。在此过程中，用户只要耐心等待VirtualBox安装完成即可，如图2-10所示。

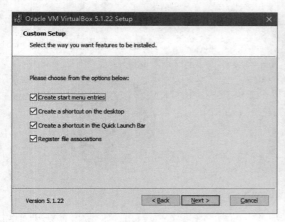

图 2-7　配置选项

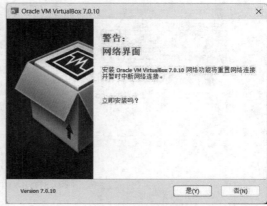

图 2-8　网络连接重置警告

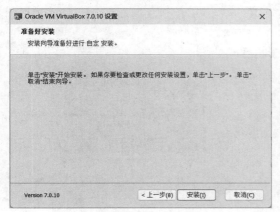

图 2-9　开始安装

图 2-10　安装过程

（8）安装完成。当所有的文件都安装完毕之后，单击"完成"按钮确认，如图2-11所示。如果用户选择"安装后运行Oracle VM VirtualBox 7.0.10"复选框，则在单击"完成"按钮之后会自动启动VirtualBox。

VirtualBox的使用比较简单，基本不需要进行配置。该软件启动后的界面如图2-12所示，上方为菜单栏和工具栏，左侧为虚拟机列表，右侧为虚拟机的配置信息面板。

图 2-11　安装完成

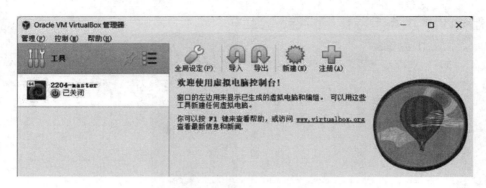

图 2-12　VirtualBox 主界面

　　用户可以单击"新建"按钮启动新建虚拟机向导,创建一个新的虚拟机。也可以选中左侧列表中的某个虚拟机,查看配置信息,如图2-13所示。

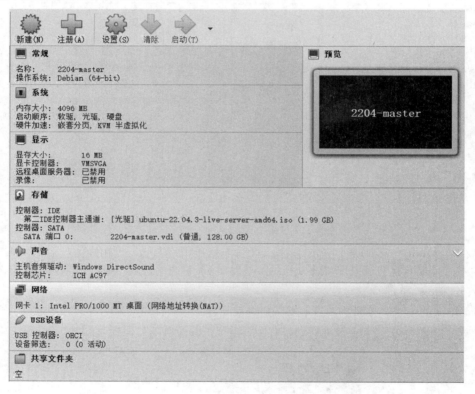

图 2-13　虚拟机配置信息

　　从图2-13中可以看到,一个VirtualBox虚拟机拥有与物理机基本相同的虚拟硬件配置,包括CPU、显卡、硬盘、声卡、USB接口以及网卡等。

　　如果用户需要修改某个虚拟机的虚拟硬件配置,则可以右击该虚拟机,选择"配置"菜单项,打开虚拟机设置对话框,如图2-14所示。

　　在当前对话框中,用户可以修改所有的硬件选项。修改完成之后,单击"确定"按钮,保存修改结果。

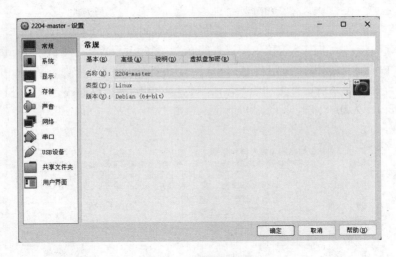

图 2-14　设置虚拟机

当不再需要某个虚拟机了，用户可以在虚拟机列表中右击该虚拟机，选择"删除"菜单项，打开"虚拟电脑控制台"对话框，如图2-15所示。

该对话框包含3个按钮，分别为"删除所有文件""只是移除"和"取消"。其中"删除所有文件"表示彻底删除该虚拟机，包括虚拟硬盘和所有的配置信息。"只是移除"则表示仅仅将该虚拟机从列表中移除，相应的配置信息和虚拟硬盘仍然存在，在适当的时候，用户还可以将该虚拟机重新导入。

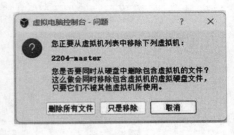

图 2-15　删除虚拟机

2.3　安装Ubuntu Server

前面已经介绍过，Ubuntu的安装非常灵活。但是万变不离其宗，归纳起来，无非就是几种：

- 其一，用户可以下载完整的ISO镜像文件，将其转移到各种介质上面，例如DVD或者U盘，然后以该介质引导系统进行安装。
- 其二，用户还可以下载一个非常小的网络安装器，利用该安装器引导系统进行在线安装。
- 其三，用户还可以将Ubuntu安装到一个U盘中，随身携带。

为了便于读者学习，本节将首先利用VirtualBox创建Ubuntu虚拟机，再通过完整的ISO镜像文件安装Ubuntu。

2.3.1　创建虚拟机

在本小节中，我们将使用VirtualBox创建64位的Ubuntu虚拟机，安装过程说明如下。

（1）打开VirtualBox，单击工具栏上面的"新建"按钮，打开"新建虚拟电脑"对话框，如

图2-16所示。在"名称"文本框中输入虚拟机的名称,本例命名为ubuntu2204。在"类型"下拉菜单中选择Linux选项,"版本"下拉菜单中选择Ubuntu(64-bit)选项,单击"下一步"按钮。

(2)设置内存。为虚拟机指定内存大小,对于64位的Ubuntu来说,VirtualBox建议内存为2048MB。当然,为了使系统运行更加顺畅,用户也可以根据物理机的内存情况进行调整。在本例中,设置虚拟机内存为2048MB,如图2-17所示。单击"下一步"按钮,继续安装。

图 2-16　设置虚拟机名称和类型

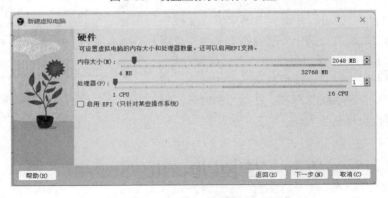

图 2-17　设置虚拟机内存

(3)设置虚拟硬盘。如图2-18所示,该对话框有3个选项,分别为"现在创建虚拟硬盘""使用已有的虚拟硬盘文件"和"不添加虚拟硬盘"。通常情况下,用户需要选择第1个选项,为虚拟机创建虚拟硬盘,VirtualBox建议虚拟硬盘大于25GB。

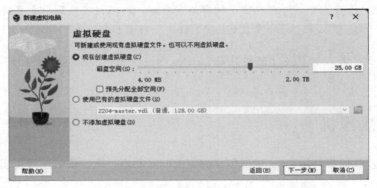

图 2-18　设置虚拟硬盘

由于本书后面需要安装很多运维软件，建议读者设置为50GB。如果用户硬件预先创建了虚拟硬盘，则可以选择第2个选项，然后在下拉菜单中选择已有的虚拟硬盘。在本例中，选择第1个选项。单击"下一步"按钮，进入下一步。

（4）完成以上设置后，虚拟机就创建完成了，如图2-19所示。

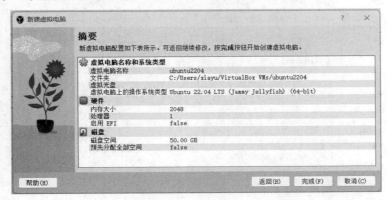

图 2-19 虚拟机创建完成

新建的虚拟机会出现在左侧的列表中，如图2-20所示。

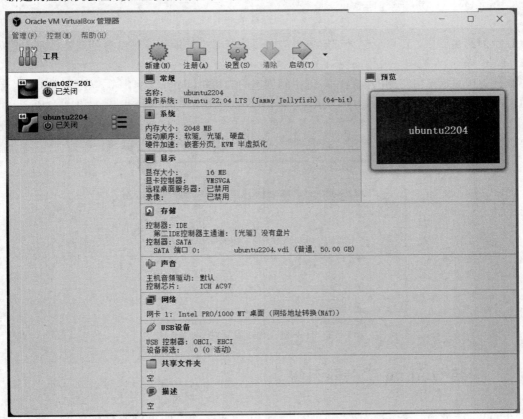

图 2-20 虚拟机列表

默认情况下，VirtualBox为虚拟机设置了一个CPU，用户可以修改该配置选项。在菜单栏中，单击"设置"菜单项，打开虚拟机设置对话框，在左侧的列表中选择"系统"选项，在右侧的选项卡中选择"处理器"，如图2-21所示。

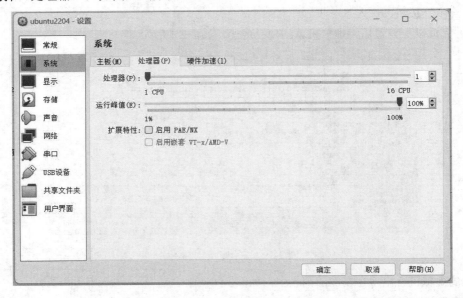

图 2-21　设置常规页面

在上面的窗口中，可以变更处理器数量，拖动处理器后的滑块，可以将处理器数量设置为大于1。单击"确定"按钮，关闭该窗口。

在图2-20所示窗口左侧的列表中，选中刚创建的虚拟机ubuntu2204，单击工具栏中的"启动"按钮，启动该虚拟机。由于是初次启动，VirtualBox会要求用户选择启动盘，如图2-22所示。用户可以在下拉菜单中选择某个镜像文件，如果所需要的文件不在列表中，则可以浏览文件系统，选择需要的文件。选择完成之后，单击"挂载并尝试启动"按钮，开始引导系统。

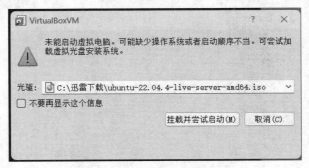

图 2-22　选择启动盘

2.3.2　安装 Ubuntu 服务器系统

Ubuntu的服务器版本实际上是一个简化的ISO镜像文件，对于Ubuntu 22.04来说，该文件只有2GB左右，下载后的文件名为ubuntu-22.04.3-live-server-amd64.iso。

接下来，同样在VirtualBox环境中介绍如何通过网络安装Ubuntu。按照前面介绍的方法，读者可以直接使用前面创建好的ubuntu2204虚拟机；也可以新建一个虚拟机，命名为ubuntu2204server。创建完成之后，启动该虚拟机，在"选择启动盘"对话框中选择ubuntu-22.04.4-live-server-amd64.iso（如图2-22所示），单击"挂载并尝试启动"按钮，开始安装。

> **注意** 在没有图形界面的情况下，需要通过Tab键、方向键来选择，按Enter键来确认。

（1）服务器的初始界面如图2-23所示，如果没有其他的需要，直接按Enter键进入下一步。

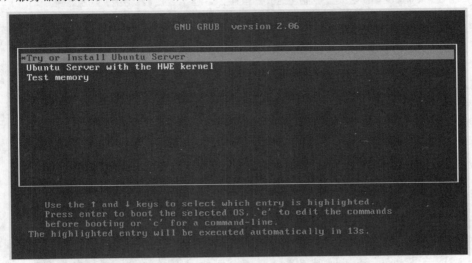

图 2-23　网络安装 Ubuntu

（2）选择语言。如图2-24所示，通过上下箭头键选择语言，然后按Enter键确认。

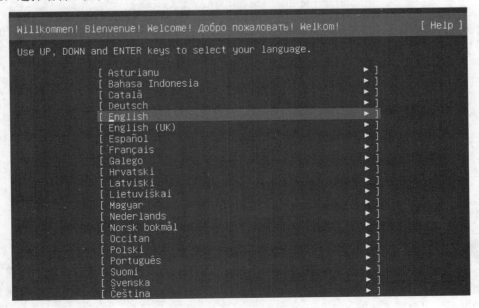

图 2-24　选择语言

（3）选择键盘。保持默认即可，按Enter键进入下一步，如图2-25所示。

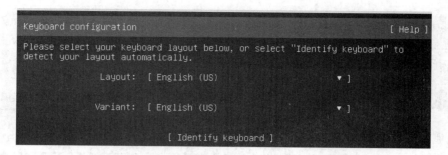

图 2-25　选择键盘

（4）配置软件安装类型。选择Ubuntu Server选项，按Enter键，如图2-26所示。

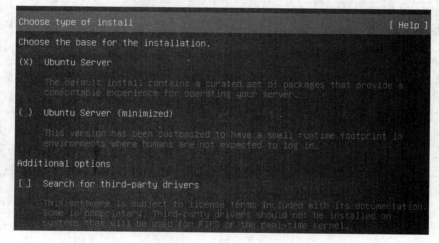

图 2-26　配置软件安装类型

（5）配置网络。可以通过Tab按键选择，填写网络信息，目前使用默认的DHCP即可，如图2-27所示。

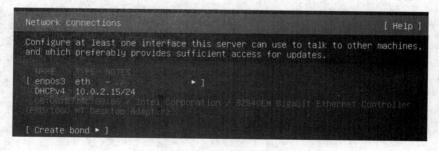

图 2-27　配置网络

注意 在同一个网络中，主机名不能冲突，即在同一个网络中，主机名不能重复。

（6）配置网络代理。对于某些内部网络来说，可能需要通过代理服务器才能够访问互联网。在这种情况下，用户应该在Proxy address文本框中输入代理服务器信息，包括账号、密码、代理服务器的域名或者IP地址、端口等。本步骤默认没有填写代理，如图2-28所示。按Enter键，进入下一步。

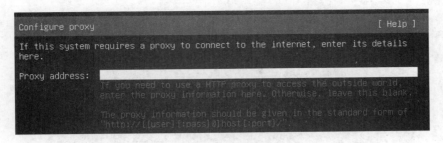

图 2-28　配置代理

（7）配置服务器源。如图2-29所示。可以手动替换到国内的阿里云、清华、163的镜像服务器，也可以使用默认的服务器，选择完成后按Enter键进入下一步。

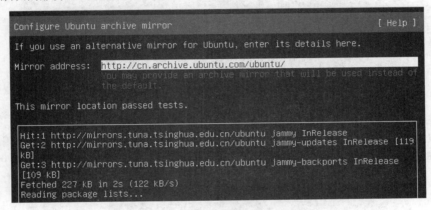

图 2-29　镜像源服务器

（8）硬盘配置。接下来，会提示如何处理硬盘的配置信息，如图2-30所示，使用完整的硬盘，并且保持默认配置，确认后会显示默认的硬盘配置清单，如图2-31所示，接下来需要确认硬盘的信息才可以进入下一步。

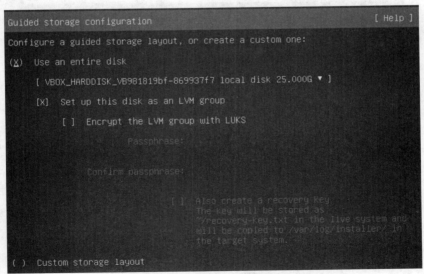

图 2-30　硬盘配置

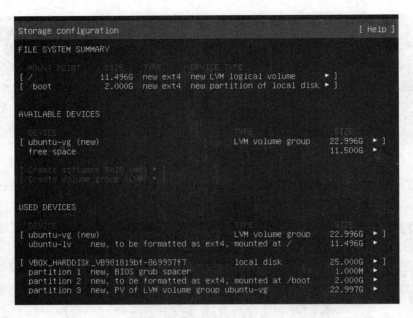

图 2-31　默认的硬盘配置清单

（9）设置新用户全名。在安装过程中，安装向导会要求创建一个普通用户，该用户的作用是取代超级管理员root来执行非管理任务。在图2-32中，在Your name文本框中输入新用户的全名。

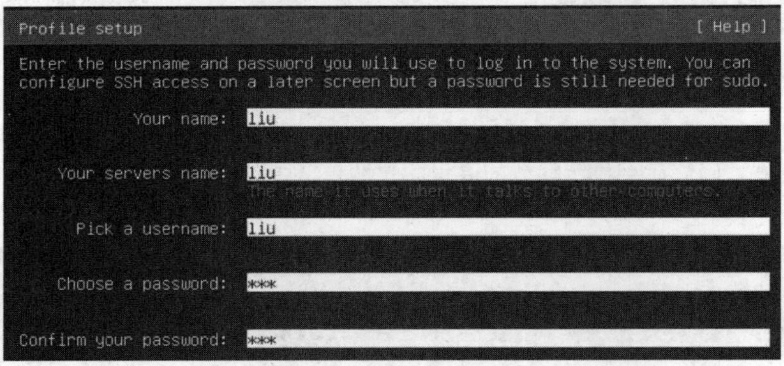

图 2-32　设置新用户全名

（10）设置Ubuntu Pro。是否支持Ubuntu Pro，默认不选，如图2-33所示。

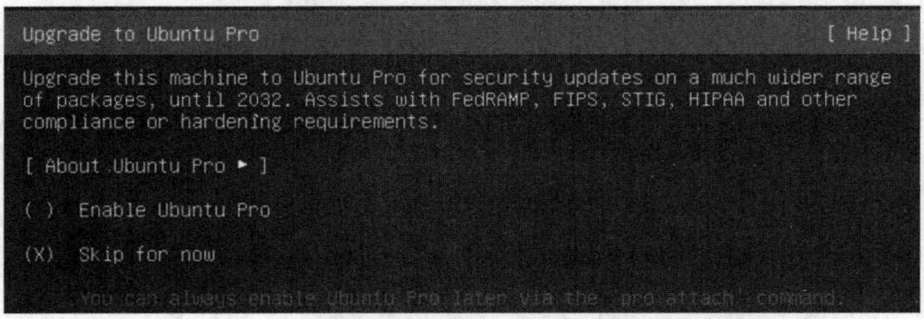

图 2-33　Ubuntu Pro 设置

（11）SSH安装。SSH服务是让远程用户管理该服务器的方法，如图2-34所示。按空格键选中安装即可。

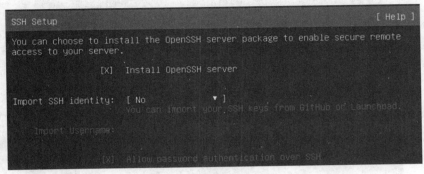

图 2-34　SSH 安装

（12）安装中。安装过程会比较久，过程如图2-35所示。

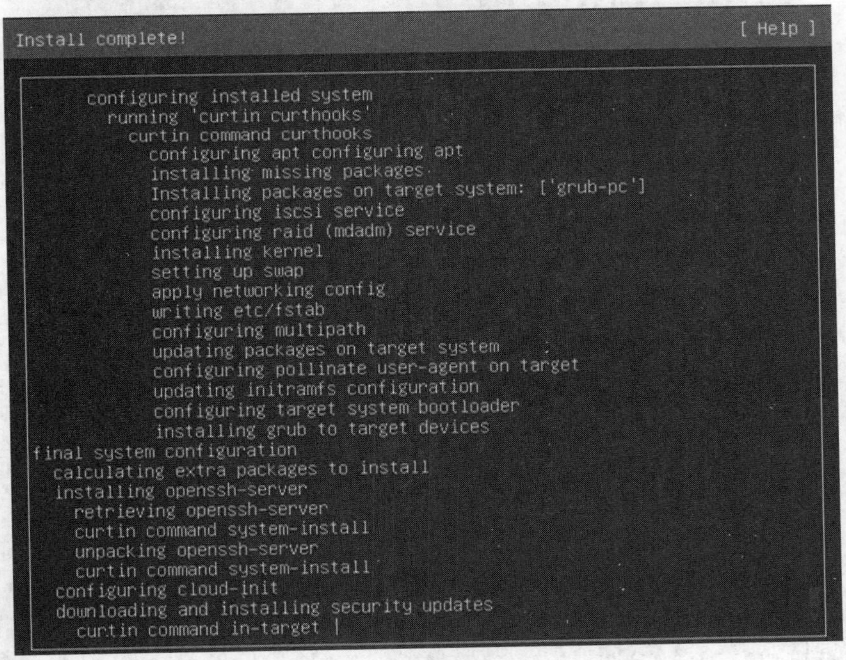

图 2-35　安装过程

（13）安装完成后，选择重启系统，如图2-36所示，并且移除启动盘，如图2-37所示。

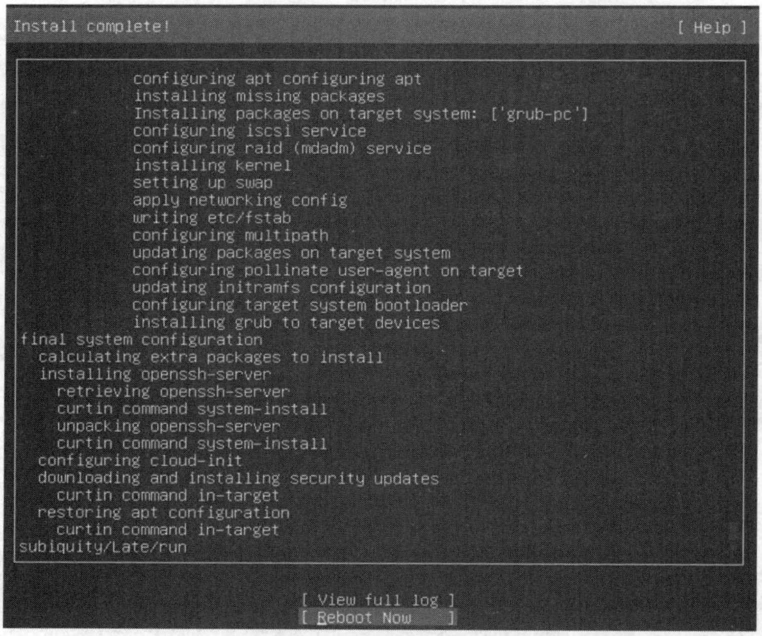

图 2-36　安装完成

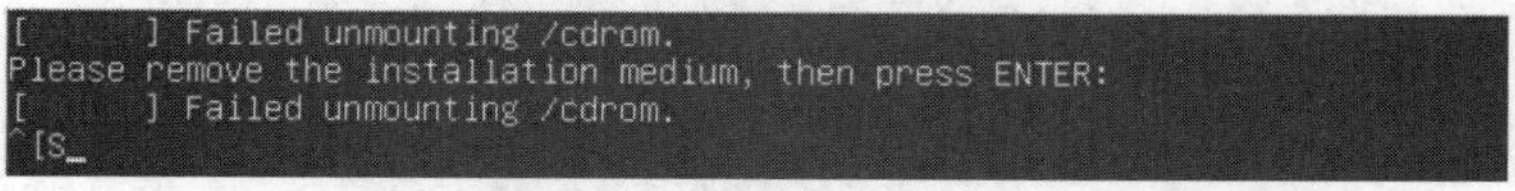

图 2-37　移除光盘/ISO 启动盘

（14）开机启动。启动过程Ubuntu会把所有的启动信息打印到终端，如图2-38所示。

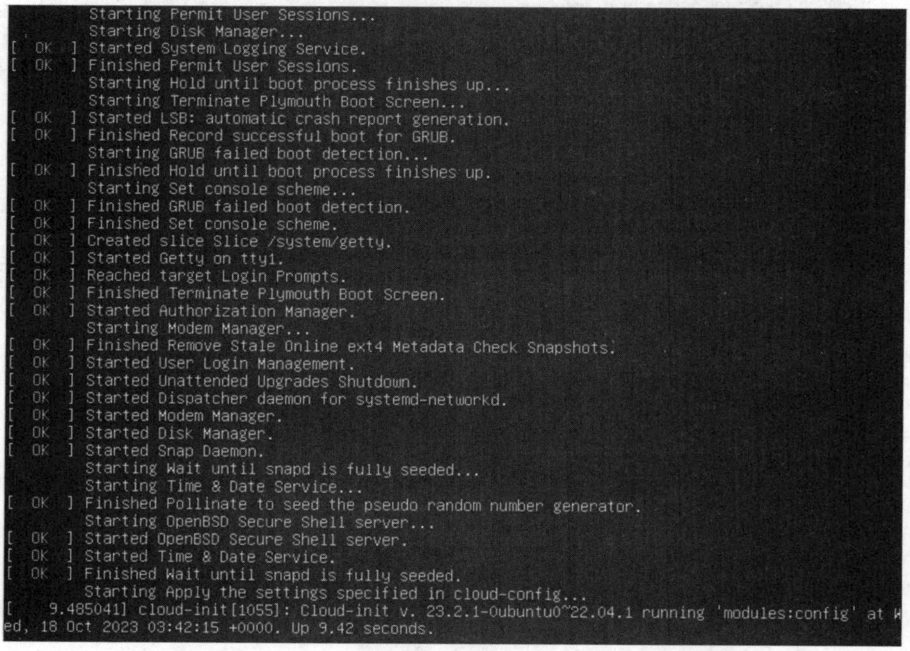

图 2-38　Ubuntu 启动中

（15）启动完成后。可以正常登录，如图2-39所示。

图 2-39　登录

2.4　安装过程中的常见问题

作为初学者，在安装Ubuntu的过程中难免会遇到各种各样的问题。例如不知道该选择哪个版本的Ubuntu，安装过程中不知道应该选择哪种语言，不知道应该如何进行磁盘分区等。本节将对安装过程中经常遇到的几个问题进行说明。

2.4.1　选择 32 位还是 64 位的 Ubuntu

目前计算机的处理器分为32位和64位两种类型，这两者的区别在于处理器能够一次处理的数据的位数。32位处理器就是一次只能处理32位，也就是4字节的数据，而64位处理器一次就能处理64位，即8字节的数据。32位处理器目前还存在于某些比较旧的计算机中。而新计算机，无论是PC机、笔记本还是服务器，一般都是64位的。

如果不确定，用户可以通过某些工具软件来查看处理器的位数，例如CPU-Z。图2-40显示了某台计算机的处理器的信息。从图中可以得知，当前处理器的指令集中包含EM64T。EM64T是英特尔公司的64位处理器技术。在这种计算机上面，可以安装32位或者64位的Ubuntu，但是推荐安装64位的。因为32位处理器逐渐被淘汰，而64位处理器的运算速度更快。如果用户的处理器的指令集中不包括EM64T，则只能安装32位的Ubuntu。

> 注意　EM64T是针对英特尔公司的处理器而言的，如果用户使用AMD公司的处理器，则其64位处理器技术称为AMD64。

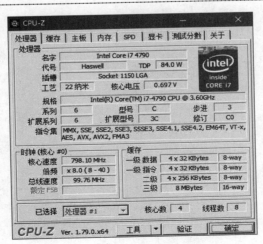

图 2-40　使用 CPU-Z 查看处理器信息

2.4.2　应该选择哪种语言

　　语言的选择实际上非常容易，主要看Ubuntu系统的用途。如果用户只是安装在个人计算机或者虚拟机中学习或者仅供个人日常使用，则可以选择中文或者英文，这主要看个人习惯。但是，如果Ubuntu主机是作为服务器使用的，则建议选择英文，其主要原因是用户经常需要远程管理服务器，如果服务器选择的是中文，则用户经常会面临棘手的乱码问题。

2.4.3　Ubuntu 中的磁盘分区与 Windows 中的磁盘分区是否相同

　　大致来讲，Ubuntu中的磁盘分区概念与Windows中的磁盘分区概念基本相同。同样是将一个磁盘划分为几个区域，然后在分区上面建立文件系统。只不过Linux系统中的文件系统类型比较多，例如Ext2、Ext3、Ext4、Btrfs、JFS以及XFS等，实际上还有更多的文件系统类型，例如ZFS、NFS等。而Windows系统中常见的文件系统只有NTFS、FAT32等。

第 3 章
文件系统的基础知识

文件系统是 Ubuntu 的核心内容之一。在 Linux 系统中，一切都是文件，而文件系统就是文件的组织和管理方式。可以这么说，在本书中除前面两章外，其余章节都会涉及文件系统。深入理解和掌握文件系统是每个 Linux 学习者都必须面对的问题。而掌握好文件系统，Linux 系统中的许多难题都会迎刃而解。

本章将介绍什么是文件系统、文件系统的层次结构、Linux 文件系统的组织结构、Linux 中常见的文件类型以及如何管理文件权限等。

本章主要涉及的知识点有：

* 文件系统的层次结构：主要介绍Linux的树形文件系统结构以及路径名等。
* 文件类型：主要介绍Linux系统常见的文件类型，例如普通文件、目录文件、特殊文件、链接文件以及管道文件等。
* 文件权限：主要介绍文件权限的管理，包括显示文件权限、修改文件权限、设置文件权限以及其他的文件权限管理等。

3.1　文件系统的层次结构

在Linux系统中，最小的数据存储单位为文件。"一切都是文件"是Linux和UNIX一致贯彻的原则。也就是说，在Linux中，所有的数据都是以文件的形式存在的，包括设备。为了便于访问文件，Linux按照一定的层次结构来组织文件系统。本节将对Linux的文件系统的层次结构进行介绍。

3.1.1　树形层次结构

在Windows系统中，存储空间首先分为不同的硬盘，在各个硬盘上面再划分为分区，在每个分区上面创建文件系统，在文件系统中创建不同的目录，在目录下再创建一个或者多个子目录。所以，尽管Windows的文件组织也是树形的层次结构，但是这个树形结构的根却不是唯一的，基本上每个分区都是一个相对独立的树形结构，且树与树之间并没有必然的联系，如图3-1所示。

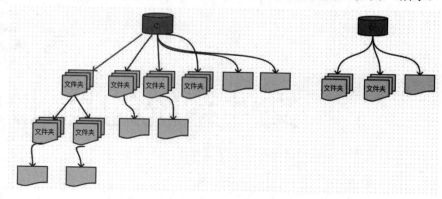

图 3-1　Windows 文件系统层次结构

但是在Linux系统中，所有的存储空间和设备共享一个根目录，不同的磁盘块、不同的分区再挂接上来成为某个子目录的子目录，甚至设备也挂接成为某个子目录下的一个文件，如图3-2所示。与Windows相比，观念上有比较大的区别，因此，在理解和使用Linux文件系统时一定要注意。

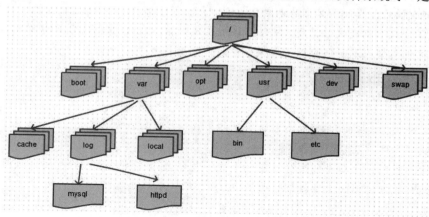

图 3-2　Linux 文件系统层次结构

在创建Linux文件系统时，至少需要有一个根文件系统，作为整个文件系统树的根节点。然后用户可以根据自己的实际情况来创建其他的文件系统，例如home、boot、var、opt、usr以及swap等。当然，这些目录不一定都是以文件系统（分区）形式存在的，也可能仅仅是根文件系统中的一个子目录。

Linux专门提供了一个名称为tree的命令，用来查看这种树形的层次结构，如下所示：

```
liu@liu-VirtualBox:~/文档/doc$ tree /home
/home
├── liu
│   ├── examples.desktop
│   ├── 公共的
│   ├── 模板
```

```
│   ├── 视频
│   ├── 图片
│   │   ├── 2023-06-04 11-01-58屏幕截图.png
│   │   ├── 2023-06-04 11-08-54屏幕截图.png
│   │   ├── 2023-06-04 21-38-32屏幕截图.png
│   │   └── 2023-06-04 21-40-14屏幕截图.png
│   ├── 文档
│   │   └── doc
│   ├── 下载
│   │   ├── 20100818171011850496.doc
│   │   ├── 201312115526818.pdf
│   │   ├── chinachengruo_cn.pdf
│   │   ├── Install-Wizard.doc
│   │   ├── P02009110663945504 2832.pdf
│   │   └── P02012103155359 8897181.doc
│   ├── 音乐
│   └── 桌面
└── lost+found [error opening dir]
```

在上面的命令中，参数/home表示要列出其树形结构的路径。关于这个命令的详细使用方法，将在后面的章节中介绍。

在Linux系统中，分区和目录的关系如下：

（1）任何一个分区都必须挂载到目录树中的某个具体的目录上才能进行读写操作。

（2）目录是逻辑上的区分。分区是物理上的区分。

（3）根目录是所有Linux的文件和目录所在的地方，需要挂载上一个磁盘分区。

注意 创建不同分区（文件系统）的目的是可以把不同资料分别放入不同分区中管理，降低风险。另外，大硬盘搜索范围大，效率低，创建分区（文件系统）后可以提高效率。磁盘配额只能对分区进行设定。/home /var /usr/local经常是单独分区，因为经常会操作，容易产生碎片。

3.1.2　路径名

通过前面的介绍，可以得知在Linux文件系统中，每个子目录都是整个目录树中的一个中间节点。从根目录开始，到达每个子目录，都需要经过一条路线，这条路线在Linux中称为路径。因此，所谓路径，就是到达某个目录中间所有的子目录的组合。例如：

```
/home/liu
```

就是一个路径，该路径从根目录开始，中间经过了home目录，然后到达liu子目录。

在Linux中，路径分为绝对路径和相对路径，下面分别进行介绍。

1. 绝对路径

所谓绝对路径，是指从根目录开始算起的路径，例如/var、/usr、/bin以及/var/log等。也就是说，如果看到一个以/开始的路径，那么它一定就是绝对路径。通过绝对路径可以非常清楚地表达目标文件在整个目录树中的位置。

那么用户如何判断当前所在的路径呢？Linux提供了一个名称为pwd的命令来显示用户当前所处的位置。pwd是一个使用非常频繁的命令，其作用是打印当前工作目录，如下所示：

```
liu@liu-VirtualBox:~$ pwd
/home/liu
```

2. 相对路径

顾名思义，相对路径是相对于当前的路径而言的。也就是说，如果一个路径从当前的路径算起，则一定是相对路径。

在Linux中，相对路径有4种表示方法，分别为.、..、~user以及~。其中，.表示当前路径，..表示父路径，~user表示某个用户的主目录，其中user表示用户账号，~则表示当前用户的主目录。例如，以下路径都是相对路径：

```
./doc
../log
~liu
~
```

其中，./doc表示当前路径下面的doc目录，../log表示父路径中的log目录，~liu表示账号为liu的用户的主目录。

使用相对路径的好处是可以不受绝对路径的限制。这在创建配置文件的时候非常有用。因为应用程序可能会根据实际需要迁移到不同的位置，如果用户使用相对路径来表示配置文件，则通常不需要修改配置；如果采用绝对路径表示，则必须根据新的路径进行修改。

另外，使用相对路径可以简化路径的输入。如果用户的当前位置的绝对路径比较长，在进行目录切换时，如果使用绝对路径，则必须每次都把从根目录开始算起的完整路径输入进去；如果使用相对路径，则会极大地简化路径。例如，如果想要切换到当前目录中的某个子目录，则只需要执行以下命令即可：

```
liu@liu-VirtualBox:/var$ cd ./log
```

或者

```
liu@liu-VirtualBox:/var$ cd log
```

如果使用绝对路径，则需要执行以下命令：

```
liu@liu-VirtualBox:/var/log$ cd /var/log/
```

在上面的命令中，cd表示改变当前的工作目录。

3.1.3 Linux 目录结构

由于历史的原因，Linux的目录组织参考了UNIX的做法。而UNIX对于系统目录的组织和命名是有一定的规律可循的。下面通过tree命令列出当前系统中根目录下面的所有目录：

```
liu@liu-VirtualBox:/var/log$ tree / -L 1
/
├── bin
├── boot
```

```
├──── cdrom
├──── dev
├──── etc
├──── home
├──── lib
├──── lib64
├──── lost+found
├──── media
├──── mnt
├──── opt
├──── proc
├──── root
├──── run
├──── sbin
├──── snap
├──── srv
├──── sys
├──── tmp
├──── usr
├──── var
```

表3-1列出了部分常见的目录及其功能。

表 3-1 常见的系统目录及其功能

目　　录	说　　明
/bin	包含系统管理员、系统以及普通用户可以使用的各种可执行命令，例如 cp、cat、ed 以及 tar 等
/boot	该目录与系统引导有关，包括系统引导程序、Linux 内核文件 vmlinux、磁盘内存映像文件 initrd.img 以及 GRUB 引导程序和配置文件等
/cdrom	光盘挂载点，用户可以通过该挂载点访问光盘上面的文件
/dev	该目录包含当前系统支持的所有的设备文件。例如 console 表示控制台，mem 表示系统的物理内存，sda 表示连接到主控制器的第一个磁盘
/etc	该目录可以说是 Linux 的控制中心，包含与系统和应用程序有关的各种配置文件，例如 passwd、rc、host.conf 以及 init 等
/home	用户主目录的根目录。每创建一个新的用户，就会在该目录下面创建一个新的子目录，子目录以用户账号命名
/lib 和 lib64	该目录包含所有的与系统和应用程序有关的可以共享的库文件。前者为 32 位，后者为 64 位
/lost+found	每个文件系统都会包含一个该目录，用来存放 fsck 命令在检测和修复文件系统时删除的目录或者文件
/media	该目录为移动介质的挂载点。例如，当用户插入 U 盘或者移动硬盘时，Linux 系统会自动将该设备挂载到该目录下面的一个子目录中
/mnt	文件系统的临时挂载点。用户可以临时将其他的文件系统挂载到该目录下使用
/opt	各可选应用程序的安装位置

（续表）

目　　录	说　　明
/proc	各进程文件的存放位置。该目录比较特殊，是一个虚拟的文件系统，其中不包括任何物理文件，而是可以访问的当前系统的各种信息，例如 CPU、内存、各进程对应的文件以及系统运行时间等。例如，通过/proc/cpuinfo 文件可以了解到当前系统的 CPU 信息，通过/proc/meminfo 文件可以了解到当前系统的内存信息等
/root	root 用户的主目录
/sbin	该目录包含与系统管理有关的可执行文件，普通用户不可以使用
/sys	该目录包含各种系统设备的配置信息，例如/sys/bus 目录包含与系统总线有关的配置信息
/tmp	系统临时目录
/usr	该目录比较特殊，可以作为根目录下面的一个子目录，也可以作为一个单独的文件系统。其中包含多种共享数据文件，例如命令、库函数、头文件以及各种应用程序的文档等
/var	该目录同样可以作为根目录的子目录，也可以单独作为一个文件系统，包含各种可变的数据文件，例如日志文件

3.2　文件类型

　　文件是数据在磁盘上面的存储形式。对于绝大多数人来说，面对计算机就是不停地与各种文件打交道，处理各种各样的文件。例如，对于Word文档、文本文件、各种应用程序、音频以及视频等。这些当然属于不同的文件类型。但是，对于Linux系统来说，其文件类型的划分却大有不同之处，在Linux里面，一切都是文件。对于学习Linux的读者来说，常见的文件类型必须熟练掌握。本节将对Linux系统常见的几种文件类型进行介绍。

3.2.1　普通文件

　　在Linux系统中，最常见的文件就是普通文件了。所谓普通文件，是指包含文本、数据、程序指令等数据的文件。

　　文件是通过文件名来访问的。通常情况下，文件名是由字母、数字、点、下画线、连字符以及其他的UNICODE字符组成的。某些特殊的字符不可以出现在文件名中，例如反斜线\和取地址符&等，因为这些字符在Shell中有特殊的含义。各个文件系统对于文件名的长度有不同的限制，但是绝大部分的文件系统将文件名的长度限制在256个字符以内。

　　普通文件都是用户直接或者通过应用程序间接创建的文件，用来存储用户数据。一般来说，普通文件可以分为以下3种类型。

1．纯文本文件

　　这是Linux系统中最多的一种文件类型，之所以称为纯文本文件，是因为其内容是可以直接阅读的文本数据，例如数字、字母以及UNICODE字符等。Linux中几乎所有的配置文件都属于纯文本文件。下面的命令显示了SSH服务器的配置文件的部分内容：

```
liu@ubuntu:~$ cat /etc/ssh/ssh_config

# This is the ssh client system-wide configuration file.  See
# ssh_config(5) for more information.  This file provides defaults for
# users, and the values can be changed in per-user configuration files
# or on the command line.

# Configuration data is parsed as follows:
# 1. command line options
# 2. user-specific file
# 3. system-wide file
# Any configuration value is only changed the first time it is set.
# Thus, host-specific definitions should be at the beginning of the
# configuration file, and defaults at the end.

# Site-wide defaults for some commonly used options.  For a comprehensive
# list of available options, their meanings and defaults, please see the
# ssh_config(5) man page.

Host *
#   ForwardAgent no
#   ForwardX11 no
#   ForwardX11Trusted yes
#   RhostsRSAAuthentication no
#   RSAAuthentication yes
#   PasswordAuthentication yes
#   HostbasedAuthentication no
#   GSSAPIAuthentication no
#   GSSAPIDelegateCredentials no
#   GSSAPIKeyExchange no
#   GSSAPITrustDNS no
#   BatchMode no
#   CheckHostIP yes
```

从上面的内容可以得知，该文件的内容可以直接阅读和修改，里面所有的内容都是ASCII码字符。其中cat命令用来输出某个文件的内容。

2. 二进制文件

二进制文件是指经过编译的计算机可以直接执行的机器代码文件。Linux中的可执行文件几乎都是二进制文件，包括cp、cat、su以及rm等各种命令，Apache HTTP服务器的主文件httpd等。这些文件的内容不可以直接供人阅读，而是给计算机执行的。如果使用cat等命令来查看二进制文件的内容，会发现输出的是一些不可识别的字符。

> **注意** Shell脚本文件以及批处理文件尽管可以执行，但是它们属于文本文件，而不是二进制文件。

3. 其他特定数据格式的文件

特定格式的文件一般都是由特定的应用程序生成和操作的，人们不可以直接阅读和修改。例如图片文件，用户只能通过图片处理程序来创建和修改；MySQL的数据库文件，只能通过MySQL数据库管理系统来读取和修改；音频文件，只能通过多媒体处理程序来修改。

在Linux系统中，普通文件有着特殊的标识，用户可以通过多种方式来判断是否为普通文件及其类型。

通常情况下，用户可以通过含有-l选项的ls命令来查看文件类型，如下所示：

```
liu@ubuntu:~$ ls -l /etc/
总用量 1164
drwxr-xr-x   129    root    root    12288    6月  10 22:39    ./
drwxr-xr-x   24     root    root    4096     6月  10 08:05    ../
drwxr-xr-x   3      root    root    4096     4月  12 11:14    acpi/
-rw-r--r--   1      root    root    3028     4月  12 11:07    adduser.conf
drwxr-xr-x   2      root    root    4096     6月   2 20:45    alternatives/
-rw-r--r--   1      root    root    401      12月 29 2014     anacrontab
-rw-r--r--   1      root    root    433      8月   5 2016     apg.conf
...
```

在上面的命令中，ls命令用来列出目录的内容，-l选项表示以详细格式来显示。关于这个命令的详细使用方法，将在后面介绍，在此只介绍如何通过该命令查看文件类型。可以得知，上面的输出结果一共有7列，其中，第1列是一个由10个字符组成的字符串。其中第一个字符为-的文件为普通文件。当然，可以是文本文件或者可执行文件等。

注意 为了执行方便，很多Linux发行版都为ls -l命令定义了一个别名为ll。也就是说，用户可以直接输入ll来代替ls -l。

除使用ls -l命令外，Linux还提供file命令来查看文件的具体类型。例如：

```
liu@ubuntu:/usr/bin$ file /etc/profile
/etc/profile: ASCII text
liu@ubuntu:/usr/bin$ file /bin/touch
/bin/touch: ELF 64-bit LSB shared object, x86-64, version 1 (SYSV), dynamically
linked, interpreter /lib64/ld-linux-x86-64.so.2, for GNU/Linux 2.6.32,
BuildID[sha1]=7d2d093d92521ed97002477d7cbef07ef2a4dbbb, stripped
```

从上面的命令可以得知，/etc/profile为一个纯文本文件。而/bin/touch则是一个可执行文件，其中ELF表示可执行文件。

3.2.2 目录文件

Linux把目录也看作一种文件。目录的功能与普通文件不同，它主要用来组织和管理文件或者其他的目录，其中存放着文件名和文件索引结点之间的关联关系。目录文件的命名与普通文件一样。在ls -l命令的显示结果中，目录文件的第一个字符为d。例如，用户可以通过以下命令将/etc下面的目录文件单独列出来：

```
liu@ubuntu:~$ ls -l /etc|grep '^d'
drwxr-xr-x   3    root         root         4096         4月  12 11:14    acpi
drwxr-xr-x   2    root         root         4096         6月   2 20:45    alternatives
```

```
drwxr-xr-x   6    root         root         4096        4月  12 11:11    apm
drwxr-xr-x   3    root         root         4096        4月  12 11:14    apparmor
drwxr-xr-x   8    root         root         4096        6月   2 20:47    apparmor.d
drwxr-xr-x   5    root         root         4096        4月  12 11:14    apport
...
```

在上面的命令中，|符号表示匿名管道，将ls -l命令的输出结果输入后面的命令。grep命令用来对ls -l命令的输出结果进行筛选，而^d则是一个正则表达式，表示以字符d开始的文本。

同样，file命令也可以用来判断是否为目录文件，如下所示：

```
liu@ubuntu:~$ file /etc/*
/etc/acpi:                  directory
/etc/adduser.conf:          ASCII text
/etc/alternatives:          directory
/etc/anacrontab:            ASCII text
/etc/apg.conf:              ASCII text
/etc/apm:                   directory
/etc/apparmor:              directory
/etc/apparmor.d:            directory
/etc/apport:                directory
/etc/appstream.conf:        ASCII text
```

可以得知，对于目录文件，file命令输出为directory。

而在文件管理器中，目录文件的图标为一个文件夹，如图3-3所示。

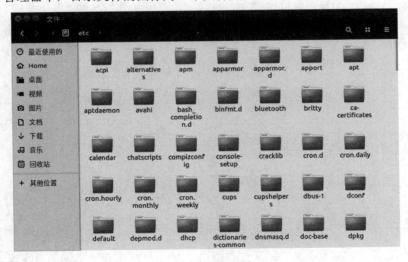

图 3-3　目录文件

3.2.3　字符设备文件

字符设备文件为一类特殊文件，该类文件代表的是硬件设备。字符设备文件的数据是以字节流发送的，只能一字节一字节地读写，不能随机读取设备内存中的某一数据，读取数据需要按照先后顺序。这些设备包括终端设备和串口设备，例如键盘、鼠标以及打印机等。

在ls -l命令中，字符设备的标识为c，如下所示。

```
liu@ubuntu:~$ ls -l /dev
总用量 0
...
brw-rw----+ 1   root    cdrom        11,   0 6月  10 22:38     sr0
...
crw-rw-rw-  1   root    tty          5,    0 6月  10 22:38     tty
...
```

在上面的输出中，终端设备tty的文件类型为c，即字符英文单词的首字母。

如果使用file命令，则可以显示更加详细的信息，如下所示。

```
liu@ubuntu:~$ file /dev/tty
/dev/tty: character special (5/0)
```

上面的命令显示/dev/tty文件为字符特殊文件。

3.2.4 块设备文件

与字符设备文件一样，块设备文件也属于Linux中的特殊文件。但是与前者不同的是，块设备文件支持从设备的任意位置读取一定长度的数据。也就是说，块设备文件不是按照顺序读取数据的，而是可以随机访问的，数据的读写只能以块为单位。此外，块设备文件一般都配备了高速缓存，大大提高了性能，能够在短时间内传输大量的数据。在计算机中，作为块设备使用的设备也有很多，其中最常见的就是磁盘、U盘以及SD卡等。

用户同样可以通过ls命令或者file命令判断设备的类型。例如，可以通过以下命令列出当前系统中的块设备文件：

```
liu@ubuntu:~$ ls -l /dev | grep '^b'
brw-rw----  1      root    disk     7,   0 6月  11 09:48     loop0
brw-rw----  1      root    disk     7,   1 6月  11 09:48     loop1
brw-rw----  1      root    disk     7,   2 6月  11 09:48     loop2
brw-rw----  1      root    disk     7,   3 6月  11 09:48     loop3
...
brw-rw----  1      root    disk     8,   0 6月  11 09:48     sda
brw-rw----  1      root    disk     8,   1 6月  11 09:48     sda1
brw-rw----  1      root    disk     8,   2 6月  11 09:48     sda2
...
brw-rw----+ 1      root    cdrom    11,  0 6月  11 09:48     sr0
```

上面的输出结果中，块设备文件的文件类型属性为b，即块的英文单词的首字母。sda为当前系统中连接的第1块磁盘，sda1、sda2以及sda3等分别是sda上面的分区。sr0为光驱，光盘也属于块设备文件。

通过file命令也可以得到相同的结果，如下所示。

```
liu@ubuntu:~$ file /dev/sda
/dev/sda: block special (8/0)
```

上面介绍了Linux系统中常见的两种特殊文件，分为字符设备和块设备。在理解和掌握这两种特殊文件时需要特别注意以下几点：

（1）字符设备和块设备的定义属于操作系统的设备访问层，与实际物理设备的特性并无必然联系。在操作系统中，设备访问层下面就是驱动程序，所以只要是驱动程序能够提供的方式，都可以使用。也就是说，如果驱动程序支持字符流方式，那么就可以用这种方式访问，如果驱动程序还支持块方式，那么用哪种方式访问都可以。

一个比较典型的例子是磁盘。通常情况下，操作系统对磁盘的读写都是按块进行的，使用缓冲区来存放暂时的数据，待条件成熟后，从缓存一次性写入磁盘或者从磁盘一次性读出放入缓冲区。但是在某些特殊情况下，为了提高性能，需要绕开操作系统对磁盘进行存取访问，此时称为磁盘裸设备。在这种情况下，操作系统就不能按块访问磁盘了，而是由应用程序来直接访问。因此，此时磁盘是作为字符设备使用的。最常见的应用场景就是Oracle数据库。

（2）两种类型的设备的根本区别在于它们是否可以被随机访问，换句话说，就是能否在访问设备时随意地从一个位置跳转到另一个位置。例如，键盘提供的就是一个字符流，当用户输入dog这个字符串时，键盘驱动程序会按照和输入完全相同的顺序返回这个由三个字符组成的字符流。如果让键盘驱动程序打乱顺序来读取字符串，或读取其他字符，都是没有意义的。所以键盘就是一种典型的字符设备，它提供的就是用户从键盘输入的字符流。对键盘进行读操作会得到一个字符流，首先是d，然后是o，接着是g，最后是文件的结束符（EOF）。当没人从键盘输入时，字符流就是空的。

而磁盘设备的情况就不大一样。磁盘设备的驱动可能要求读取磁盘上任意块的内容，然后又转去读取别的块的内容，而被读取的块在磁盘上的位置不一定要连续，所以说磁盘可以被随机访问，而不是以流的方式被访问，显然它是一个块设备。

3.2.5　管道

管道的名称非常形象。所谓管道，是Linux系统中将一个进程的输出连接到另一个进程的输入，从而允许进程间通信的文件。因此，可以简单地讲，管道的作用是充当两个进程间数据交换的通道。可以把Linux系统中需要通信的两个进程比作两段断开的水管，现在需要将一段水管中的水引入到另一段水管中。为了达到这个目的，需要一段中间的转接水管。而管道则承担了这个角色。参与数据交换的两个进程就是那两段断开的水管，管道就是中间的转接水管，而数据就是水管中的水。

Linux中的管道文件有两种类型，分别为匿名管道和命名管道。下面首先介绍匿名管道。

在Linux中，匿名管道使用|符号表示。通常情况下，它用来连接两个命令。例如：

```
liu@ubuntu:~$ ps -ef | grep mysql
mysql    5790    1       0   10:27 ?      00:00:01      /usr/sbin/mysqld
liu      6586    2872    0   11:04 pts/0 00:00:00       grep --color=auto mysql
```

在上面的命令中，通过|符号把ps和grep这两个命令连接起来。前者表示列出当前系统中的进程，后者用来匹配指定的字符串。ps -ef命令的执行结果会直接作为grep mysql命令的输入。经过grep命令的筛选之后，才输出到屏幕上。因此，这个组合命令的作用就是查找当前系统中是否存在包含mysql关键字的进程。通常情况下，用户可以使用以上命令来判断MySQL Server是否正在运行。

类似的应用场合还有很多，例如，用户通过ls命令查看目录内容，如果文件太多的话，屏幕就会滚动很快，根本看不清。此时，可以通过以下组合命令来解决这个问题：

```
liu@ubuntu:~$ ls -l /etc | more
```

```
总用量 1152
drwxr-xr-x   3    root      root     4096    4月  12 11:14    acpi
-rw-r--r--   1    root      root     3028    4月  12 11:07    adduser.conf
drwxr-xr-x   2    root      root     4096    6月  11 10:27    alternatives
...
```

通过匿名管道将ls命令的输出结果传递给more命令之后，如果输出结果超过一屏，则会在屏幕底部显示一个"更多"的提示。用户可以通过空格键翻屏，也可以通过Enter键逐行滚动。

尽管匿名管道也属于特殊文件，但是它并没有在磁盘上面出现，也没有文件名。因此，匿名管道只能用于具有亲缘关系的进程间通信，在命名管道（FIFO）提出后，该限制得到了克服。FIFO不同于管道之处在于，它提供一个文件名与之关联，以FIFO的文件形式存储于文件系统中。命名管道是一个设备文件，因此，即使进程与创建FIFO的进程不存在亲缘关系，只要可以访问该路径，就能够通过FIFO相互通信。

用户可以通过ls命令或者file命令来查看命名管道的类型，如下所示。

```
liu@ubuntu:~$ ls -l /run/systemd/initctl/
总用量 0
prw-------        1       root    root     0    6月  11 09:48       fifo
```

在上面的输出结果中，fifo为一个命名管道文件，其类型属性为p，即管道英文单词的首字母。如果使用file命令，则可以得到以下结果：

```
liu@ubuntu:~$ file /run/systemd/initctl/fifo
/run/systemd/initctl/fifo: fifo (named pipe)
```

下面介绍命名管道的创建和读写数据的方法。Linux提供了两种方式创建命名管道，一种是在Shell下通过命令交互式创建命名管道，另一种是在程序中通过调用系统函数创建命名管道。

在Shell下，用户可以通过两个命令来创建命名管道，分别为mknod和mkfifo。下面首先使用mknod来创建一个命名管道：

```
liu@ubuntu:~$ mknod fifo p
liu@ubuntu:~$ ls - fifo
prw-r--r--   1    liu     liu      0    6月  11 12:14       fifo
```

在上面的命令中，fifo参数表示命名管道文件名，p选项表示要创建的特殊文件类型为管道文件。

使用mkfifo命令则比较简单，直接指定文件名作为参数即可，如下所示。

```
liu@ubuntu:~$ mkfifo fifo
liu@ubuntu:~$ ls -l fifo
prw-r--r--   1    liu     liu      0    6月  11 12:52       fifo
```

为了便于用户编写程序，Linux提供了mkfifo()函数来创建命名管道文件，该函数的原型如下：

```
int mkfifo(const char *pathname, mode_t mode);
```

其中，pathname参数为命名管道文件的文件名，mode为文件的访问权限，该函数的返回值为整型。下面的代码演示如何通过mkfifo()函数创建命名管道：

```
01  #include <unistd.h>
02  #include <stdlib.h>
```

```
03   #include <stdio.h>
04   #include <sys/types.h>
05   #include <sys/stat.h>
06
07   int main()
08   {
09       int res = mkfifo("my_fifo",0777);
10       if(!res)
11       printf("FIFO created\n");
12
13       exit(EXIT_SUCCESS);
14   }
```

在上面的代码中，第09行调用mkfifo()函数创建名称为**my_fifo**的命名管道文件，并且指定其访问权限为0777，即所有的用户都可以执行读写操作。如果创建成功，则该函数的返回值为0，否则返回值为-1。第11行在创建成功后会输出一行提示信息。

将以上代码保存为mkfifo.c文件，然后通过gcc命令进行编译。默认情况下，gcc的输出目标文件为a.out。执行该文件之后，可以得到以下结果：

```
liu@ubuntu:~$ gcc mkfifo.c
liu@ubuntu:~$ ./a.out
FIFO created
0liu@ubuntu:~$ ls -l my_fifo
prwxr-xr-x  1    liu    liu     0   6月 11 13:15        my_fifo
```

注意 在编译C程序时，需要安装gcc软件包。

接下来通过一个简单的例子来说明命名管道的读写方法。

首先在命令行中输入以下命令：

```
liu@ubuntu:~$ cat < my_fifo
```

在上面的命令中，cat命令用来显示文本内容，小于号<为重定向符，其功能是将后面的输出重定向到cat命令，my_fifo是刚才创建的命名管道的文件名。按Enter键之后，会发现该命令并没有直接返回，而是处于阻塞状态，等待用户输入。

接下来重新打开一个终端窗口，输入以下命令：

```
liu@ubuntu:~$ echo "Hello, world" > my_fifo
```

在上面的命令中，echo命令用来输出一行字符串到屏幕，后面紧跟的是要输出的内容。大于号>同样是重定向符，其功能与小于号相反，是将前面命令的输出重定向到后面的设备，最后的my_fifo同样是前面创建的命名管道。当按Enter键之后，会发现前面打开的终端窗口中的cat命令已经执行完成，并且输出了以下信息：

```
liu@ubuntu:~$ cat < my_fifo
Hello, world
```

可以发现，cat命令的输出结果正是echo命令发送的数据。这样，通过命名管道作为中间的桥梁实现了不同进程间的数据通信。

> 注意 FIFO总是按照先进先出的原则工作，第一个被写入的数据将首先从管道中读出。此外，命名管道中不保存数据。

3.2.6 套接字

在介绍套接字之前，必须再次重复一遍，在Linux系统中，一切都是文件。希望读者在理解Linux文件类型和文件系统的时候，一定不要忘记Linux的这个理念。如果脱离了这个理念，在学习文件类型和文件系统时，就会陷入迷茫。

简单地讲，套接字是方便进程之间通信的特殊文件。与管道不同的是，通过套接字能使通过网络连接的不同计算机的进程之间进行通信。也就是说，套接字可以为运行在网络上不同机器中的进程提供数据和信息传输。

一般来说，套接字文件都是用在编写程序中，很少用在Shell的交互场合中。一个比较典型的例子就是MySQL Server的套接字文件。在ls命令中，套接字文件以字母s标识，如下所示。

```
liu@ubuntu:~$ ll /run/mysqld/
总用量 8
drwxr-xr-x   2    mysql    mysql    100    6月  11 10:27    ./
drwxr-xr-x   29   root     root     900    6月  11 10:27    ../
-rw-r-----   1    mysql    mysql    5      6月  11 10:27    mysqld.pid
srwxrwxrwx   1    mysql    mysql    0      6月  11 10:27    mysqld.sock=
-rw-------   1    mysql    mysql    5      6月  11 10:27    mysqld.sock.lock
```

> 注意 与管道一样，套接字文件也不与任何数据块关联。

3.2.7 文件链接

在Linux的文件系统中，用户会经常遇到文件链接。文件链接是Linux文件系统最重要的特点之一。简单地讲，所谓链接，就是对文件的引用。从某种程度上讲，文件链接类似于Windows中的快捷方式。但是，文件链接的功能要比快捷方式强大得多。

在Linux系统中，链接可以如同原始文件一样来对待。链接可以与普通的文件一样被执行、编辑和访问。对系统中的其他应用程序而言，链接就是它所对应的原始文件。当用户通过链接对文件进行编辑时，实际上编辑的是原始文件，文件链接不是元素文件的副本。

文件链接分为符号链接和硬链接两种类型。下面分别对这两种文件链接进行介绍。

1. 符号链接

符号链接又称为软链接。符号链接的功能类似于一个指针，指向文件在文件系统中的具体位置。比较重要的是，符号链接可以跨文件系统，甚至可以指向远程文件系统中的文件。也就是说，可以在一个文件系统中创建一个符号链接，指向另一个文件系统中的某个文件。

符号链接只是指明了原始文件的位置，用户需要对原始文件有访问权限才可以使用符号链接。如果原始文件被删除，所有指向它的符号链接都将会失效，它们会指向文件系统中并不存在的一个位置。

用户可以通过ls或者file命令来判断符号链接。在ls命令中，符号链接的标识为字母l。此外，在文件名中，还是用箭头符号指向原始文件，如下所示。

```
liu@ubuntu:~$ ls -l /bin
总用量 11348
-rwxr-xr-x  1  root  root  1099016  5月  16 19:35  bash
-rwxr-xr-x  1  root  root  34888    1月  30 02:30  bunzip2
-rwxr-xr-x  1  root  root  1996936  8月  24 2016   busybox
-rwxr-xr-x  1  root  root  34888    1月  30 02:30  bzcat
lrwxrwxrwx  1  root  root  6        5月  28 19:17  bzcmp -> bzdiff
...
```

在上面的输出结果中，bzcmp为符号链接，该符号链接指向了bzdiff文件。

如果使用file命令，则可以得到以下结果：

```
liu@ubuntu:~$ file /bin/bzcmp
/bin/bzcmp: symbolic link to bzdiff
```

上面的命令明确告诉我们，/bin/bzcmp是一个指向bzdiff的符号链接。

2. 硬链接

硬链接是同一个文件系统中同一个文件的一个或者多个别名。硬链接直接指向文件的实际数据在磁盘上面的存储位置，而不是文件在文件目录树中的位置。正因为如此，当用户移动或删除原始文件时，硬链接不会被破坏。如果用户删除的文件有相应的硬链接，那么这个文件依然会保留，直到所有对它的引用都被删除。

实际上，Linux文件系统的绝大部分文件都是硬链接，只不过有的文件有一个硬链接，而有的文件有多个硬链接。用户可以通过ls命令来查看文件的硬链接的数量，如下所示。

```
liu@ubuntu:~$ ls -li
总用量 76
...
2155  -rw-r--r--  3  liu liu 2701  6月  12 22:50  http
2155  -rw-r--r--  3  liu liu 2701  6月  12 22:50  http1.c
2155  -rw-r--r--  3  liu liu 2701  6月  12 22:50  http.c
2151  lrwxrwxrwx  1  liu liu 4     6月  12 22:56  https -> http
2149  -rw-r--r--  1  liu liu 275   6月  11 13:14  mkfifo.c
...
```

在上面的命令中，使用了ls的-i选项，该选项可以把文件的i节点显示出来。所谓i节点，是Linux文件系统中非常重要的一个概念。i节点是一个整数值，可以在文件系统中唯一标识某个文件。

观察上面命令的输出结果，可以发现前面3个文件除文件名不同外，其他的属性都是完全相同的。其中第1列就是文件的i节点，前面3个文件的i节点都是2155，这说明这3个文件是同一个文件。第3列是文件的硬链接数，可以看到，这3个文件的硬链接数都为3。实际上，这3个硬链接指的就是前面的3个文件。用户可以尝试删除第1个文件，然后观察后面两个文件的硬链接数的变化，如下所示。

```
liu@ubuntu:~$ rm http
liu@ubuntu:~$ ls -il
总用量 72
```

```
...
2155    -rw-r--r--     2    liu liu    2701 6月 12 22:50    http1.c
2155    -rw-r--r--     2    liu liu    2701 6月 12 22:50    http.c
2151    lrwxrwxrwx     1    liu liu    4    6月 12 22:56    https -> http
...
```

　　rm命令用来删除文件。在上面的命令中，将名称为http的文件删除。然后通过ls命令查看http1.c和http.c这两个文件的硬链接数的变化。可以发现，这两个文件的硬链接数都减少了1。

　　如果继续删除http1.c文件，那么http.c的硬链接数就会减少为1，以此类推。当文件的硬链接数变为0时，该文件就从磁盘中消失了。

　　从前面的介绍可以得知，符号链接和硬链接存在以下不同的特性：

　　（1）硬链接的几个文件之间有着相同的i节点和文件数据区，而每个符号链接都是一个相对独立的文件，拥有自己的文件属性和权限。

　　（2）用户只能对已存在的文件创建硬链接，但可对不存在的文件或目录创建符号链接。

　　（3）不可以跨越文件系统创建硬链接，但是符号链接可以跨越文件系统。

　　（4）不能对目录创建硬链接，但是可以对目录创建符号链接。

　　（5）删除一个硬链接文件并不影响其他拥有相同i节点的文件，同样，删除软链接也并不影响被指向的文件，但若被指向的源文件被删除，则相关符号链接失效。

　　（6）创建硬链接，文件的链接数会增加，创建符号链接，原始文件的链接数不会增加。

　　图3-4显示了符号链接和硬链接的具体区别。

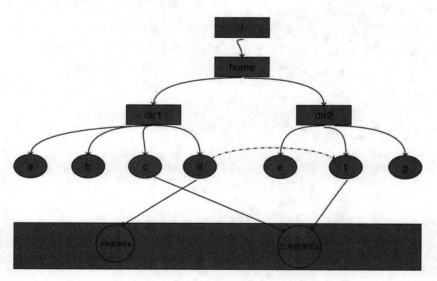

图 3-4　符号链接和硬链接的区别

　　在图3-4中，长方形为目录，椭圆形为文件。home目录下面有两个子目录，分别为dir1和dir2。在dir1中有4个文件，在dir2中有3个文件。其中文件c和文件f指向同一块文件数据区b，因此，这两个文件拥有相同的i节点，这两个文件互为硬链接。文件d则指向文件数据区a，同时又指向文件f。因此，文件d为符号链接。

3.3 文件权限

用户在操作Linux系统的过程中，都会不知不觉地与文件权限发生着密切的关系。在Linux系统中，一切都是文件。而任何一个文件都有其访问权限。作为初学者，需要深入了解Linux的文件权限的定义及其更改方法。本节将对文件权限的概念、文件权限的显示及修改等进行讲解。

3.3.1 文件权限介绍

Linux系统是一个多用户系统，每个用户都会创建自己的文件。为了防止其他人擅自改动他人的文件，需要拥有一套完善的文件保护机制。在Linux系统中，这种保护机制就是文件的访问权限。文件的访问权限决定了谁可以访问和如何访问特定的文件。

为了便于读者理解后面的内容，下面首先介绍一些基础知识。

Linux的文件权限分为基本权限和特殊权限，首先介绍基本权限。

1. 基本权限

Linux系统将文件的基本权限分为3个权限组，分别为文件所有者、文件所属组以及其他用户。所谓文件所有者，一般是指文件的创建者，谁创建了文件，谁就默认成为该文件的所有者。通常情况下，文件所有者对该文件拥有全部权限。文件所属组是指某个用户组对该文件拥有的访问权限。同理，其他用户是指除文件所有者和所属组外的系统中的其他用户对于该文件的访问权限。这3个权限组分别用u、g和o表示。另外，还要加上一个所有用户，用a表示。

对于每个文件或者目录，都有3种基本权限类型，分别为读、写和执行。所谓读权限，是指用户能够读取文件的内容。写权限是指用户能够写入或者修改文件或者目录的内容。执行权限是指用户能够执行该文件或者进入某个目录。这3种基本权限分别用字母r、w和x表示。如果没有这种权限，则用连字符-表示。除这种字母表示方法外，Linux还支持一种二进制数字表示法，即分别用二进制100、010和001表示读、写和执行权限，转换成十进制就是4、2和1。

2. 特殊权限

Linux的权限设置非常灵活，除基本权限外，还有3种特殊权限，分别是setuid、setgid和粘滞位。前面两种都是为了使得某个程序在执行时能够得到权限提升而设置的，而后者则是为了保护文件或者目录不被他人删除而设置的。

setuid和setgid分别允许用户以文件所有者和文件所属组的身份执行某个文件。这两种权限适用于某个任务所需的权限高于运行者所拥有的权限，而为了运行这个任务，允许用户暂时提高权限。

首先介绍一下setuid和setgid。setuid的全称是set user ID upon execution，也就是说在程序执行时设置其用户ID。那么到底是设置成谁的用户ID呢？当然是程序所有者的用户ID。这意味着无论是哪个用户，只要有执行该程序的权限，那么在该程序执行时，都相当于该程序的所有者在执行。程序所有者所拥有的权限，程序执行者在程序执行的时候也拥有。setgid的全称是set group ID upon execution，其中组ID指的是文件所在组的ID。也就是说，无论谁在执行该程序，只要有执行的权限，那么在程序执行的时候，程序所在组所拥有的权限，执行者同样拥有。

这两种权限通常用在执行某个特殊任务时，需要任务执行者的权限得到临时提升。例如，在

Linux系统中，/etc/passwd和/etc/shadow是两个非常关键的文件。前者用来存储账号信息，后者用来存储密码。这两个文件的所有者为root用户，并且只有root用户才有写入的权限。但是，我们知道，Linux系统中的每个用户都可以通过passwd命令修改自己的密码，有些非root用户可以在Linux系统中增加或者删除账号。而无论是修改密码还是增删账号都会修改/etc/shadow和/etc/passwd，那么这个功能是如何实现的呢？

实际上，这要归功于setuid权限，Linux系统为passwd命令设置了该权限，并且将passwd命令的所有者设置为root，而系统中其他的有效用户都可以执行passwd命令。这样，在其他用户执行passwd命令的时候，就会拥有root用户的权限，因此就可以修改这两个文件了。

> 注意 除setuid和setgid外，Linux还提供了其他的安全机制，包括普通用户不能修改其他用户的密码等。

setuid和setgid这两种特殊权限用字符s表示，其中，setuid占用所有者权限的第3个字符，即x所在的位置。setgid占用文件所在组权限的第3个字符，同样是x所在的位置。如果setuid或者setgid和x权限同时拥有，则会两种权限叠加，用小写的字符s表示。如果只设置了setuid或者setgid，而没有x权限，则用大写的字符S表示。

除字符表示法外，还可以使用数字表示这两种特殊权限，其中setuid在权限的最高位上用十进制数字4表示，而setgid在权限的最高位上用十进制数字2表示。

粘滞位的作用恰恰与刚才介绍的两种权限相反。例如，/tmp目录是Linux为所有的应用程序提供的临时目录，这个目录对于所有的用户来说都是可读、可写的。系统中那么多的应用程序，会不会出现某个应用程序修改或者删除其他的应用程序的情况呢？如果这种情况发生的话，必然会导致Linux系统中的应用程序执行错乱。

为了防止上面所讲的现象发生，Linux系统为/tmp目录设置了粘滞位。设置了粘滞位之后，只有文件的所有者才可以修改或者删除/tmp目录中的文件。

粘滞位在文件权限中用字符t表示，占用其他用户权限的第3个字符，即x所在的位置。同样，如果同时设置了粘滞位和执行权限，则用小写的字母t表示；如果只有粘滞位，而没有执行权限，则用大写的字母T表示。如果用数字来表示粘滞位的话，则在最高位上用十进制数字1表示。

3.3.2 显示文件权限

前面介绍了Linux系统的文件权限的概念，接下来详细介绍如何显示Linux系统中的文件权限。

要显示文件权限，可以使用含有-l选项的ls命令。该命令可以用来显示一组或者某个特定的文件的访问权限，如下所示。

```
liu@ubuntu:~$ ls -l /bin
总用量 11348
-rwxr-xr-x  1   root    root    1099016     5月  16 19:35      bash
-rwxr-xr-x  1   root    root    34888       1月  30 02:30      bunzip2
-rwxr-xr-x  1   root    root    1996936     8月  24 2016       busybox
-rwxr-xr-x  1   root    root    34888       1月  30 02:30      bzcat
lrwxrwxrwx  1   root    root    6           5月  28 19:17      bzcmp -> bzdiff
...
```

上面的输出结果一共有7列。其中，第1列的第1个字符代表文件类型，已经在前面介绍过了。而第1列的后面9个字符代表文件的访问权限。至于剩下的6列，将在后面的文件操作中详细介绍。下面介绍第1列中的后9个字符的含义。

这9个字符分为3组，其中第1组的3个字符代表文件所有者的访问权限，第2组的3个字符代表文件所在组的访问权限，第3组的3个字符代表其他用户的访问权限。r字符表示读（read）权限，w字符表示写（write）权限，x字符表示执行（execute）权限。如果没有该权限，则用连字符-表示。

例如bash文件的权限为rwxr-xr-x，所以文件所有者的访问权限为rwx，即可读、可写和可执行；文件在组的访问权限为r-x，即可读、可执行但不可写；其他用户的访问权限为r-x，同样是可读、可执行但不可写。符号链接bzcmp的权限为rwxrwxrwx，即所有的用户都是可读、可写和可执行的。如果我们查看/etc/passwd文件，则其结果显示如下：

```
liu@ubuntu:~$ ls -l /etc/passwd
-rw-r--r--    1   root    root    2522    6月 14 20:32    /etc/passwd
```

可以得知，文件所有者对于该文件的访问权限为可读和可写，而对于所有其他的用户而言，该文件都是只读的。

如果显示passwd命令的访问权限，则结果如下：

```
liu@ubuntu:~$ ls -l /usr/bin/passwd
-rwsr-xr-x  1   root    root    54256   5月 16 10:28    /usr/bin/passwd
```

从上面的结果可以得知，passwd命令的所有者权限为rws，这意味着同时设置了setuid权限和可执行权限。

/tmp目录的访问权限如下所示。

```
liu@ubuntu:~$ ls -l /
总用量 101
...
drwxrwxrwt  12    root        root        4096        6月  16 21:56        tmp
...
```

从上面的结果可以得知，/tmp的文件权限的最后1组为rwt，即设置了粘滞位，而其他的用户又拥有执行权限。

除使用ls命令外，在文件管理器中右击某个文件，在弹出的快捷菜单中选择"属性"命令，然后切换到"权限"选项卡，同样可以查看文件的访问权限，如图3-5所示。

在图3-5中，可以看到文件的访问权限同样分为3组，分别为"所有者""组"和"其他"。

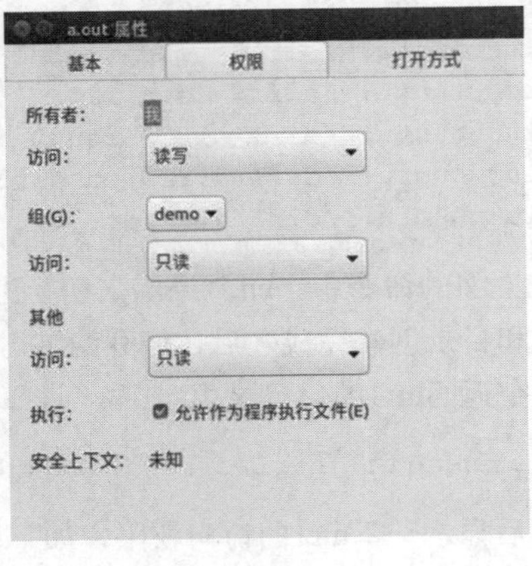

图 3-5　显示文件的访问权限

3.3.3 修改文件权限

学会了如何显示文件的访问权限，必然会考虑到如何修改某个文件的访问权限。修改访问权限需要使用chmod命令，其基本语法如下：

```
chmod [option]... permission[,permission]... file...
```

其中，option表示命令选项。chmod有多个选项，但是其中最常用的为-R或者--recursive，该选项表示递归修改文件的权限，也就是说，如果用户使用含有-R选项的chmod命令修改某个目录的权限，那么该目录所包含的所有文件和子目录以及子目录所包含的文件和子目录的权限都会被修改。否则，只修改目录本身，而目录所包含的文件和子目录的权限不会被修改。

permission参数表示文件的权限。文件的权限可以使用字符串表示，也可以使用数值表示。下面首先介绍字符串表示法。

前面已经介绍过，文件的访问权限分为3个权限组，分别为所有者、所在组和其他用户，这3个权限组分别用字符u、g和o表示。这3个字符实际上是英文单词用户（user）、组（group）和其他（other）的首字母，这样更加便于记忆。

另外，既然是权限，必然会涉及权限的增加或者删除。在Linux系统中，使用+表示增加某个权限，而-表示删除某个权限。

关于权限的表示方法，在3.3.1节中已经详细介绍过了，此处不再重复。

chmod命令的最后一个参数file表示要修改的文件或者目录列表，多个文件或者目录之间用逗号隔开。

为了便于演示，首先需要创建几个目录和文件，命令如下：

```
liu@ubuntu:~$ mkdir -p dir1/dir2/dir3
```

mkdir命令表示创建目录，其中-p选项表示如果父目录不存在，则创建其父目录。因此，上面的命令实际上同时创建了3个目录，它们之间是包含关系。然后分别在这3个目录中创建一个文件，命令如下：

```
liu@ubuntu:~$ cd dir1
liu@ubuntu:~/dir1$ touch file1
liu@ubuntu:~/dir1$ cd dir2
liu@ubuntu:~/dir1/dir2$ touch file2
liu@ubuntu:~/dir1/dir2$ cd dir3
liu@ubuntu:~/dir1/dir2/dir3$ touch file3
```

在上面的命令中，cd命令用来切换当前的工作目录，touch命令则创建一个空白文件。当所有的文件和目录创建完成之后，便开始练习修改文件的访问权限。如果当前的目录还是dir3，则执行以下命令返回dir1的父目录中：

```
liu@ubuntu:~/dir1/dir2/dir3$ cd ../../..
```

然后显示一下dir1的访问权限，如下所示。

```
liu@ubuntu:~$ ls -l
总用量 176
...
drwxr-xr-x  3   liu    demo    4096    6月  16 23:03        dir1/
```

```
...
```

　　可以得知，其访问权限为rwxr-xr-x。下面通过chmod命令将dir1的访问权限设置为所在组可写，命令如下：

```
liu@ubuntu:~$ chmod g+w dir1
liu@ubuntu:~$ ls -l
总用量 76
...
drwxrwxr-x  3   liu      demo    4096     6月  16 23:03          dir1
...
```

其中，g+w表示为所在组增加写入权限。从结果可以看到，dir1的访问权限已经被修改为rwxrwxr-x，第2组由r-x变为rwx。如果想要把刚才增加的权限删除，则可以使用以下命令：

```
liu@ubuntu:~$ chmod g-w dir1
liu@ubuntu:~$ ls -l
总用量 76
...

drwxr-xr-x  3   liu      demo    4096     6月  16 23:03          dir1
...
```

其中，g-w的作用与g+w相反，即将所在组的写入权限取消。

　　用户可以同时修改多个权限组，例如想要为所在组和其他人同时增加写入权限，则可以执行以下命令：

```
liu@ubuntu:~$ chmod g+w,o+w dir1
```

　　此外，多个权限也可以组合，例如，下面的命令将为所在组增加写入权限，删除读取权限，同时为其他用户组删除写入权限：

```
liu@ubuntu:~$ chmod g+w-r,o-w dir1
```

　　接着通过以下命令进入dir1目录，并且查看其内容的文件权限：

```
liu@ubuntu:~$ cd dir1
liu@ubuntu:~/dir1$ ls -l
总用量 4
drwxr-xr-x 3       liu     demo    4096       6月  16 23:03          dir2
-rw-r--r-- 1       liu     demo    0          6月  16 23:03          file1
```

　　可以得知，无论是子目录dir1，还是文件file1，其访问权限都没有发生变化，也就是说没有受到上面的命令的影响。但是，如果我们在前面的命令中增加-R选项，则会影响dir1目录下面的所有文件和子目录，读者可以自行验证。

　　介绍完了通过字符串表示法来修改文件的权限，想必读者已经掌握了基本的权限设置方法。在前面的内容中，我们已经讲了权限的数值表示法，同样，在这里也可以通过数值来修改文件的权限。

　　如果不包含特殊权限，则文件的权限可以用3位十进制数值来表示，第1位表示所有者权限，第2位表示所在组权限，第3位表示其他用户权限。每位十进制数值都是3种权限的数值的和。例如，7表示文件可读、可写和可执行，因为7=1+2+4，其中1表示可执行，2表示可写，4表示可读。如果只有可写和可执行，则其数值为6。以此类推，只有可读和可执行，则其数值为5。只有可读和可写，其数值为3。

通过前面的分析，可以得出，如果一个文件其所有者可读、可写和可执行，所在组为可读和可执行，其他用户为可执行，则其权限可表示为751，如下所示。

```
liu@ubuntu:~$ chmod 751 dir1
liu@ubuntu:~$ ls -l
总用量 76
...
drwxr-x--x   3        liu      demo      4096          6月  16 23:03       dir1
...
```

如果将文件的权限设置为777，则所有的用户都将可以读取、修改和执行该文件：

```
liu@ubuntu:~$ chmod 777 dir1
liu@ubuntu:~$ ls -l
总用量 76
...
drwxrwxrwx   3        liu      demo      4096          6月  16 23:03       dir1
...
```

> **注意** 在进行系统管理时，切勿将关键文件的访问权限设置为777，这将引起不可预料的安全隐患。此外，在设置权限时，一定要坚持最小权限的原则，切勿为了省事，而授予过多不必要的权限。

读到这里，读者可能会有个疑问。怎么样才能通过数值法来设置setuid、setgid以及粘滞位等特殊权限呢？答案实际上很简单，接下来将会介绍。

3.3.4 更改文件所有权

通常来说，文件的所有者就是文件的创建者，文件的所有者拥有文件的所有访问权限。在某些情况下，需要改变文件的所有者。例如系统管理员以root用户的身份创建了一个MySQL数据库的配置文件，此时文件的所有者应该是root用户。当配置完成之后，这个配置文件就应该由MySQL的服务账号来管理和访问。这个时候，就需要把该配置文件的所有权让渡给MySQL服务账号，让其对该文件拥有完整的权限。

首先介绍一下如何查看文件的所有者。在含有-l选项的ls命令中，输出结果的第3列为文件的所有者，第4列为文件的所属组，如下所示。

```
liu@ubuntu:~$ ls -l
总用量 48
drwxr-xr-x  3   liu     liu      4096          6月  17 08:52      dir1
...
```

在上面的结果中，目录dir1的所有者为liu，所属组也为liu。

Linux系统提供了一个名称为chown的命令，可以更改文件的所有者。该命令的基本语法如下：

```
chown [option]... [owner][:[group]] file...
```

其中，option表示命令选项。与chmod命令一样，其中最常用的一个选项就是-R或者--recursive，用来实现递归更改。owner是文件新的所有者，必须是系统中已经存在的有效账号。冒号后面的group

是所属组，即通过该命令可以修改文件的所属组。如果group参数为空，则只更改文件的所有者；否则，文件的所有者和所属组同时更改。file参数为要更改的文件列表。

下面的命令将目录dir1的所有者更改为root用户，不更改所属组：

```
liu@ubuntu:~$ sudo chown root dir1
liu@ubuntu:~$ ls -l
总用量 48
drwxr-xr-x  3  root   liu   4096   6月  17 08:52      dir1
...
```

在上面的命令中，sudo命令用来以root用户的身份来执行某个命令。

> **注意**　在现代Linux系统中，为了提高系统的安全性，防止误操作，通常以普通用户的身份来执行日常的维护工作。如果需要执行某些系统配置方面的任务，需要使用sudo命令以root身份来执行。

如果需要同时更改文件所有者和所属组，可以使用以下命令：

```
liu@ubuntu:~$ sudo chown root:root dir1
liu@ubuntu:~$ ls -l
总用量 48
drwxr-xr-x  3      root     root   4096    6月  17 08:52       dir1
...
```

可以发现，此时文件的所属组变为root。

> **注意**　在chown命令中，owner和group这两个参数没有必然的联系，即owner不一定是group中的成员，group也不一定包含owner。因为该命令修改的是文件的所有者和所属组，而不是将文件的所有权更改为某个用户组中的某个用户。

3.3.5　文件的特殊权限

前面已经对特殊权限进行了简单介绍。接下来将详细介绍特殊权限的查看和设置方法。在显示的时候，特殊权限占用了所有者、所属组以及其他用户权限的第3个字符，即执行权限的位置。如果目标文件或者目录同时设置了执行权限，则分别用小写字母s和t表示；如果只有特殊权限，而没有可执行权限，则用大写字母S和T表示。例如，下面的data文件因为其他用户没有执行权限，但是又设置了粘滞位，所以出现了大写字母T：

```
liu@ubuntu:~$ ls -l
总用量 48
-rw-r--r-T      1     liu    liu    0      6月  17 09:18      data
```

如果用户想要为名称为data的文件设置setuid权限，则可以使用以下命令：

```
liu@ubuntu:~$ chmod u+s data
liu@ubuntu:~$ ls -l
总用量 48
-rwSr--r-T  1   liu    liu    0   6月  17 09:18        data
```

...

在上面的命令中，字母u表示权限设置为所有权组，s表示设置setuid权限。设置完成之后，通过ls命令可以看到data文件的权限字符串已经变为rwSr--r-T，其中setuid权限使用大写的S表示，这是因为该文件的所有者没有执行权限。如果为所有者赋予执行权限，则setuid权限也会相应地变为小写字母s，如下所示。

```
liu@ubuntu:~$ chmod u+x data
liu@ubuntu:~$ ls -l
总用量 48
-rwsr--r-T    1   liu    liu    0    6月 17 09:18    data
...
```

由于setgid权限也用s表示，只是位置不同，因此如果用户想要设置setgid权限，则只要将命令中的u改为g即可，如下所示。

```
liu@ubuntu:~$ chmod g+s data
liu@ubuntu:~$ ls -l
总用量 48
-rwsr-Sr-T 1  liu   liu   0   6月 17 09:18    data
...
```

最后，粘滞位位于其他用户权限组，表示方法为t，所以要设置粘滞位，需要使用以下命令：

```
liu@ubuntu:~$ chmod o+t data
liu@ubuntu:~$ ls -l
总用量 48
-rwsr-Sr-T 1  liu   liu   0   6月 17 09:18    data
...
```

> **注意** setuid和setgid权限通常用在可执行文件上面，而粘滞位通常用在非可执行文件或者目录上面。

除使用字符表示外，特殊权限同样可以使用数值表示。表示方法非常简单，直接将这些特殊权限的数值放在最高位上面就可以了。关于特殊权限的数值表示法，前面已经介绍过了，其数值分别为4、2和1。所以，如果想要为目录dir1设置setuid权限，则可以使用以下命令：

```
liu@ubuntu:~$ chmod 4751 dir1
liu@ubuntu:~$ ls -l
总用量 76
...
drwsr-x--x 3  liu    demo    4096   6月 16 23:03    dir1
...
```

在上面的命令中，4751中的4就是setuid权限，而751则表示rwxr-x--x普通权限。这样，权限的数值就变成了4位十进制数字。

> **注意** 有时设置了s或t权限，会发现相应的权限位变成了大写的S或T，这是因为在那个位置上没有给它执行权限。

第 4 章
文件和目录管理

在操作 Linux 系统的时候，用户面对的都是各种各样的文件，而目录则是用来组织和管理文件的。所以，无论何时，都会涉及文件和目录的管理，包括创建文件、修改文件、删除文件、创建目录和删除目录等。作为一个系统管理员，必须要熟练掌握文件和目录的常用操作。

本章将介绍文件的创建方法、显示目录内容、显示文件内容、文件的常用操作以及目录的管理等内容。学习完本章之后，读者会基本掌握如何管理 Linux 系统中的文件和目录。

本章主要涉及的知识点有：

❋ 创建文件：主要介绍Linux系统中用户创建文件的几种方法。
❋ 显示文件列表：主要介绍如何通过ls命令显示目录中的文件列表。
❋ 显示文件内容：主要介绍如何通过cat、more、less、head以及tail等命令来显示文本文件的内容。
❋ 文件的常用操作：主要介绍文件的复制、移动、删除、比较以及重命名等操作。
❋ 搜索文件：主要介绍Linux系统中如何搜索文件以及如何将搜索结果进行后续的处理。
❋ 文本内容筛选：主要介绍利用grep命令来筛选文本内容。
❋ 排序：主要介绍文件的排序方法。
❋ 文件的压缩和解压：主要介绍Linux系统的几种压缩和解压缩命令。
❋ 目录管理：主要介绍目录的相关操作，包括创建目录、改变当前目录、复制目录以及移动目录等。

4.1 创建文件

在Linux系统中，创建文件的方法非常多。用户可以自己创建文件，应用程序也可以创建文件，

Linux系统本身也可以创建文件。本节将介绍几种用户创建文件的方法。

4.1.1 使用 touch 命令创建文件

touch命令的主要功能本来并不是创建文件，而是用来改变文件的时间戳。众所周知，每个文件都附有时间戳。这个时间戳包括访问时间和修改时间。而touch命令主要就是用来修改文件的访问时间和修改时间的。但是，如果指定的目标文件不存在，则touch命令会创建一个空白文件。touch命令的基本语法如下：

```
touch filename
```

在上面的语法中，filename为要创建的文件的文件名。例如，使用下面的命令创建一个名称为file1.txt的文件：

```
liu@ubuntu:~$ touch file1.txt
liu@ubuntu:~$ ls -l file1.txt
-rw-r--r-- 1    liu       liu      0    9月  24 00:06        file1.txt
```

从上面的输出结果可以得知，文件file1.txt已经被成功创建，其大小为0字节。

> 注意 如果touch命令后面的文件已经存在，则touch命令会修改目标文件的时间戳为当前系统时间。

4.1.2 使用重定向创建文件

在Linux系统中，每个命令的输出都有默认的目标设备，例如ls、cat以及more等命令的默认输出设备都是屏幕，而lp等命令的默认输出设备为打印机。但是，Linux系统提供了一种特殊的操作，可以改变命令的默认输出目标，称为I/O重定向。重定向分为输出重定向和输入重定向。其中，输出重定向可以创建文件，因此，在此只介绍输出重定向。

Linux主要提供了两个操作符实现输出重定向，分别为>和>>，这两个操作符的区别在于在目标文件已经存在的情况下，>操作符会覆盖已有文件，而>>则会将新的内容追加到已有文件内容的后面，不会清除原来的内容。

如果想要通过重定向创建一个新的空白文件，则非常简单，如下所示。

```
liu@ubuntu:~$ > file2.txt
liu@ubuntu:~$ ls -l file2.txt
-rw-r--r-- 1    liu       liu      0        9月  24 00:22        file2.txt
```

即直接将文件名作为参数，放在>操作符的后面即可。同样，在目标文件不存在的情况下，使用>>操作符也可以创建一个新的空白文件，如下所示。

```
liu@ubuntu:~$ >> file3.txt
liu@ubuntu:~$ ls -l file3.txt
-rw-r--r-- 1    liu       liu      0        9月  24 00:24        file3.txt
```

除创建空白文件外，用户还可以通过重定向将某些命令的执行结果存储到文件中。例如，下面的命令将ls命令的输出结果存储到一个名称为filelist.txt的文件中：

```
liu@ubuntu:~$ ls -l > filelist.txt
liu@ubuntu:~$ more filelist.txt
总用量 52
-rwsr-Sr-T    1    liu     liu     0       9月  24 00:05    data
drwxr-xr-x    3    root    root    4096    9月  17 08:52    dir1
-rw-r--r--    1    liu     liu     0       9月  24 00:06    file1.txt
-rw-r--r--    1    liu     liu     0       9月  24 00:22    file2.txt
-rw-r--r--    1    liu     liu     0       9月  24 00:24    file3.txt
-rw-r--r--    1    liu     liu     0       9月  24 00:26    filelist.txt
drwxr-xr-x    2    liu     liu     4096    9月  17 08:48    公共的
drwxr-xr-x    2    liu     liu     4096    9月  17 08:48    模板
drwxr-xr-x    2    liu     liu     4096    9月  17 08:48    视频
drwxr-xr-x    2    liu     liu     4096    9月  17 08:48    图片
...
```

在上面的命令中，more命令用来显示一个文本文件的内容。从其输出结果可以得知，filelist.txt文件中包含ls命令执行结果中的所有文件信息。

通过上面的例子可以发现，通过输出重定向可以实现许多非常灵活的功能，以达到意想不到的效果。这正是Linux系统的魅力所在。在系统维护的时候，用户经常需要通过find命令来搜索文件。那么如何将搜索结果保存下来以供后续的其他程序来处理呢？通过重定向可以非常容易地达到这个目的。例如下面的命令在当前目录中搜索名称含有.txt的文本文件，并且将结果保存到名称为txtfiles的文件中：

```
liu@ubuntu:~$ find . -name "*.txt" > txtfiles
liu@ubuntu:~$ more txtfiles
./file1.txt
./file3.txt
./filelist.txt
./file2.txt
```

注意 通过输出重定向不仅可以创建新文件，还可以快速清空文件内容。重定向并不改变文件的访问权限、所有者和所在组等属性，在清空某些日志文件时非常方便。

4.1.3 使用 vi 命令创建文件

vi是一个非常古老的UNIX命令，也是系统管理员最常用的工具之一。vi是UNIX操作系统和类UNIX操作系统中最通用的全屏幕纯文本编辑器。在Linux系统中，vi编辑器叫vim，它是vi的增强版，与vi编辑器完全兼容，而且实现了很多增强功能。

vi编辑器支持两种模式，分别为编辑模式和命令模式，在编辑模式下可以完成文本的编辑功能，在命令模式下可以完成对文件的操作命令。要正确使用vi编辑器，就必须熟练掌握这两种模式的切换。默认情况下，打开vi编辑器后自动进入命令模式。从命令模式切换到编辑模式使用A、a、O、o、I或者i键，从编辑模式切换到命令模式使用Esc键。vi工作模式切换如图4-1所示。

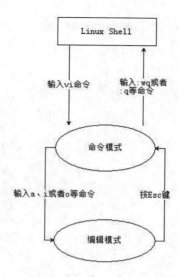

图 4-1 vi 工作模式切换

用户在终端窗口中输入以下命令即可启动vi编辑器：

```
liu@ubuntu:~$ vi demo.txt
```

其中，demo.txt为要创建的文件的文件名。启动之后，vi编辑器的界面如图4-2所示。

图 4-2 vi 编辑器

在窗口的底部显示了当前文件的名称为demo.txt，并且是一个新文件。

在命令模式下，用户不可以输入内容。此时，用户按A、a、O、o、I以及i中的任何一个键，就可以从命令模式切换为编辑模式，进行内容编辑了。

编辑完成之后，用户可以按Esc键返回命令模式，然后使用以下命令保存文件并退出：

```
:wq
```

在输入以上命令时，首先按冒号键，在屏幕底部出现命令输入提示符，然后依次输入w和q命令，再按Enter键即可。

vi的各种操作都是通过各种命令完成的。为了能够让用户灵活地编辑文件，vi提供了丰富的内置命令，因此学习vi编辑器最困难的地方在于学习和掌握各种内置命令。表4-1列出了vi的常用内置命令。

注意 :w!和:q!命令用在某些特殊的场合，例如需要覆盖某些文件或者放弃所做的修改时。在这些场合中，普通的保存或者退出命令无法完成操作。

表 4-1　vi 的内置命令

命　　令	说　　明
Ctrl+u	向文件首翻半屏
Ctrl+d	向文件尾翻半屏
Ctrl+f	向文件尾翻一屏
Ctrl+b	向文件首翻一屏
Esc	从编辑模式切换到命令模式
:行号	光标跳转到指定行的行首
:$	光标跳转到最后一行的行首
x 或 X	删除一个字符，x 删除光标后的，而 X 删除光标前的
D	删除从当前光标所在位置到该行行尾的全部字符
dd	删除光标所在行
ndd	删除当前行以及后面的 n-1 行
p	粘贴文本，用于将剪贴板中的内容粘贴到当前光标所在位置的下方
P	粘贴文本，用于将剪贴板中的内容粘贴到当前光标所在位置的上方
/字符串	文本查找操作，用于从当前光标所在位置开始向文件尾部查找指定字符串的内容，查找的字符串会被加亮显示
?字符串	文本查找操作，用于从当前光标所在位置开始向文件头部查找指定字符串的内容，查找的字符串会被加亮显示
a	在当前字符后添加文本
A	在行末添加文本
i	在当前字符前插入文本
I	在行首插入文本
o	在当前行后面插入一个空行
O	在当前行前面插入一个空行
:wq	在命令模式下，执行存盘退出操作
:w	在命令模式下，执行存盘操作
:w!	在命令模式下，执行强制存盘操作
:q	在命令模式下，执行退出 vi 操作
:q!	在命令模式下，执行强制退出 vi 操作
:e 文件名	在命令模式下，打开并编辑指定名称的文件

4.2　显示文件列表

对于Linux系统管理员来说，其大部分时间不是通过图形界面操作的，而是通过终端命令进行操作的。所以，显示文件列表是每个管理员必须首先掌握的基本技能。Linux提供了功能非常强大的ls和tree命令，可以根据用户的需求来调整显示的内容和格式。本节将介绍这两个命令的使用方法。

4.2.1 使用 ls 命令显示文件列表

ls命令是Linux系统中使用非常频繁的命令之一，其功能为显示目标目录的内容。ls命令的基本语法如下：

```
ls [option]... [file]
```

其中，option为选项。为了满足用户的显示需求，ls命令提供了50多个选项。当然，用户没有必要完全掌握这些选项，只要掌握其中最常用的几个即可。

- -a：显示所有的文件，包括以圆点.开头的隐藏文件。
- -A：显示除本目录.和父目录..外的所有文件，包括隐藏文件。
- -color[=WHEN]：使用不同的颜色高亮显示不同类型的文件。
- -C：多列显示，本选项为默认选项。
- -F：在每个输出项后追加文件的类型标识符，*表示具有可执行权限的普通文件，/表示目录，@表示符号链接，|表示命令管道FIFO，=表示套接字。当文件为普通文件时，不输出任何标识符。
- -i：显示文件的i节点信息。
- -k：以KB为单位显示文件大小。
- -l：以单列的形式显示文件详细信息。输出的信息包括文件名、文件类型、权限模式、硬链接数、所有者、组、文件大小和文件的最后修改时间等。
- -m：用逗号分隔每个文件和目录的名称。
- -R：递归显示目录及其子目录的内容。

下面介绍几种通过ls命令来显示目录内容的方法。

1. 显示非隐藏文件和目录

显示非隐藏文件直接使用默认选项即可。例如，使用下面的命令以默认格式显示当前目录下面的非隐藏文件和目录：

```
liu@ubuntu:~$ ls
data  demo.txt  dir1  examples.desktop  file1.txt  file2.txt  file3.txt
filelist.txt  txtfiles  公共的  模板  视频  图片  文档  下载  音乐  桌面
```

由于结果是以制表符分隔的单行显示的，因此当目录内容比较多的时候，会显得比较杂乱。

2. 列出文件和子目录的详细信息

ls命令提供了一个-l选项，使用该选项可以使得ls的输出结果更加详细，即所谓的长格式。使用下面的命令显示当前目录中的文件以及子目录的详细信息：

```
liu@ubuntu:~$ ls -l
总用量 56
-rwsr-Sr-T    1  liu     liu      0     9月 24 00:05     data
```

```
-rw-r--r--      1    liu     liu      17       9月  24 09:22    demo.txt
drwxr-xr-x      3    root    root     4096     9月  17 08:52    dir1
-rw-r--r--      1    liu     liu      8980     9月  17 08:42    examples.desktop
-rw-r--r--      1    demo    demo     0        9月  24 08:26    file1.txt
-rw-r--r--      1    liu     liu      0        9月  24 00:22    file2.txt
...
```

上面的输出结果一共分为7列，下面对每列的含义进行介绍。

第1列为文件或者目录的属性。文件属性一共10个字符，其中第1个字符表示文件的类型，在前面的内容中已经介绍过了。剩下的9个字符表示文件的访问权限，包括一般权限和特殊权限都是通过这9个字符表示的。

第2列为文件或者目录的硬链接数，关于硬链接，读者可以参考前面介绍的文件类型，在此不再重复介绍。

第3列为文件或者目录的所有者。通常情况下，文件或者目录的创建者就为文件的所有者，但是用户可以通过chown命令进行修改。所有者对于文件或者目录的访问权限对应着第1列的第2~4这3个字符，也就是3组权限中的第1组权限。

第4列为文件或者目录的所属组。所属组和所有者是相对独立的，并不一定存在关系，即所属组不一定是所有者所在的组。通常情况下，创建者所在的主组就是文件或者目录默认的所属组。用户可以通过chown或者chgrp命令来修改文件或者目录的所属组。所属组对于文件或者目录的访问权限对应第1列中的第5~7这3个字符，即3组权限中的第2组权限。

第5列为文件和目录的大小。默认情况下，Linux以字节（Byte）为单位显示文件或者目录的大小，用户可以使用-k选项以KB为单位显示文件大小。对于文件的大小，读者比较容易理解。但是大家注意到，在上面的输出结果中，目录dir1也是有大小的。在ls命令的输出结果中，目录的大小不是指该目录及其所包含的文件和子目录所占用的磁盘空间的大小，而是指目录本身所占的磁盘空间的大小。这是因为目录本身也是一种特殊的文件，也需要占据磁盘的存储空间。

在不同的文件系统中，数据块的大小不同，目录的大小也有所不同。在Ext2、Ext3或者Ext4中，由于每个数据块默认为4KB，因此空白目录的大小一般也为4KB，即4096字节。随着目录内容的增多，其大小也以4KB为幅度增长。

第6列为文件的创建日期，其格式为"月 日 时间"。例如"9月　24 00:22"为当年的9月24日凌晨22分。

第7列为文件名。如果是符号链接，则会出现箭头符号表示符号链接所指向的磁盘文件的位置。

3. 显示 i 节点

i节点是Linux系统中用来标识每个文件的，是一个整数值。如果i节点的值相同，则表示为同一个文件。ls命令的-i选项可以把文件的i节点信息显示出来，如下所示。

```
liu@ubuntu:~$ ls -il
总用量 60
438790  -rwsr-Sr-T    1   liu    liu     0      9月  24 00:05   data
395874  -rw-r--r--    1   liu    liu     17     9月  24 09:22   demo.txt
442879  drwxr-xr-x    3   root   root    4096   9月  17 08:52   dir1
450719  drwxr-xr-x    2   liu    liu     4096   9月  25 09:24   dir2
...
```

在上面的输出结果中，第1列为对应文件的i节点索引值。

4．以可读的方式显示文件大小

细心的读者会发现，在前面的所有例子中，ls命令列出的文件或者目录的大小读起来非常费劲。这是因为Linux从UNIX继承了非常多的优秀传统，以字节为单位显示文件大小就是其中之一。对于大师级的人物来说，阅读这样的数据自然不费吹灰之力。但是对于初学者来说，则会摸不着头脑。幸运的是，现代的Linux已经对ls命令进行了非常人性化的改进，增加了一些实用的选项，-h就是其中的一个。-h选项与-l选项配合使用，增加该选项之后，输出结果中文件或者目录的大小就非常易读了，如下所示。

```
liu@ubuntu:~$ ls -lh /var/log
总用量 3.8M
-rw-r--r--    1   root    root    40K    9月  24 00:13   alternatives.log
drwxr-xr-x    2   root    root    4.0K   9月  24 22:30   apt
-rw-r-----    1   syslog  adm     38K    9月  25 15:45   auth.log
-rw-r-----    1   syslog  adm     26K    9月  18 23:05   auth.log.1
-rw-r--r--    1   root    root    59K    4月  12 11:08   bootstrap.log
-rw-------    1   root    utmp    0      4月  12 11:07   btmp
drwxr-xr-x    2   root    root    4.0K   9月  25 09:27   cups
drwxr-xr-x    2   root    root    4.0K   4月  11 23:57   dist-upgrade
-rw-r--r--    1   root    root    1.4M   9月  24 22:30   dpkg.log
-rw-r--r--    1   root    root    32K    9月  24 08:24   faillog
...
```

在上面的输出结果中，出现了熟悉的K、M等单位。这样阅读起来是不是方便多了？

4.2.2 显示隐藏文件

在Linux系统中，隐藏文件或者目录是通过在文件名前面加上一个圆点.表示的。也就是说，如果用户在文件或者目录名的前面加上一个圆点，该文件或者目录就会被隐藏起来。隐藏文件只有在含有-a的ls命令中才可以显示出来。

例如，使用下面的命令创建一个名称为.filetobehidden的文件，然后通过ls命令来查看：

```
liu@ubuntu:~$ touch .filetobehidden
liu@ubuntu:~$ ls -l
总用量 60
-rwsr-Sr-T    1   liu    liu    0      9月  24 00:05   data
-rw-r--r--    1   liu    liu    17     9月  24 09:22   demo.txt
drwxr-xr-x    3   root   root   4096   9月  17 08:52   dir1
drwxr-xr-x    2   liu    liu    4096   9月  25 09:24   dir2
...
-rw-r--r--    1   liu    liu    0      9月  24 00:22   file2.txt
-rw-r--r--    1   liu    liu    0      9月  24 00:24   file3.txt
-rw-r--r--    1   liu    liu    960    9月  24 00:26   filelist.txt
-rw-r--r--    1   liu    liu    0      9月  24 08:24   txtfiles
...
```

可以看到，前面创建的文件并没有出现在列表中。如果使用-a选项，则可以将所有的隐藏文件显示出来，如下所示。

```
liu@ubuntu:~$ ls -la
总用量 156
...
drwxr-xr-x  2  liu    liu    4096   9月  25 09:24   dir2
-rw-r--r--  1  liu    liu    25     9月  17 08:48   .dmrc
-rw-r--r--  1  liu    liu    8980   9月  17 08:42   examples.desktop
-rw-r--r--  1  demo   demo   0      9月  24 08:26   file1.txt
-rw-r--r--  1  liu    liu    0      9月  24 00:22   file2.txt
-rw-r--r--  1  liu    liu    0      9月  24 00:24   file3.txt
-rw-r--r--  1  liu    liu    960    9月  24 00:26   filelist.txt
-rw-r--r--  1  liu    liu    0      9月  25 12:42   .filetobehidden
...
```

加上-a选项之后，ls命令的输出结果会多出许多以圆点开头的文件，其中包括前面刚刚创建的.filetohidden文件。

4.2.3 递归显示目录内容

所谓递归显示目录内容，是指不仅仅显示目录的本级文件列表，而且还要显示其所包含的子目录及其下级子目录的文件列表。ls提供了-R选项来实现这个功能。在递归显示目录内容时，ls命令会首先显示本级文件和子目录列表，然后逐个显示各级子目录。例如，在Linux系统中存在着如图4-3所示的目录结构。

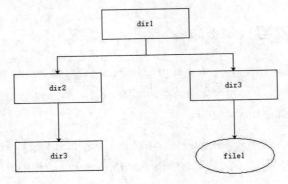

图 4-3 多层目录结构

如果用ls命令来递归显示其内容，如下所示。

```
liu@ubuntu:~$ ls -lR dir1
dir1:
总用量 8
drwxr-xr-x  3  liu    liu    4096   9月  17 08:52   dir2
drwxr-xr-x  2  liu    liu    4096   9月  25 13:00   dir3

dir1/dir2:
总用量 4
drwxr-xr-x  2  liu    liu    4096   9月  17 08:52   dir3
```

```
dir1/dir2/dir3:
总用量 0

dir1/dir3:
总用量 0
-rw-r--r--      1   liu      liu      0   9月  25 13:00     file1
```

从输出结果可以得知，ls命令会首先显示顶层目录dir1的内容，包含dir2和dir3这两个子目录。接下来显示子目录dir1/dir2的内容，该目录包含dir3子目录。然后显示dir1/dir2/dir3目录的内容，由于该目录已经是最底层的目录了，因此接下来会显示dir1/dir3目录的内容。

从上面的例子可以得知，这个递归显示目录内容的过程与递归遍历的过程基本相同。所以这种显示方法称为递归显示。

4.3　显示文件内容

在Linux系统中，除可执行文件以及某些应用系统创建的文件，例如Oracle数据库文件外，绝大部分文件都是文本文件，并且是可读的。例如各种配置文件、Shell脚本文件、日志文件以及PHP的程序文件等。当系统出现故障时，系统管理员需要通过查看日志文件来了解问题所在。因此，用户需要掌握各种查看文本文件内容的方法。本节将介绍Linux系统中最常用的几个命令，例如more、less以及cat等。

4.3.1　拼接文件内容：cat 命令

cat命令的基本功能是用来拼接文本文件内容并且输出到屏幕上。但是在日常维护中，cat命令通常用来显示某个文件的内容。cat命令的基本语法如下：

```
cat [option] files
```

其中，option为命令选项，其中最常用的有-n、-b以及-s，-n和-b用来添加行号，-s则用来压缩空白行，files为要显示的文件列表。下面通过具体例子来介绍cat命令的使用方法。

1. 单独使用 cat 命令

cat命令可以单独使用，直接用来显示某个文本文件的内容，此时不需要使用任何选项：

```
liu@ubuntu:~$ cat /etc/mysql/mysql.cnf
#
# The MySQL database server configuration file.
#
# You can copy this to one of:
# - "/etc/mysql/my.cnf" to set global options,
# - "~/.my.cnf" to set user-specific options.
#
# One can use all long options that the program supports.
# Run program with --help to get a list of available options and with
```

```
# --print-defaults to see which it would actually understand and use.
#
# For explanations see
# http://dev.mysql.com/doc/mysql/en/server-system-variables.html

#
# * IMPORTANT: Additional settings that can override those from this file!
#   The files must end with '.cnf', otherwise they'll be ignored.
#

!includedir /etc/mysql/conf.d/
!includedir /etc/mysql/mysql.conf.d/
```

在文件内容比较少的情况下，这种显示方法非常方便，但是如果目标文件的内容较长，直接使用cat命令会导致文件内容在屏幕上一闪而过，不易看清。下面介绍如何实现分屏显示。

2. 通过管道实现分屏

如果文件内容较长，超过了一个屏幕的高度，可以利用前面介绍的管道将cat命令和more命令配置起来使用，如下所示。

```
liu@ubuntu:~$ cat /etc/rc0.d/K01alsa-utils | more
```

通过管道将cat命令的输出结果输入more命令之后，在屏幕的底部会出现一个"更多"的提示，如图4-4所示。此时，用户可以通过空格键滚动屏幕，以达到分页的效果。

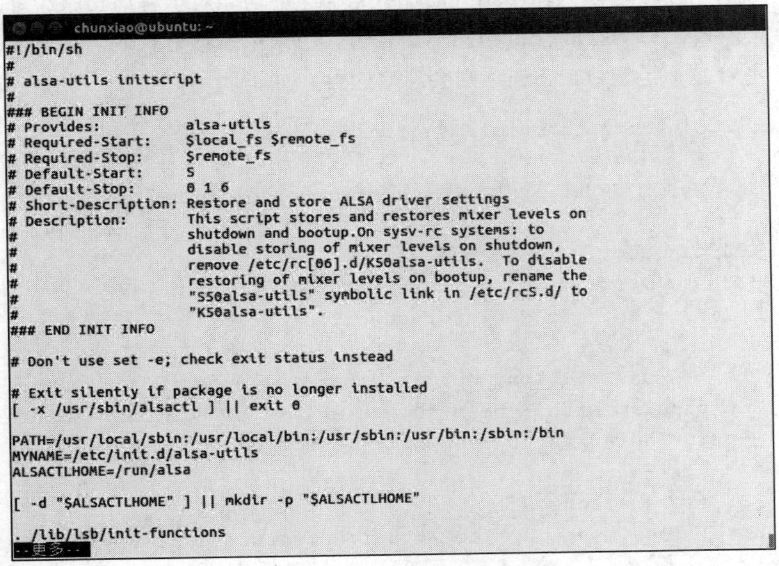

图 4-4　分屏显示文件内容

3. 合并文件内容

如果在cat命令的后面输入多个文件名，则cat命令会将这些文件的内容依次拼接起来。这在合并一些文件的时候非常有用。例如，现在有两个文件，其内容分别如下：

```
liu@ubuntu:~$ cat file1.txt
Don't push yourself trying to fit everything right,
```

```
liu@ubuntu:~$ cat file2.txt
because sometimes being wrong makes you a better person.
liu@ubuntu:~$
```

如果我们想把这两个文件的内容合并起来，并且输出到屏幕上，则可以使用以下命令：

```
liu@ubuntu:~$ cat file1.txt file2.txt
Don't push yourself trying to fit everything right,
because sometimes being wrong makes you a better person.
```

从上面例子可以看到，Linux命令的功能是非常强大的。有的读者可能会想到一个问题，那就是我们怎样才能把合并的结果也保存到文件中呢？这个问题的答案同样出乎意料的简单，那就是配合使用重定向操作符，把cat命令的合并结果重定向到一个文件中，如下所示。

```
liu@ubuntu:~$ cat file1.txt file2.txt > file3.txt
liu@ubuntu:~$ cat file3.txt
Don't push yourself trying to fit everything right,
because sometimes being wrong makes you a better person.
```

可以发现，file3.txt文件包含前面两个文件的所有内容。

> 注意 使用重定向操作符>>可以连续地向目标文件追加内容。

4. 显示行号

cat命令的-n或者-b选项可以为输出结果添加行号。这个功能对于程序员来说非常有用，为了使得代码易于阅读，需要在每一行的行首增加一个行号，用来标识该行代码。-n选项为目标文件的每一行添加行号，不管是不是空行，-b选项则会忽略空行，如下所示。

```
liu@ubuntu:~$ cat -n /etc/mysql/mysql.cnf
     1  #
     2  # The MySQL database server configuration file.
     3  #
     4  # You can copy this to one of:
     5  # - "/etc/mysql/my.cnf" to set global options,
     6  # - "~/.my.cnf" to set user-specific options.
     7  #
     8  # One can use all long options that the program supports.
     9  # Run program with --help to get a list of available options and with
    10  # --print-defaults to see which it would actually understand and use.
    11  #
    12  # For explanations see
    13  # http://dev.mysql.com/doc/mysql/en/server-system-variables.html
    14
    15  #
    16  # * IMPORTANT: Additional settings that can override those from this file!
    17  #   The files must end with '.cnf', otherwise they'll be ignored.
    18  #
    19
    20  !includedir /etc/mysql/conf.d/
    21  !includedir /etc/mysql/mysql.conf.d/
```

4.3.2　分屏显示：more 命令

more命令为阅读大文件提供了方便，它以全屏幕的方式按页显示文本文件的内容。more命令的基本语法如下：

```
more [option] files
```

more命令的选项主要有-数字、-c和-s，-数字用来指定每屏要显示的行数，-c选项表示不滚动屏幕，直接刷新该屏幕，-s用来压缩空白行。

该命令一次显示一屏文本，满屏后暂停下来，并且在屏幕的底部出现一个提示信息，给出至今已显示的该文件的百分比，如图4-5所示。

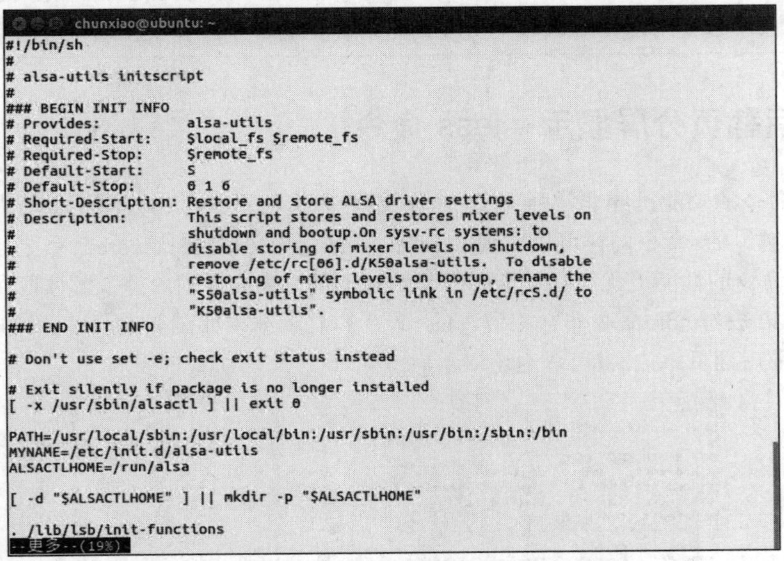

图 4-5　通过 more 命令分屏显示文件内容

用户可以使用下列不同的方法进行操作：

- 按空格键：显示文本的下一屏内容。
- 按Enter键：只显示文本的下一行内容。
- 按斜线/：接着输入一个字符串，可以在文本中寻找下一个相匹配的字符串。
- 按h键：显示帮助屏，该屏上有相关的帮助信息。
- 按b键：显示上一屏内容。
- 按q键：退出more命令。

如果用户想要每屏显示10行文字，并且不刷新屏幕，则可以使用以下命令：

```
liu@ubuntu:~$ more -dc -20 /etc/rc0.d/K01alsa-utils
```

其执行结果如图4-6所示。

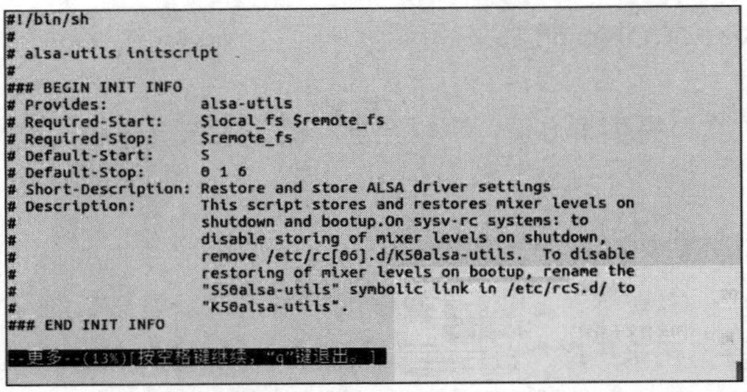

图 4-6　指定每页的行数

⚙➕注意 除单独使用外，more命令更多的是与其他的命令配合使用实现分屏效果。

4.3.3　前后翻页分屏显示：less 命令

尽管more命令的功能已经非常强大了，但是部分人可能对其操作方法不太习惯，例如翻页需要使用b和空格键。less命令同样可以实现more命令的功能，但是要比more命令更加先进。对于大文件而言，less命令的性能更优，它不需要一开始就把整个大文件的内容全部读取到内存中。

less命令的语法与more命令非常相似。less命令的显示结果如图4-7所示。用户可以通过PgUp和PgDn等按键前后翻页。按q键可以退出less命令。

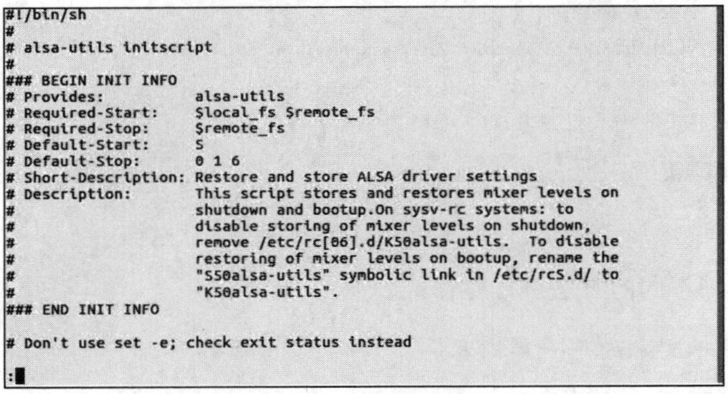

图 4-7　less 命令显示文件内容

4.3.4　查看前几行内容：head 命令

head命令用来查看文件开头部分的内容，该命令的基本语法如下：

```
head [option] file
```

其中，最常用的选项为-n，表示要输出的行数。例如，如果想要输出某个文件的前15行，可以使用以下命令：

```
liu@ubuntu:~$ head -n 15 /etc/rsyslog.conf
# /etc/rsyslog.conf Configuration file for rsyslog.
#
```

```
#          For more information see
#          /usr/share/doc/rsyslog-doc/html/rsyslog_conf.html
#
# Default logging rules can be found in /etc/rsyslog.d/50-default.conf


################
#### MODULES ####
################

module(load="imuxsock") # provides support for local system logging
#module(load="immark")  # provides --MARK-- message capability
```

在使用head命令的时候，除可以指定行数外，还可以指定要显示的字符数。字符数是通过-c选项指定的，例如下面的命令输出/var/log/alternatives.log文件的前30个字符：

```
liu@ubuntu:~$ head -c 30 /var/log/alternatives.log
update-alternatives 2023-04-12
```

4.3.5　查看最后几行内容：tail 命令

在Linux系统中，各种应用系统一般都会产生日志文件。在系统发生故障时，系统管理员都会通过查看最新的日志来了解问题所在。而tail命令就是一个非常有用的工具。通过tail命令，用户可以查看文件的最后部分内容。该命令的基本语法如下：

```
tail [option] files
```

其中，比较常用的选项有-f和-n。-f选项可以使得tail命令随时检查目标文件是否发生变化，如果检查到文件的内容有所增长，则tail命令会把增长的部分实时输出到屏幕上。这个功能在调试系统的时候比较方便。

例如，某个用户在调试一套Java应用系统时，使用Tomcat作为容器。在Tomcat启动的时候，用户可以通过以下命令查看Tomcat的日志文件：

```
liu@ubuntu:/var/log/mysql$ tail -f /var/log/tomcat8/catalina.out
九月 29, 2023 10:44:06 下午 org.apache.catalina.startup.Catalina start
信息: Server startup in 1652 ms
九月 29, 2023 10:44:28 下午 org.apache.coyote.AbstractProtocol pause
信息: Pausing ProtocolHandler ["http-nio-8080"]
九月 29, 2023 10:44:28 下午 org.apache.catalina.core.StandardService stopInternal
...
警告: Failed to scan [file:/usr/share/java/el-api-3.0.jar] from classloader
hierarchy
java.io.FileNotFoundException: /usr/share/java/el-api-3.0.jar (没有那个文件或目录)
    at java.util.zip.ZipFile.open(Native Method)
    at java.util.zip.ZipFile.<init>(ZipFile.java:219)
    at java.util.zip.ZipFile.<init>(ZipFile.java:149)
    at java.util.jar.JarFile.<init>(JarFile.java:166)
    at java.util.jar.JarFile.<init>(JarFile.java:130)
...
九月 29, 2023 10:44:41 下午 org.apache.jasper.servlet.TldScanner scanJars
```

信息: At least one JAR was scanned for TLDs yet contained no TLDs. Enable debug logging for this logger for a complete list of JARs that were scanned but no TLDs were found in them. Skipping unneeded JARs during scanning can improve startup time and JSP compilation time.
　　九月 29, 2023 10:44:41 下午 org.apache.catalina.startup.HostConfig deployDirectory
　　信息: Deployment of web application directory /var/lib/tomcat8/webapps/ROOT has finished in 1,731 ms
　　九月 29, 2023 10:44:41 下午 org.apache.coyote.AbstractProtocol start
　　信息: Starting ProtocolHandler ["http-nio-8080"]
　　九月 29, 2023 10:44:41 下午 org.apache.catalina.startup.Catalina start
　　信息: Server startup in 1877 ms

从上面的输出结果可以得知，通过含有-f选项的tail命令，可以使用户完整地了解到Tomcat的启动过程，以及启动过程中所出现的问题。

> 注意 在使用含有-f选项的tail命令时，用户可以使用Ctrl+C组合键退出命令。

tail命令还有一个-n选项，用于指定要输出的行数。例如，下面的命令输出了Tomcat日志文件的最后20行：

```
liu@ubuntu:/var/log/mysql$ tail -n 20 /var/log/tomcat8/catalina.out
    at org.apache.catalina.util.LifecycleBase.start(LifecycleBase.java:145)
    at
org.apache.catalina.core.ContainerBase.addChildInternal(ContainerBase.java:725)
    at org.apache.catalina.core.ContainerBase.addChild(ContainerBase.java:701)
    at org.apache.catalina.core.StandardHost.addChild(StandardHost.java:717)
    at
org.apache.catalina.startup.HostConfig.deployDirectory(HostConfig.java:1092)
    at
org.apache.catalina.startup.HostConfig$DeployDirectory.run(HostConfig.java:1834)
    at java.util.concurrent.Executors$RunnableAdapter.call(Executors.java:511)
    at java.util.concurrent.FutureTask.run(FutureTask.java:266)
    at
java.util.concurrent.ThreadPoolExecutor.runWorker(ThreadPoolExecutor.java:1142)
    at
java.util.concurrent.ThreadPoolExecutor$Worker.run(ThreadPoolExecutor.java:617)
    at java.lang.Thread.run(Thread.java:748)

九月 29, 2023 10:44:41 下午 org.apache.jasper.servlet.TldScanner scanJars
信息: At least one JAR was scanned for TLDs yet contained no TLDs. Enable debug
logging for this logger for a complete list of JARs that were scanned but no TLDs were
found in them. Skipping unneeded JARs during scanning can improve startup time and JSP
compilation time.
九月 29, 2023 10:44:41 下午 org.apache.catalina.startup.HostConfig
deployDirectory
信息: Deployment of web application directory /var/lib/tomcat8/webapps/ROOT has
finished in 1,731 ms
九月 29, 2023 10:44:41 下午 org.apache.coyote.AbstractProtocol start
信息: Starting ProtocolHandler ["http-nio-8080"]
九月 29, 2023 10:44:41 下午 org.apache.catalina.startup.Catalina start
```

```
信息: Server startup in 1877 ms
```

4.4　文件的常用操作

　　文件的常用操作包括复制、移动、重命名、删除以及比较文件内容等，这些操作对于系统管理员来说非常重要，是首先要掌握的基础内容。本节将对Linux系统中常用的几种文件操作进行介绍。

4.4.1　复制文件

　　复制文件是为现有的文件新建一个副本。文件副本可以在同一个目录，也可以在其他目录中。实际上，在Linux系统中，创建文件副本的方法非常多，在前面的许多例子中已经提到过，例如通过重定向操作等。

　　Linux为文件和目录的复制提供了一个基本的命令cp，该命令的语法如下：

```
cp [option]... source dest
```

其中，option为选项，source为源文件或者目录，dest为目标文件或者目录。原始文件和目录以及目标文件和目录都可以通过绝对路径或者相对路径来表示。cp命令的常用选项有：

- -d：当复制符号链接时，把目标文件或目录也建立为符号链接，并指向源文件。
- -f：强行复制文件或目录，不论目标文件或目录是否已存在。
- -i：覆盖已有文件之前先询问用户。
- -l：对源文件建立硬链接，而非复制文件。
- -p：保留源文件或目录的属性。
- -R/r：递归复制文件或者目录，复制指定目录下的所有文件与子目录。
- -s：对源文件建立符号链接，而非复制文件。
- -u：使用这项参数后只会在源文件的更改时间较目标文件更新时或者名称相互对应的目标文件并不存在时，才复制文件。
- -S：在备份文件时，用指定的后缀SUFFIX代替文件的默认后缀。
- -b：覆盖已存在的目标文件前将目标文件备份。

　　注意　默认情况下，cp命令不能复制目录，如果要复制目录，则必须使用-R或者-r选项。

　　例如，使用下面的命令将/etc/mysql/mysql.cnf文件复制到当前目录中：

```
liu@ubuntu:~$ cp /etc/mysql/mysql.cnf .
```

其中，源文件采用绝对路径表示，目标目录采用相对路径表示。

　　在使用cp命令复制文件时，所有目标文件指定的目录必须已经存在，cp命令不能创建目录。如果目标文件所在的目录不存在，则会出现错误提示，如下所示。

```
liu@ubuntu:~$ cp /etc/mysql/mysql.cnf /test/test
```

```
cp：无法创建普通文件'/test/test'：没有那个文件或目录
```

在复制文件的时候，如果用户指定的目标文件的文件名与源文件的文件名不同，则新的文件副本的文件名将以用户指定的文件名保存。此时，可以实现文件重命名的功能。

```
liu@ubuntu:~$ cp /etc/mysql/mysql.cnf ./mysql.cnf.bak
liu@ubuntu:~$ ls -l mysql.cnf.bak
-rw-r--r--  1   liu liu 682     9月 1 09:47      mysql.cnf.bak
liu@ubuntu:~$ ls -l /etc/mysql/mysql.cnf
-rw-r--r--  1   root    root    682     9月 20 2016    /etc/mysql/mysql.cnf
```

在上面的例子中，将/etc/mysql/my.cnf文件复制到当前目录，并且以my.cnf.bak的名称保存。

默认情况下，cp命令创建的文件副本与源文件并没有什么关联，是完全不同的两个文件。因此，默认情况下，cp命令创建的副本的文件属性也会发生改变，例如上面的mysql.cnf的所有者、所在组以及文件创建时间等属性都有所改变。尽管第1列中的文件的访问权限看起来没有变化，但是由于文件副本的所有者和所在组发生了改变，从而也会导致用户对于该文件副本的访问权限发生变化。当然，在复制的过程中，文件的大小不会发生变化。

在没有使用-r或者-R选项的情况下，cp命令不会复制目录，只会复制文件。为了能够把某个目录下面的文件及其子目录完整地复制到其他的地方，需要使用-r或者-R选项。例如，使用下面的命令将/var/log目录下的文件及其子目录复制到/home/liu/backup目录中：

```
liu@ubuntu:~$ sudo cp -r /var/log /home/liu/backup/
```

由于普通用户对于/var/log下的目录或者文件没有访问权限，因此在上面的命令中使用了sudo命令。

在目标文件或者目录存在的情况下，cp命令会覆盖目标文件而不给出任何提示。这一点对于系统管理员来说需要特别注意，稍不留神就可能会由于覆盖目标文件而导致数据丢失。实际上，cp命令也支持交互式的操作，此时需要使用-i选项。应用-i选项之后，如果目标文件存在，则cp命令会给出提示，如下所示。

```
liu@ubuntu:~$ sudo cp -ri /var/log /home/liu/backup/
cp：是否覆盖'/home/liu/backup/log/vboxadd-install.log'?
```

如果用户输入y并且按Enter键，则目标文件将会被覆盖；如果用户输入了n，则表示不覆盖目标文件，cp命令会跳过该文件，继续复制下面的文件。

除上面的例子中介绍的选项外，cp命令还有一些非常有用的选项，例如-l选项可以为目标文件创建一个硬链接。前面介绍过，硬链接与原始文件实际上为同一个文件，它们的i节点是相同的，所以含有-l选项的cp命令不会创建一个新的文件副本。-s选项可以为目标文件创建一个符号链接，当然这种操作也不是创建一个新的文件副本。关于这些选项，用户可以自己尝试着操作，不再详细介绍了。

cp命令也支持通配符，例如下面的命令把当前目录中所有的TXT文件复制到backup目录中：

```
liu@ubuntu:~$ cp ./*.txt backup/
```

4.4.2　移动文件

移动文件与复制文件不同，移动文件只是改变源文件在整个目录系统中的位置，不会创建新的文件或者目录。Linux系统提供了mv命令实现文件或者目录的移动，该命令的基本语法如下：

```
mv [option] source dest
```

mv的选项比较多，其中比较常用的有以下几个：

- --backup=<备份模式>：若需覆盖文件，则覆盖前先行备份。备份模式可以是none、numbered、existing或者simple。
- -b：当文件存在时，覆盖前为其创建一个备份。该选项与--backup类似，但是不接受参数。
- -f：若目标文件或目录与现有的文件或目录重复，则直接覆盖现有的文件或目录。
- -i：交互式操作，覆盖前先行询问用户，如果源文件与目标文件或目标目录中的文件同名，则询问用户是否覆盖目标文件。用户输入y，表示将覆盖目标文件；输入n，表示取消对源文件的移动。这样可以避免误将文件覆盖。
- -S<后缀>：为备份文件指定后缀，而不使用默认的后缀。默认后缀为~。

例如，下面的命令将当前目录中的file1.txt文件移动到当前目录下面的backup2目录中：

```
liu@ubuntu:~$ mv file1.txt backup2
```

在上面的命令中，如果目标位置已经存在同名的文件，则已有的文件会被覆盖。为了防止由于文件被覆盖而导致数据丢失，用户可以在移动文件时使用--backup或者-b选项。使用该选项之后，遇到覆盖文件的情况，mv会自动为已有文件创建一个备份，然后覆盖该文件。默认情况下，备份的文件名是在原来的文件名后面增加一个~符号。例如，下面的命令将file1.txt文件移动到backup2目录中：

```
liu@ubuntu:~$ mv -b file1.txt backup2
liu@ubuntu:~$ ls -l backup2/file1.txt*
-rw-r--r--      1    liu       liu      53   9月   2 22:05      backup2/file1.txt
-rw-r--r--      1    liu       liu      53   9月  25 16:41      backup2/file1.txt~
```

由于backup2目录中已经存在着一个名称为file1.txt的文件，因此在覆盖file1.txt文件之前，mv命令创建了一个名称为file1.txt~的备份文件。

与cp命令一样，mv命令也支持通配符操作，用户可以通过使用通配符实现文件的批量转移。

4.4.3　删除文件

如果用户不再需要某些文件了，可以将其从文件系统中删除。在Linux系统中，删除文件使用rm命令，该命令的基本语法如下：

```
rm [option] files
```

rm命令中常用的选项有-f、-i以及-r等。这几个选项的功能如下：

- -f：强制删除文件，不给出任何提示。
- -i：实现交互式删除文件，在删除文件时给出提示。

- -r：递归删除目录及其所包含的文件和子目录。

参数files为要删除的文件或者文件列表，如果是多个文件，则文件名之间用空格分开。

例如，下面的命令将filelist.txt文件从磁盘中删除：

```
liu@ubuntu:~$ rm filelist.txt
```

在使用rm命令时，一定要非常小心，因为一旦将文件删除，基本上就无法恢复了。因此，在删除某些关键的文件时，用户可以使用-i选项。-i选项使得rm命令采用交互式方式删除文件。每删除一个文件，都要求用户输入y然后按Enter键确认。如果用户不想删除该文件，则可以输入n按Enter键。例如，下面的命令采用交互方式删除名称为file的文件：

```
liu@ubuntu:~/dir2$ rm -i file
rm: 是否删除普通文件 'file'? y
```

在删除某些受保护的文件时，rm命令通常会逐一要求用户确认。如果文件非常多，则文件删除速度会很慢，而且用户也会觉得非常烦琐。此时，用户可以使用-f选项来强制删除文件。应用该选项之后，rm命令不会要求用户做出任何确认操作，而是直接删除文件。

当然，任何事情都有其两面性。-f选项在带来方便的同时，也带来了很大的风险。由于其在删除文件的过程中不给用户任何提示信息，经常会导致用户误操作，删除了有用的文件，造成数据丢失。所以，在使用-f选项时，务必非常小心。

默认情况下，rm命令不可以删除目录，只可以删除文件。如果要删除目录，需要使用-r选项。例如，下面的命令删除当前目录下除隐含文件外的所有文件和子目录：

```
liu@ubuntu:~/dir2$ rm -r *
```

> 注意 在以前的UNIX或者Linux系统中，root用户可以通过rm -fr命令来删除整个根文件系统中的所有文件，从而导致灾难发生。但是在现代版本中，系统已经对该命令进行了限制。

4.4.4 比较文件

在编写程序代码的时候，用户经常对比不同版本的源文件的内容有何不同之处。对于Windows用户来说，如果不借助专门的版本控制系统，要完成这项任务是非常困难的。然而，Linux系统专门提供了一个命令来帮助用户对比文件内容的异同，借助该命令，对比不同的源文件就非常简单了。该命令的名称为diff，其基本语法如下：

```
diff [option]... files
```

diff命令的选项比较多，通过应用这些选项，可以使得diff命令在对比文件时表现出不同的行为。常用的选项有以下几个：

- -b：不检查空格字符的不同。
- -B：不检查空行的不同。
- -c：使用上下文输出格式。
- -i：不检查大小写的不同。

- **-r**：在对比目录时，递归比较其所包含的子目录中的文件的不同。
- **-x**：不比较该选项中指定的文件或者目录的不同。
- **-y**：以并列的方式显示文件的不同。

files参数为要比较的文件或者目录。如果指定比较的是文件，则只有当输入为文本文件时才有效。以逐行的方式比较文本文件的异同之处。如果指定比较的是目录，diff命令会比较两个目录下名称相同的文本文件，列出不同的二进制文件、公共子目录和只在一个目录出现的文件。

下面通过diff命令对比两个C源程序hello.c和hello1.c的不同。为了能够使读者了解这两个文件的不同之处，首先通过cat命令分别显示其内容。其中hello.c的代码如下：

```
liu@ubuntu:~$ cat -n hello.c
    1   #include <stdio.h>
    2   int main(void)
    3   {
    4     char msg[] = "Hello world!";
    5     puts(msg);
    6     printf("Welcome to use diff command.\n");
    7     return 0;
    8   }
```

hello1.c的代码如下：

```
liu@ubuntu:~$ cat -n hello1.c
    1   #include <stdio.h>
    2   int main(void)
    3   {
    4     int i,j;
    5     char msg[] = "Hello world, from hello1.c";
    6
    7     puts(msg);
    8
    9     printf("hello1 says,'Here you are,using diff.\n");
   10
   11     return 0;
   12
   13     //
   14   }
```

然后使用diff命令对比这两个文件，结果如下所示。

```
liu@ubuntu:~$ diff hello.c hello1.c
4c4,6
<   char msg[] = "Hello world!";
---
>   int i,j;
>   char msg[] = "Hello world, from hello1.c";
>
6c8,10
<   printf("Welcome to use diff command.\n");
---
>
```

```
>     printf("hello1 says,'Here you are,using diff.\n");
>
7a12,13
>
>    //
```

从上面的输出可以得知，diff命令使用一种非常简洁的语法来描述文件的不同，例如上面的4c4,6、6c8,10和7a12,13。实际上，这种表示语法分为3个部分，前后两部分用中间的字母隔开。第1部分中的数字表示第1个文件中的行号，例如4c4,6中的第1个数字4表示hello.c文件的第4行。中间的字母表示是什么原因导致的不同，包括c、a以及d三种情况，其中c表示修改，a表示增加，d表示删除。最后一组数字表示第2个文件中相应的行号，4,6表示第04~06行。

在本例中，diff命令一共显示了3处不同。第1处不同通过4c4,6表示，其意思为第1个文件的第4行发生改变，对应第2个文件的第04~06行。diff命令会在随后将不同之处显示出来。左箭头表示第1个文件中的内容，右箭头表示第2个文件中的内容，中间用短划线隔开。同理，6c8,10表示第1个文件的第6行发生了改变，对应第2个文件的第08~10行。而最后的7a12,13表示第2个文件在第1个文件的第7行对应的位置增加了内容，即第12~13行。

4.4.5　重命名文件

重命名文件是改变现有文件的文件名，不产生新的副本，也不会改变现有文件的硬链接数。在Linux系统中，重命名文件也通过mv命令完成。在前面我们已经详细介绍了如何通过mv命令来移动文件。实际上，重命名文件是移动文件的一种特例，即不改变文件的位置，只改变文件的名称。

重命名文件的方法与移动文件大致相同，例如使用下面的命令将hello.c文件重命名为hello.c.bak：

```
liu@ubuntu:~$ mv hello.c hello.c.bak
```

4.5　搜索文件

随着磁盘中的文件日益增多，文件的管理也越来越困难，经常会出现找不到文件的情况。Linux提供了许多搜索文件的方法，例如find、locate、whereis、which以及type等命令。掌握并且灵活运用这些命令是每个Linux系统管理员的基本技能。本节将详细介绍这些Linux命令的使用方法。

4.5.1　快速搜索文件：locate 命令

locate命令是Linux系统中搜索最快的命令。这是因为locate命令不是实时在文件系统中搜索目标文件的，而是通过一个数据库索引来搜索的。在Ubuntu中，与locate命令有关的文件有updatedb、/etc/updatedb.conf以及/var/lib/mlocate/mlocate.db。/var/lib/mlocate/mlocate.db是一个文件索引数据库文件，里面包含locate搜索文件所需要的信息，包括文件名及其路径等。updatedb是一个命令，该命令用来更新/var/lib/mlocate/mlocate.db的内容。通常情况下，updatedb命令由crontab定期自动执行，当然，用户也可以手动执行该命令，以更新/var/lib/mlocate/mlocate.db文件。/etc/updatedb.conf是一个配置文件，用来配置要查询哪些目录或者哪些文件。

locate命令的基本语法如下：

```
locate [option]... pattern...
```

其中，locate命令常用的选项有-c和-i。-c选项用来控制locate命令输出搜索结果的数量，而不是具体的文件列表。-i选项则可以使得locate命令在搜索的时候忽略字母的大小写。pattern为匹配的模式，可以是文件名的一部分，也可以使用通配符。

默认情况下，locate通过文件名模糊匹配，例如使用下面的命令搜索包含passwd这个字符串的文件：

```
liu@ubuntu:~$ locate passwd
/etc/passwd
/etc/passwd-
/etc/cron.daily/passwd
/etc/init/passwd.conf
/etc/pam.d/chpasswd
/etc/pam.d/passwd
/etc/security/opasswd
/usr/bin/gpasswd
/usr/bin/grub-mkpasswd-pbkdf2
/usr/bin/passwd
/usr/bin/vino-passwd
/usr/include/rpcsvc/yppasswd.h
/usr/include/rpcsvc/yppasswd.x
/usr/lib/libreoffice/share/config/soffice.cfg/svx/ui/passwd.ui
/usr/lib/tmpfiles.d/passwd.conf
/usr/lib/x86_64-linux-gnu/samba/libsmbpasswdparser.so.0
...
```

通过上面的输出结果可以得知，只要文件名中包含passwd这个字符串，都会出现在结果中。因此，用户需要在结果列表中进行二次筛选，以找到自己需要的文件。当然，locate命令也可以实现精确匹配文件名，其方法就是使用-b选项。例如，使用下面的命令精确匹配文件名passwd：

```
liu@ubuntu:~$ locate -b '\passwd'
/etc/passwd
/etc/cron.daily/passwd
/etc/pam.d/passwd
/usr/bin/passwd
/usr/share/bash-completion/completions/passwd
/usr/share/doc/passwd
/usr/share/lintian/overrides/passwd
```

如果用户需要搜索以某个字符串开头的文件，则可以使用以下命令：

```
liu@ubuntu:~$ locate /etc/pm
/etc/pm
/etc/pm/sleep.d
/etc/pm/sleep.d/10_grub-common
```

```
/etc/pm/sleep.d/10_unattended-upgrades-hibernate
```

上面的locate命令搜索出了/etc目录下面以pm开头的文件列表。

用户可以在locate命令中使用*和?等通配符，其中*表示匹配任意多个字符，而?表示匹配一个字符。例如，使用下面的命令搜索/etc目录下所有以.txt结尾的文件：

```
liu@ubuntu:~$ locate /etc/*.txt
/etc/X11/rgb.txt
/etc/brltty/Input/ba/all.txt
/etc/brltty/Input/bd/all.txt
/etc/brltty/Input/bl/18.txt
/etc/brltty/Input/bl/40_m20_m40.txt
/etc/brltty/Input/ec/all.txt
/etc/brltty/Input/ec/spanish.txt
...
```

> **注意** 有时使用locate命令查不到最新变动过的文件。为了避免这种情况，可以在使用locate之前，先使用updatedb命令手动更新数据库。

locate命令会使用绝对路径来匹配用户指定的搜索模式。如果不了解这种情况，指定了错误的匹配模式，在使用locate命令时就会出现搜索不到的现象。例如，下面的命令就没有任何搜索结果：

```
liu@ubuntu:~$ locate fdisk*
```

其原因就在于当前文件系统中没有以fdisk这个字符串开头的绝对路径。把通配符移到前面就可以得到正确的搜索结果了：

```
liu@ubuntu:~$ locate *fdisk
/sbin/cfdisk
/sbin/fdisk
/sbin/sfdisk
/usr/share/bash-completion/completions/cfdisk
/usr/share/bash-completion/completions/fdisk
/usr/share/bash-completion/completions/sfdisk
```

4.5.2 按类型搜索：whereis 命令

whereis命令主要用来定位可执行文件、源代码文件、帮助文件在文件系统中的位置。与其他的搜索命令不同，默认情况下whereis命令仅仅搜索特定的位置，这些位置包括PATH和MANPATH系统变量指定的路径等。当然，用户可以通过选项来指定其他的路径。whereis命令的基本语法如下：

```
whereis [options] [-BMS directory... -f] name...
```

其中，选项主要有3个，如下所示。

- -b：指定whereis命令搜索二进制文件。
- -m：指定whereis命令搜索命令手册。
- -s：指定whereis命令搜索源代码文件。

　　此外，whereis命令还有其他的3个选项，分别为-B、-M和-S，这3个选项用来指定whereis命令搜索的路径，分别针对二进制文件、命令手册和源代码文件，搜索路径直接跟在这3个选项的后面，多个路径用空格隔开，路径的最后必须以-f结尾。

　　name参数为要搜索的文件名，可以使用通配符。

　　例如，下面的命令搜索文件名中含有fsck的文件：

```
liu@ubuntu:/etc$ whereis fsck
fsck: /sbin/fsck.fat /sbin/fsck.ext3 /sbin/fsck /sbin/fsck.ext2 /sbin/fsck.vfat
/sbin/fsck.ext4 /sbin/fsck.msdos /sbin/fsck.minix /sbin/fsck.cramfs
/usr/share/man/man8/fsck.8.gz
```

　　由于没有指定类型，因此上面的结果中出现了二进制文件和命令手册。

　　如果用户只想搜索命令文件，则可以指定-b选项，如下所示。

```
liu@ubuntu:/etc$ whereis -b fsck
fsck: /sbin/fsck.fat /sbin/fsck.ext3 /sbin/fsck /sbin/fsck.ext2 /sbin/fsck.vfat
/sbin/fsck.ext4 /sbin/fsck.msdos /sbin/fsck.minix /sbin/fsck.cramfs
```

　　如果想要指定搜索的路径，则可以使用以下命令：

```
liu@ubuntu:~$ whereis -b -B . -f a
a: /home/liu/a.out
```

　　在上面的命令中，通过-B选项指定搜索路径为当前目录，通过-b选项指定搜索的文件类型。因此，上面的命令是搜索当前目录中文件名包含a的可执行文件。

4.5.3　搜索二进制文件：which 命令

　　which命令的功能比较简单，通常用来搜索一个Linux命令。因此，which命令依赖于PATH系统变量。which命令的基本语法如下：

```
which filename
```

　　例如，我们想要搜索fsck命令的位置，可以使用以下命令：

```
liu@ubuntu:~$ which fsck
/sbin/fsck
```

　　which命令只在文件名中搜索，也不支持通配符。

4.5.4　全功能搜索：find 命令

　　学习了前面的几个搜索命令之后，用户就会发现这些命令各有特色，同时也各有缺点。此外，上面所有的命令都不可以实时在整个磁盘中搜索某个文件。在以上命令都无法满足需求的情况下，用户可以使用Linux提供的终极搜索武器find命令。find命令非常复杂，它的功能实在是太强大了，如果把find命令介绍完，需要花费很大篇幅，因此，本书只介绍其中最常用的功能，其余的功能读者可以自己去查看相关的帮助手册。

　　find命令的基本语法如下：

```
find [starting-point...] [expression]
```

其中，starting-point是指搜索的起始位置，如果没有指定该选项，则默认为当前工作目录。expression是指搜索表达式，主要用来表达搜索什么样的文件以及如何处理搜索到的文件。搜索表达式包括以下几个部分：

- 匹配条件：匹配条件返回真或者假，通常是基于文件的某些属性，例如文件名、修改时间等。
- 动作：表示对搜索结果的处理方法，例如打印、删除或者执行其他的命令等。
- 全局选项：该类选项会影响所有的匹配条件和动作。
- 局部选项：该类选项只会影响跟在它们后面的匹配条件或者动作。
- 运算符：主要用来连接搜索表达式中的各个部分。

下面看几个示例。

查找/etc目录下面以.txt结尾的文件：

```
liu@ubuntu:~$ find /etc -name "*.txt"
/etc/brltty/Input/mb/all.txt
/etc/brltty/Input/bl/18.txt
/etc/brltty/Input/bl/40_m20_m40.txt
/etc/brltty/Input/tt/all.txt
...
```

查找/etc目录下面以.txt结尾的文件，并且忽略字母的大小写：

```
liu@ubuntu:~$ find /etc -iname "*.txt"
/etc/brltty/Input/mb/all.txt
/etc/brltty/Input/bl/18.txt
/etc/brltty/Input/bl/40_m20_m40.txt
/etc/brltty/Input/tt/all.txt
...
```

查找/usr/share目录下面所有以.txt和.pdf结尾的文件：

```
liu@ubuntu:~$ find /usr/share \( -name "*.txt" -o -name "*.pdf" \)
/usr/share/perl/5.24.1/Unicode/Collate/allkeys.txt
/usr/share/perl/5.24.1/Unicode/Collate/keys.txt
/usr/share/perl/5.24.1/unicore/Blocks.txt
/usr/share/perl/5.24.1/unicore/NamedSequences.txt
/usr/share/perl/5.24.1/unicore/SpecialCasing.txt
/usr/share/nux/4.0/Fonts/nuxfont_size_8.txt
...
/usr/share/cups/data/secret.pdf
/usr/share/cups/data/classified.pdf
/usr/share/cups/data/form_english.pdf
/usr/share/cups/data/topsecret.pdf
/usr/share/cups/data/confidential.pdf
/usr/share/cups/data/default-testpage.pdf
```

在上面的命令中，有两个测试表达式，分别为-name "*.txt"和-name "*.pdf"，这两个表达式用-o运算符连接起来。为了避免Shell解释错误，左右圆括号的前面都用反斜线转义。

使用正则表达式查找上面的文件：

```
liu@ubuntu:~$ find /usr -regex ".*\(\.txt\|\.pdf\)$"
/usr/src/linux-headers-4.10.0-24-generic/scripts/spelling.txt
/usr/src/linux-headers-4.10.0-24/arch/sh/include/mach-kfr2r09/mach/partner-jet
-setup.txt
/usr/src/linux-headers-4.10.0-24/arch/sh/include/mach-ecovec24/mach/partner-je
t-setup.txt
/usr/src/linux-headers-4.10.0-24/scripts/spelling.txt
…
/usr/share/cups/data/secret.pdf
/usr/share/cups/data/classified.pdf
/usr/share/cups/data/form_english.pdf
/usr/share/cups/data/topsecret.pdf
/usr/share/cups/data/confidential.pdf
/usr/share/cups/data/default-testpage.pdf
…
```

4.6　文本内容筛选

Linux提供了许多强大的文本处理工具，例如grep、fgrep以及egrep等，甚至awk还提供了一种复杂的编程语言来处理文本数据。文本处理通常用在系统日志的分析过程中，因此，每个用户都需要认真学习并且掌握常用的文本处理工具。本节将介绍其中最常用的几个命令。

4.6.1　使用 grep 命令检索文本内容

grep命令是一个非常强大的文本处理工具，它不仅支持普通的字符串搜索，还支持正则表达式。grep命令的基本语法如下：

```
grep [option] pattern [file...]
```

grep命令的常用选项有：

- -c：不输出具体的内容，只输出含有匹配文本的行数。
- -e：指定要匹配的字符串。
- -E：表示pattern为扩展正则表达式。
- -F：按照字符串的字面意思进行匹配，不作为正则表达式处理。
- -i：忽略大小写。
- -r：递归搜索指定的目录。

pattern参数是指要匹配的字符串或者正则表达式，file参数为要搜索的文件。

例如，下面的命令用于在hello.c文件中搜索字符串main：

```
liu@ubuntu:~$ grep "main" hello.c
int main(void)
```

通过上面的输出可以得知，grep命令会将含有指定字符串的文本行输出。

gep命令支持从多个文件中查找文本，例如，下面的命令从file.c和hello.c这两个文件中搜索字符串main：

```
liu@ubuntu:~$ grep "main" file.c hello.c
file.c:int main(void)
hello.c:int main(void)
```

默认情况下，grep支持基本正则表达式，例如，下面的命令搜索以英文字母开头的文本行，并且输出行号：

```
liu@ubuntu:~$ grep -n '^[a-z]' hello.c
2:int main(void)
```

在上面的命令中，正则表达式^[a-z]中的^表示以后面的字符开头的文本行，[a-z]则表示a~z这些字母中的任何一个。关于正则表达式的详细使用方法，请参考相关书籍，在此不再详细介绍。

除查找字符串外，用户还可以通过grep命令统计包含指定字符串的行数，此时需要使用-n选项，如下所示。

```
liu@ubuntu:~$ grep -c "print" all.c
3
```

在4.5节中，详细介绍了Linux提供的几个搜索文件的命令。但是这些命令并不支持文件内容的搜索。如果用户想要搜索内容中包含某个字符串的文件，前面的命令就无能为力了。幸运的是，grep命令完全可以完成这个任务。grep命令的-r选项提供了递归搜索目录的能力。例如，使用下面的命令搜索当前目录中含有字符串printf的文件：

```
liu@ubuntu:~$ grep "printf" . -r |more
./src/hello1.c: printf("hello1 says,'Here you are,using diff.\n");
./src/hello.c: printf("Welcome to use diff command.\n");
././.bash_history:find / -name "*.c" -fprintf print.txt
././.bash_history:find . -name "*.c" -type f -exec printf "File:%s\n" {} \;
...
```

可以发现，上面的命令中都指定了一个字符串，如果想要同时指定多个字符串，则需要通过多个-e选项来指定，每个-e选项之后跟随一个字符串，如下所示。

```
liu@ubuntu:~/src$ grep -e "main" -e "print" . -r
./hello1.c:int main(void)
./hello1.c: printf("hello1 says,'Here you are,using diff.\n");
./file.c:int main(void)
./hello.c:int main(void)
./hello.c: printf("Welcome to use diff command.\n");
```

> **注意** 通过-e选项指定的多个字符串之间的关系为"或者"，也就是说只要出现一个就可以了。

除grep命令外，Linux还提供了egrep、fgrep以及rgrep等相关的命令。这3个命令的功能与grep -E、grep -F和grep -r相同。

4.6.2 筛选其他命令的输出结果

尽管单独的grep命令已经拥有许多功能了，但是对于用户来说，通常不会单独使用grep命令，其更多的应用场合是作为其他命令输出结果的后续处理，当然在这个过程中需要用到管道。

系统管理员经常会判断某个进程是否存在，此时就可以使用ps命令结合grep命令进行搜索。例如，使用下面的命令判断MySQL的服务进程是否存在：

```
liu@ubuntu:~/src$ ps -ef | grep -i mysql
mysql     1008    1       0   12:00 ?        00:00:07      /usr/sbin/mysqld
liu       3220    2813    0   15:44 pts/0 00:00:00      grep --color=auto -i mysql
```

在上面的输出结果中，第1行显示的就是MySQL的服务进程，第2行是我们刚才执行的命令。由于不能判断MySQL服务进程的名称是否含有大小写字母，因此在上面的命令中使用了-i选项。

与grep命令经常在一起使用的还有ls命令，因为通常情况下，ls命令的输出都比较多，为了从中筛选所需要的内容，就需要使用grep命令。例如，下面的命令用来查找cron有关文件：

```
liu@ubuntu:~/src$ ls -l /etc/ | grep cron
-rw-r--r--  1   root    root    401     12月 29  2014        anacrontab
drwxr-xr-x  2   root    root    4096    9月  17 12:12        cron.d
drwxr-xr-x  2   root    root    4096    9月  29 22:42        cron.daily
drwxr-xr-x  2   root    root    4096    4月  12 11:08        cron.hourly
drwxr-xr-x  2   root    root    4096    4月  12 11:14        cron.monthly
-rw-r--r--  1   root    root    722     4月   6  2016        crontab
drwxr-xr-x  2   root    root    4096    4月  12 11:17        cron.weekly
...
```

4.6.3 在 grep 命令中使用正则表达式

正则表达式是一种极为简洁、功能强大的工具。grep命令支持基本正则表达式和扩展正则表达式。表4-2列出了grep命令支持的常用正则表达式。

表 4-2 可以在 grep 命令中使用的正则表达式

运 算 符	含 义
^	匹配行首
$	匹配行尾
[ ] or [n - n]	匹配方括号内的任意字符
.	匹配任意的单字符
*	跟在某个字符后面，表示匹配 0 个或者多个前面的字符
\	用来屏蔽元字符的特殊含义
\?	匹配前面的字符 0 次或者 1 次
\+	匹配前面的字符 1 次或者多次
X\{m\}	匹配字符 X m 次
X\{m,\}	匹配字符 X 最少 m 次
X\{m,n\}	匹配字符 X m~n 次
|	表示或关系

为了便于介绍如何在grep命令中使用正则表达式，我们首先创建一个文本文件。文本文件的名称为demo.txt，内容为来自叶芝的一首诗《When you are old》，内容如下：

```
liu@ubuntu:~$ cat demo.txt
When you are old and grey and full of sleep
And nodding by the fire, take down this book
And slowly read, and dream of the soft look
Your eyes had once, and of their shadows deep
How many loved your moments of glad grace
And loved your beauty with love false or true
But one man loved the pilgrim Soul in you
And loved the sorrows of your changing face
And bending down beside the glowing bars
Murmur, a little sadly, how love fled
And paced upon the mountains overhead
And hid his face amid a crowd of stars
```

接下来依次介绍表4-2中的正则表达式的使用方法。
首先查找以字符串And开头的文本行，命令如下：

```
liu@ubuntu:~$ grep -n '^And' demo.txt
2:And nodding by the fire, take down this book
3:And slowly read, and dream of the soft look
6:And loved your beauty with love false or true
8:And loved the sorrows of your changing face
9:And bending down beside the glowing bars
11:And paced upon the mountains overhead
12:And hid his face amid a crowd of stars
```

可以发现，文本文件中的所有以字符串And开头的文本行都已经被筛选出来了。
查找以字符串book结尾的文本行，命令如下：

```
liu@ubuntu:~$ grep -n 'book$' demo.txt
2:And nodding by the fire, take down this book
```

查找以字母A或者Y开头的文本行，命令如下：

```
liu@ubuntu:~$ grep -n '^[AY]' demo.txt
2:And nodding by the fire, take down this book
3:And slowly read, and dream of the soft look
4:Your eyes had once, and of their shadows deep
6:And loved your beauty with love false or true
8:And loved the sorrows of your changing face
9:And bending down beside the glowing bars
11:And paced upon the mountains overhead
12:And hid his face amid a crowd of stars
```

查找包含字符串loved，并且最后一个字母d出现0次或者多次的文本行：

```
liu@ubuntu:~$ grep -n 'loved\?' demo.txt
5:How many loved your moments of glad grace
6:And loved your beauty with love false or true
7:But one man loved the pilgrim Soul in you
```

```
8:And loved the sorrows of your changing face
10:Murmur,a little sadly,how love fled
```

从上面的输出结果可以得知，第5~8行都包含字符串loved，而第9行包含字符串love。如果用户想要将第10行排除掉，可以使用以下命令：

```
liu@ubuntu:~$ grep -n 'loved\+' demo.txt
5:How many loved your moments of glad grace
6:And loved your beauty with love false or true
7:But one man loved the pilgrim Soul in you
8:And loved the sorrows of your changing face
```

由于\+表示前面的字符至少出现1次，因此第10行被排除掉了。

loved中的字母d恰好出现1次，可以使用以下命令来搜索：

```
liu@ubuntu:~$ grep -n 'loved\{1\}' demo.txt
5:How many loved your moments of glad grace
6:And loved your beauty with love false or true
7:But one man loved the pilgrim Soul in you
8:And loved the sorrows of your changing face
```

在上面的命令中，正则表达式'loved\{1\}'表示字母恰好出现1次。在前面\+运算符已经表达了其前面的字母至少出现1次，同种含义也可以使用以下表达式表达：

```
liu@ubuntu:~$ grep -n 'loved\{1,\}' demo.txt
5:How many loved your moments of glad grace
6:And loved your beauty with love false or true
7:But one man loved the pilgrim Soul in you
8:And loved the sorrows of your changing face
```

在上面的命令中，\{1,\}表达了出现次数的下界。如果想要表达出现某个字母0~1次，可以使用以下表达式：

```
liu@ubuntu:~$ grep -n 'loved\{0,1\}' demo.txt
5:How many loved your moments of glad grace
6:And loved your beauty with love false or true
7:But one man loved the pilgrim Soul in you
8:And loved the sorrows of your changing face
10:Murmur,a little sadly,how love fled
```

4.7 文本排序

前面已经介绍过，Linux系统本身提供了许多功能非常强大的文本处理工具。实际上还有更多的优秀工具，这是因为Linux或者UNIX与文本有着天然的联系。尤其是UNIX诞生的年代，正是文本的天下。Linux系统可以对文本文件的内容进行排序以及合并有序文件。本节将对这两个方面进行介绍。

4.7.1　对文本文件的内容进行排序

对文本文件的内容进行排序使用sort命令来完成，该命令的基本语法如下：

```
sort [option]... [file]...
```

其中，常用的选项有：

- -b：忽略每行开头的空格字符。
- -c：检查目标文本文件是否已经排序。
- -d：排序时只考虑空格、英文字母和数字，忽略其他的字符。
- -f：排序时，将小写字母视为大写字母。
- -n：依照数值的大小排序。
- -r：以相反的顺序来排序。
- -o filename：将排序后的结果存入指定的文件。
- -m：合并有序文件。

例如，可以使用以下命令将4.6节中的英文诗按照字典顺序排序：

```
liu@ubuntu:~$ sort demo.txt
And bending down beside the glowing bars
And hid his face amid a crowd of stars
And loved the sorrows of your changing face
And loved your beauty with love false or true
And nodding by the fire, take down this book
And paced upon the mountains overhead
And slowly read,and dream of the soft look
But one man loved the pilgrim Soul in you
How many loved your moments of glad grace
Murmur,a little sadly,how love fled
When you are old and grey and full of sleep
Your eyes had once,and of their shadows deep
```

在上面的输出结果中，首先按照首字母排序，如果首字母相同，则依次按照后面的字母排序。

上面的命令只是把排序结果输出到屏幕上，如果想要把排序结果保存到文件中，则可以使用以下命令：

```
liu@ubuntu:~$ sort demo.txt -o sorted.txt
liu@ubuntu:~$ cat sorted.txt
And bending down beside the glowing bars
And hid his face amid a crowd of stars
And loved the sorrows of your changing face
And loved your beauty with love false or true
And nodding by the fire, take down this book
And paced upon the mountains overhead
And slowly read,and dream of the soft look
But one man loved the pilgrim Soul in you
How many loved your moments of glad grace
Murmur,a little sadly,how love fled
When you are old and grey and full of sleep
```

```
Your eyes had once,and of their shadows deep
```

可以发现，sorted.txt文件的内容已经按照字典顺序排序过了。用户可以使用含有-c选项的sort命令来验证某个文件是否已经排序，如下所示。

```
liu@ubuntu:~$ sort -c sorted.txt
```

如果已经排序，则sort命令没有任何输出，否则sort命令会给出以下提示：

```
liu@ubuntu:~$ sort -c demo.txt
sort: demo.txt:2: 无序:  And nodding by the fire,take down this book
```

4.7.2　合并有序文件

有时用户需要将多个已经排序的文件合并起来，仍然保持有序，可以使用含有-m选项的sort命令来完成。例如，下面有两个无序的文本文件，分别为demo1.txt和demo2.txt，其内容如下：

```
liu@ubuntu:~$ cat demo1.txt
When you are old and grey and full of sleep
And nodding by the fire,take down this book
And slowly read,and dream of the soft look
Your eyes had once,and of their shadows deep
How many loved your moments of glad grace
And loved your beauty with love false or true
liu@ubuntu:~$ cat demo2.txt
But one man loved the pilgrim Soul in you
And loved the sorrows of your changing face
And bending down beside the glowing bars
Murmur,a little sadly,how love fled
And paced upon the mountains overhead
And hid his face amid a crowd of stars
```

然后通过以下命令分别将这两个文件排序并输出：

```
liu@ubuntu:~$ sort demo1.txt -o sorted1.txt
liu@ubuntu:~$ sort demo2.txt -o sorted2.txt
```

我们就得到了两个有序的文本文件，分别为sorted1.txt和sorted2.txt，其内容分别如下：

```
liu@ubuntu:~$ cat sorted1.txt
And loved your beauty with love false or true
And nodding by the fire,take down this book
And slowly read,and dream of the soft look
How many loved your moments of glad grace
When you are old and grey and full of sleep
Your eyes had once,and of their shadows deep
liu@ubuntu:~$ cat sorted2.txt
And bending down beside the glowing bars
And hid his face amid a crowd of stars
And loved the sorrows of your changing face
And paced upon the mountains overhead
But one man loved the pilgrim Soul in you
Murmur,a little sadly,how love fled
```

最后使用sort命令将这两个文件合并起来，如下所示。

```
liu@ubuntu:~$ sort -m sorted1.txt sorted2.txt
And bending down beside the glowing bars
And hid his face amid a crowd of stars
And loved the sorrows of your changing face
And loved your beauty with love false or true
And nodding by the fire,take down this book
And paced upon the mountains overhead
And slowly read,and dream of the soft look
But one man loved the pilgrim Soul in you
How many loved your moments of glad grace
Murmur,a little sadly,how love fled
When you are old and grey and full of sleep
Your eyes had once,and of their shadows deep
```

可以发现，经过合并之后，新的内容仍然是有序的。

4.8 文件的压缩和解压

在归档文件的时候，通常是对文件进行压缩处理，以节约磁盘空间。而需要查询归档文件的时候，则是将压缩后的文件释放出来。Linux提供了非常多的压缩和解压缩工具，这些工具通常是成对出现的，每种工具都有自己的特色。本节将对常用的几种压缩/解压缩工具进行介绍。

4.8.1 压缩文件

压缩文件是按照某种特定的压缩算法对文件内容进行压缩，以减少占用的磁盘空间。Linux系统中常用的压缩命令有zip、gzip、compress以及bzip2等。

1. zip 命令

zip命令的基本语法如下：

```
zip [option] zipfile file ...
```

zip命令的常用选项有：

- -d：从压缩文件中删除指定的文件。
- m：将文件压缩并加入压缩文件后，删除原始文件，即把文件移到压缩文件中。
- -r：递归处理，将指定目录下的所有文件和子目录一并处理。

zipfile参数为压缩文件的名称，file参数为要压缩的文件列表，多个文件名之间用空格隔开，可以使用通配符。zip命令压缩后的文件的扩展名为.zip。

例如，使用下面的命令将所有.c文件压缩成src.zip文件：

```
liu@ubuntu:~$ zip src.zip *.c
  adding: all.c (deflated 69%)
  adding: file.c (deflated 32%)
```

```
  adding: hello.c (deflated 13%)
```

使用-d选项可以将某个文件从压缩文件中删除，如下所示。

```
liu@ubuntu:~$ zip -d src.zip file.c
deleting: file.c
```

上面的命令将**file.c**文件从**src.zip**文件中删除。

使用-r选项可以实现递归压缩目录，例如，使用下面的命令将src目录及其子目录压缩为**src.zip**：

```
liu@ubuntu:~$ zip -r src.zip src
  adding: src/ (stored 0%)
  adding: src/hello1.c (deflated 20%)
  adding: src/test.c (stored 0%)
  adding: src/file.c (deflated 32%)
  adding: src/hello.c (deflated 13%)
```

2. gzip 命令

gzip是Linux系统中经常使用的压缩命令之一，既方便又好用。gzip不仅可以用来压缩大的文件以及节省磁盘空间，还可以和tar命令一起构成Linux系统中比较流行的压缩文件格式。据统计，gzip命令对文本文件有60%～70%的压缩率。减少文件占用内存有两个明显的好处：一是可以减少存储空间；二是通过网络传输文件时，可以减少传输的时间。gzip命令的基本语法如下：

```
gzip [ option ] [ name ... ]
```

gzip命令常用的选项有：

- -d：解压缩文件。
- -l：列出压缩文件中每个文件的信息，包括压缩后的大小、压缩前的大小、压缩比以及文件名等。
- -r：递归处理，将指定目录下的所有文件及子目录一并处理。

name参数为要压缩的文件的列表，支持通配符。gzip命令压缩后的文件的扩展名为.gz。

例如，使用下面的命令将当前目录中的所有日志文件压缩成.gz文件：

```
liu@ubuntu:~/logback$ gzip *.log
```

压缩完成之后，可以使用ls命令查看执行结果，如下所示。

```
liu@ubuntu:~/logback$ ls -l
总用量 12
-rw-r--r--  1  liu    liu      8146    9月   9 11:25    bootstrap.log.gz
-rw-r--r--  1  liu    liu      576     9月   9 11:25    fontconfig.log.gz
```

可以发现，默认情况下gzip命令会逐个将文件压缩，压缩文件以原始文件名加上后缀.gz命名，操作完成后，原始文件被删除。

用户可以使用-l选项查看该压缩文件，如下所示。

```
liu@ubuntu:~/logback$ gzip -l bootstrap.log.gz
     compressed       uncompressed       ratio          uncompressed_name
        8146             59400           86.3%           bootstrap.log
```

单独的gzip命令不可以将多个文件压缩成一个文件。但是用户可以结合tar命令来实现这个操作。首先通过tar命令将所需要压缩的文件打包，然后将打包后的.tar文件压缩。这就是在Linux系统中经常见到的.tar.gz文件。

3. compress 命令

compress是个历史悠久的压缩程序，文件经它压缩后，其名称后面会多出.Z的扩展名。compress命令的基本语法与gzip大同小异。例如使用下面的命令将当前目录中的所有.c文件压缩成.Z文件：

```
liu@ubuntu:~/src$ compress *.c
liu@ubuntu:~/src$ ls -l
总用量 16
-rwxr-xr-x  1  liu    liu    273   9月  9 11:09   file.c.Z
-rwxr-xr-x  1  liu    liu    171   9月  9 11:09   hello1.c.Z
-rwxr-xr-x  1  liu    liu    135   9月  9 11:09   hello.c.Z
...
```

4. bzip2

bzip2命令用于创建和管理扩展名为.bz2的压缩包。bzip2命令常用的选项有：

- -d：执行解压缩。
- -f：在压缩或解压缩时，若输出文件与现有文件同名，预设不会覆盖现有文件。若要覆盖，请使用此选项。
- -k：在执行压缩时，保留原始文件。

例如，使用下面的命令将当前目录中所有的.c文件压缩成.bz2文件：

```
liu@ubuntu:~/src$ bzip2 *.c
liu@ubuntu:~/src$ ls -l
总用量 16
-rwxr-xr-x  1  liu    liu    278   9月  9 11:09   file.c.bz2
-rwxr-xr-x  1  liu    liu    185   9月  9 11:09   hello1.c.bz2
-rwxr-xr-x  1  liu    liu    155   9月  9 11:09   hello.c.bz2
-rw-r--r--  1  liu    liu    42    9月  9 15:30   test.c.bz2
...
```

> 注意 除zip命令外，gzip、compress以及bzip2命令都不可以将多个文件压缩成单个文件。在使用后3个命令压缩文件时，可以结合tar命令实现将多个文件压缩为单个文件。

4.8.2 解压文件

由于每个压缩命令都有自己的压缩算法，因此压缩命令和解压命令通常都是成对出现的。zip、gzip、compress和bzip2命令对应的解压命令分别为unzip、gunzip、uncompress和bunzip2。

例如，使用下面的命令列出压缩文件src.zip中的文件列表：

```
liu@ubuntu:~$ unzip -l src.zip
Archive:  src.zip
  Length         Date          Time          Name
---------    ----------      -----         ----
```

```
    0           2023-07-09      15:30       src/
    183         2023-07-09      11:09       src/hello1.c
    5           2023-07-09      15:30       src/test.c
    331         2023-07-09      11:09       src/file.c
    138         2023-07-09      11:09       src/hello.c
---------                       -------
    657                         5 files
```

使用下面的命令将压缩文件src.zip解压：

```
liu@ubuntu:~$ unzip src.zip
Archive:  src.zip
  inflating: src/hello1.c
 extracting: src/test.c
  inflating: src/file.c
  inflating: src/hello.c
```

使用下面的命令将sorted1.txt.gz文件解压，并且删除压缩文件：

```
liu@ubuntu:~$ gunzip sorted1.txt.gz
```

使用下面的命令将all.c.gz文件解压，并且删除压缩文件：

```
liu@ubuntu:~$ uncompress all.c.gz
```

使用下面的命令将所有的.bz2文件解压：

```
liu@ubuntu:~/src$ bunzip2 *.bz2
```

4.9　目录管理

在前面几节中，重点介绍了文件管理，实际上也涉及部分目录的管理。目录管理与文件管理相比简单一些，但是同等重要。本节将介绍Linux系统的目录管理。

4.9.1　显示当前工作目录

工作目录是指用户当前所在的目录。Linux系统提供了pwd命令来显示用户当前所在的目录。该命令的用法比较简单，直接在命令行输入该命令即可，如下所示。

```
liu@ubuntu:/etc/mysql$ pwd
/etc/mysql
```

以上命令显示用户所在的路径为/etc/mysql。

4.9.2　改变目录

改变目录是指通过命令切换到不同的路径下面。改变目录需要使用cd命令，该命令的基本语法如下：

```
cd [option] path
```

cd命令常用的选项有：

- -P：如果要切换的目标目录是一个符号链接，则直接切换到符号链接指向的目标目录即可。
- -L：如果要切换的目标目录是一个符号链接，则直接切换到字符链接名代表的目录，而非符号链接所指向的目标目录。

path参数为要切换到的目录名称。

如果单独使用cd命令，不带任何参数，则表示切换到当前用户的主目录，如下所示。

```
liu@ubuntu:~$ pwd
/home/liu
```

由于主目录可以使用~符号表示，因此也可以使用以下命令切换到用户主目录：

```
liu@ubuntu:~$ pwd
/home/liu
```

如果使用短横线-作为参数，则可以实现在两个目录之间来回切换，这是一个非常有用的技巧。其中-表示进入此目录之前所在的目录。例如：

```
liu@ubuntu:~$ cd /etc
liu@ubuntu:/etc$ cd
liu@ubuntu:~$ cd -
/etc
liu@ubuntu:/etc$ cd -
/home/liu
```

此外，前面还介绍过一个圆点.表示当前目录，两个圆点..则表示父目录。因此，用户可以通过以下命令切换到上一级目录：

```
liu@ubuntu:/home$ pwd
/home
```

在使用目录名作为参数时，可以使用相对路径，也可以使用绝对路径。例如使用下面的命令将工作目录切换到/var/log：

```
liu@ubuntu:/home$ cd /var/log
```

4.9.3 创建目录

创建目录是在磁盘上创建一个新目录。目录刚被创建时，其内容是空的，里面不包含文件。创建目录使用mkdir命令，该命令的基本语法如下：

```
mkdir [option]... directory...
```

其中，常用的选项只有一个-p，该选项表示在创建目录时，如果父目录不存在，则先创建父目录。directory参数为目录名称，多个目录名之间用空格隔开。

例如使用下面的命令在当前工作目录下创建一个名称为test的目录：

```
liu@ubuntu:~$ mkdir test
```

而下面的命令则可以连续创建2级目录：

```
liu@ubuntu:~$ mkdir -p test/test1/test2
```

由于test1目录不存在，因此需要使用-p选项。

4.9.4　移动目录

移动目录与移动文件使用同一个mv命令，直接将要移动的目录名作为参数即可，如下所示。

```
liu@ubuntu:~$ mv src test
```

上面的命令将src目录移动到test目录中。

4.9.5　复制目录

复制目录使用cp命令，但是前面已经讲过，默认情况下cp命令不可以复制目录。如果要复制目录，需要使用-r选项。例如，使用下面的命令将mysql目录复制到test目录中：

```
liu@ubuntu:~$ cp -r mysql test
```

复制目录不同于移动目录，复制完成之后，原始目录还存在，只不过多了一个副本。

4.9.6　删除目录

当目录不再需要时，为了节省磁盘空间，通常会将其从磁盘中删除。删除目录使用rm命令。默认情况下，rm命令无法删除目录，需要使用-r选项。

例如，使用下面的命令删除名称为dir1的目录：

```
liu@ubuntu:~$ rm -r dir1/
```

第 5 章
用户和权限管理

用户是 Linux 系统中非常重要的部分。Linux 系统中的每个功能模块都与用户和权限有着密不可分的关系。了解和掌握 Linux 系统的用户和权限管理可以提高 Linux 系统的安全性。本章将详细讨论 Linux 系统中的用户管理方法以及权限的设置。

本章主要涉及的知识点有：

* 用户和用户组基础：掌握Linux系统中的用户和用户标识号、用户组和组标识号的基本概念以及相关配置文件的用途。
* 用户管理：学会如何添加、修改、删除以及修改用户密码等操作。
* 用户组管理：学会用户组的添加、删除以及修改等操作。
* 权限管理：了解和掌握Linux的权限的表示方法及其相关命令的使用方法。

5.1　用户和用户组基础

用户和用户组的管理在Linux系统维护中占有非常重要的地位。严格而规范的用户管理是保证Linux系统安全和稳定运行的基石。要掌握用户和用户组的管理，首先应该深入了解Linux的用户和用户组的管理机制。本节将对用户管理相关的基础知识进行介绍。

5.1.1　用户和用户标识号

要登录Linux系统，首先必须有登录名和密码才行。而这里的登录名和密码实际上说的就是用户。

在Linux系统中，每个用户拥有许多属性，包括账号，即登录名、真实姓名、密码、主目录以及默认Shell等。从本质上讲，每个用户实际上代表一组权限，而这些权限分别表示可以执行不同的操作，是能够获取系统资源的权限的集合。

尽管用户登录的时候输入的是账号和密码，但是Linux实际上并不直接认识用户的账号。在Linux系统中唯一标识用户的是一个整数值，称为用户标识号。

Linux对于用户标识号的取值有着一定的约定，其中取值为0的为超级用户root。在所有的Linux发行版中，root用户的用户标识号都是为0。1~499为系统用户，这些用户的作用是保证系统服务正常运行，一般不会用来登录Linux系统。500~60000为普通用户，这些用户可以登录系统，并且拥有一定的权限。当管理员添加用户时，通常Linux系统会为其分配这个范围内的用户标识号。

用户的账号和UID的对应关系保存在/etc/passwd文件中：

```
liu@ubuntu:~$ cat /etc/passwd
root:x:0:0:root:/root:/bin/bash
daemon:x:1:1:daemon:/usr/sbin:/usr/sbin/nologin
bin:x:2:2:bin:/bin:/usr/sbin/nologin
sys:x:3:3:sys:/dev:/usr/sbin/nologin
...
```

在上面的代码中，每1行描述了一个用户，每行分为7个字段，用冒号隔开。其中第1个字段为用户的登录名，第3个字段为用户的用户标识号。

关于/etc/passwd的详细说明，将在随后介绍。

> 注意　登录名和用户标识号并不一定一一对应。实际上，Linux系统允许几个登录名对应同一个用户标识号。

5.1.2　用户组和组标识号

为了便于管理，Linux系统中引入了用户组的概念，用于对用户进行分类组织和管理。所谓用户组，是指一组权限和功能相类似的用户的集合。

Linux系统本身预定义了许多与系统功能有关的用户组，例如root、daemon、bin以及sys等。用户也可以根据自己的需求添加用户组。

用户组拥有组名、组标识号以及组成员等属性。在Linux系统内部是通过组标识号来标识用户组的。与用户标识号类似，组标识号也是一个整数值。

用户组的信息保存在/etc/group文件中，下面为某个系统的/etc/group文件的部分内容：

```
liu@ubuntu:~$ cat /etc/group
root:x:0:
daemon:x:1:
bin:x:2:
sys:x:3:
adm:x:4:syslog,liu
tty:x:5:
disk:x:6:
lp:x:7:
mail:x:8:
news:x:9:
...
```

从上面的代码可以得知，/etc/group文件和/etc/passwd文件的格式非常类似。每1行描述了一个用户组，每1行由4个字段组成，用冒号隔开。其中第1个字段为组名，第3个字段为组标识号。

5.1.3 /etc/passwd 文件

/etc/passwd是一个非常重要的文件。该文件存储了当前系统的用户账户信息。从访问权限上讲，该文件的所有者为root，所属组为root。对于该文件，只有root用户才有写入的权限，其他的用户和组只有读取的权限，如下所示：

```
liu@ubuntu:~$ ls -l /etc/passwd
-rw-r--r--  1   root           root        2575    8月  5 10:05    /etc/passwd
```

下面详细介绍一下该文件的内容。前面已经提到过，/etc/passwd的每1行都描述了一个用户信息。而每1行由7个字段构成，字段之间用冒号隔开，如下所示：

```
www-data:x:33:33:www-data:/var/www:/usr/sbin/nologin
```

以上7个字段的名称分别如下：

登录名:口令:用户标识号:组标识号:注释:用户主目录:Shell程序

下面分别对这7个字段进行介绍。

1. 登录名

登录名用于区分不同的用户。在同一系统中，登录名是唯一的。在很多系统上，该字段被限制在8个字符的长度之内，并且要注意，通常在Linux系统中对字母大小写是敏感的。

2. 口令

系统用口令来验证用户的合法性。超级用户root或某些高级用户可以使用passwd命令来更改系统中所有用户的口令，普通用户也可以在登录系统后使用passwd命令来更改自己的口令。该字段为可选字段，如果该字段为空，则表示该用户无密码；如果该字段为小写字母x，则表示该用户的密码存储在/etc/shadow文件中；如果该字段的值为其他的字符串，则视为加密过的密码。

3. 用户标识号

用户标识号是一个数值，是Linux系统中唯一的用户标识，用于区分不同的用户。在系统内部管理进程和文件访问权限时使用用户标识号。在Linux系统中，登录名和用户标识号都可以标识用户。但是对于系统来说，用户标识号更为重要；而对于用户来说，登录名使用起来更为方便。在某些特定的目的下，系统中可以存在多个拥有不同登录名但是用户标识号相同的用户，事实上，这些用户对于Linux系统而言都是一个用户。

4. 组标识号

组标识号是用户的主用户组标识。具有相似属性的多个用户可以被分配到同一个组内，每个组都有自己的组名，且以自己的组标识号相区分。像用户标识号一样，用户的主组标识号也存放在passwd文件中。在现代的UNIX/Linux中，每个用户可以同时属于多个组。除在passwd文件中指定其归属的基本组外，还可以在/etc/group文件中指明一个组所包含的用户。

5. 注释

注释包含有关用户的一些信息，如用户的真实姓名、办公室地址、联系电话等。在Linux系统中，mail和finger等程序会用到这些信息。

6. 用户主目录

用户主目录为用户登录之后的默认工作目录。在UNIX/Linux系统中，超级用户root的工作目录为/root；而其他个人用户在/home目录下均有自己独立的工作目录，个人用户的文件都放置在各自的主目录下。

7. Shell 程序

指定用户登录后默认启动的Shell程序需要指定绝对路径。

> **注意** 尽管root用户可以直接修改/etc/passwd文件，以改变用户的某些属性，但是建议还是采用Linux提供的相关命令来修改。

5.1.4 /etc/shadow 文件

/etc/shadow文件又称为影子文件。该文件包含当前系统中的用户密码以及密码的过期时间等信息。

在早期的UNIX中，用户加密后的密码存储在/etc/passwd文件中。但是由于/etc/passwd文件对于所有的用户都是可读的，因此会引起一定的安全隐患。

现代的UNIX和Linux都将加密后的密码相关信息转移到/etc/shadow文件中，并且该文件只对root以及同组成员可读，只有root用户才可以写入。

以下为/etc/shadow文件的部分内容：

```
liu@ubuntu:~$ sudo cat /etc/shadow
root:!:17443:0:99999:7:::
daemon:*:17268:0:99999:7:::
bin:*:17268:0:99999:7:::
sys:*:17268:0:99999:7:::
...
liu:$6$UVA46l4a$uvtCrxG8xXQBxkCHncpRNMZrTDzmH7.u3XUOZBHumhRx034S6qhVWQbZPlhnO5
DepIpcYUgP9S47nN8cmd3ls0:17444:0:99999:7:::
...
```

从上面的代码可以得知，/etc/shadow文件的格式与/etc/passwd文件非常相似。每1行描述了一个密码信息，并且每1行都是由冒号隔开的多个字段组成的。下面对该文件的格式进行介绍。

完整的密码信息由9个字段组成，其格式如下：

登录名:加密口令:最后一次修改时间:最小时间间隔:最大时间间隔:警告时间:密码禁用期:账户失效时间:保留字段

下面分别介绍其含义：

* 登录名：用户的登录名，与/etc/passwd文件中的登录名一致。
* 加密口令：如果该字段为空，则表示用户登录时不需要密码；如果含有*或者!等特殊字符，

则表示该用户无法通过密码认证登录，但是可以通过其他的方式认证登录。其中*表示账户被锁定。!表示密码被锁定，感叹号之后的字符串为原有密码。以6开头的加密密码，表明使用SHA-512加密；以1开头的加密密码，表明使用MD5加密；以2开头的加密密码，表明使用Blowfish加密；以5开头的加密密码，表明使用SHA-256加密。

- 最后一次修改时间：表示最近一次修改密码的时间，时间以天为单位，从1970年1月1日算起。0表示用户下一次登录需要修改密码，空串表示禁用该功能。
- 最小时间间隔：表示用户修改了密码之后，至少要等多长时间才允许再次修改密码。空串或者0表示没有限制。
- 最大时间间隔：表示保持当前密码有效的最长时间。到期之后，用户在登录时会被要求更改密码，但是用户仍然可以通过当前密码登录。空字段表示没有限制。如果最大时间间隔小于最小时间间隔，用户将无法更改密码。
- 警告时间：密码过期之前，提高发出警告的天数。0或者空串表示无警告时间。
- 密码禁用期：表示密码过期之后，仍然接受该密码的最长天数。超过该天数，用户将无法通过密码登录。空串表示无限制。
- 账户失效时间：表示账户的有效期，从1970年1月1日开始算起。空串表示永不过期。
- 保留字段：保留将来使用。

5.1.5 /etc/group 文件

/etc/group文件保存了当前系统中的用户组信息。以下为某个系统中的/etc/group文件的部分内容：

```
liu@ubuntu:~$ cat /etc/group
root:x:0:
daemon:x:1:
bin:x:2:
sys:x:3:
adm:x:4:syslog,liu
tty:x:5:
disk:x:6:
lp:x:7:
mail:x:8:
news:x:9:
uucp:x:10:
...
```

从上面的内容可以得知，/etc/group文件和/etc/passwd文件的格式非常相似。每1行描述了一个用户组。而每1行都是由冒号隔开的4个字段组成的，其格式为：

组名:口令:组标识号:成员列表

组名表示用户组的名称。口令为加密后的用户组口令。一般情况下，Linux系统中的用户组没有口令，所以该字段一般为空或者为小写字母x。组标识号为整数值，用来在系统内部唯一地标识一个用户组，也称为GID。成员列表为用逗号隔开的一系列用户的登录名。当前用户组可能是列表成员的主组，也有可能是附加组。

　　与/etc/passwd文件一样，该文件的所有者也是root用户。对于所有用户而言，该文件是可读的，但是只有root用户才可以写入。

注意　如果/etc/passwd文件中指定的用户组在/etc/group文件中不存在，则该用户无法登录。

5.2　用户管理

　　用户管理包括添加、删除、修改以及设置密码等多种操作。Linux系统提供了许多功能强大的命令来完成这些操作。对于部分操作，还提供了图形界面。本节将对其中常用的命令进行介绍，便于读者熟练地完成这些维护任务。

5.2.1　添加用户：useradd 命令

　　Linux提供了两个命令来添加用户，分别为useradd和adduser。这两个命令的使用方法有所区别，下面分别介绍这两个命令。

　　useradd是一个传统的UNIX和Linux系统管理命令，其功能是在系统中创建一个新用户。该命令的基本语法如下：

```
useradd [options] login
```

该命令常用的选项有：

- -b：指定基目录。如果没有使用-d选项指定主目录，则采用基目录加上用户登录名作为主目录。如果没有使用-m选项，则指定的基目录必须已经存在。如果没有指定基目录，则使用/etc/default/useradd文件中的HOME变量的值或者取默认的/home。
- -c：指定用户的注释信息，为任意字符串。
- -d：指定用户的主目录。目录不一定必须存在，但是会在必要的时候创建。
- -e：指定用户的失效日期，格式为YYYY-MM-DD。如果没有指定，则使用/etc/default/useradd文件中的EXPIRE变量的值；如果为空字符串，则表示永远不过期。
- -f：指定密码过期后，账户将被彻底禁用之前的天数。0表示立即禁用，-1表示不禁用用户。如果没有指定，则取/etc/default/useradd文件中的INACTIVE变量的值，或者为-1。
- -g：指定新用户的主用户组，可以使用组名或者组标识号，必须是已经存在的用户组。如果没有指定该选项，则 useradd 命令的行为将依赖于 /etc/login.defs 文件中的 USERGROUPS_ENAB变量的值。如果其值为yes，则useradd命令会为新用户自动创建一个用户组，组名与登录名相同；如果为no，则useradd命令会把新用户的主组设置为/etc/default/useradd文件中的GROUP变量的值，或者取默认值100。
- -G：指定新用户的附加用户组，多个组名之间用逗号隔开，中间没有空格。
- -m：如果用户主目录不存在，则自动创建。
- -M：不创建用户主目录。

- -r：创建一个系统用户。新用户的用户标识号将在100~999，并且不会自动为新用户创建主目录。
- -s：指定默认的Shell程序，需要使用绝对路径。
- -u：手动指定新用户的用户标识号，必须在当前系统是唯一的。

login参数为新用户的登录名，登录名在当前系统中也必须是唯一的。

例如，使用下面的命令创建一个名称为jack的用户，并且指定其主组为sales，附件组为company和employees：

```
liu@ubuntu:~$ sudo useradd -g sales -G company,employees jack
```

使用下面的命令创建名称为ron的用户，并且自动创建其主目录，默认Shell为bash：

```
liu@ubuntu:~$ sudo useradd -m -g employees -s /bin/bash ron
```

> 注意 如果没有指定-m选项，则useradd命令通常不会自动创建用户主目录。

5.2.2 添加用户：adduser 命令

adduser命令实际上是一个Perl脚本文件。其基本语法如下：

```
adduser [options] user
```

该命令的常用选项有：

- --disabled-login：不为新用户设置密码。这意味着用户不能登录系统，除非为它设置了密码。
- --disabled-password：用户不能使用密码认证，但是可以通过其他的方式认证，例如RSA密钥。
- --gid：如果创建一个用户组，则用来指定新用户组的组标识号。
- --group：创建一个用户组。
- --home：指定用户的主目录。如果该目录不存在，则会创建该目录。
- --shell：指定用户默认的Shell程序。
- --ingroup：指定用户所属的主组。
- --system：创建一个系统用户。
- --no-create-home：不创建用户主目录。
- --uid：指定用户的用户标识号。
- --add_extra_groups：指定用户的附加用户组。

通过adduser命令，用户可以添加普通用户、系统用户以及用户组。下面分别进行介绍。

1. 创建普通用户

如果没有指定--system和--group选项，adduser命令会创建一个普通用户。例如，使用下面的命令创建一个名称为joe的用户：

```
liu@ubuntu:~$ sudo adduser --ingroup employees --shell /bin/bash joe
正在添加用户"joe"...
正在添加新用户"joe" (1003) 到组"employees"...
```

```
创建主目录"/home/joe"...
正在从"/etc/skel"复制文件...
输入新的 UNIX 密码:
重新输入新的 UNIX 密码:
passwd: 已成功更新密码
正在改变 joe 的用户信息
请输入新值，或直接敲回车键以使用默认值
    全名 [Joe]:
    房间号码 []: 1001
    工作电话 []: 124566
    家庭电话 []: 543217
    其他 []:
这些信息是否正确？ [Y/n] y
```

从上面的命令可以得知，adduser命令在添加用户的时候会采用交互式的方式，要求用户输入用户的注释信息，这些信息会存储在/etc/passwd文件中的用户记录的注释字段中。

2. 创建系统用户

如果adduser命令使用了--system选项，那么将会添加一个系统用户。adduser命令将从/etc/adduser.conf文件中的FIRST_SYSTEM_UID和LAST_SYSTEM_UID变量指定的范围内选择第1个可用的用户标识号作为新的系统用户的UID。

默认情况下，系统用户被放在nogroup组中。使用--gid或--ingroup选项可以将新的系统用户添加到一个已经存在的组。使用--group选项可以将新系统用户添加到与新用户的登录名相同的新用户组中。

跟标准用户一样，主目录会依据相同的规则创建。如果没有使用--shell选项执行新系统用户的默认Shell，那么新系统用户的默认Shell为/bin/false，这意味着该用户不能登录系统。

例如，使用下面的命令创建一个名称为andy的系统用户：

```
liu@ubuntu:~$ sudo adduser --system andy
正在添加系统用户"andy" (UID 125)...
正在将新用户"andy" (UID 125)添加到组"nogroup"...
创建主目录"/home/andy"...
```

从上面的输出可以得知，用户andy的用户标识号为125，主组为nogroup。

> **注意** 在同时指定--system和--group选项的情况下，新创建的系统用户的主组将被设置为与其登录名相同的用户组。如果单独使用--group选项，则会创建一个普通的用户组。

3. 创建用户组

如果单独使用--group选项，不使用--system选项，则会创建一个普通的用户组。例如，使用下面的命令创建一个名称为accounts的用户组：

```
liu@ubuntu:~$ sudo adduser --group accounts
正在添加组"accounts" (GID 1005)...
完成。
```

> **注意** adduser命令的默认配置文件为/etc/adduser.conf。

5.2.3 修改用户：usermod 命令

usermod命令用来修改用户账户信息。该命令的基本语法如下：

```
usermod [options] login
```

在上面的命令中，options为命令选项，usermod命令常用的选项有：

- -a：将用户添加到指定的附加组。该选项只能和-G选项一起使用。
- -c：修改用户注释字段的值。
- -d：指定用户主目录。如果指定了-m选项，则当前用户主目录中的内容会被移动到新的主目录中。
- -e：指定用户失效日期。
- -f：指定密码过期之后，账户被彻底禁用之前的天数。0表示密码过期时，立即禁用账户。-1则表示不禁用账户。
- -g：修改用户的主组。指定的用户组必须存在。在用户主目录中，属于原来的主组的文件将转交新组所有。主目录之外的文件所属的组必须手动修改。
- -G：指定用户的附加用户组，多个用户组之间用逗号隔开。
- -l：修改用户的登录名。
- -L：锁定用户账户密码认证。该操作会在用户加密的密码之前增加一个感叹号！。
- -m：将用户主目录中的文件移动到新的位置。该选项需要与-d选项配合使用。
- -s：修改用户的默认Shell。
- -u：指定用户新的用户标识号。
- -U：解除用户密码认证锁定。该选项将移除用户加密密码之前的感叹号。

> **注意** 如果希望锁定账户，不仅可以禁止通过密码访问，还可以将用户的 EXPIRE_DATE设置为1。

login参数为要修改的用户的登录名。

例如，使用下面的命令将用户ron添加到用户组employees中：

```
liu@ubuntu:~$ sudo usermod -G employees ron
```

使用下面的命令锁定用户joe，不允许他通过密码认证登录：

```
liu@ubuntu:~$ sudo usermod -L joe
```

5.2.4 删除用户：userdel 命令

userdel命令用来将一个用户从Linux系统中删除。其基本语法如下：

```
userdel [options] login
```

userdel命令的选项只有两个比较常用，如下所示：

- -f：强制删除指定的用户，即使该用户处于登录状态。

- -r：用户主目录中的文件将随用户主目录和用户邮箱一起删除。在其他文件系统中的文件必须手动搜索并删除。

login为要删除的用户的登录名。

例如，使用下面的命令将用户ron从当前系统中删除，但是保留其主目录：

```
liu@ubuntu:~$ sudo userdel ron
```

使用下面的命令将用户joe连同其主目录从系统中删除：

```
liu@ubuntu:~$ sudo userdel -r joe
```

> 注意　在使用-r选项时务必小心谨慎。因为用户主目录中通常会保存重要的文档资料，在删除前注意备份。

5.2.5　修改用户密码：passwd 命令

为了安全起见，Linux的所有用户都应该定期修改自己的密码。passwd命令用于设置用户的认证信息，包括用户密码、密码过期时间等。系统管理员可以使用该命令修改指定用户的密码，而普通用户只能修改自己的密码。

passwd命令的基本语法如下：

```
passwd [options] login
```

passwd命令的常用选项有：

- -a：显示所有用户的状态，需要和-S选项一起使用。
- -d：删除用户密码。这意味着用户不要密码即可登录。
- -e：设置用户密码立即过期。这可以强制用户下一次登录必须修改密码。
- -i：设置用户密码过期之后指定的天数禁用该账户。
- -l：锁定用户密码。在用户加密密码之前插入一个感叹号。
- -S：显示账户状态信息。状态信息包含7个字段。第1个字段是用户的登录名，第2个字段表示用户账户是否已经锁定密码（L）、没有密码（NP）或者密码可用（P），第3个字段给出最后一次更改密码的日期。接下来的4个字段分别是密码的最小年龄、最大年龄、警告期和禁用期。这些年龄以天为单位计算。
- -u：解锁用户密码。

> 注意　-l选项并没有禁用账户，只是禁止用户通过密码认证登录。用户仍然可以使用其他的方式，例如密钥认证登录系统。完全禁用账户需要使用usermod命令的--expiredate选项。

login参数为要修改的用户的登录名。只有超级用户才可以指定该参数，其他的用户不可以指定。如果没有指定login参数，则表示修改自己的密码。

passwd命令的使用方法比较简单，如果想要修改自己的密码，直接在命令行中输入passwd命令即可，如下所示：

```
liu@ubuntu:~$ passwd
更改 liu 的密码。
（当前）UNIX 密码：
输入新的 UNIX 密码：
重新输入新的 UNIX 密码：
passwd: 已成功更新密码
```

在更改密码的时候，passwd命令会要求用户输入当前的密码，以验证操作的合法性，然后输入两次新的密码。

如果想要修改其他用户的密码，则需要超级用户的权限，如下所示：

```
liu@ubuntu:~$ sudo passwd joe
输入新的 UNIX 密码：
重新输入新的 UNIX 密码：
passwd: 已成功更新密码
```

在这种情况下，passwd命令不再要求用户输入当前密码。

想要禁止用户joe通过密码认证或者修改密码，则可以使用-l选项将其锁定：

```
liu@ubuntu:~$ sudo passwd -l joe
passwd: 密码过期信息已更改
```

用户密码锁定之后，在/etc/shadow文件的加密密码字段的前面会被插入一个感叹号!。

-S选项可以查看用户的密码状态，如下所示：

```
liu@ubuntu:~$ sudo passwd -S liu
liu P   10/05/2023  0   99999   7   -1
```

上面的输出分为7个字段，第1个字段为用户的登录名，第2个字段为密码状态，其中P表示密码可用，L表示密码锁定，NP表示没有密码。第3个字段为最后一次更改密码的日期，第4个字段为最小时间间隔，第5个字段为最大时间间隔，第6个字段为警告期，第7个字段为禁用期。

5.2.6　显示用户信息：id 命令

id命令可以显示真实有效的用户标识号和组标识号。该命令的语法如下：

```
id [option] [user]
```

其中常用的选项有：

- -g：仅显示有效的组标识号。
- -G：显示所有的组标识号。
- -n：显示名称而不是数字。
- -u：显示有效用户标识号。

如果没有任何选项和参数，则id命令会显示当前已登录用户的身份信息：

```
liu@ubuntu:~$ id
uid=1000(liu) gid=1000(liu) 组=1000(liu),4(adm),24(cdrom),27(sudo),
30(dip),46(plugdev),121(lpadmin),131(sambashare)
```

如果想要显示某个用户的身份信息，则需要指定登录名，如下所示：

```
liu@ubuntu:~$ id root
uid=0(root) gid=0(root) 组=0(root)
```

下面的命令显示了用户liu所属组的名称：

```
liu@ubuntu:~$ id -Gn liu
liu adm cdrom sudo dip plugdev lpadmin sambashare
```

5.2.7　用户间切换：su 命令

su命令非常神奇，可以使得用户在登录期间变成另一个用户的身份。该命令的基本语法如下：

```
su [options] login
```

该命令常用的选项有：

- -c：指定切换后执行的Shell命令。
- -或者-l：提供一个类似于用户直接登录的环境。
- -s：指定切换后使用的Shell程序。

login参数为要切换到的用户的登录名。如果没有提供login参数，则表示切换到root用户。例如，使用下面的命令切换到root用户：

```
liu@ubuntu:~$ sudo su -
[sudo] liu 的密码：
root@ubuntu:~# id
uid=0(root) gid=0(root) 组=0(root)
```

> **注意**　由root用户切换到其他的用户不需要输入密码验证。

5.2.8　受限的特权：sudo 命令

在早期的UNIX和Linux系统中，普通用户在执行系统管理操作的时候一般是通过su命令切换到root用户。这种做法存在一个安全隐患，就是该普通用户需要知道root用户的密码。

sudo命令的应用使得普通用户不需要知道root用户的密码，即可执行系统管理的操作。为了能够使普通用户获得这种特权，root用户需要预先将要授权的普通用户的登录名、可以执行的特定命令以及按照哪种用户或者用户组的身份执行等信息保存在/etc/sudoers文件中，即可完成对该用户的授权。

在普通用户执行需要特权的命令时，在命令前面加上sudo，此时sudo命令将会询问该用户自己的密码，以确认当前执行操作的是该用户本人，输入正确之后，系统即可将该命令以超级用户的权限运行。

由于sudo命令不需要指定root用户的密码，因此部分UNIX和Linux系统利用sudo命令，通过普通用户取代超级用户作为管理账户，执行日常的维护，其中就包括Ubuntu。

> **注意** sudo命令的有效期默认为5分钟，即执行一次sudo命令之后，5分钟之内不需要再次验证密码。

sudo命令的基本语法如下：

```
sudo [options] command
```

sudo命令的常用选项有：

- -b：在后台执行指定的命令。
- -g：以指定的用户组作为主组运行指定的命令。
- -l：列出指定用户可以执行的命令。
- -U：与-l选项配合使用，列出指定用户可以执行的命令。
- -u：以指定用户的身份执行命令。

command参数为要执行的命令。

sudo命令最重要的一个配置文件就是/etc/sudoers。该文件保存了哪些用户可以执行sudo命令，以及该用户可以执行哪些特权命令等。下面对该文件的配置语法进行介绍。

首先看一个简单的例子，下面的代码定义了一个普通用户所能执行的特权命令：

```
jorge ALL=(root) /usr/bin/find, /bin/rm
```

首先，最前面的jorge为要授予特权的用户的登录名。此处也可以是一个用户组名，为了与用户登录名区分开来，组名前面需要添加一个百分号%。

空格后面的ALL表示运行命令的主机，ALL表示所有的主机。此处可以是逗号分隔的主机名、IP地址列表，甚至是网络。

等号后面的圆括号规定了用户能够以哪些身份执行命令，在上面的例子中，jorge用户能够以root用户的身份执行命令。如果能够以任何用户身份执行，可以用ALL表示。在用户名称后面可以加上用户组，语法为username:groupname。其中ALL:ALL表示所有用户组的所有用户。

最后的列表为可以执行的特权命令。如果可以执行所有的命令，则用ALL表示。为了便于使用，sudo命令在执行命令时可以不需要验证密码，这需要在命令前面加上NOPASSWORD:前缀。

下面再看一些具体的例子。

下面的例子允许root用户在所有的主机上面执行任何命令：

```
root ALL = (ALL) ALL
```

下面的例子表示wheel用户组的成员拥有任何权限：

```
%wheel ALL = (ALL) ALL
```

sudoers配置文件还支持更多的语法规则，如下所示：

```
01  User_Alias FULLTIMERS = millert, mikef, dowdy
02  User_Alias PARTTIMERS = bostley, jwfox, crawl
03  User_Alias WEBMASTERS = will, wendy, wim
04  FULLTIMERS ALL = NOPASSWD: ALL
05  #PARTTIMERS可以运行任何命令在任何主机，但是必须先验证自己的密码
06  PARTTIMERS ALL = ALL
07  Host_Alias CUNETS = 128.138.0.0/255.255.0.0
```

```
08  Host_Alias CSNETS = 128.138.243.0, 128.138.204.0/24, 128.138.242.0
09  Host_Alias SERVERS = master, mail, www, ns
10  Host_Alias CDROM = orion, perseus, hercules
11  jack CSNETS = ALL
12  #lisa可以运行任何命令在定义为CUNETS（128.138.0.0）的子网中的主机上
13  lisa CUNETS = ALL
14  #steve可以作为普通用户运行在CSNETS主机上的/usr/local/op_commands/内的任何命令
15  steve CSNETS = (operator) /usr/local/op_commands/
16  #WEBMASTERS用户组中的用户可以以www的用户名运行任何命令
17  WEBMASTERS www = (www) ALL, (root) /usr/bin/su www
```

第01行通过User_Alias语句定义了一个用户别名，其值为3个用户名。第07~10行通过Host_Alias定义了4个主机别名。第11~17行分别引用这些用户别名和主机别名来定义权限。

尽管/etc/sudoers文件是一个普通的文本文件，但是Linux并不建议用户直接修改该文件，因为直接编辑可能会出现语法错误。为了修改该文件，Linux提供了一个名称为visudo的命令。尽管该命令实际上仍然是调用nano编辑器，但是它会进行一定的语法检查。visudo命令的主界面如图5-1所示。

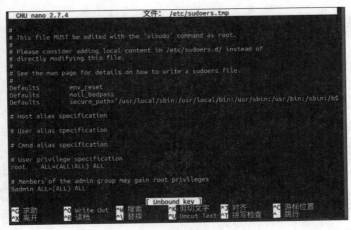

图 5-1　visudo 主界面

所以，为了能够使得用户joe通过sudo命令执行特权操作，只需要在图5-1所示的窗口中添加以下代码即可：

```
joe     ALL=(ALL) ALL
```

> **注意** 如果想要切换到root用户，可以执行以下命令：

```
liu@ubuntu:~$ sudo su -
root@ubuntu:~#
```

5.3　用户组管理

用户组是一组拥有相似属性的用户的集合。通过用户分组可以方便用户的组织管理。用户组管理包括添加、删除以及修改等操作。本节将对这些操作进行详细介绍。

5.3.1　添加用户组：groupadd 命令

groupadd命令可以在Linux系统中创建一个新的用户组。该命令的基本语法如下：

```
groupadd [options] group
```

groupadd命令的常用选项有：

- -g：指定新的用户组的组标识号。
- -r：创建系统用户组。

group参数为用户组的组名。

使用下面的命令创建一个名称为staff的用户组：

```
liu@ubuntu:~$ sudo groupadd staff
```

5.3.2　添加用户组：addgroup 命令

在Ubuntu中，addgroup命令实际上是adduser命令的符号链接。前面已经介绍过，adduser命令不仅可以新建用户，还可以新建用户组。

在使用addgroup命令添加用户组的时候，直接指定用户组的组名即可：

```
liu@ubuntu:~$ sudo addgroup manager
正在添加组"manager" (GID 1007)...
完成。
```

5.3.3　修改用户组：groupmod 命令

groupmod命令用来修改用户组的定义，包括用户组组名和用户组的组标识号等。该命令的语法非常简单，下面以具体的例子说明。

使用下面的命令将用户组manager的组名修改为managers：

```
liu@ubuntu:~$ sudo groupmod -n managers manager
```

其中，-n选项用来指定用户组新的组名。新的组名不能与/etc/group文件中已有的组名重复。

使用下面的命令将managers用户组的组标识号修改为1008：

```
liu@ubuntu:~$ sudo groupmod -g 1008 managers
```

5.3.4　删除用户组：groupdel 命令

groupdel命令的主要功能为删除系统中的某个用户组。在删除用户组的时候，如果系统中存在以被删的用户组作为主组的用户，则该用户组不可以被删除。如果确实要删除该用户组，则需要首先将作为主组的用户从该用户组中的移除。如果系统中存在以被删用户组为附加组的用户，则不影响该用户组的删除。

例如，使用下面的命令删除名称为managers的用户组：

```
liu@ubuntu:~$ sudo groupdel managers
```

5.4　权限管理

Linux系统的权限管理拥有一套成熟和严谨的规范。正确的权限管理对于维护Linux系统的安全非常重要。本节将对Linux系统中的权限管理进行详细介绍。

5.4.1　权限概述

Linux系统的权限比较复杂，可以分为权限组、基本权限类型、特殊权限以及访问控制列表。

1. 权限组

文件的权限组可以分为所有者、所属组以及其他组3种。

在Linux系统中，每个用户都属于一个或者多个用户组，不能独立于用户组之外。同时，Linux系统中的每个文件也有所有者和所属组的概念。文件的所有者一般为文件的创建者，哪个用户创建了文件，该用户就天然地成为该文件的所有者。通常情况下，文件的所有者拥有该文件的所有访问权限。

在文件被创建的时候，创建者所属的主组就自然成为该文件的所属用户组。文件所属组的权限与系统中其他用户组的权限可以分别进行设置。通常情况下，文件所属组成员对于文件的访问权限比其他的组成员的权限要大。

除文件所有者和所属组外，系统中所有其他的用户都统一称为其他的用户组。

Linux系统使用字母u表示文件的所有者，g表示文件的所属组，o表示其他用户，a表示所有的用户。

2. 基本权限类型

在Linux系统中，每个文件都有3种基本的权限类型，分别为读、写和执行。读权限表示用户能够读取文件的内容。写权限表示用户能够修改文件或者目录的内容。执行权限表示用户能够执行该文件。对于目录而言，执行权限表示用户能够列出目录中的文件列表。

Linux使用小写字母r表示读取权限，w表示写入权限，x表示执行权限。因此，如果用户对于某个文件拥有读写权限，则可以表示为：

```
rw-
```

而拥有读、写和执行权限则可以表示为：

```
rwx
```

除使用r、w和x表示权限类型外，Linux还支持一种八进制的权限表示方法。在这种形式中，4表示读权限，2表示写权限，1表示执行权限。因此，对于读写权限，可以使用数字6表示，其中6来自4+2。读、写和执行权限可以用数字7表示，即4+2+1。

3. 特殊权限

除3种基本权限类型外，Linux系统还支持3种特殊权限，分别为setuid、setgid和粘滞位。

setuid和setgid权限使得某个命令能够以文件所有者或者所属组的身份运行。这在某些特殊情况下非常有用。

一个非常典型的例子就是Linux的密码修改。前面已经讲过，Linux系统的用户密码以加密的形式存储在/etc/shadow文件中，而/etc/shadow文件的所有者为root用户，并且只有root用户才有更改该文件的权限。但是，Linux系统的每个用户都可以修改自己的密码。这个操作的完成依赖于setuid权限。正因为对passwd命令设置了setuid权限，使得所有的用户在执行该命令的时候，会暂时以root用户的身份执行，此时，该命令会拥有针对/etc/shadow文件的写入权限，使得用户能够修改自己的密码。

> ❖➕注意 setuid和setgid仅仅意味着被设置权限的命令的进程的所有者是文件的所有者或者所属组，而非执行者拥有文件所有者的权限。

粘滞位的设置使得只有文件的所有者才可以重命名和删除文件，其他任何用户都不可以。这在文件共享环境中非常有用，避免用户自己的文件被其他的用户删除。

在Linux系统中，setuid和setgid权限都用小写字母s表示，粘滞位用小写字母t表示。

4. 访问控制列表

传统的Linux权限的控制粒度比较大，只能控制到文件所有者、所属组以及其他用户，很难控制到某些具体的用户。为了弥补这个缺陷，后来又增加了访问控制列表（Access Control List，ACL）。访问控制列表可以针对某个用户或者用户组单独设置访问权限。

访问控制列表需要文件系统的支持，目前绝大部分的文件系统都支持访问控制列表。用户可以使用以下命令检查文件系统是否支持ACL：

```
liu@ubuntu:~$ sudo dumpe2fs -h /dev/sda1 | grep acl
dumpe2fs 1.43.4 (31-Jan-2023)
Default mount options:    user_xattr acl
```

如果命令的输出结果如上所示，则表示当前文件系统支持ACL。某些文件系统默认情况下并不加载ACL功能，此时需要在使用mount命令挂载文件系统时添加acl选项。

ACL的语法规则如下：

```
[d[efault]:] u[ser]:]uid [:perms]
[d[efault]:] g[roup]:gid [:perms]
[d[efault]:] m[ask][:] [:perms]
[d[efault]:] o[ther] [:perms]
```

在上面的规则中，最前面的default表示设置默认ACL规则。默认ACL规则主要是针对目录而言的。当某个目录被设置了默认ACL规则之后，在该目录中创建的文件都会继承该ACL规则。

其中第1条针对特定的用户，其中u或者user表示用户，uid则为用户的登录名或者用户标识号。perm为权限列表，采用前面介绍的基本权限类型，可以使用字母或者数值表示。例如，用户joe拥有读、写和执行权限，则可以表示如下：

```
u:joe:rwx
```

或者

```
user:joe:rwx
```

第2条规则针对用户组，g或者group表示用户组，gid为用户组名或者组标识号。perms为权限列表。例如，用户组staff拥有读写权限，可以使用以下形式表示：

```
g:staff:rw-
```

第3条规则设置了有效权限掩码。有效权限掩码指定了用户和组对于该文件的最大访问权限，除所有者之外。

第4条规则针对其他的用户，例如其他的用户对于某个文件拥有写入权限，则可以表示如下：

```
o:w--
```

默认规则通常是针对目录而言的，当用户对某个目录设置了默认ACL规则之后，在该目录下所创建的文件都会继承该ACL。

> **注意** 如果第1条规则中没有指定uid，则默认为文件所有者；如果第2条规则中没有指定gid，则默认为文件所属组。

5.4.2 改变文件所有者：chown 命令

chown命令可以改变文件或者目录的所有者和所属的用户组。该命令的基本语法如下：

```
chown [option]... [owner][:[group]] file...
```

chown命令的常用选项有：

- --from：只更改当前的所有者匹配指定的用户的文件。
- -R：递归处理，将指定目录下的所有文件及子目录一并处理。

owner参数为新的文件所有者，可以是所有者的登录名，也可以是用户数字标识号。group为文件所属的新用户组，可以是组名或者组数字标识号。所有者和所属组之间用冒号隔开。如果用户只提供了所有者，则文件所属组不会被改变；如果同时提供了所有者和所属组，则目标文件的所有者和所属组同时被改变；如果只提供了新的所有者，后面紧跟一个冒号，而没有组名，则目标文件的所有者被改变，目标文件的所属组也会被更改为新的所有者的主组；如果提供了一个冒号和组名，则目标文件的所属组会被更改，但是文件的所有者不会被改变；如果只提供了一个冒号，则文件的所有者和所属组都不会被改变。

file参数为要更改的文件列表，多个文件之间用空格隔开。chown命令支持在文件名中包含通配符。

使用下面的命令将文件的所有者更改为joe：

```
liu@ubuntu:~/doc$ sudo chown joe users.txt
liu@ubuntu:~/doc$ ll users.txt
-rw-r--r--    1    joe    liu    0  10月  6 21:50    users.txt
```

从上面的结果可以得知，文件的所有者已经被更改，但是文件所属组并没有发生改变。之所以会出现以上结果，是因为没有提供所属组。

使用下面的命令将users.txt文件的所有者更改为joe，并且将所属组更改为joe的主组：

```
liu@ubuntu:~/doc$ sudo chown joe: users.txt
liu@ubuntu:~/doc$ ll users.txt
-rw-r--r--        1      joe      joe          0   10月 6 21:50     users.txt
```

对于一个目录而言，如果想要改变该目录下的所有文件及其子目录的所有者，则需要使用-R选项：

```
liu@ubuntu:~$ sudo chown -R joe:joe doc
```

注意 如果只提供冒号和所属组，则chown命令的功能与chgrp命令相同。

5.4.3 改变文件所属组：chgrp 命令

chgrp命令用来更改文件或者目录所属的用户组。该命令的语法与chown命令基本相同。

例如，使用下面的命令将目录doc所属组更改为joe：

```
liu@ubuntu:~$ sudo chgrp joe doc
```

注意 如果用户不是该文件的文件主或超级用户（root），则不能改变该文件的组。

5.4.4 设置权限掩码：umask 命令

在Linux系统中，当用户创建一个新的文件或者目录时，新文件的访问通常被设置为rw-r--r--，而目录的访问权限通常被设置为rwxr-xr-x。分别转换成八进制表示法之后，文件的默认访问权限为644，而目录的默认访问权限为755。

这个默认访问权限是由umask命令设置的权限掩码决定的。系统管理员必须为系统中的用户设置一个合理的权限掩码，以确保用户创建的文件具有所希望的默认权限，同时也防止其他非同组用户对该文件具有写权限。

与前面介绍的文件访问权限不同，权限掩码规定了要在原有权限的基础上删除的权限，而不是授予的权限。

通常情况下，权限掩码使用前面介绍的八进制形式表示。对于文件来说，每个数字的最大值都为6。之所以如此，是因为Linux系统不允许一个文件被创建之后就赋予它执行权限，必须在创建后用chmod命令增加执行权限。对于目录而言，则允许在创建时便为其设置执行权限，所以，权限掩码中的各个数字的最大值为7。

例如，某个用户的权限掩码为022，则当该用户创建新文件时，其默认的访问权限为644，即用666依次减去掩码中相对应的权限上面的数字。但是当该用户创建目录时，其默认的访问权限为755，即用777依次减去掩码中相对应的数字。

umask命令可以设置默认的权限掩码。实际上，在用户登录之后，会自动调用umask来设置权限掩码。

如果没有提供任何选项和参数，则umask命令会显示当前用户的权限掩码，如下所示：

```
liu@ubuntu:~$ umask
0022
```

如果想以字符形式显示，则使用-S选项：

```
liu@ubuntu:~$ umask -S
u=rwx,g=rx,o=rx
```

如果想要设置或者更改权限掩码，直接将其作为参数传递给umask命令即可，如下所示：

```
liu@ubuntu:~$ umask 244
```

上面的命令将当前用户的权限掩码设置为244。

根据前面的介绍，当该用户创建新文件时，其默认的访问权限为422，即r---w--w-，这样其他用户会拥有修改该文件的权限。而该用户创建新目录时，其默认的访问权限为533，即r-x-wx-wx。

> **注意** 在设置权限掩码时，一定要弄清楚到底希望文件具有什么样的默认访问权限，否则可能会导致意想不到的结果。

5.4.5 修改文件访问权限：chmod 命令

前面已经介绍了很多管理Linux文件访问权限的知识。那么，针对一个文件，用户应该如何修改其访问权限呢？如何把一个文件或者目录的写入权限授予其他的用户呢？

要完成这个任务，需要使用下面将要介绍的chmod命令。chmod命令的主要功能就是修改文件或者目录的访问权限。

首先介绍一下chmod命令的基本语法，如下所示：

```
chmod [option]... mode[,mode]... file...
```

在上面的语法中，option为chmod命令的选项，mode为文件的访问权限，可以使用字符表示，也可以使用八进制数值表示。file参数为要设置权限的文件或者目录。

与前面介绍的chown和chgrp命令一样，chmod命令的常用选项也只有一个-R，表示递归更改目标目录及其子目录的所有文件的权限。同样，多个目标文件或者目录之间用空格隔开。此外，chmod命令也支持通配符。

在设置权限的时候，chmod命令支持多种表达方法。

首先，chmod支持在现有的权限基础上增加或者减少权限。其中，增加权限使用加号+表示，减少权限使用减号-表示。例如，为文件所有者增加执行权限，可以使用以下语法表示：

```
u+x
```

字母u表示文件所有者，x表示执行权限。

下面的语法为所有的用户都增加读、写和执行权限：

```
a+rwx
```

下面的语法收回其他用户的执行权限：

```
o-x
```

其次，还可以使用等号=表示授予的权限。在这种情况下，等号后面的权限为完整的权限。例如，授予文件所属组的成员读和写的权限，如下所示：

```
g=rw
```

最后，用户还可以使用八进制表示权限，3位数字从左到右分别表示所有者、所属组以及其他用户的权限。例如，764实际上就表示rwxrwr--。

接下来介绍如何使用chmod命令修改文件的访问权限。例如，使用下面的命令授予hello.sh文件的所有者读、写和执行的权限，所属组读和写的权限，其他用户只读的权限。

```
liu@ubuntu:~$ chmod u=rwx,g=rw,o=r hello.sh
```

使用下面的命令为所有者增加执行权限，为所属组增加写入权限：

```
liu@ubuntu:~$ chmod u+x,g+w hello.sh
```

使用下面的命令将hello.sh文件的访问权限设置为764：

```
liu@ubuntu:~$ chmod 764 hello.sh
```

在上面的内容中，提到除3种基本权限类型外，还有3种特殊权限，分别为setuid、setgid和粘滞位。前两者都使用字母s表示，后者使用字母t表示。通过chmod命令，用户也可以对这3种特殊权限进行管理。

使用下面的命令对hello.sh文件设置setuid权限：

```
liu@ubuntu:~$ chmod u+s hello.sh
liu@ubuntu:~$ ll hello.sh
-rwsrw-r--  1  liu   liu    32  10月  7 00:23      hello.sh*
```

从上面的命令可以得知，setuid权限实际上设置在文件所有者的权限位上。设置了setuid权限之后，所有者的权限变成了rws，其中的执行权限被小写字母s代替。

实际上，当所有者的执行权限位不为空时，setuid权限使用小写字母s代替其中的x；而当所有者的执行权限位为空时，setuid权限是使用大写字母S表示的。这样的话，可以区分所有者是否拥有执行权限。

同理，setgid权限需要设置在所属组的权限位上，如下所示：

```
liu@ubuntu:~$ chmod g+s hello.sh
liu@ubuntu:~$ ll hello.sh
-rwsrwSr--  1     liu    liu    32  10月  7 00:23      hello.sh*
```

设置之后，所属组的权限变成了rwS，其中执行权限位被大写字母S代替。如果所属组拥有执行权限，则使用小写字母s表示。

粘滞位权限被设置在其他用户的权限位上面，设置粘滞位时不需要指定授予哪些用户，直接使用+t选项即可：

```
liu@ubuntu:~$ chmod +t hello.sh
liu@ubuntu:~$ ll hello.sh
-rwsrwSr-T 1  liu   liu   32 10月  7 00:23        hello.sh*
```

以上文件的其他用户的执行权限位被大写字母T代替。如果其他的用户拥有执行权限，则使用小写字母t代替。

　　在前面的内容中，我们介绍了文件访问权限可以使用3位八进制数字表示，但是实际上，更为准确的说法是4位八进制数字。这是因为除最常见的读、写和执行权限外，还有3种特殊权限。这3种特殊权限也可以使用八进制数字表示，其中setuid用八进制数字4000表示，setgid用八进制数字2000表示，粘滞位用八进制数字1000表示。

　　因此，使用下面的命令可以将hello.sh的访问权限设置为4755：

```
liu@ubuntu:~$ chmod 4755 hello.sh
liu@ubuntu:~$ ll hello.sh
-rwsr-xr-x  1   liu     liu      32     10月 7 00:23        hello.sh*
```

其中，4表示setuid权限，755表示所有者、所属组和其他用户的读、写和执行权限。

5.4.6　修改文件访问控制列表：setfacl 命令

　　Linux系统中的普通权限的控制对象主要是所有者、所属组和其他用户这3种类型。尽管这种机制已经满足了绝大部分的要求，但是对于当前的使用者来说，这个控制粒度并不是非常合适。因为管理员可能经常会需要控制某个具体用户对于某个文件的访问权限，这种需求对于前面介绍的基本权限类型就无能为力了。为此，许多现代的Linux和UNIX都增加了访问控制列表的功能。

　　关于文件访问控制列表的表示方法已经在本节一开始介绍过了。下面介绍修改和查询访问控制列表的命令setfacl和getfacl。

　　setfacl命令用来设置文件的访问控制列表。

```
setfacl [option] file ...
```

　　setfacl命令常用的选项有：

- -b：删除所有的扩展ACL规则，所有者、所属组以及其他用户等基本ACL规则将会被保留。
- -k：删除默认的ACL规则。
- -m：修改文件的ACL规则。
- -n：不重新计算有效权限掩码。默认情况下，setfacl命令会重新计算有效权限掩码。
- --mask：重新计算有效权限掩码。
- -d：指定默认的ACL规则。
- -R：对指定的目录和文件递归处理。
- -L：跟踪符号链接，包括符号链接目录。默认情况下，setfacl命令会跳过符号链接目录，只跟踪符号链接文件。
- -P：跳过符号链接，包括符号链接文件。
- -x：删除文件的ACL规则。

　　选项-m用来修改文件或者目录的ACL规则，用户可以将制定好的ACL规则跟在-m选项后面，多条ACL规则之间用逗号隔开。选项-x用来删除指定的ACL规则。同样，多条ACL规则之间用逗号隔开。选项-M和-X用来从文件或标准输入读取ACL规则。

　　使用下面的命令让用户joe对文件hello.sh拥有读写权限：

```
liu@ubuntu:~$ setfacl -m u:joe:rw- hello.sh
liu@ubuntu:~$ ll hello.sh
```

```
---srw----+ 1   liu     liu      32 10月  7 00:23         hello.sh*
```

通过后面的ll命令，可以得知在hello.sh文件的访问权限的最后多了一个加号+。当任何一个文件拥有了ACL规则之后，我们就可以称之为ACL文件，最后的这个加号就是标识ACL文件的。

使用下面的命令收回用户joe的写入权限：

```
liu@ubuntu:~$ setfacl -m u:joe:r-- hello.sh
```

可以同时指定多个ACL规则，如下所示：

```
liu@ubuntu:~$ setfacl -m u:joe:rw-,g::rwx hello.sh
```

删除ACL规则使用-x选项，例如下面的命令用于删除用户joe的访问授权：

```
liu@ubuntu:~$ setfacl -x u:joe hello.sh
```

getfacl命令用来查询文件的ACL规则。例如：

```
liu@ubuntu:/tmp$ getfacl hello.sh
01  # file: hello.sh
02  # owner: liu
03  # group: liu
04  user::rwx
05  user:joe:rwx          #effective:r-x
06  group::r-x
07  mask::r-x
08  other::r-x
```

在上面的输出结果中，前3行都是注释，描述了文件的基本信息。第04行表示文件所有者的权限，第05行表示用户joe的访问权限，第06行为所属组的访问权限，第07行为权限掩码，第08行为其他用户的访问权限。

接下来重点介绍一下ACL规则中的权限掩码，因为这是掌握ACL的另一个关键。ACL规则中的权限掩码规定了特定用户、所属组以及其他用户的最大权限。

例如，在上面的命令中，用户joe虽然拥有对于文件hello.sh的rwx权限，但是由于权限掩码被设置为r-x，因此用户joe的有效权限也只能是r-x。

> 注意　在使用ls -l命令显示文件权限时，如果文件被设置了ACL规则，并且已经设置了权限掩码，则中间的那组权限代表的就不再是所属组的访问权限，而是权限掩码。

第 6 章
系统的启动和关闭

大多数时候，Linux 系统的启动和关闭看起来都是非常简单的事情，似乎并不需要系统管理员过多地参与，只需要打开电源或者执行几个简单的命令即可。如果这样，那么当系统发生故障无法启动时，系统管理员就会束手无策。因此，系统管理员需要深刻理解系统启动和关闭的相关概念，以便能够识别系统出现故障时的问题所在。本章将详细介绍 Linux 系统的引导、启动、关闭过程以及相关的概念。

本章主要涉及的知识点有：

※ Ubuntu的启动过程：了解Ubuntu从打开电源到进入系统的整个过程。

※ 引导相关组件：介绍与系统引导有关的几个基本概念。

※ 启动模式：介绍多用户模式、单用户模式、手动启动以及从其他的介质启动等。

※ 初始化文件和启动脚本：主要介绍运行级别以及相关初始化脚本。

※ 登录：主要介绍如何登录系统以及用户相关的初始化文件。

※ 关闭系统：主要介绍Linux系统的关闭方法。

6.1 Ubuntu的启动过程

尽管通常情况下，Ubuntu的启动并不需要用户过多地参与，但是，Ubuntu系统的启动本身是一个非常复杂的过程。在这个过程中，有硬件的检测、系统内核的准备以及各种系统服务的启动等。作为系统管理员，需要深入了解其中所经历的阶段，才能在系统无法启动时准确判断问题所在。本节将按照Linux系统从打开电源到进入系统的顺序，介绍整个启动过程。

6.1.1 BIOS 阶段

BIOS又称为基本输入输出系统，是计算机中非常重要的一个软件系统。BIOS有着悠久的历史，BIOS诞生于1975年。在PC引导的过程中，BIOS担负着初始化硬件、检测硬件功能以及引导操作系统的责任。

即使计算机断电之后，BIOS也不会丢失。早期的BIOS存储在主板上面的只读存储器中，用户不可以修改其内容。随着BIOS功能越来越多以及硬件更新的速度越来越快，BIOS也需要不断地更新以及支持新的硬件。所以，BIOS的存储设备改为EEPROM或者闪存，这样，用户就可以方便地更新BIOS了。

BIOS是用户打开计算机后运行的第一个程序。当用户按下计算机的电源按钮，打开电源，存储在闪存等介质上面的BIOS就开始执行。首先完成芯片组和内存的初始化。然后把BIOS自身加载在计算机的主存中，继续完成下面三个部分的任务。

1. 加电自检

加电自检是指计算机刚接通电源时对硬件部分的检测，主要目的是检查计算机的硬件是否良好。检查的硬件主要包括CPU、内存、主板、CMOS存储器、串并口、显卡、磁盘以及键盘等，一旦发现问题，系统将给出相应的提示信息或者声音报警。对于严重故障，则停止启动；对于非严重故障，则给出提示等待用户处理。

2. 初始化

包括创建中断向量、设置寄存器、对一些外部设备进行初始化和检测等，其中很重要的一部分是读取CMOS中保存的配置信息，并和实际硬件设置进行比较，如果不符合，就会影响系统的启动。

3. 加载引导程序

当BIOS检查到硬件正常并且与CMOS中的设置相符后，按照CMOS中对启动设备的设置顺序检测可用的启动设备，例如硬盘或者U盘等。BIOS将相应启动设备的第一个扇区，也就是主引导记录扇区读入内存，根据主引导记录中的引导代码启动引导程序。

6.1.2 引导程序阶段

在介绍引导程序之前，首先简单地了解一下硬盘的构造。硬盘的构造比较复杂，但是存储数据的部分是由多个类似于CD的盘片堆叠而成的，盘片正反两面都可以记录数据。每个盘片被分成许多扇形的区域，称为扇区。通常情况下，一个扇区的大小为512字节。盘片以中心为圆心，不同半径的同心圆称为磁道。不同盘片相同半径的磁道所组成的圆柱称为柱面。

启动设备的0磁道0柱面1扇区称为引导扇区。引导扇区中包含两个部分，其中第1部分为主引导记录，即我们通常所说的MBR，大小为446字节；第2部分为磁盘分区表，即我们通常所说的DPT，大小为64字节。DPT中每个磁盘分区项需要占用16字节来描述，所以最多可以描述4个分区，这也是一个磁盘最多包含4个基本分区的原因。最后2字节为十六进制的55AA，这2字节是结束标志。如果某个磁盘的该位置的值不为55AA，则表示该磁盘不含有MBR，即不可以从该磁盘启动计算机。

引导程序是指用来加载操作系统的程序。引导程序通常分为两部分，第一部分就是前面所讲的主引导记录。主引导记录不会直接跟操作系统打交道，而是用来加载第二部分的引导程序。第二部分的引导程序可以位于磁盘上面的其他分区，常见的有NTLDR、BOOTMGR以及GNU GRUB等。

> **注意** BIOS位于主板上面的EEPROM或者闪存内，而引导程序（包括MBR、NTLDR以及GRUB）则位于磁盘上面。

GNU GRUB是目前绝大部分的Linux发行版的引导程序。在启动的时候，GRUB会显示一个菜单列表以供用户选择，在Ubuntu 22.04版本中，需要在启动时按Esc和Shift键才能进入，不同版本的Linux有不同的按键进入方式，如图6-1所示。

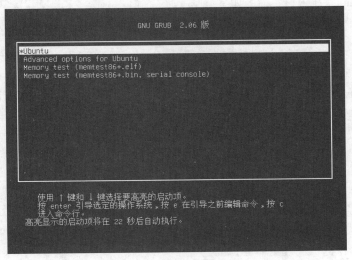

图 6-1　GRUB 菜单

用户可以通过上下箭头键来选择需要的菜单项，按Enter键即可引导操作系统。

此外，用户可以在如图6-1所示的界面中按c键，进入GRUB的命令行界面，如图6-2所示。

图 6-2　GRUB 的命令行界面

GRUB提供了非常多的命令，用户可以通过help命令查看。在此只介绍以下几个命令：

- search：通过文件或者卷标搜索设备。通过--set选项可以把搜索到的第一个设备赋给指定的环境变量；--file选项可以指定搜索条件为文件，--label选项可以指定搜索条件为文件系统卷标，--fs-uuid选项可以指定搜索条件为文件系统的UUID。
- linux：加载指定的Linux内核。该命令只接受一个文件名参数，其他的参数将作为内核参数。
- initrd：加载initrd镜像文件。
- boot：引导通过linux命令加载的系统内核。

为了能够使读者深入理解Linux的引导过程，下面介绍通过命令行手动引导Ubuntu。

> 注意 参数root会因系统硬盘分区的不同而有差异。

（1）设置root环境变量，指定根设备，命令如下：

```
grub> ls /boot/vmlinuz*
```

在上面的命令中，vmlinuz为压缩后的Linux系统内核。在引导过程中，该内核会自动解压并引导。root为GRUB的环境变量，用来指定根设备。

（2）加载Linux系统内核，命令如下：

```
grub> linux /vmlinuz root=/dev/sda3
```

在上面的命令中，/vmlinuz为内核的绝对路径，root=/dev/sda3为传递给内核的参数，用来指定根分区。

实际上，Linux内核位于/boot目录中，而且同时存在多个内核文件，如下所示：

```
liu@ubuntu:~$ ls -l /boot/vm*
-rw-r--r-- 1 root  root  7567136  6月  17 08:41 /boot/vmlinuz-4.10.0-19-generic
-rw------- 1 root  root  7575312  6月  8 18:12  /boot/vmlinuz-4.10.0-24-generic
-rw------- 1 root  root  7575312  6月  27 00:09 /boot/vmlinuz-4.10.0-26-generic
...
```

在上面的输出结果中，存在3个不同版本的内核。而/vmlinuz则是一个符号链接，指向了/boot目录中的一个内核文件，例如下面的/vmlinuz指向了/boot/vmlinuz-4.10.0-26-generic：

```
liu@ubuntu:~$ ls -l /boot/vmlinuz
lrwxrwxrwx 1  root  root  30   7月 1 09:05 /vmlinuz -> boot/vmlinuz-4.10.0-26-generic
```

用户可以通过linux命令直接加载/boot目录中的某个特定的内核，而不是通过/vmlinuz这个符号链接。

（3）加载initrd镜像文件，命令如下：

```
grub> initrd /boot/initrd.img
```

其中，/initrd为initrd镜像文件的绝对路径，其文件的扩展名为.img。该步骤是可选的，如果当前操作系统不使用initrd镜像文件，则省略该步骤。在某些情况下，不使用initrd镜像文件会无法找到根分区。

同样，initrd镜像文件也位于/boot目录中，一个系统中也可以存在多个不同版本的initrd镜像文件，如下所示：

```
liu@ubuntu:~$ ls -l /boot/ini*
-rw-r--r--  1 root root 42978621 7月  12 22:36 /boot/initrd.img-4.10.0-19-generic
-rw-r--r--  1 root root 42977623 7月  12 22:36 /boot/initrd.img-4.10.0-24-generic
-rw-r--r--  1 root root 42998349 7月  12 22:36 /boot/initrd.img-4.10.0-26-generic
```

initrd镜像文件的版本必须与vmlinuz内核文件的版本相匹配，否则会引导失败。/initrd也是一个指向/boot目录中的某个镜像文件的符号链接，如下所示：

```
liu@ubuntu:~$ ls -l /initrd.img
```

```
lrwxrwxrwx 1 root root 33 7月  1 09:05 /initrd.img -> boot/initrd.img-4.10.0-26-generic
```

（4）引导内核。命令如下：

```
grub> boot
```

> **注意** initrd镜像文件必须在内核加载完成之后加载，即上面的步骤（2）和步骤（3）
> 不可以颠倒。

6.1.3　内核阶段

通过GRUB加载Linux内核，并且将控制权传递给内核之后，根分区就可以访问了。此时，内核将进行下一步的初始化操作，创建内存中的数据结构，完成硬件诊断，并且加载设备驱动程序。

完成这些准备活动之后，内核将创建init进程，其进程ID为1。由init进程根据用户指定的运行级别继续进行初始化。

初始化完成之后，便会出现我们熟悉的登录界面，如图6-3所示。

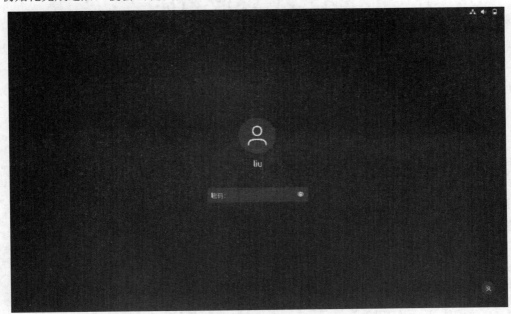

图 6-3　Ubuntu 登录界面

6.1.4　进入系统

进入系统的操作比较简单，用户只要在用户列表中选择需要登录的用户账号，在密码文本框中输入密码即可登录。登录之后就会出现默认的桌面环境，如图6-4所示。当然，用户登录之后，还需要继续进行用户相关的初始化，这些操作将在稍后介绍。

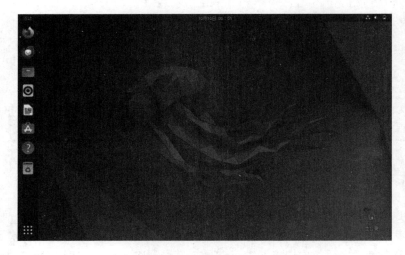

图 6-4　桌面环境

6.2　引导相关组件

在Linux的启动过程中，有几个组件发挥了重要的作用。这些组件在6.1节中已经提到过了，本节将对这些组件进行详细介绍，以加深对Linux引导过程的理解。

6.2.1　主引导记录

主引导记录又称为MBR，是位于可引导磁盘上的一段可执行代码。主引导记录位于磁盘上面的0柱面0磁道1扇区。一般情况下，一个扇区的大小为512字节，而MBR有446字节，占据了第1扇区的大部分空间，所以第1扇区又称为引导扇区。第1扇区不属于任何磁盘分区，也不可以通过fdisk等分区工具管理，即使将磁盘格式化也不能清除引导扇区的内容。

主引导记录的功能前面已经介绍过了，主要是接管BIOS传递过来的控制权，并且加载第二阶段的引导程序，例如Windows系统中的NTLDR、Linux和UNIX系统中的GRUB等。

主引导记录包括以下三个部分：

- 启动代码：位于MBR的最前面，其功能是检查分区表是否正确并且在系统硬件完成自检以后将控制权交给硬盘上的第2阶段的引导程序。
- 磁盘分区表：占64字节，可以对4个分区的信息进行描述。
- 结束标志：结束标志固定为55AA，为主引导扇区的最后2字节，是检验主引导记录是否有效的标志。

6.2.2　GRUB 启动程序

GRUB是一个来自GNU项目的多操作系统启动程序，用来引导不同的系统，如Windows或者Linux。由于MBR只有400多字节，因此其功能比较简单，仅仅加载第2阶段的引导程序，即GRUB。

而GRUB则提供了许多更加高级的功能，它允许用户加载一个操作系统内核。

Ubuntu 22.04采用的GRUB为2.06。与前面的版本相比，GRUB 2.06有了许多重要的改变，主要有以下几点：

- 配置文件名称为grub.cfg，而不是原来的menu.lst。GRUB 2.06拥有了新的语法和命令，其功能远远超过了原来的版本。用户不可以直接编辑grub.cfg文件，该文件是由grub-mkconfig命令自动生成的。
- 设备名称中的分区编号从1开始，而不是0。
- 配置文件语法得到了极大的增强，可以采用类似于脚本语言的语法来编写，可以使用变量、条件表达式以及循环。
- 支持更多的文件系统，包括Ext4、HFS+以及NTFS等。
- 可以直接从LVM或者RAID设备中读取文件。
- 提供了一个图形的终端和菜单。
- 提供了许多可以动态加载的模块。

下面的代码显示了一个grub.cfg文件的内容：

```
01  #
02  # DO NOT EDIT THIS FILE
03  #
04  # It is automatically generated by grub-mkconfig using templates
05  # from /etc/grub.d and settings from /etc/default/grub
06  #
07
08  ### BEGIN /etc/grub.d/00_header ###
09  if [ -s $prefix/grubenv ]; then
10    set have_grubenv=true
11    load_env
12  fi
13  if [ "${next_entry}" ] ; then
14    set default="${next_entry}"
15    set next_entry=
16    save_env next_entry
17    set boot_once=true
18  else
19    set default="0"
20  fi
21
...#此处省略部分配置
107 ### BEGIN /etc/grub.d/10_linux ###
108 function gfxmode {
109     set gfxpayload="${1}"
110     if [ "${1}" = "keep" ]; then
111         set vt_handoff=vt.handoff=7
112     else
113         set vt_handoff=
114     fi
115 }
116 if [ "${recordfail}" != 1 ]; then
```

```
117   if [ -e ${prefix}/gfxblacklist.txt ]; then
118     if hwmatch ${prefix}/gfxblacklist.txt 3; then
119       if [ ${match} = 0 ]; then
120         set linux_gfx_mode=keep
121       else
122         set linux_gfx_mode=text
123       fi
124     else
125       set linux_gfx_mode=text
126     fi
127   else
128     set linux_gfx_mode=keep
129   fi
130 else
131   set linux_gfx_mode=text
132 fi
133 export linux_gfx_mode
134 menuentry 'Ubuntu' --class ubuntu --class gnu-linux --class gnu --class os
$menuentry_id_option 'gnulinux-simple-ec635309-c414-4764-b462-d15b4c6bd80d' {
135     recordfail
136     load_video
137     gfxmode $linux_gfx_mode
138     insmod gzio
139     if [ x$grub_platform = xxen ]; then insmod xzio; insmod lzopio; fi
140     insmod part_msdos
141     insmod ext2
142     set root='hd0,msdos1'
143     if [ x$feature_platform_search_hint = xy ]; then
144       search --no-floppy --fs-uuid --set=root --hint-bios=hd0,msdos1
--hint-efi=hd0,msdos1 --hint-baremetal=ahci0,msdos1
ec635309-c414-4764-b462-d15b4c6bd80d
145     else
146       search --no-floppy --fs-uuid --set=root
ec635309-c414-4764-b462-d15b4c6bd80d
147     fi
148         linux/boot/vmlinuz-4.10.0-26-generic
root=UUID=ec635309-c414-4764-b462-d15b4c6bd80d ro  quiet splash $vt_handoff
149     initrd   /boot/initrd.img-4.10.0-26-generic
150 }
151 submenu 'Ubuntu 高级选项' $menuentry_id_option
'gnulinux-advanced-ec635309-c414-4764-b462-d15b4c6bd80d' {
152     menuentry 'Ubuntu，Linux 4.10.0-26-generic' --class ubuntu --class
gnu-linux --class gnu --class os $menuentry_id_option
'gnulinux-4.10.0-26-generic-advanced-ec635309-c414-4764-b462-d15b4c6bd80d' {
153         recordfail
154         load_video
155         gfxmode $linux_gfx_mode
156         insmod gzio
157         if [ x$grub_platform = xxen ]; then insmod xzio; insmod lzopio; fi
158         insmod part_msdos
159         insmod ext2
```

```
160          set root='hd0,msdos1'
...#此处省略部分配置
302      menuentry 'Ubuntu, with Linux 4.10.0-19-generic (recovery mode)' --class
ubuntu --class gnu-linux --class gnu --class os $menuentry_id_option
'gnulinux-4.10.0-19-generic-recovery-ec635309-c414-4764-b462-d15b4c6bd80d' {
303          recordfail
304          load_video
305          insmod gzio
306          if [ x$grub_platform = xxen ]; then insmod xzio; insmod lzopio; fi
307          insmod part_msdos
308          insmod ext2
309          set root='hd0,msdos1'
310          if [ x$feature_platform_search_hint = xy ]; then
311            search --no-floppy --fs-uuid --set=root --hint-bios=hd0,msdos1
--hint-efi=hd0,msdos1 --hint-baremetal=ahci0,msdos1
ec635309-c414-4764-b462-d15b4c6bd80d
312          else
313            search --no-floppy --fs-uuid --set=root
ec635309-c414-4764-b462-d15b4c6bd80d
314          fi
315          echo'载入 Linux 4.10.0-19-generic ...'
316            linux /boot/vmlinuz-4.10.0-19-generic
root=UUID=ec635309-c414-4764-b462-d15b4c6bd80d ro recovery nomodeset
317          echo'载入初始化内存盘...'
318          initrd   /boot/initrd.img-4.10.0-19-generic
319      }
320  }
321
322  ### END /etc/grub.d/10_linux ###
323
324  ### BEGIN /etc/grub.d/20_linux_xen ###
325
326  ### END /etc/grub.d/20_linux_xen ###
327
328  ### BEGIN /etc/grub.d/20_memtest86+ ###
329  menuentry 'Memory test (memtest86+)' {
330      insmod part_msdos
331      insmod ext2
332      set root='hd0,msdos1'
333      if [ x$feature_platform_search_hint = xy ]; then
334        search --no-floppy --fs-uuid --set=root --hint-bios=hd0,msdos1
--hint-efi=hd0,msdos1 --hint-baremetal=ahci0,msdos1
ec635309-c414-4764-b462-d15b4c6bd80d
335      else
336        search --no-floppy --fs-uuid --set=root
ec635309-c414-4764-b462-d15b4c6bd80d
337      fi
338      knetbsd /boot/memtest86+.elf
339  }
340  menuentry 'Memory test (memtest86+, serial console 115200)' {
341      insmod part_msdos
```

```
342      insmod ext2
343      set root='hd0,msdos1'
344      if [ x$feature_platform_search_hint = xy ]; then
345        search --no-floppy --fs-uuid --set=root --hint-bios=hd0,msdos1
--hint-efi=hd0,msdos1 --hint-baremetal=ahci0,msdos1
ec635309-c414-4764-b462-d15b4c6bd80d
346      else
347        search --no-floppy --fs-uuid --set=root
ec635309-c414-4764-b462-d15b4c6bd80d
348      fi
349      linux16 /boot/memtest86+.bin console=ttyS0,115200n8
350    }
351    ### END /etc/grub.d/20_memtest86+ ###
352
353    ### BEGIN /etc/grub.d/30_os-prober ###
354    ### END /etc/grub.d/30_os-prober ###
355
356    ### BEGIN /etc/grub.d/30_uefi-firmware ###
357    ### END /etc/grub.d/30_uefi-firmware ###
358
359    ### BEGIN /etc/grub.d/40_custom ###
360    # This file provides an easy way to add custom menu entries.  Simply type the
361    # menu entries you want to add after this comment.  Be careful not to change
362    # the 'exec tail' line above.
363    ### END /etc/grub.d/40_custom ###
364
365    ### BEGIN /etc/grub.d/41_custom ###
366    if [ -f ${config_directory}/custom.cfg ]; then
367      source ${config_directory}/custom.cfg
368    elif [ -z "${config_directory}" -a -f $prefix/custom.cfg ]; then
369      source $prefix/custom.cfg;
370    fi
371    ### END /etc/grub.d/41_custom ###372
```

在上面的代码中，第01~133行设置了基本的参数，并定义了部分函数。第134~150行定义了一个菜单。在GRUB 2中，定义菜单使用menuentry命令，该命令的基本语法如下：

```
menuentry "title" [--class=class …] [--users=users] [--unrestricted]
[--hotkey=key] [--id=id] [arg …] { command; … }
```

在上面的语法中，title为菜单项的标题，即显示在菜单列表中的文字。--class选项用来指定菜单项的样式类，从而可以使用指定主题显示菜单项。--users选项指定只允许特定的用户访问此菜单项。如果没有使用此选项，则表示允许所有用户访问。--unrestricted选项表明允许所有用户访问此菜单项。--hotkey用来为此菜单项指定一个快捷键。--id选项为此菜单项指定一个全局唯一的标识符。arg为参数列表。花括号中为菜单项需要执行的命令的列表，类似于编程语言中的函数体，GRUB 2会逐条执行花括号中的每条命令。用户可以从中发现前面介绍过的几个GRUB命令，例如search、linux以及initrd等。关于GRUB 2的详细命令列表，请参考相关的技术文档。

GRUB 2还支持二级菜单，定义二级菜单需要使用submenu命令，上面代码中的151~320行就定义了一个二级菜单。submenu命令的语法如下：

```
submenu 'title' --id=id {
menuentry 'title' --class=class --id=id {
    ...
    }
menuentry 'title' --class=class --id=id {
    ...
    }

menuentry 'title' --class=class --id=id {
    ...
    }
...
}
```

其中，submenu命令后面的title为一级菜单的标题，id为一级菜单的全局标识。花括号中包含多个menuentry命令定义的二级菜单项。

下面列出了一些常用的菜单项的定义方法：

```
01  #重启系统
02  menuentry "重启"{
03      reboot
04  }
05  #关闭计算机
06  menuentry "关机"{
07      halt
08  }
09  #从第1块磁盘的第1分区启动
10  #最后一句可改为chainloader (hd0,1)+1
11  menuentry "启动分区引导记录 1" {
12      set root=(hd0,1)
13      chainloader +1
14  }
15  #从存在bootmgr文件的那个分区启动
16  menuentry "启动分区引导记录 2" {
17      search --file /bootmgr --set=root
18      chainloader +1
19  }
20  #启动某个引导文件，例如ntldr
21  #最后一句或者 chainloader (hd0,1)+1
22  menuentry "启动 G4D"{
23      search --file /grldr --set=root
24      insmod ntldr
25      ntldr /grldr
26  }
27  #引导EFI
28  menuentry "启动EFI SHELL" {
29      echo "正在启动EFI SHELL，请等待...."
30      search --file /rdtobot/efi_file/boot/bootx64.efi --set=root
31      chainloader ($root)/rdtobot/efi_file/boot/bootx64.efi
32  }
33  #从IMG文件引导
```

```
34  menuentry "从demo.img文件引导" {
35      search --file /neyan/grub/memdisk --set=root
36      linux16  /demo/grub/memdisk
37      initrd16 /rdtobot/demo.img
38  }
39  #从ISO文件引导
40  menuentry "从demo.iso文件引导" {
41      search --file /neyan/grub/memdisk --set=root
42      linux16  /demo/grub/memdisk  iso
43      initrd16 /demo/demo.iso
44  }
```

6.3　登录

当Linux系统初始化完成，系统准备完毕之后，用户便可以登录Ubuntu系统进行操作了。在登录的过程中，用户被要求输入用户名和密码。此外，还需要进行用户相关的初始化操作。本节将对这些内容进行详细介绍。

6.3.1　login 进程

login进程用于处理用户的登录操作。在已安装桌面环境的情况下，会弹出一个图形界面让用户选择用户名，并输入密码，如图6-5所示。

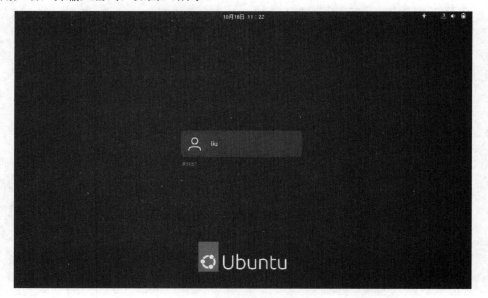

图 6-5　用户登录

如果没有安装桌面环境，则会给出一个登录提示符，要求用户输入用户名以及密码，如图6-6所示。

图 6-6 字符界面登录

> **注意** 在字符界面下，用户输入密码时输入的字符不回显。

当用户输入用户名和密码之后，login进程会根据/etc/passwd和/etc/shadow文件比较用户输入的用户名和密码，以确定用户输入的信息是否正确。如果用户输入的用户名或者密码错误，login进程会给出错误提示，并要求用户重新输入信息。如果用户输入正确的用户名和密码，则login进程会根据/etc/passwd文件中的相应配置信息选择某个特定的Shell程序，并且进入用户的主目录。

/etc/passwd是一个非常特殊的文件，该文件存储了Linux系统中所有的账户信息。/etc/passwd文件的所有者为root用户。对于root用户来说，该文件是可读写的，而对于其他的用户，该文件为只读的。/etc/passwd文件的内容如下：

```
liu@ubuntu:~$ cat /etc/passwd
root:x:0:0:root:/root:/bin/bash
daemon:x:1:1:daemon:/usr/sbin:/usr/sbin/nologin
bin:x:2:2:bin:/bin:/usr/sbin/nologin
sys:x:3:3:sys:/dev:/usr/sbin/nologin
sync:x:4:65534:sync:/bin:/bin/sync
games:x:5:60:games:/usr/games:/usr/sbin/nologin
man:x:6:12:man:/var/cache/man:/usr/sbin/nologin
lp:x:7:7:lp:/var/spool/lpd:/usr/sbin/nologin
...
```

从上面的代码可以看出，/etc/passwd文件的每一行描述了一个用户。而每一行都被冒号分隔为7个字段，其格式如下：

用户名:口令:用户标识号:组标识号:注释性描述:主目录:登录Shell

其中，用户名是代表用户账号的字符串，即用户的登录名。在当前的Linux系统中，用户的口令已经不保存在/etc/passwd文件中，因此该字段只是一个x字符。第3列的用户标识号是一个整数，Linux系统内部通过该整数来区分用户。通常情况下，用户标识号和用户名是一一对应的。第4列的组标识号同样是一个整数，用来标识用户所属的组。它对应着/etc/group文件中的一条记录。注释性描述用来对用户进行注释，例如用户的真实姓名以及电话等。主目录是用户登录系统之后所处的目录。登录Shell是一个系统进程，负责将用户的操作传给内核。Linux的Shell有很多种，常见的有sh、csh以及bash等。如果一个用户的Shell被指定为/usr/sbin/nologin，则该用户不能登录系统。

> **注意** Linux系统允许几个用户名对应一个用户标识号，但是系统内部将它们视为同一个用户，它们可以拥有不同的口令、主目录以及Shell。

/etc/shadow文件保存了用户的口令。由于存储了非常重要的信息，因此该文件只有root用户才可用写入，root组的成员才可以读取，其他的用户都不可以读写。同样，/etc/shadow文件也是一个文本文件，每行描述一个用户账号，各个字段通过分号隔开，如下所示：

```
liu@ubuntu:~$ sudo cat /etc/shadow
[sudo] liu 的密码:
root:!:17334:0:99999:7:::
daemon:*:17268:0:99999:7:::
bin:*:17268:0:99999:7:::
sys:*:17268:0:99999:7:::
sync:*:17268:0:99999:7:::
games:*:17268:0:99999:7:::
...
```

在上面的代码中，第1列为用户名，第2列为加密后的密码，如果该字段为一个感叹号，则表示该密码已过期；如果为星号，则表示该用户已被锁定。

6.3.2　选择 Shell

所谓Shell，实际上是用户与Linux系统内核之间的沟通桥梁。用户为了执行某个操作，需要发出某个指令给Shell。而Shell会解释用户输入的命令，并且将用户请求传递给Linux系统内核。所以，在某些情况下，Shell又被称为命令解释器。当然，Shell的功能远远不止解释用户的命令，还有许多更加复杂的功能。

目前Shell有多种类型，大致上可以分为图形化的Shell和命令行的Shell。所谓图形化的Shell，实际上是桌面环境的一部分，例如KDE、GNOME以及XFCE等都提供了Shell的功能。

而通常我们所说的Shell是指命令行的Shell，主要包括Bourne Shell（/bin/sh）、Korn Shell（/bin/ksh）、Bourne-again Shell（/bin/bash）、C Shell（/bin/csh）以及TENEX Shell（/bin/tcsh）等。

如果想要某个用户登录系统后自动启动某个Shell，则可以在添加用户时指定，也可以直接修改/etc/passwd文件。例如，使用下面的命令在Linux系统中添加一个名称为test的用户，并且指定其Shell为Bourne-again shell：

```
liu@ubuntu:~$ sudo useradd test -g users -G users -s /bin/bash
```

useradd命令的功能是添加用户，关于该命令的详细使用方法，将在后面的内容中介绍。在上面的命令中，test为要添加的用户的登录名，-g选项指定用户的主用户组，-G选项指定用户的附加用户组，-s选项指定用户使用的Shell为Bourne-again shell。

添加完成之后，可以通过以下命令查看/etc/passwd文件的变化，如下所示：

```
liu@ubuntu:~$ grep test /etc/passwd
test:x:1001:100::/home/test:/bin/bash
```

可以发现，在/etc/passwd文件的最后追加了一行关于test的记录。

如果想要更改某个已经存在的用户的默认Shell，可以使用usermod命令。例如，使用下面的命令将test用户的默认Shell更改为Bourne Shell：

```
liu@ubuntu:~$ sudo usermod test -s /bin/sh
liu@ubuntu:~$ grep test /etc/passwd
test:x:1001:100::/home/test:/bin/sh
```

注意 由于/etc/passwd为一个普通的文本文件，因此如果想要修改某个已经存在的用户的默认Shell，可以通过root用户直接修改该文件。当然，为了避免由于格式问题导致用户不能登录，不建议用户直接修改该文件。

刚才已经介绍了如何选择默认的Shell。实际上，由于各种Shell本身是一个程序，因此用户可以在操作过程中手动切换Shell。例如，假设用户在bash下工作，如果想要切换到C Shell，可以使用以下命令：

```
liu@ubuntu:~$ csh
%
```

在上面的命令中，csh为C Shell的执行文件。如果想要返回bash，则直接输入exit命令即可。

注意 各种Shell的可执行文件一般都位于/bin目录中。

既然Shell可以随时切换，那么就会带来一个问题，即如何判断用户当前使用的Shell。用户可以通过ps命令来查看，如下所示：

```
liu@ubuntu:~$ ps -p $$
 PID    TTY          TIME       CMD
3151    pts/0        00:00:00        bash
```

ps命令的功能是列出当前系统中的进程信息。在上面的命令中，-p选项表示通过进程ID对进程进行筛选，其中$$是一个特殊的变量，用户表示当前Shell的进程ID。如果切换到C Shell，在执行上面的命令时，就会发现其输出结果发生了变化，如下所示：

```
liu@ubuntu:~$ csh
% ps -p $$
 PID    TTY          TIME       CMD
4092    pts/0        00:00:00        csh
```

注意 在Linux系统中，还有一个系统变量用来标识当前用户的Shell，即$SHELL。该变量在用户登录时赋值，所以如果用户在登录后切换了其他的Shell，该变量的值不会发生变化。例如：

```
liu@ubuntu:~$ echo $SHELL
/bin/bash
liu@ubuntu:~$ csh
% echo $SHELL
/bin/bash
```

可以发现，上面的两次输出都是/bin/bash。

6.3.3 用户初始化文件

正如前面介绍的，用户登录之后究竟调用哪个Shell，取决于/etc/passwd文件的定义。当Shell被调用的时候，会运行相关的启动文件，初始化各种必要的变量，设置运行环境。当然，每种Shell

都有特定的启动文件，因此，用户登录后需要执行哪些启动文件，取决于被调用的Shell程序。

这里以bash为例来说明Shell被调用时的用户初始化过程。实际上，bash拥有多个启动文件，包括/etc/profile、/etc/bash.bashrc、~/.bashrc以及~/.profile等。Shell在读取或者执行这些启动文件的时候，是按照一定的顺序进行的。

首先，/etc/profile文件被读取并执行，该文件将进行系统范围内的环境初始化操作。该文件的代码如下：

```
liu@ubuntu:~$ cat /etc/profile
01  # /etc/profile: system-wide .profile file for the Bourne shell (sh(1))
02  # and Bourne compatible shells (bash(1), ksh(1), ash(1), ...).
03
04  if [ "${PS1-}" ]; then
05    if [ "${BASH-}" ] && [ "$BASH" != "/bin/sh" ]; then
06      # The file bash.bashrc already sets the default PS1.
07      # PS1='\h:\w\$ '
08      if [ -f /etc/bash.bashrc ]; then
09        . /etc/bash.bashrc
10      fi
11    else
12      if [ "`id -u`" -eq 0 ]; then
13        PS1='# '
14      else
15        PS1='$ '
16      fi
17    fi
18  fi
19
20  if [ -d /etc/profile.d ]; then
21    for i in /etc/profile.d/*.sh; do
22      if [ -r $i ]; then
23        . $i
24      fi
25    done
26    unset i
27  fi
```

在上面的代码中，第01、02行为注释。一般情况下，Linux的配置或者脚本文件中的注释都以#符号开头，该符号的作用为行注释，即其作用范围为行首至行尾。第04~18行设置PS1变量，该变量代表命令提示符。第12~16行根据用户身份来显示命令提示符为$或者#。此外，第08~10行会判断/etc/bash.bashrc文件是否存在，如果存在的话会调用该文件，该文件的内容较多，在此不再详细列出。第21~27行会判断/etc/profile.d目录是否存在，如果存在的话会依次调用里面的以.sh为后缀的文件。因此，读者如果有自定义的初始化脚本文件，例如设置JAVA_HOME变量等，可以放在/etc/profile.d目录中，并且以.sh为后缀命名即可。

/etc/profile和/etc/bash.bashrc这两个文件都是系统级别的启动文件，更改这些文件会影响所有的用户。除此之外，在每个用户的主目录中，还有一些启动文件，例如.bashrc和.profile等。这些启动文件仅仅影响某个具体的用户。接下来用户主目录中的.profile将被调用，该文件主要用来设置每个用户的PATH环境变量。下面的代码显示了某个Ubuntu系统的.profile文件的内容：

```
liu@ubuntu:~$ cat .profile
01  # ~/.profile: executed by the command interpreter for login shells.
02  # This file is not read by bash(1), if ~/.bash_profile or ~/.bash_login
03  # exists.
04  # see /usr/share/doc/bash/examples/startup-files for examples.
05  # the files are located in the bash-doc package.
06
07  # the default umask is set in /etc/profile; for setting the umask
08  # for ssh logins, install and configure the libpam-umask package.
09  #umask 022
10
11  # if running bash
12  if [ -n "$BASH_VERSION" ]; then
13      # include .bashrc if it exists
14      if [ -f "$HOME/.bashrc" ]; then
15   . "$HOME/.bashrc"
16      fi
17  fi
18
19  # set PATH so it includes user's private bin if it exists
20  if [ -d "$HOME/bin" ] ; then
21      PATH="$HOME/bin:$PATH"
22  fi
```

在上面的代码中，第12~17行会判断当前的Shell是否为bash，如果是的话会调用用户主目录中的.bashrc文件。.bashrc会继续进行用户环境的初始化操作，例如设置命令别名等。该文件的内容也比较多，不再详细列出。

注意　对于用户自定义的某些初始化操作，可以将代码加入上面介绍的启动文件中。

经过上面的一系列初始化操作之后，一个完整的Ubuntu系统就已经准备好了，用户可以进行各种操作了。

6.4　关闭系统

Ubuntu系统的启动已经介绍完了。通常情况下，作为服务器的Ubuntu会一直运行。但是，在某些特殊情况下，系统管理员也需要关闭系统或者重新启动系统。Ubuntu系统提供了多种命令来实现系统关闭的操作，本节将详细介绍这些命令及其功能特点。

6.4.1　shutdown 命令

shutdown是一个使用比较频繁的命令，该命令的功能包括关闭操作系统、关闭电源以及重新启动系统。shutdown命令的基本语法如下：

```
shutdown [option] [time] [warning-message]
```

shutdown命令的常用选项有：

- -H或者--halt：在具有高级电源管理接口（Advanced Configuration and Power Management Interface，ACPI）的计算机上面，-H选项只会关闭操作系统，但是电源仍然在工作。用户需要手工关闭电源。
- -P或者--poweroff：在具有高级电源管理接口的计算机上面，-P选项不仅会关闭操作系统，还会发送一个信号给ACPI，以关闭电源。该选项为默认选项。
- -r或者--reboot：重新启动操作系统。
- -c：取消即将进行的关闭操作。

> 注意 -c选项不可以取消指定了关闭时间为now或者+0的系统关闭操作。

time参数用来指定执行关闭操作的时间。该参数可以使用多种格式来表达。可以采用24小时制的hh:mm格式表示执行关机操作的绝对时间，其中hh表示小时，mm表示分钟。也可以采用相对时间，其格式为+m，其中加号表示以当前时间为基准，延迟指定的时间为m分钟。另外，Linux还专门使用now表示当前的时刻，即立即执行关机操作。warning-message参数为发送给用户的关机消息。

例如，下面的命令表示1分钟后关闭系统：

```
liu@ubuntu:~$ sudo shutdown +1
[sudo] liu 的密码：
Shutdown scheduled for Sat 2023-08-05 23:46:58 CST, use 'shutdown -c' to cancel.
```

而下面的命令表示立即关闭系统：

```
liu@ubuntu:~$ sudo shutdown now
```

在生产环境中，经常会有多个用户同时登录系统中进行操作。在关闭系统时，为了避免数据丢失，需要发送一个消息给其他用户。下面的命令将在5分钟后关闭系统，并且发送给其他在线用户相关信息：

```
liu@ubuntu:~$ sudo shutdown +5 system will be shutdown
Shutdown scheduled for Sun 2023-08-06 00:11:05 CST, use 'shutdown -c' to cancel.
```

对于这种延迟关闭操作，用户可以通过-c选项来取消，如下所示：

```
liu@ubuntu:~$ sudo shutdown -c
```

下面的命令用于立即重新启动操作系统：

```
liu@ubuntu:~$ sudo shutdown -r +0
```

6.4.2　init 命令

如果想要快速关闭操作系统，可以直接使用init 0命令。使用该命令时，系统会依次停止各项服务，最后关闭系统，如下所示：

```
liu@ubuntu:~$ sudo init 0
```

6.4.3　其他命令

除shutdown和init命令外，实际上还有许多其他的命令，例如halt、poweroff以及reboot。前两者用来关闭系统，而reboot用来重新启动系统。

🔆注意　对于systemd而言，shutdown、halt、poweroff以及reboot都是指向/bin/systemctl的符号链接，如下所示：

```
liu@ubuntu:~$ ls -l /sbin/shutdown
lrwxrwxrwx 1 root root 14 6月  21 23:33 /sbin/shutdown -> /bin/systemctl
```

而init命令则是指向/lib/systemd/systemd的符号链接：

```
liu@ubuntu:~$ ls -l /sbin/init
lrwxrwxrwx 1 root root 20 6月  21 23:33 /sbin/init -> /lib/systemd/systemd
```

第 7 章
服务和进程管理

在 Linux 系统中，运行着许多服务。这些服务包括多种类型，有提供网络服务的，例如 Web 服务、FTP 服务以及邮件服务；有提供安全服务的，例如 SSH 和 Kerberos；有提供网络管理服务的，例如 DHCP 和 BIND 等。同时，这些服务都是以进程存在的。在系统维护过程中，用户需要经常管理这些服务，包括查看服务状态、启动或者停止，还需要查看服务进程是否正常等。掌握这些操作，对于系统管理员是非常有必要的。本章将详细介绍 Linux 系统的服务和进程管理方法。

本章主要涉及的知识点有：

* 初始化系统概述：了解systemd的基本概念、init与systemd的关系以及systemd的配置方法。
* systemd单元：介绍systemd单元的基本概念和管理方法。
* systemd单元配置：介绍systemd单元配置文件、查看配置文件状态以及配置文件的语法格式等。
* systemd单元管理：主要介绍systemd单元的管理方法，包括启动、停止、重启以及禁用等。
* 常用systemd命令：主要介绍其他的systemd命令，例如systemd-analyze、hostnamectl以及localectl等。
* 目标：主要介绍systemd目标（Target）的管理以及如何切换不同的目标。
* 日志：主要介绍systemd的日志管理方法。
* 进程管理：主要介绍Linux系统的进程管理方法。

7.1   初始化程序概述

Linux的内核由GRUB加载。接下来内核会加载Linux的初始化程序（init），由初始化程序完成后面的启动过程。初始化程序是Linux启动时的第一个进程，该进程的进程ID为1，是所有其他的进

程的祖先。在早期的版本中，Ubuntu的进程初始化采用System V的初始化系统SysVinit。后来Ubuntu
又采用了Upstart和systemd作为进程初始化系统。这些初始化系统各有特点，本节将对Linux的初始
化程序以及systemd的配置方法进行介绍。

7.1.1 初始化程序

初始化程序（init）是UNIX和类UNIX系统中用来产生其他所有进程的程序。在Linux系统启动
的过程中，初始化程序由内核加载。由初始化程序完成后面的启动过程，例如加载运行级别、系统
服务、引导Shell以及图形化界面等。当Linux启动完成之后，初始化程序便以守护进程的方式存在，
一直到系统关闭。

在初始化程序的发展过程中，出现了不同的分支，其中主要有System V和BSD这两种类型。

System V利用/sbin/init程序进行初始化操作。我们可以通过pstree命令形象地看出init在所有进
程中所处的地位，如下所示：

```
[liu@ubuntu init.d]$ pstree -Ap
init(1)-+-NetworkManager(1696)
        |-VBoxClient(2560)---VBoxClient(2562)---{VBoxClient}(2582)
        |-VBoxClient(2569)---VBoxClient(2571)
        |-VBoxClient(2574)---VBoxClient(2575)---{VBoxClient}(2579)
        |-VBoxClient(2580)---VBoxClient(2581)-+-{VBoxClient}(2584)
        |                                      `-{VBoxClient}(2586)
        |-VBoxService(1941)-+-{VBoxService}(1943)
        |                   |-{VBoxService}(1945)
        |                   |-{VBoxService}(1946)
        |                   |-{VBoxService}(1948)
        |                   |-{VBoxService}(1949)
        |                   |-{VBoxService}(1950)
        |                   `-{VBoxService}(1952)
        |-abrtd(2253)
        |-acpid(1792)
        |-atd(2295)
        |-auditd(1577)---{auditd}(1578)
        |-automount(1878)-+-{automount}(1879)
        |                 |-{automount}(1880)
        |                 |-{automount}(1895)
        |                 `-{automount}(1898)
...
```

System V初始化程序所有的服务脚本都位于/etc/rc.d/init.d目录中，System V的服务脚本会接受
多个参数，例如start、stop以及status等，分别用于执行不同的操作。例如，下面的代码为CentOS 6.0
中的Apache Web服务器的服务脚本：

```
[liu@ubuntu init.d]$ cat /etc/init.d/httpd
01 #!/bin/bash
02 #
03 # httpd      Startup script for the Apache HTTP Server
04 #
05 # chkconfig: - 85 15
```

```
06  # description: The Apache HTTP Server is an efficient and extensible \
07  #            server implementing the current HTTP standards.
08  # processname: httpd
09  # config: /etc/httpd/conf/httpd.conf
10  # config: /etc/sysconfig/httpd
11  # pidfile: /var/run/httpd/httpd.pid
12  #
13  ### BEGIN INIT INFO
14  # Provides: httpd
15  # Required-Start: $local_fs $remote_fs $network $named
16  # Required-Stop: $local_fs $remote_fs $network
17  # Should-Start: distcache
18  # Short-Description: start and stop Apache HTTP Server
19  # Description: The Apache HTTP Server is an extensible server
20  #  implementing the current HTTP standards.
21  ### END INIT INFO
22
...#此处省略部分配置
50  # The semantics of these two functions differ from the way apachectl does
51  # things -- attempting to start while running is a failure, and shutdown
52  # when not running is also a failure.  So we just do it the way init scripts
53  # are expected to behave here.
54  start() {
55          echo -n $"Starting $prog: "
56          LANG=$HTTPD_LANG daemon --pidfile=${pidfile} $httpd $OPTIONS
57          RETVAL=$?
58          echo
59          [ $RETVAL = 0 ] && touch ${lockfile}
60          return $RETVAL
61  }
62
63  # When stopping httpd, a delay (of default 10 second) is required
64  # before SIGKILLing the httpd parent; this gives enough time for the
65  # httpd parent to SIGKILL any errant children.
66  stop() {
67  status -p ${pidfile} $httpd > /dev/null
68  if [[ $? = 0 ]]; then
69      echo -n $"Stopping $prog: "
70      killproc -p ${pidfile} -d ${STOP_TIMEOUT} $httpd
71  else
72      echo -n $"Stopping $prog: "
73      success
74  fi
75  RETVAL=$?
76  echo
77  [ $RETVAL = 0 ] && rm -f ${lockfile} ${pidfile}
78  }
79
80  reload() {
81      echo -n $"Reloading $prog: "
82      if ! LANG=$HTTPD_LANG $httpd $OPTIONS -t >&/dev/null; then
```

```
83              RETVAL=6
84              echo $"not reloading due to configuration syntax error"
85              failure $"not reloading $httpd due to configuration syntax error"
86          else
87              # Force LSB behaviour from killproc
88              LSB=1 killproc -p ${pidfile} $httpd -HUP
89              RETVAL=$?
90              if [ $RETVAL -eq 7 ]; then
91                  failure $"httpd shutdown"
92              fi
93          fi
94      echo
95  }
96
97  # See how we were called.
98  case "$1" in
99    start)
100       start
101       ;;
102   stop)
103       stop
104       ;;
105   status)
106           status -p ${pidfile} $httpd
107       RETVAL=$?
108       ;;
109   restart)
110       stop
111       start
112       ;;
...#此处省略部分配置
128       RETVAL=2
129  esac
130
131  exit $RETVAL
```

第54~95行分别定义了start()、stop()和reload()这3个函数，第98~129行是一个大的case条件分支语句，根据用户传递过来的参数来调用不同的函数。例如第99行表示如果用户传递过来的参数为start，则执行start函数。

System V通过运行级别来描述系统中各种可能的状态。不同系统的运行级别的种类会有所不同。例如，在CentOS中，一共有7种运行级别。而在Solaris中，有8种运行级别。运行级别通过数字或者字母来表示，例如CentOS的运行级别分别用0~6这7个数字表示，如表7-1所示。

表 7-1　CentOS 的运行级别

运 行 级 别	描　　述	运 行 级 别	描　　述
0	关闭电源	4	保留
1	单用户模式	5	图形界面的多用户模式
2	没有网络的多用户模式	6	重新启动系统
3	无图形界面的多用户模式		

在/etc/rc.d目录下面，有rc0.d~rc6.d共7个目录分别对应着0~6这7个运行级别。目录中包含着指向/etc/rc.d/init.d目录中的服务脚本的符号链接，这些符号链接的命令有着既定的规则，其中以大写字母K开头的表示停止该服务，以大写字母S开头的表示启动该服务，后面的数字表示顺序。例如，下面列出了/etc/rc.d/rc0.d目录中的部分内容：

```
[root@ubuntu rc0.d]# ls -l
total 0
lrwxrwxrwx. 1   root   root   20 Jul 18 13:07 K01certmonger
-> ../init.d/certmonger
lrwxrwxrwx. 1   root   root   16 Jul 18 13:08 K01smartd -> ../init.d/smartd
lrwxrwxrwx. 1   root   root   17 Jul 18 13:07 K02oddjobd
-> ../init.d/oddjobd
lrwxrwxrwx. 1   root   root   13 Jul 18 13:06 K05atd -> ../init.d/atd
lrwxrwxrwx. 1   root   root   17 Jul 18 13:10 K05wdaemon
-> ../init.d/wdaemon
lrwxrwxrwx. 1   root   root   14 Jul 18 13:06 K10cups -> ../init.d/cups
lrwxrwxrwx. 1   root   root   16 Jul 18 13:09 K10psacct -> ../init.d/psacct
lrwxrwxrwx. 1   root   root   19 Jul 18 13:07 K10saslauthd
-> ../init.d/saslauthd
...
lrwxrwxrwx. 1   root   root   17 Jul 18 13:05 S00killall
-> ../init.d/killall
lrwxrwxrwx. 1   root   root   14 Jul 18 13:05 S01halt -> ../init.d/halt
```

从上面的输出可以看出，由于运行级别0为关闭计算机，因此rc0.d目录中绝大部分的符号链接都以K开头，只有S00killall和S01halt这两个以S开头。这是因为在关闭计算机的时候，所有的服务都要停止，而最后两个则是分别调用killall服务杀死所有的进程和调用halt服务关闭系统。

另外，System V的初始化程序在/etc/inittab文件中指定了默认的运行级别，如下所示：

```
[root@ubuntu rc0.d]# more /etc/inittab
01 # inittab is only used by upstart for the default runlevel.
02 #
03 # ADDING OTHER CONFIGURATION HERE WILL HAVE NO EFFECT ON YOUR SYSTEM.
04 #
05 # System initialization is started by /etc/init/rcS.conf
06 #
07 # Individual runlevels are started by /etc/init/rc.conf
08 #
09 # Ctrl-Alt-Delete is handled by /etc/init/control-alt-delete.conf
10 #
11 # Terminal gettys are handled by /etc/init/tty.conf and /etc/init/serial.conf,
12 # with configuration in /etc/sysconfig/init.
13 #
14 # For information on how to write upstart event handlers, or how
15 # upstart works, see init(5), init(8), and initctl(8).
16 #
17 # Default runlevel. The runlevels used are:
18 #   0 - halt (Do NOT set initdefault to this)
19 #   1 - Single user mode
20 #   2 - Multiuser, without NFS (The same as 3, if you do not have networking)
```

```
21  #   3 - Full multiuser mode
22  #   4 - unused
23  #   5 - X11
24  #   6 - reboot (Do NOT set initdefault to this)
25  #
26  id:5:initdefault:
```

在上面代码的第26行指定了默认的运行级别为5。

BSD类型的初始化程序/sbin/init会调用/etc/rc脚本文件来执行初始化操作，由/etc/rc文件来决定执行哪个脚本。BSD类型的初始化程序没有运行级别的概念，所有的服务脚本都位于/etc/rc.d目录中。例如，下面的代码是FreeBSD 11中的OpenSSH的服务脚本：

```
root@:/etc/rc.d # cat sshd
01  #!/bin/sh
02  #
03  # $FreeBSD: releng/11.0/etc/rc.d/sshd 303770 2023-08-05 15:32:35Z des $
04  #
05
06  # PROVIDE: sshd
07  # REQUIRE: LOGIN FILESYSTEMS
08  # KEYWORD: shutdown
09
10  . /etc/rc.subr
11
12  name="sshd"
13  desc="Secure Shell Daemon"
14  rcvar="sshd_enable"
15  command="/usr/sbin/${name}"
16  keygen_cmd="sshd_keygen"
17  start_precmd="sshd_precmd"
...#此处省略部分配置
75  sshd_configtest()
76  {
77  echo "Performing sanity check on ${name} configuration."
78  eval ${command} ${sshd_flags} -t
79  }
80
81  sshd_precmd()
82  {
83  run_rc_command keygen
84  run_rc_command configtest
85  }
86
87  load_rc_config $name
88  run_rc_command "$1"89
```

同样，BSD的服务脚本也支持各种参数，包括start、stop、status以及restart等。BSD类型的初始化程序有个非常重要的配置文件为/etc/rc.conf，该文件决定了哪些服务被启用，哪些服务被禁用。例如下面的代码列出了某个FreeBSD系统的rc.conf文件的部分内容：

```
root@:~ # cat /etc/rc.conf
```

```
#hostname=""
ifconfig_em0="DHCP"
sshd_enable="YES"
# Set dumpdev to "AUTO" to enable crash dumps, "NO" to disable
dumpdev="AUTO"
moused_enable="YES"
dbus_enable="YES"
hald_enable="YES"
slim_enable="YES"
vboxguest_enable="YES"
vboxservice_enable="YES"
apache22_enable="YES"
linux_enable="YES"
```

如果某些服务被启用，则将其值设为YES，否则设置为NO。

> **注意** 默认情况下，BSD初始化程序会从/etc/defaults/rc.conf文件中取值，但是如果在/etc/rc.conf设置了某个值，则会覆盖/etc/defaults/rc.conf文件中的该项的值。/etc/defaults/rc.conf文件中定义的是默认值。用户不需要直接修改/etc/defaults/rc.conf文件，只要在/etc/rc.conf文件中设置即可。

早期的Ubuntu采用System V的初始化程序。后来，又出现了Upstart和systemd。目前，绝大部分Linux的发行版都采用systemd作为初始化程序，代替了原来的Sytem V，包括Ubuntu和CentOS等。

7.1.2 systemd

在本节一开始，我们简单介绍了System V和BSD的初始化程序。尽管这两种类型的初始化程序曾经在UNIX和Linux的发展中发挥了重要作用，但是它们都存在以下缺点：

（1）启动时间长。由于init进程是串行启动的，只有前面一个进程启动完成，才会启动下一个进程。而在启动的过程中，如果某个服务启动非常慢或者出现故障，就会导致整个系统停滞很长时间。

（2）启动脚本复杂。正如前面介绍的一样，init进程仅仅是传递参数并且调用服务脚本，并不管其他的事情。整个服务启动或者停止过程中遇到的各种情况都需要脚本自身来处理。因此，脚本会变得异常复杂。

systemd就是为了解决这些问题而诞生的。它的设计目标是为系统的启动和管理提供一套完整的解决方案。

2012年，Red Hat公司的软件工程师Lennart Poettering和Kay Sievers开始开发systemd。他们希望systemd能够在性能上超越init。为此，他们想了许多办法，例如使得各项服务在系统引导过程中能够并行启动，而不是依次启动。此外，他们还考虑减轻启动服务时Shell的计算开销。

总的来说，systemd在当前的Linux系统中充当了很重要的角色，它不仅是Linux系统和服务的管理工具，还可以作为开发其他软件的基础平台。最后，systemd还充当了应用程序和系统内核之间的桥梁，为开发者提供了许多内核接口。

可以看出，systemd已经不仅仅是初始化程序了，它还包含着许多其他的功能模块。实际上，除作为初始化程序外，systemd还包括journald、logind、networkd以及其他的组件。其中，journald是系统日志守护进程，logind是用户登录守护进程，而networkd是网络管理组件。所以，我们可以把systemd看作一套软件包，它包含大约69个独立的工具。systemd的系统架构如图7-1所示。

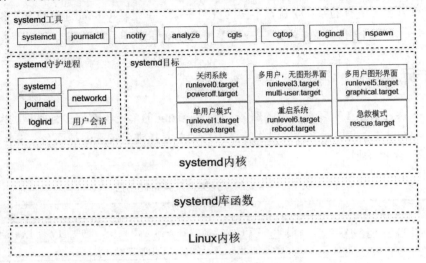

图 7-1　systemd 的系统架构

由于在Linux系统中，systemd管理着其他所有的守护进程，包括systemd本身，在系统引导过程中，systemd是第一个启动的进程，其进程ID为1；而在系统关闭的过程中，systemd是最后停止的进程。尽管许多Linux发行版已经使用systemd替代传统的初始化程序，但是为了保持兼容，许多发行版中的进程ID为1的仍然命名为init。

例如，在Ubuntu 22.04中，进程列表如下所示：

```
liu@ubuntu:~$ ps -ef
UID       PID       PPID      C STIME     TTY      TIME       CMD
root      1         0         0 19:09     ?        00:00:01   /sbin/init splash
root      2         0         0 19:09     ?        00:00:00   [kthreadd]
root      4         2         0 19:09     ?        00:00:00   [kworker/0:0H]
root      5         2         0 19:09     ?        00:00:00   [kworker/u2:0]
...
```

7.1.3　systemd 的基本配置文件

systemd的配置文件都位于/etc/systemd目录及其子目录中。用户可以通过相应的配置文件来配置系统、登录管理器、用户以及日志服务。如果用户配置系统级别的服务，可以修改system.conf文件；如果配置用户级别的服务，则可以修改user.conf文件。

在Linux初始化过程中，对于系统级别的服务，systemd会读取system.conf配置文件以及解释并执行/etc/systemd/system目录中的文件；而对于用户级别的服务，则会读取user.conf配置文件，解释并执行/etc/system/user目录中的文件。

7.2 systemd单元

systemd可以管理所有的系统资源，不同的资源统称为单元。systemd通过单元来组织和管理任务。每个单元都有相应的配置文件和类型。本节将对systemd的单元配置进行介绍。

7.2.1 单元类型

由于Linux系统中存在着多种类型的服务，因此systemd的单元也有许多种类型。为了便于区分单元类型，systemd在命名单元文件的时候特意为每种单元指定了特殊的扩展名。表7-2列出了常见的单元类型及其帮助手册。

表 7-2 常见的单元类型及其帮助手册

单 元 类 型	帮 助 手 册	描 述
service	systemd.service	服务类单元，例如服务器应用系统，这些服务可以被启动和停止
socket	systemd.socket	服务的套接字，例如 AF-INET
devices	systemd.device	设备类单元
mount	systemd.mount	文件系统挂载点
automount	systemd.automount	文件系统自动挂载点，与 mount 一起使用
target	systemd.target	用来组织单元
path	systemd.path	管理目录
snapshot	systemd.snapshot	systemd 运行状态快照
swap	systemd.swap	systemd 为交换分区文件系统创建的交换单元文件
timer	systemd.timer	sytemd 提供的定时器
scope	systemd.scope	不是由 systemd 启动的外部进程
slice	systemd.slice	进程组
unit	systemd.unit	systemd 所有单元的配置选项手册
exec	systemd.exec	systemd 的 service、socket、mount 以及 swap 等单元执行环境选项帮助手册
special	systemd.special	systemd 的 multi-user.target 以及 printer.target 等特殊目标的帮助手册
time	systemd.time	systemd 的时间、日期格式版帮助手册
directives	systemd.directives	列出所有的 systemd 选项及其帮助手册

在表7-2中，target单元通常用来组织其他的systemd单元，使其成为一个功能组合，一起完成某项任务。systemd没有运行级别的概念，但是可以通过目标来模拟System V中的运行级别。例如可以使用multi-user目标来模拟System V中的运行级别3，而某些图形化的目标可以模拟运行级别5。用户可以指定默认的目标以代替默认的运行级别。

systemd的单元并不是孤立的，它们之间可以存在相互依赖。systemd的依赖通过以.wants为扩展名的目录来表示。例如poweroff.target目标依赖于plymouth-poweroff服务，那么poweroff.target.wants目录中就会包含一个指向plymouth-poweroff服务的符号链接。

这些以.wants为扩展名的目录位于两个地方，分别为/etc/systemd/system和/lib/systemd/system。

这两个目录的功能是有区别的，用户需要严格区分这两个目录。首先/lib/systemd/system目录中的.wants目录由系统维护，用户不可以修改其内容。而/etc/systemd/system目录中的.wants目录则可以由用户来管理，用户可以把自己的依赖配置放在该目录中。下面的命令列出了Ubuntu 22.04中的/etc/systemd/system目录中的.wants目录：

```
liu@ubuntu:~$ ls -ld /etc/systemd/system/*.wants
drwxr-xr-x   2 root root 4096 4月  12 11:14
/etc/systemd/system/bluetooth.target.wants
drwxr-xr-x   2 root root 4096 4月  12 11:14 /etc/systemd/system/default.target.wants
drwxr-xr-x 2 root root 4096 4月  12 11:15
/etc/systemd/system/display-manager.service.wants
drwxr-xr-x 2 root root 4096 6月  17 08:45 /etc/systemd/system/final.target.wants
drwxr-xr-x 2 root root 4096 4月  12 11:07 /etc/systemd/system/getty.target.wants
drwxr-xr-x 2 root root 4096 6月  17 08:45 /etc/systemd/system/graphical.target.wants
drwxr-xr-x 2 root root 4096 4月  12 11:14 /etc/systemd/system/hibernate.target.wants
drwxr-xr-x 2 root root 4096 4月  12 11:14
/etc/systemd/system/hybrid-sleep.target.wants
drwxr-xr-x 2 root root 4096 8月   4 12:22 /etc/systemd/system/multi-user.target.wants
drwxr-xr-x 2 root root 4096 4月  12 11:16
/etc/systemd/system/network-online.target.wants
drwxr-xr-x 2 root root 4096 4月  12 11:13 /etc/systemd/system/paths.target.wants
drwxr-xr-x 2 root root 4096 4月  12 11:16 /etc/systemd/system/printer.target.wants
drwxr-xr-x 2 root root 4096 4月  12 11:14 /etc/systemd/system/shutdown.target.wants
drwxr-xr-x 2 root root 4096 6月  17 08:45 /etc/systemd/system/sockets.target.wants
drwxr-xr-x 2 root root 4096 4月  12 11:14 /etc/systemd/system/suspend.target.wants
drwxr-xr-x 2 root root 4096 6月  17 08:45 /etc/systemd/system/sysinit.target.wants
drwxr-xr-x 2 root root 4096 4月  12 11:15 /etc/systemd/system/timers.target.wants
...
```

在上面的列表中，multi-user.target.wants对应着多用户运行级别3的依赖，而graphical.target.wants则对应着图形界面的运行级别5。

图7-2列出了/etc/systemd/system/multi-user.target.wants目录的内容。

图 7-2　multi-user.target 的依赖

从图7-2可以得知，.wants目录中的文件都代表着各种服务，这些服务会在多用户级别下自动启动。文件都以.service为扩展名，都是指向/lib/systemd/system目录中的某个服务的符号链接。例如ufw.service指向了/lib/systemd/system/ufw.service，这意味着在多用户级别下会自动启动防火墙服务。

> **注意** /etc/systemd目录的优先级比/lib/systemd目录高，因此用户可以把需要在某个级别自动启动的服务放在指定的目录中。

通常情况下，/etc/systemd/system目录中的符号链接并不需要用户自己创建。在启用某项服务的时候，systemd会自动在特定的.wants目录中创建符号链接；当禁用某项服务时，systemd会把符号链接从特定的.wants目录中删除。这些操作需要使用systemctl命令，将在后面详细介绍。

7.2.2 列出单元

在正式介绍本小节的内容之前，首先介绍一个非常重要的命令，该命令的名称为systemctl。systemctl可以称作systemd的大管家，通过该命令，用户可以检查和控制systemd的状态，管理各种systemd服务。由于在后面的内容中，会逐步介绍该命令的各种使用方法，因此在此先介绍其基本功能。systemdctl命令的基本语法如下：

```
systemctl [options] command [name...]
```

systemctl的常用选项有以下几种：

- -t或者--type：指定要列出的单元的类型，多个类型之间用逗号隔开。
- --state：指定要列出的单元的LOAD、SUB以及ACTIVE状态，多个状态之间用逗号隔开。
- -a或者--all：列出所有的单元。

command为systemctl提供的命令，用来实现某些操作，由于systemctl的功能非常多，因此其提供的子命令也非常多，可以分为单元命令、单元文件命令、机器命令、任务/作业命令、环境变量命令、systemd生命周期命令以及系统命令。

name参数为单元名称，多个单元用逗号分隔。

用户可以使用list-units子命令来列出当前系统中的单元。配合其他的选项，list-units可以根据用户的需要对单元进行筛选。例如，用户可以使用以下命令列出当前系统中正在运行的单元：

```
liu@ubuntu:~$ systemctl list-units
UNIT                          LOAD     ACTIVE   SUB      DESCRIPTION
...
dev-hugepages.mount           loaded   active   mounted  Huge Pages File System
dev-mqueue.mount              loaded   active   mounted  POSIX Message Queue File
proc-sys-fs-binfmt_misc.mount loaded   active   mounted  Arbitrary Executable File
run-user-1000-gvfs.mount      loaded   active   mounted  /run/user/1000/gvfs
run-user-1000.mount           loaded   active   mounted  /run/user/1000
sys-fs-fuse-connections.mount loaded   active   mounted  FUSE Control File System
sys-kernel-debug.mount        loaded   active   mounted  Debug File System
acpid.path                    loaded   active   running  ACPI Events Check
cups.path                     loaded   active   running  CUPS Scheduler
...
```

在上面的输出列表中，UNIT列为单元名称，LOAD列表示该单元的配置文件是否正确处理。ACTIVE和SUB这两列都为当前单元的状态，前者为状态概况，仅仅表示该单元是否处于激活状态，即单元是否启动成功或者失败；而后者则是更加具体的状态描述，该描述通常与单元类型密切相关。最后一列DESCRIPTION为单元的描述信息。

如果用户想要显示当前系统中的所有单元，包括直接引用的单元、出于依赖关系而被引用的单元、活动的单元以及失败的单元，则可以使用-a或者--all选项，如下所示：

```
liu@ubuntu:~$ systemctl list-units --all
  UNIT                             LOAD      ACTIVE   SUB      DESCRIPTION
...
  proc-sys-fs-binfmt_misc.automount loaded   active   running  Arbitrary Executable F
  org.freedesktop.network1.busname  not-found inactive dead org.freedesktop.networ
  org.freedesktop.resolve1.busname  not-found inactive dead org.freedesktop.resolv
...
```

在上面的输出结果中，可以看到org.freedesktop.network1.busname和org.freedesktop.resolve1.busname这两个单元的LOAD状态为not-found，表示没有找到该单元的配置文件。同时，这两个单元的ACTIVE状态为inactive，即处于未激活状态。而SUB状态为dead，即启动失败。

同样，用户也可以通过--state选项来对list-units子命令的输出结果进行筛选。例如，下面的命令仅仅列出状态为inactive的单元：

```
liu@ubuntu:~$ systemctl list-units --state=inactive
UNIT                             LOAD           ACTIVE  SUB  DESCRIPTION
org.freedesktop.network1.busname not-found      inactive dead
org.freedesktop.network1.busname
org.freedesktop.resolve1.busname not-found      inactive dead
org.freedesktop.resolve1.busname
sys-kernel-config.mount          loaded         inactive dead Configuration File System
tmp.mount                        not-found      inactive dead tmp.mount
anacron.service                  loaded         inactive dead Run anacron jobs
apt-daily.service                loaded         inactive dead Daily apt activities
auditd.service                   not-found      inactive dead auditd.service
console-screen.service           not-found      inactive dead console-screen.service
dns-clean.service                loaded         inactive dead Clean up any mess left by
0dns-up
emergency.service                loaded         inactive dead Emergency Shell
failsafe-x.service               loaded         inactive dead X.org diagnosis failsafe
festival.service                 not-found      inactive dead festival.service
friendly-recovery.service        loaded         inactive dead Recovery mode menu
gdm.service                      not-found      inactive dead gdm.service
...
```

用户还可以根据类型来筛选单元，如下所示：

```
liu@ubuntu:~$ systemctl list-units --type=service
UNIT                    LOAD     ACTIVE   SUB      DESCRIPTION
accounts-daemon.service loaded   active   running  Accounts Service
acpid.service           loaded   active   running  ACPI event daemon
lightdm.service         loaded   active   running  Light Display Manager
ModemManager.service    loaded   active   running  Modem Manager
```

```
    mysql.service                     loaded   active   running  MySQL Community Server
    networking.service                loaded   active   exited   Raise network interfaces
    NetworkManager-wait-online.service loaded  active   exited   Network Manager
Wait Online
    NetworkManager.service            loaded   active   running  Network Manager
    openvpn.service                   loaded   active   exited   OpenVPN service
    polkit.service                    loaded   active   running  Authorization Manager
    ...
```

> 注意 list-units为默认的子命令，即如果不提供任何子命令，则systemctl会列出当前系统中的单元。

7.2.3 查看单元状态

除在list-units子命令中可以了解到单元的状态外，systemd还专门提供了一些命令来专门查看systemd系统以及单元的状态。其中，status就是一个非常重要的子命令。该子命令可以接受单元名称或者进程ID作为参数。如果没有提供参数，则该子命令会显示当前systemd的运行状态。

例如，下面的代码为通过status子命令查看systemd的运行状态：

```
liu@ubuntu:~$ systemctl status
● ubuntu
    State: running
     Jobs: 0 queued
   Failed: 0 units
    Since: Mon 2023-08-07 09:25:06 CST; 17min ago
   CGroup: /
           ├─user.slice
           │ └─user-1000.slice
           │   ├─user@1000.service
           │   │ ├─indicator-messages.service
           │   │ │ └─2146
/usr/lib/x86_64-linux-gnu/indicator-messages/indicator-messages-service
           │   │ ├─indicator-printers.service
           │   │ │ └─2132
/usr/lib/x86_64-linux-gnu/indicator-printers/indicator-printers-service
           │   │ ├─zeitgeist.service
           │   │ │ └─2787 /usr/bin/zeitgeist-daemon
           │   │ ├─gnome-terminal-server.service
           │   │ │ ├─3275 /usr/lib/gnome-terminal/gnome-terminal-server
           │   │ │ ├─3280 bash
           │   │ │ ├─3347 systemctl status
           │   │ │ └─3348 systemctl status
           │   │ ├─window-stack-bridge.service
           │   │ │ └─2135 /usr/lib/x86_64-linux-gnu/hud/window-stack-bridge
           │   │ ├─unity-panel-service.service
           │   │ │ └─2316 /usr/lib/x86_64-linux-gnu/unity/unity-panel-service
           │   │ ├─indicator-session.service
    ...
```

　　如果想要查看某个具体的单元的状态，则可以将单元名称作为参数传递给status子命令。例如，下面的命令显示了当前系统中的MySQL的运行状态，（注意：如果没有安装mysql服务，请先使用sudo apt install mysql-server命令安装）：

```
liu@ubuntu:~$ systemctl status mysql.service
● mysql.service - MySQL Community Server
  Loaded: loaded (/lib/systemd/system/mysql.service; enabled; vendor preset:
enabled)
   Active: active (running) since Mon 2023-08-07 09:25:34 CST; 19min ago
 Main PID: 1040 (mysqld)
    Tasks: 28 (limit: 4915)
   CGroup: /system.slice/mysql.service
           └─1040 /usr/sbin/mysqld

8月 07 09:25:22 ubuntu systemd[1]: Starting MySQL Community Server...
8月 07 09:25:34 ubuntu systemd[1]: Started MySQL Community Server...
```

　　通过上面的输出结果可以得知，MySQL服务已经被加载，其服务配置文件为/lib/systemd/system/mysql.service。当前状态为启动，详细运行状态为运行中。此外，还显示了MySQL服务的进程ID为1040。

　　如果用户已经知道了服务进程的ID，可以直接将进程ID传递给status子命令，如下所示：

```
liu@ubuntu:~$ systemctl status 1040
● mysql.service - MySQL Community Server
  Loaded: loaded (/lib/systemd/system/mysql.service; enabled; vendor preset:
enabled)
   Active: active (running) since Mon 2023-08-07 09:25:34 CST; 23min ago
 Main PID: 1040 (mysqld)
    Tasks: 28 (limit: 4915)
   CGroup: /system.slice/mysql.service
           └─1040 /usr/sbin/mysqld

8月 07 09:25:22 ubuntu systemd[1]: Starting MySQL Community Server...
8月 07 09:25:34 ubuntu systemd[1]: Started MySQL Community Server...
```

　　对比上面两个例子的输出，可以看到其输出结果是完全相同的。

　　除status子命令外，systemd还提供了其他几个更加便捷的命令，包括is-active、is-failed和is-enabled。这3个命令分别用来判断某个单元是否正在运行、是否启动失败以及是否被启用。例如，下面的命令用于判断mysql.service是否正在运行：

```
liu@ubuntu:~$ systemctl is-active mysql.service
active
```

　　下面的命令用于判断mysql.service是否启动失败：

```
liu@ubuntu:~$ systemctl is-failed mysql.service
active
```

　　而下面的命令则用来判断mysql.service是否被启用：

```
liu@ubuntu:~$ systemctl is-enabled mysql.service
enabled
```

> ❀❖注意　在systemd中，某个单元是否被启用，通常是指在对应的.wants目录中是否建立符号链接。

7.2.4　单元依赖

在systemd中，各个单元之间可能会存在依赖关系，即如果单元A依赖于单元B，那么在启动单元A的同时，需要启动单元B。在某个单元启动失败的时候，很大可能就是依赖单元出现了问题。为了明确了解单元之间的依赖关系，systemd提供了一个名称为list-dependencies的子命令。该子命令可以接受单元名称作为参数，以显示其依赖关系。

例如，下面的命令显示了mysql.service的依赖关系：

```
liu@ubuntu:~$ systemctl list-dependencies mysql.service
mysql.service
● ├─system.slice
● └─sysinit.target
●   ├─apparmor.service
●   ├─console-setup.service
●   ├─dev-hugepages.mount
●   ├─dev-mqueue.mount
●   ├─friendly-recovery.service
●   ├─keyboard-setup.service
●   ├─kmod-static-nodes.service
●   ├─plymouth-read-write.service
●   ├─plymouth-start.service
●   ├─proc-sys-fs-binfmt_misc.automount
●   ├─resolvconf.service
●   ├─setvtrgb.service
●   ├─sys-fs-fuse-connections.mount
●   ├─sys-kernel-config.mount
●   ├─sys-kernel-debug.mount
●   ├─systemd-ask-password-console.path
●   ├─systemd-binfmt.service
●   ├─systemd-hwdb-update.service
●   ├─systemd-journal-flush.service
●   ├─systemd-journald.service
●   ├─systemd-machine-id-commit.service
●   ├─systemd-modules-load.service
●   ├─systemd-random-seed.service
●   ├─systemd-sysctl.service
●   ├─systemd-timesyncd.service
●   ├─systemd-tmpfiles-setup-dev.service
●   ├─systemd-tmpfiles-setup.service
●   ├─systemd-udev-trigger.service
●   ├─systemd-udevd.service
●   ├─systemd-update-utmp.service
●   ├─cryptsetup.target
●   ├─local-fs.target
●   │ ├─-.mount
```

```
    ●    |     ├─systemd-fsck-root.service
    ●    |     └─systemd-remount-fs.service
    ●    └─swap.target
    ●      └─swapfile.swap
```

在上面的输出结果中，左侧的圆点代表该单元的运行状态，绿色表示正在运行，而黑色则表示不在运行。

默认情况下，list-dependencies子命令不会展开所有的分支。如果用户需要查看更加详细的依赖情况，可以使用--all选项，如下所示：

```
liu@ubuntu:~$ systemctl list-dependencies mysql.service --all
mysql.service
●  ├─system.slice
●  |  └─-.slice
●  └─sysinit.target
●    ├─apparmor.service
●    |  └─system.slice
●    |    └─-.slice
●    ├─console-setup.service
●    |  └─system.slice
●    |    └─-.slice
●    ├─dev-hugepages.mount
●    |  ├─-.mount
●    |  |  └─system.slice
●    |  |    └─-.slice
●    |  └─system.slice
●    |    └─-.slice
●    ├─dev-mqueue.mount
●    |  ├─-.mount
●    |  |  └─system.slice
●    |  |    └─-.slice
●    |  └─system.slice
●    |    └─-.slice
...
```

7.2.5　单元配置文件

在systemd中，每个单元都有一个配置文件，告诉systemd怎么启动这个单元。默认情况下，systemd会从/etc/systemd/system和/lib/systemd/system目录中读取单元配置文件，而前者的优先级高于后者。用户自定义的单元配置文件需要在/etc/systemd/system目录中建立符号链接，而不能直接添加到/lib/systemd/system目录中。实际上，/etc/systemd/system目录中绝大部分是指向/lib/systemd/system目录中对应文件的符号链接，而真实的单元配置文件位于/lib/systemd/system目录中。

后面会介绍两个子命令，分别为enable和disable，这两个子命令的功能是启用和禁用某个单元，而实际上这两个子命令就是在/etc/systemd/system和/lib/systemd/system这两个目录之间建立或者删除符号链接。

systemd单元配置文件的名称以单元类型为扩展名，service类型的单元配置文件的扩展名为.service，例如mysql.service；socket类型的单元配置文件的扩展名为.socket，例如acpid.socket等。默认情况下，systemd会把单元理解为service类型。所以在使用配置文件的时候，如果没有提供扩展名，则会在单元名称后自动加上.service。

systemctl命令提供了list-unit-files子命令来查看系统中的单元文件。例如，下面的命令显示了当前系统中所有的systemd单元文件：

```
liu@ubuntu:~$ systemctl list-unit-files
UNIT FILE                                STATE
proc-sys-fs-binfmt_misc.automount        static
-.mount                                  generated
dev-hugepages.mount                      static
dev-mqueue.mount                         static
proc-sys-fs-binfmt_misc.mount            static
sys-fs-fuse-connections.mount            static
sys-kernel-config.mount                  static
sys-kernel-debug.mount                   static
acpid.path                               enabled
cups.path                                enabled
systemd-ask-password-console.path        static
systemd-ask-password-plymouth.path       static
systemd-ask-password-wall.path           static
session-c2.scope                         transient
accounts-daemon.service                  enabled
acpid.service                            disabled
alsa-restore.service                     static
alsa-state.service                       static
alsa-utils.service                       masked
...
```

上面的输出结果有两列，分别为UNIT FILE和STATE，前者为单元配置文件名称，后者为其状态。常见的systemd单元配置文件状态有以下几种：

- enabled：已经建立启动符号链接，即已启用。
- disabled：没有建立符号链接，即未启用。
- static：该配置文件没有[Install]部分，即无法自己执行，只能作为其他配置文件的依赖。
- masked：该配置文件被禁止建立启动符号链接，即完全被禁用。
- generated：该单元文件由其他的API动态创建。
- bad：无效的单元文件。
- indirect：该单元文件本身没有被启用，但是它的[Install]部分配置了Also选项。

> 注意 从配置文件的状态无法看出该单元是否正在运行，必须通过前面介绍的systemctl status命令来查看。

与前面介绍的大多数命令一样，用户也可以对systemctl list-unit-files命令的输出结果进行筛选。例如，可以使用type选项来通过单元类型筛选，如下所示：

```
liu@ubuntu:~$ systemctl list-unit-files --type=service
UNIT FILE                          STATE
```

```
accounts-daemon.service                    enabled
acpid.service                              disabled
alsa-restore.service                       static
alsa-state.service                         static
...
```

systemctl的大多数查询命令也支持通配符，例如，下面的命令列出了以m开头、以.service结尾的单元文件：

```
liu@ubuntu:~$ systemctl list-unit-files m*.service
UNIT FILE                                  STATE
module-init-tools.service                  static
motd-news.service                          static
motd.service                               masked
mountall-bootclean.service                 masked
mountall.service                           masked
mountdevsubfs.service                      masked
mountkernfs.service                        masked
mountnfs-bootclean.service                 masked
mountnfs.service                           masked
mysql.service                              enabled

10 unit files listed.
```

单元文件是一个普通的文本文件，用户可以通过文本命令来查看和修改。systemctl提供了一个cat子命令来查看单元文件的内容，如下所示：

```
liu@ubuntu:~$ systemctl cat mysql.service
01  # /lib/systemd/system/mysql.service
02  # MySQL systemd service file
03
04  [Unit]
05  Description=MySQL Community Server
06  After=network.target
07
08  [Install]
09  WantedBy=multi-user.target
10
11  [Service]
12  User=mysql
13  Group=mysql
14  PermissionsStartOnly=true
15  ExecStartPre=/usr/share/mysql/mysql-systemd-start pre
16  ExecStart=/usr/sbin/mysqld
17  ExecStartPost=/usr/share/mysql/mysql-systemd-start post
18  TimeoutSec=600
19  Restart=on-failure
20  RuntimeDirectory=mysqld
21  RuntimeDirectoryMode=755
```

在上面的代码中，前两行都是注释，以#开头，其中第01行标注了单元文件的位置。接下来的内容是分区段，包括Unit、Install以及Service三个区段，每个区段又包含多个选项。

通常情况下，单元文件包括Unit和Install两个公共的区段，除此之外，还包括与单元类型相关的区段，例如service类型的单元文件包含Service区段，socket类型的单元文件包含Socket区段等。

7.3 systemd单元管理

前面两节已经详细介绍了systemd的基础知识。实际上，作为管理员，其大部分工作是对systemd的单元进行管理，包括启动、重新启动、停止以及禁用等。在systemd的各种单元中，用户最常管理的就是服务类型的单元。本节将详细介绍systemd服务类单元的日常维护操作。

7.3.1 启动服务

systemctl命令提供了start子命令来实现服务的启动。该命令可以接受一个或者多个单元名称作为参数。如果没有指定单元名称的扩展名，则默认为.service，即服务类型的单元。

例如，下面的命令用于启动mysql服务：

```
liu@ubuntu:~$ sudo systemctl start mysql
[sudo] liu 的密码:
```

上面的命令等同于下面的命令：

```
liu@ubuntu:~$ sudo systemctl start mysql.service
```

除服务外，start子命令还可以启动其他类型的单元。例如，下面的命令用于启动一个名称为apt-daily.timer的定时器单元：

```
liu@ubuntu:~$ sudo systemctl start apt-daily.timer
```

> ⚙➕注意 在启动非服务类型的单元时，其扩展名不可以省略。

start命令支持多个单元名称作为参数，名称之间用空格隔开。例如下面的命令用于同时启动mysql服务和apt-daily.timer定时器：

```
liu@ubuntu:~$ sudo systemctl start mysql apt-daily.timer
```

当然，用户也可以在参数中使用通配符，以同时启动一批服务。关于这一点，读者可以自行操作练习，在此不再举例说明。

7.3.2 停止服务

与启动服务相对应，停止服务需要使用stop子命令。同样，该命令也可以接受一个或者多个单元名作为参数。如果是服务类型的单元，则可以省略其扩展名。多个单元名称之间用空格隔开。例如，下面的命令用于停止mysql服务：

```
liu@ubuntu:~$ sudo systemctl stop mysql
```

7.3.3　重启服务

重启服务可以使用restart子命令，该命令同样支持一个或者多个单元名作为参数，非服务类型的单元的扩展名不可省略。例如，下面的命令用于重新启动mysql服务：

```
liu@ubuntu:~$ sudo systemctl restart mysql
```

如果指定的单元当前并没有处于运行状态，则执行restart命令之后，该单元会被启动。

7.3.4　重新加载服务配置文件

绝大多数服务都有自己的配置文件，例如MySQL拥有my.cnf，Apache2则拥有httpd.conf等。当配置文件被修改之后，系统管理员需要使得服务重新加载这些配置文件，以使其生效。systemctl命令提供了reload子命令实现服务配置文件的重载。reload命令同样可以接受多个单元名称作为参数。例如，下面的命令用于重新加载Apache2服务的配置文件（注意：默认Ubuntu没有安装apache2，可以使用sudo apt install apache2命令安装）：

```
liu@ubuntu:~$ sudo systemctl reload apache2
```

作为系统管理员，必须要确定reload重新加载的文件是服务的配置文件，而非单元配置文件。重新加载单元配置文件需要使用daemon-reload命令，关于这个命令的用法，将随后介绍。

如果指定的单元当前并没有处于运行状态，则执行restart命令之后，该单元会被启动。

7.3.5　查看服务状态

在发生故障时，系统管理员需要了解服务的运行状态，以判断问题所在。status子命令能够非常详细地输出单元的当前状态。该命令也可以接受多个单元名称或者通配符作为参数。例如，下面的命令用于查看apache2服务的状态：

```
liu@ubuntu:~$ sudo systemctl status apache2
● apache2.service - The Apache HTTP Server
   Loaded: loaded (/lib/systemd/system/apache2.service; enabled; vendor preset:
enabled)
   Drop-In: /lib/systemd/system/apache2.service.d
            └─apache2-systemd.conf
   Active: active (running) since Mon 2023-08-07 23:18:25 CST; 9min ago
  Process: 6555 ExecReload=/usr/sbin/apachectl graceful (code=exited,
status=0/SUCCESS)
 Main PID: 6209 (apache2)
    Tasks: 55 (limit: 4915)
   CGroup: /system.slice/apache2.service
           ├─6209 /usr/sbin/apache2 -k start
           ├─6560 /usr/sbin/apache2 -k start
           └─6561 /usr/sbin/apache2 -k start

8月 07 23:18:25 ubuntu systemd[1]: Started The Apache HTTP Server.
8月 07 23:19:12 ubuntu systemd[1]: Reloading The Apache HTTP Server.
```

```
8月 07 23:19:12 ubuntu apachectl[6390]: AH00558: apache2: Could not reliably
determine the server's fully qual
8月 07 23:19:12 ubuntu systemd[1]: Reloaded The Apache HTTP Server.
8月 07 23:24:58 ubuntu systemd[1]: Reloading The Apache HTTP Server.
8月 07 23:24:58 ubuntu apachectl[6487]: AH00558: apache2: Could not reliably
determine the server's fully qual
8月 07 23:24:58 ubuntu systemd[1]: Reloaded The Apache HTTP Server.
8月 07 23:25:05 ubuntu systemd[1]: Reloading The Apache HTTP Server.
8月 07 23:25:05 ubuntu apachectl[6555]: AH00558: apache2: Could not reliably
determine the server's fully qual
8月 07 23:25:05 ubuntu systemd[1]: Reloaded The Apache HTTP Server.
```

在上面的输出中，第1行左侧的圆点代表了当前服务的状态，黑色圆点表示当前服务已停止，绿色圆点表示当前服务正在运行。

如果先停止apache2服务，然后查看其状态，则可以发现status命令的输出结果发生了变化，如下所示：

```
liu@ubuntu:~$ sudo systemctl stop apache2
liu@ubuntu:~$ sudo systemctl status apache2
● apache2.service - The Apache HTTP Server
   Loaded: loaded (/lib/systemd/system/apache2.service; enabled; vendor preset:
enabled)
  Drop-In: /lib/systemd/system/apache2.service.d
           └─apache2-systemd.conf
   Active: inactive (dead) since Mon 2023-08-07 23:28:23 CST; 5min ago
 Main PID: 6209 (code=exited, status=0/SUCCESS)

8月 07 23:19:12 ubuntu systemd[1]: Reloaded The Apache HTTP Server.
8月 07 23:24:58 ubuntu systemd[1]: Reloading The Apache HTTP Server.
8月 07 23:24:58 ubuntu apachectl[6487]: AH00558: apache2: Could not reliably
determine the server's fully qual
8月 07 23:24:58 ubuntu systemd[1]: Reloaded The Apache HTTP Server.
8月 07 23:25:05 ubuntu systemd[1]: Reloading The Apache HTTP Server.
8月 07 23:25:05 ubuntu apachectl[6555]: AH00558: apache2: Could not reliably
determine the server's fully qual
8月 07 23:25:05 ubuntu systemd[1]: Reloaded The Apache HTTP Server.
8月 07 23:28:23 ubuntu systemd[1]: Stopping The Apache HTTP Server...
8月 07 23:28:23 ubuntu apachectl[6639]: AH00558: apache2: Could not reliably
determine the server's fully qual
8月 07 23:28:23 ubuntu systemd[1]: Stopped The Apache HTTP Server.
```

在上面的输出中，apache2的状态已经变为inactive(dead)。

7.3.6 配置服务自动启动

当充当服务器的时候，系统管理员通常希望各种服务能够在系统启动后自动启动。在systemd中，实现这个功能需要使用enable命令。在前面许多地方已经提到过，enable命令的功能是启用某个单元，而实际上enable命令会根据单元文件的配置，在/etc/systemd/system中相应地以.wants为扩展名的目录中建立符号链接。

例如，我们需要把apache2服务配置为自动启动，可以使用以下命令：

```
liu@ubuntu:~$ sudo systemctl enable apache2
Synchronizing state of apache2.service with SysV service script with
/lib/systemd/systemd-sysv-install.
Executing: /lib/systemd/systemd-sysv-install enable apache2
```

在上面的输出中，systemd是为了与System V的服务管理相兼容而做的额外配置。apache2的单元文件内容如下：

```
liu@ubuntu:~$ sudo systemctl cat apache2
# /lib/systemd/system/apache2.service
[Unit]
Description=The Apache HTTP Server
After=network.target remote-fs.target nss-lookup.target

[Service]
Type=forking
Environment=APACHE_STARTED_BY_SYSTEMD=true
ExecStart=/usr/sbin/apachectl start
ExecStop=/usr/sbin/apachectl stop
ExecReload=/usr/sbin/apachectl graceful
PrivateTmp=true
Restart=on-abort

[Install]
WantedBy=multi-user.target

# /lib/systemd/system/apache2.service.d/apache2-systemd.conf
[Service]
Type=forking
RemainAfterExit=no
```

在 Install 区段的 WantedBy 选项中设置了 multi-user.target。所以，启用该服务时会在 /etc/systemd/system/multi-user.target.wants目录中建立符号链接，如下所示：

```
liu@ubuntu:~$ ls -l /etc/systemd/system/multi-user.target.wants/apache2.service
lrwxrwxrwx 1 root root 35 8月8 00:07
/etc/systemd/system/multi-user.target.wants/apache2.service ->
/lib/systemd/system/apache2.service
```

完成以上设置之后，如果Ubuntu系统启动了多用户模式，则apache2服务会自动启动。

7.3.7 禁止服务自动启动

如果不想某个服务在系统启动的时候自动启动，则可以禁止其自动启动。禁止服务自动启动使用disable命令。

例如，下面的命令用于禁止apache2服务自动启动：

```
liu@ubuntu:~$ sudo systemctl disable apache2
Synchronizing state of apache2.service with SysV service script with
```

```
/lib/systemd/systemd-sysv-install.
   Executing: /lib/systemd/systemd-sysv-install disable apache2
```

与enable命令相反，disable命令会把符号链接从/etc/systemd/system目录中删除。执行完以上命令之后，再次查看/etc/systemd/system对应目录下面是否还存在apache2.service符号链接：

```
liu@ubuntu:~$ ls -l /etc/systemd/system/multi-user.target.wants/apache2.service
ls: 无法访问'/etc/systemd/system/multi-user.target.wants/apache2.service': 没有
那个文件或目录
```

从上面的输出结果可以得知，相应的符号链接文件已经被删除。

7.3.8　重新加载单元配置文件

前面已经介绍过，通过reload命令可以重新加载服务的配置文件。那么如果单元文件被修改了，如何重新加载呢？systemd提供了一个名称为daemon-reload的命令来完成这个任务。daemon-reload命令可以重新运行所有的生成器程序，重新加载所有的单元文件以及重新创建整个依赖树。

> **注意** 用户应该深入理解reload命令和daemon-reload命令的区别。另外，在通过daemon-reload命令重新加载配置文件的过程中，所有的套接字单元都是可以访问的。

例如，下面的命令用于重新加载所有的单元文件：

```
liu@ubuntu:~$ sudo systemctl daemon-reload
```

7.3.9　显示服务属性

在systemd中，每个服务都有许多个性化的属性。这些属性包括该服务可否启动、可否停止、内存以及CPU的使用情况等。systemctl提供了show子命令来显示某个单元的详细属性情况。

例如，下面的命令显示了apache2服务的详细属性列表：

```
liu@ubuntu:~$ systemctl show apache2
Type=forking
Restart=on-abort
NotifyAccess=none
RestartUSec=100ms
TimeoutStartUSec=1min 30s
TimeoutStopUSec=1min 30s
RuntimeMaxUSec=infinity
WatchdogUSec=0
...
```

当然，上面的属性非常多，很难从中找到想要的属性。此时可以使用--property选项来进行筛选，如下所示：

```
liu@ubuntu:~$ systemctl show apache2 --property=MemoryLimit
MemoryLimit=18446744073709551615
```

上面的命令查看了apache2服务的内存限制，其值为18446744073709551615，意味着没有任何限制。可以通过cat命令来查看其单元文件中的配置信息，如下所示：

```
liu@ubuntu:~$ systemctl cat apache2
# /lib/systemd/system/apache2.service
[Unit]
Description=The Apache HTTP Server
After=network.target remote-fs.target nss-lookup.target

[Service]
Type=forking
Environment=APACHE_STARTED_BY_SYSTEMD=true
ExecStart=/usr/sbin/apachectl start
ExecStop=/usr/sbin/apachectl stop
ExecReload=/usr/sbin/apachectl graceful
PrivateTmp=true
Restart=on-abort

[Install]
WantedBy=multi-user.target

# /etc/systemd/system.control/apache2.service.d/50-MemoryLimit.conf
# This is a drop-in unit file extension, created via "systemctl set-property"
# or an equivalent operation. Do not edit.
[Service]
MemoryLimit=infinity
# /lib/systemd/system/apache2.service.d/apache2-systemd.conf
[Service]
Type=forking
RemainAfterExit=no
```

可以发现，在Service区段中的MemoryLimit选项的值为infinity，即无穷大。

> 注意　如果没有指定任何单元名称，则show命令显示systemd本身的属性。

7.3.10　设置服务属性

在上面的例子中，我们查看到apache2的MemoryLimit属性的值为无穷大。然而在生产环境中，这种情况一般是不会存在的，为了保证系统的稳定运行，系统管理员通常会对各项服务的内存使用情况进行限制。用户可以使用set-property命令来修改某个属性值。例如，下面的命令用于将apache2的MemoryLimit属性的值设置为500MB：

```
liu@ubuntu:~$ sudo systemctl set-property apache2.service MemoryLimit=500M
```

执行完以上命令之后，再次通过show命令查看该属性的值，如下所示：

```
liu@ubuntu:~$ systemctl show apache2 --property=MemoryLimit
MemoryLimit=524288000
```

可以发现，该属性的值已经发生了变化。同时，该单元配置文件的内容也发生了变化，用户可以通过cat命令查看。

7.4 常用的systemd命令

除systemctl命令外，systemd还提供了其他命令，例如systemd-analyze、hostnamectl以及localectl等。了解和掌握这些常用命令，对于系统管理员来说是非常必要的。本节将对systemd的其他常用命令进行介绍。

7.4.1 systemd-analyze 命令

systemd-analyze命令用来分析系统启动时的性能。该命令的基本语法如下：

```
systemd-analyze [options] [command]
```

其中，常用的选项有：

- --user：在用户级别查询systemd实例。
- --system：在系统级别查询systemd实例。

与systemctl命令一样，systemd-analyze命令也提供了一些子命令，常用的如下：

- time：输出系统启动时间。该命令为默认命令。
- blame：按照占用时间长短的顺序输出所有正在运行的单元。该命令通常用来优化系统，缩短启动时间。
- critical-chain：以树状形式输出单元的启动链，并以红色标注延时较长的单元。
- plot：以SVG图像的格式输出服务在什么时间启动以及用了多少时间。
- dot：输出单元依赖图。
- dump：输出详细的、可读的服务状态。

例如，下面的命令用于输出系统启动时间：

```
liu@ubuntu:~$ systemd-analyze time
Startup finished in 5.366s (kernel) + 2min 17.052s (userspace) = 2min 22.419s
```

下面的命令按照花费时间从长到短的顺序列出了当前系统中正在运行的单元：

```
liu@ubuntu:~$ systemd-analyze blame
    2min 6.203s apt-daily.service
       42.804s vboxadd.service
       17.777s mysql.service
        7.713s tomcat8.service
        6.986s NetworkManager-wait-online.service
        6.233s dev-sdb1.device
        5.889s ModemManager.service
        5.824s apparmor.service
        5.215s vboxadd-x11.service
        4.872s grub-common.service
        4.470s accounts-daemon.service
        4.154s networking.service
        3.802s NetworkManager.service
```

```
   3.598s fwupd.service
   2.862s irqbalance.service
   2.310s rsyslog.service
   2.269s gpu-manager.service
   2.182s polkit.service
   2.134s packagekit.service
...
```

　　在上面的输出结果中，前面的数字为对应的单元启动所花费的时间。从上面的结果可以得知，花费时间最长的为apt-daily.service，用了2分6.203秒。

　　plot子命令则可以输出一个可缩放的SVG矢量图，以更加直观的方式显示单元启动情况。命令如下所示：

```
liu@ubuntu:~$ systemd-analyze plot > system.svg
```

　　通过以上命令生成了一个名称为system.svg的文件，该文件可以通过SVG浏览工具来查看，如图7-3所示。

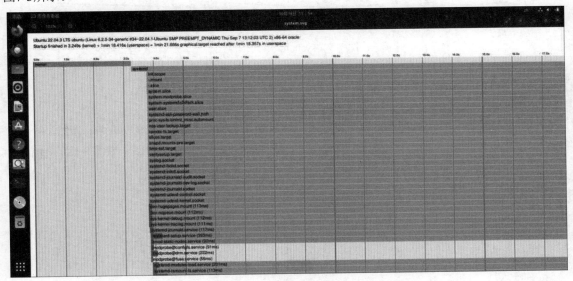

图 7-3　systemd 单元启动状态

　　在图7-3中，可以发现systemd-analyze用不同的颜色标注了单元。实际上，每种颜色都有不同的含义，如图7-4所示。

　　如果用户需要以更加直观的形式输出各个systemd的单元依赖关系，可以使用以下命令：

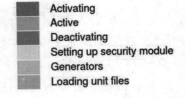

图 7-4　systemd-analyze 输出图例

```
liu@ubuntu:~$ systemd-analyze dot | dot -Tsvg > systemd.svg
   Color legend: black     = Requires
                 dark blue = Requisite
                 dark grey = Wants
                 red       = Conflicts
```

```
green   = After
```

上面的命令会生成一个名称为systemd.svg的矢量图形文件。在生成完成之后，systemd-analyze dot命令还会输出各种颜色的含义。该命令的执行结果如图7-5所示。

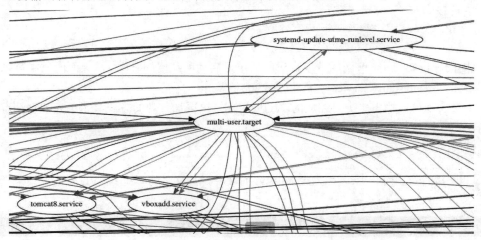

图 7-5　systemd 单元依赖图

7.4.2　hostnamectl 命令

hostnamectl命令的功能相对比较简单，用户可以使用它来查看或者修改主机名。当然，每台主机的软硬件环境不同，该命令的输出结果也会不同。例如，下面的命令输出了当前系统的信息：

```
liu@ubuntu:~$ hostnamectl
   Static hostname: ubuntu
        Icon name: computer-vm
          Chassis: vm
       Machine ID: f0d6c75de2c64fa187bb479df6ea709f
          Boot ID: 47d49c36537b4782a9b97c85595d7544
   Virtualization: oracle
 Operating System: Ubuntu 22.04
           Kernel: Linux 4.10.0-30-generic
     Architecture: x86-64
```

在上面的输出结果中，包含多种信息。其中本主机的主机名为ubuntu，操作系统为Ubuntu 22.04，操作系统内核为Linux 4.10.0-30-generic等。如果想要修改当前主机名，则可以使用set-hostname子命令，如下所示：

```
liu@ubuntu:~$ sudo hostnamectl set-hostname ubuntu-server
liu@ubuntu:~$ hostnamectl
    Static hostname: liu-VirtualBox
Transient hostname: ubuntu
         Icon name: computer-vm
           Chassis: vm
        Machine ID: 2c283da38fa84f4bb6c1bb52ed83d658
           Boot ID: 1f63cf9eb87c47ef9562c02290a42460
    Virtualization: oracle
```

```
 Operating System: Ubuntu 22.04.3 LTS
          Kernel: Linux 6.2.0-34-generic
    Architecture: x86-64
 Hardware Vendor: innotek GmbH
  Hardware Model: VirtualBox
```

上面的命令把当前主机的主机名修改为**ubuntu-server**，修改操作会立即生效。

7.4.3 localectl 命令

localectl命令可以查看或者修改当前系统的区域和键盘布局。在计算机中，区域一般至少包括语言和地区两部分。此外，数据格式、货币金额格式、小数点符号、千分位符号、度量衡单位、通货符号、日期写法、日历类型、文字排序、姓名格式、地址等也属于区域的范畴。

不含任何参数和选项的localectl命令会输出当前系统的区域信息，如下所示：

```
liu@ubuntu:~$ localectl
   System Locale: LANG=zh_CN.UTF-8
                  LANGUAGE=zh_CN:zh
      VC Keymap: n/a
     X11 Layout: cn
      X11 Model: pc105
```

在上面的输出中，LANG为当前系统所采用的默认区域，当前系统的语言为zh_CN，即中文，所采用的字符集为UTF-8。而LANGUAGE则为当前用户对于语言环境的主次偏好，在本系统中为简体中文。

下面的命令把当前系统的区域设置为**en_GB.UTF-8**：

```
liu@ubuntu:~$ sudo localectl set-locale LANG=en_GB.UTF-8
liu@ubuntu:~$ localectl
   System Locale: LANG=en_GB.UTF-8
      VC Keymap: n/a
     X11 Layout: cn
      X11 Model: pc105
```

7.4.4 timedatectl 命令

timedatectl命令用来查看或者修改当前系统的时区设置，如下所示：

```
liu@ubuntu:~$ timedatectl
      Local time: 2023-08-09 10:34:26 CST
  Universal time: 2023-08-09 02:34:26 UTC
        RTC time: 2023-08-09 02:34:24
       Time zone: Asia/Chongqing (CST, +0800)
 Network time on: yes
NTP synchronized: no
 RTC in local TZ: no
```

下面的命令把当前系统的时区设置为美国的纽约：

```
liu@ubuntu:~$ sudo timedatectl set-timezone America/New_York
```

7.4.5 loginctl 命令

loginctl命令用于查看当前登录的用户。systemd为该命令提供了许多子命令，包括用户会话命令以及用户命令等。这些命令的使用方法比较简单，读者可以自行查看相关手册。

如果没有提供任何参数或者选项，loginctl命令会直接列出当前系统中的会话信息，如下所示：

```
liu@ubuntu:~$ loginctl
   SESSION        UID     USER         SEAT        TTY
       c2        1000     liu          seat0

1 sessions listed.
```

上面的输出结果包括会话ID、用户ID、登录名等信息。

list-users子命令可以简单地列出当前系统中的用户及其ID，如下所示：

```
liu@ubuntu:~$ loginctl list-users
       UID     USER
      1000     liu

1 users listed.
```

如果想要进一步了解某个用户的详细信息，则可以使用show-user子命令，如下所示：

```
liu@ubuntu:~$ loginctl show-user liu
UID=1000
GID=1000
Name=liu
Timestamp=Wed 2023-08-09 08:47:28 CST
TimestampMonotonic=300190667
RuntimePath=/run/user/1000
Service=user@1000.service
Slice=user-1000.slice
Display=c2
State=active
Sessions=c2
IdleHint=no
IdleSinceHint=0
IdleSinceHintMonotonic=0
Linger=no
```

> 注意 loginctl命令列出的仅仅是当前已登录用户，而非所有的系统用户。

7.5 目标

前面几节介绍了systemd的基本功能单位，即单元。启动计算机的时候，需要启动大量的单元。

如果每一次启动都要一一写明本次启动需要哪些单元，显然是非常麻烦的。目标（Target）就是systemd为了解决这个问题提供的方案。本节将详细介绍systemd中的目标及其管理方法。

7.5.1　理解目标

简单地讲，目标就是一个单元组。目标中包含许多功能相关的单元。启动目标时，systemd就会启动目标中的所有单元。因此，从这个意义上讲，目标的概念非常接近"状态点"，启动某个目标就好比使得系统启动到某种状态。

在前面的内容中，我们介绍了传统的初始化程序，其中提到了运行级别的概念。目标与运行级别的作用很相似。但是，目标比运行级别更加先进。在传统的初始化程序中，运行级别是互斥的，用户不可能同时启动到多个运行级别。但是，多个目标却可以同时启动。表7-3列出了目标与传统的运行级别的对应关系。

> 注意　实际上，目标也是一种类型的systemd单元。

表 7-3　目标与运行级别的对应关系

运行级别	目　　标	符号链接目标	说　　明
0	runlevel0.target	/lib/systemd/system/poweroff.target	关闭系统
1	runlevel1.target	/lib/systemd/system/rescue.target	单用户模式
2	runlevel2.target	/lib/systemd/system/multi-user.target	用户自定义运行级别，通常识别为级别3
3	runlevel3.target	/lib/systemd/system/multi-user.target	多用户，无图形界面。用户可以通过终端或网络登录
4	runlevel4.target	/lib/systemd/system/multi-user.target	多用户，无图形界面。用户可以通过终端或网络登录
5	runlevel5.target	/lib/systemd/system/graphical.target	多用户，图形界面。继承级别3的服务，并启动图形界面服务
6	runlevel6.target	/lib/systemd/system/reboot.target	重新启动

systemd与传统的init初始化程序的具体区别如下：

（1）默认的运行级别被默认的目标取代。默认的运行级别在/etc/inittab文件中设置，而默认的目标在/lib/systemd/system/default.target，通常符号链接到graphical.target（图形界面）或者multi-user.target（多用户命令行）。

（2）启动脚本的位置。以前是/etc/init.d目录，符号链接到不同的运行级别目录，例如/etc/rc3.d、/etc/rc5.d等，现在则存放在/lib/systemd/system和/etc/systemd/system目录中。

（3）配置文件的位置。以前init进程的配置文件是/etc/inittab，各种服务的配置文件存放在/etc/sysconfig目录。现在的配置文件主要存放在/lib/systemd目录，在/etc/systemd目录里面的修改可以覆盖原始设置。

由于目标也是一类特殊的单元，因此用户可以使用list-units命令来查看当前系统中的目标，如下所示：

```
root@ubuntu-server:~# systemctl list-units --type=target
UNIT                      LOAD     ACTIVE   SUB     DESCRIPTION
basic.target              loaded   active   active  Basic System
cryptsetup.target         loaded   active   active  Encrypted Volumes
getty.target              loaded   active   active  Login Prompts
graphical.target          loaded   active   active  Graphical Interface
local-fs-pre.target       loaded   active   active  Local File Systems (Pre)
local-fs.target           loaded   active   active  Local File Systems
multi-user.target         loaded   active   active  Multi-User System
network-online.target     loaded   active   active  Network is Online
network-pre.target        loaded   active   active  Network (Pre)
network.target            loaded   active   active  Network
nss-user-lookup.target    loaded   active   active  User and Group Name Lookups
paths.target              loaded   active   active  Paths
remote-fs.target          loaded   active   active  Remote File Systems
slices.target             loaded   active   active  Slices
sockets.target            loaded   active   active  Sockets
sound.target              loaded   active   active  Sound Card
swap.target               loaded   active   active  Swap
sysinit.target            loaded   active   active  System Initialization
time-sync.target          loaded   active   active  System Time Synchronized
timers.target             loaded   active   active  Timers
```

对于目标来说，其所包含的单元就是其对于其他单元的依赖。所以可以通过list-dependencies命令来查看某个目标所包含的单元，如下所示：

```
root@ubuntu-server:~# systemctl list-dependencies multi-user.target
multi-user.target
● ├─anacron.service
● ├─apport.service
● ├─avahi-daemon.service
● ├─binfmt-support.service
● ├─cron.service
● ├─cups-browsed.service
● ├─cups.path
● ├─dbus.service
● ├─dns-clean.service
● ├─grub-common.service
● ├─irqbalance.service
● ├─ModemManager.service
● ├─mysql.service
● ├─networking.service
● ├─NetworkManager.service
● ├─ondemand.service
● ├─openvpn.service
● ├─plymouth-quit-wait.service
● ├─plymouth-quit.service
● ├─pppd-dns.service
...
```

上面的命令列出了**multi-user.target**目标所包含的单元。每个单元名称左侧的圆点代表了当前单元的状态，黑色为未启动单元，绿色为已启动单元。

此外，目标也有自己的单元文件。例如，**multi-user.target**目标的单元文件的内容如下：

```
root@ubuntu-server:~# systemctl cat multi-user.target
# /lib/systemd/system/multi-user.target
#  This file is part of systemd.
#
#  systemd is free software; you can redistribute it and/or modify it
#  under the terms of the GNU Lesser General Public License as published by
#  the Free Software Foundation; either version 2.1 of the License, or
#  (at your option) any later version.

[Unit]
Description=Multi-User System
Documentation=man:systemd.special(7)
Requires=basic.target
Conflicts=rescue.service rescue.target
After=basic.target rescue.service rescue.target
AllowIsolate=yes
```

从上面的内容可以得知，**multi-user.target**依赖于basic.target目标，与rescue.service和rescue.target
这两个单元冲突。

　　systemd的目标是可以并行的，所以用户可以使用以下命令来查看当前系统中已经启动的目标：

```
root@ubuntu-server:~# systemctl list-units --state=active --type=target
UNIT                      LOAD     ACTIVE   SUB      DESCRIPTION
basic.target              loaded   active   active   Basic System
cryptsetup.target         loaded   active   active   Encrypted Volumes
getty.target              loaded   active   active   Login Prompts
graphical.target          loaded   active   active   Graphical Interface
local-fs-pre.target       loaded   active   active   Local File Systems (Pre)
local-fs.target           loaded   active   active   Local File Systems
multi-user.target         loaded   active   active   Multi-User System
network-online.target     loaded   active   active   Network is Online
network-pre.target        loaded   active   active   Network (Pre)
network.target            loaded   active   active   Network
nss-user-lookup.target    loaded   active   active   User and Group Name Lookups
paths.target              loaded   active   active   Paths
remote-fs.target          loaded   active   active   Remote File Systems
slices.target             loaded   active   active   Slices
sockets.target            loaded   active   active   Sockets
sound.target              loaded   active   active   Sound Card
swap.target               loaded   active   active   Swap
sysinit.target            loaded   active   active   System Initialization
time-sync.target          loaded   active   active   System Time Synchronized
timers.target             loaded   active   active   Timers

LOAD   = Reflects whether the unit definition was properly loaded.
ACTIVE = The high-level unit activation state, i.e. generalization of SUB.
SUB    = The low-level unit activation state, values depend on unit type.

20 loaded units listed. Pass --all to see loaded but inactive units, too.
To show all installed unit files use 'systemctl list-unit-files'.
```

7.5.2　切换目标

目标与传统的运行级别不同，它们可以同时并存，所以实际上并不存在切换到某个目标的情况。用户需要启动某个目标，只要使用systemctl start命令启动该目标即可。想要停止某个目标，则只需要使用systemctl stop命令停止该目标即可。一般情况下，启动或者停止某个目标不会影响其他的目标或者无关的单元。

但是情况并不一定总是这样，例如用户需要启动单用户模式以进行系统维护。如果单独使用systemctl start命令，则尽管rescue.target被启动，但是其他的单元仍然在继续运行，无法进行系统维护。

systemctl的isolate子命令的功能与传统的运行级别的切换非常相似。执行该命令之后，指定的单元及其依赖单元将会被启动，而其他的单元将会被立即停止。

例如，下面的命令将使当前的系统进入单纯的单用户状态：

```
liu@ubuntu-server:~$ sudo systemctl isolate rescue.target
```

> 🔅 **注意**　使用systemctl isolate命令启动单元时，单元文件中必须有AllowIsolate选项。

7.5.3　默认目标

传统的初始化程序有默认级别的选项，即系统启动时会自动进入的运行级别。systemd也提供了默认目标与之对应。用户可以通过get-default命令获取当前默认的目标，如下所示：

```
liu@ubuntu-server:~$ systemctl get-default
graphical.target
```

而/lib/systemd/system/default.target符号链接也指向了默认的目标，如下所示：

```
liu@ubuntu-server:~$ ls -l /lib/systemd/system/default.target
lrwxrwxrwx 1 root root 16 6月  21 23:33 /lib/systemd/system/default.target ->
graphical.target
```

下面的命令把当前系统默认的目标更改为multi-user.target：

```
liu@ubuntu-server:~$ sudo systemctl set-default multi-user.target
Created symlink /etc/systemd/system/default.target →
/lib/systemd/system/multi-user.target.
```

如果此时重启Linux系统，则会自动进入多用户的命令行模式，不再出现图形化的桌面环境。

7.6　日志管理

systemd提供了自己的日志系统，称为journal。使用systemd日志无须额外安装日志服务。通过systemd日志可以了解系统和各种单元的状态，对出现的问题进行诊断。本节将介绍systemd的日志管理方法。

7.6.1　读取日志

systemd提供了journalctl命令来管理自身日志。该命令的功能非常多，其基本语法如下：

```
journalctl [option] [matches...]
```

常用的选项有：

- -a：以完整格式显示日志。
- -f：实时动态显示最新日志。
- -n：显示指定行数的日志。
- -r：按时间递序显示日志。
- -o：指定输出格式，可以是short、short-full、export、json以及json-pretty等值。
- -b：查看系统本次启动的日志。
- -k：仅仅查看内核日志。
- -u：限制显示某个单元的日志。
- -S和-U：通过时间限制日志范围。

如果没有为journalctl命令提供任何选项，则journalctl命令会显示所有的日志，如下所示：

```
liu@ubuntu-server:~$ journalctl
-- Logs begin at Wed 2023-08-09 12:30:46 CST, end at Wed 2023-08-09 13:51:11 CST. --
8月 09 12:30:46 ubuntu-server kernel: Linux version 4.10.0-30-generic
(buildd@lgw01-27) (gcc version 6.3.0 20230406 (Ubu
8月 09 12:30:46 ubuntu-server kernel: Command line:
BOOT_IMAGE=/boot/vmlinuz-4.10.0-30-generic root=UUID=ec635309-c414-4
8月 09 12:30:46 ubuntu-server kernel: KERNEL supported cpus:
8月 09 12:30:46 ubuntu-server kernel:   Intel GenuineIntel
8月 09 12:30:46 ubuntu-server kernel:   AMD AuthenticAMD
8月 09 12:30:46 ubuntu-server kernel:   Centaur CentaurHauls
8月 09 12:30:46 ubuntu-server kernel: x86/fpu: Supporting XSAVE feature 0x001: 'x87
floating point registers'
8月 09 12:30:46 ubuntu-server kernel: x86/fpu: Supporting XSAVE feature 0x002: 'SSE
registers'
8月 09 12:30:46 ubuntu-server kernel: x86/fpu: Supporting XSAVE feature 0x004: 'AVX
registers'
...
```

7.6.2　过滤输出

当日志条数非常多的时候，就需要对日志进行筛选，从中找到有用的日志。用户可以通过多种方式和条件来过滤journalctl的输出结果。

例如，下面的命令只显示系统内核的日志，不显示应用系统的日志：

```
liu@ubuntu-server:~$ journalctl -k
-- Logs begin at Wed 2023-08-09 12:30:46 CST, end at Wed 2023-08-09 13:55:01 CST. --
8月 09 12:30:46 ubuntu-server kernel: Linux version 6.2.0-34-generic
(buildd@bos03-amd64-059) (x86_64-linux-gnu-gcc-11 (Ubuntu 11.4.0-1ubuntu1~22.04)
```

```
11.4.0, GNU ld (GNU Binutils for Ubuntu) 2.38)
    8月 09 12:30:46 ubuntu-server kernel: Command line: Command line:
BOOT_IMAGE=/boot/vmlinuz-6.2.0-34-generic
root=UUID=54795591-91b7-4c3e-b659-7e17bd870612 ro quiet splash
    8月 09 12:30:46 ubuntu-server kernel: KERNEL supported cpus:
    8月 09 12:30:46 ubuntu-server kernel:   Intel GenuineIntel
    8月 09 12:30:46 ubuntu-server kernel:   AMD AuthenticAMD
    8月 09 12:30:46 ubuntu-server kernel:   Centaur CentaurHauls
    8月 09 12:30:46 ubuntu-server kernel: x86/fpu: Supporting XSAVE feature 0x001: 'x87
floating point registers'
    8月 09 12:30:46 ubuntu-server kernel: x86/fpu: Supporting XSAVE feature 0x002: 'SSE
registers'
    8月 09 12:30:46 ubuntu-server kernel: x86/fpu: Supporting XSAVE feature 0x004: 'AVX
registers'
```

下面的命令从时间方面对日志输出进行限制，只显示2023年8月9日14点以后的日志：

```
liu@ubuntu-server:~$ journalctl --since="2023-08-09 14:00:00"
-- Logs begin at Wed 2023-08-09 12:30:46 CST, end at Wed 2023-08-09 14:05:01 CST. --
    8月 09 14:05:01 ubuntu-server CRON[3407]: pam_unix(cron:session): session opened
for user root by (uid=0)
    8月 09 14:05:01 ubuntu-server CRON[3408]: (root) CMD (command -v debian-sa1 >
/dev/null && debian-sa1 1 1)
    8月 09 14:05:01 ubuntu-server CRON[3407]: pam_unix(cron:session): session closed
for user root
```

对于时间条件，journalctl提供了许多灵活的规则，例如用户可以用20 minutes ago这个规则来限制输出的日志是从20分钟前开始的：

```
liu@ubuntu-server:~$ journalctl --since="20 minutes ago"
-- Logs begin at Wed 2023-08-09 12:30:46 CST, end at Wed 2023-08-09 14:05:01 CST. --
    8月 09 13:49:58 ubuntu-server gnome-session[1806]: gnome-session-binary[1806]:
GLib-GIO-CRITICAL: g_dbus_connection_call
    8月 09 13:49:58 ubuntu-server gnome-session-binary[1806]: GLib-GIO-CRITICAL:
g_dbus_connection_call_internal: assertion
    8月 09 13:51:10 ubuntu-server gnome-session[1806]: gnome-session-binary[1806]:
GLib-GIO-CRITICAL: g_dbus_connection_call
    8月 09 13:51:10 ubuntu-server gnome-session-binary[1806]: GLib-GIO-CRITICAL:
g_dbus_connection_call_internal: assertion
    8月 09 13:51:11 ubuntu-server unity-panel-ser[2469]: menus_destroyed: assertion
'IS_WINDOW_MENU(wm)' failed
    8月 09 13:55:01 ubuntu-server CRON[3393]: pam_unix(cron:session): session opened
for user root by (uid=0)
    8月 09 13:55:01 ubuntu-server CRON[3394]: (root) CMD (command -v debian-sa1 >
/dev/null && debian-sa1 1 1)
    8月 09 13:55:01 ubuntu-server CRON[3393]: pam_unix(cron:session): session closed
for user root
    8月 09 14:05:01 ubuntu-server CRON[3407]: pam_unix(cron:session): session opened
for user root by (uid=0)
    8月 09 14:05:01 ubuntu-server CRON[3408]: (root) CMD (command -v debian-sa1 >
/dev/null && debian-sa1 1 1)
    8月 09 14:05:01 ubuntu-server CRON[3407]: pam_unix(cron:session): session closed
for user root
```

...

其至journalctl还提供了yesterday和today等关键词，分别表示昨天和今天。至于更加多样化的条件，读者可以参考其帮助手册。

从上面的例子可以看出，journalctl的日志筛选功能非常强大。此处只介绍了部分选项，还有更多的选项可以使用，请参考journalctl的帮助手册。

7.6.3　日志大小限制

systemd的日志以文件的形式存储在文件系统中。随着使用时间的延长，日志也会越累积越多，甚至会占满整个文件系统。作为系统管理员，必须经常查看日志文件占用磁盘空间的情况。通过含有--disk-usage选项的journalctl命令可以了解日志文件的大小，如下所示：

```
liu@ubuntu-server:~$ journalctl --disk-usage
Archived and active journals take up 4.9M in the file system.
```

通过上面的命令可以得知，目前systemd的归档日志和活动日志一共占用了4.9MB的磁盘空间。

systemd的日志配置文件位于/etc/systemd/journald.conf，实际上是systemd的日志单元的服务配置文件。通过该配置文件，用户可以限制systemd的日志占用磁盘空间的最大值。

例如，下面的代码为某个Ubuntu系统中的/etc/systemd/journald.conf的内容：

```
liu@ubuntu:~$ more /etc/systemd/journald.conf
#  This file is part of systemd.
#
# systemd is free software; you can redistribute it and/or modify it
# under the terms of the GNU Lesser General Public License as published by
# the Free Software Foundation; either version 2.1 of the License, or
# (at your option) any later version.
#
# Entries in this file show the compile time defaults.
# You can change settings by editing this file.
# Defaults can be restored by simply deleting this file.
#
# See journald.conf(5) for details.

[Journal]
#Storage=auto
#Compress=yes
#Seal=yes
#SplitMode=uid
#SyncIntervalSec=5m
#RateLimitIntervalSec=30s
#RateLimitBurst=1000
#SystemMaxUse=
#SystemKeepFree=
#SystemMaxFileSize=
#SystemMaxFiles=100
```

```
#RuntimeMaxUse=
#RuntimeKeepFree=
#RuntimeMaxFileSize=
#RuntimeMaxFiles=100
#MaxRetentionSec=
#MaxFileSec=1month
#ForwardToSyslog=yes
#ForwardToKMsg=no
#ForwardToConsole=no
#ForwardToWall=yes
#TTYPath=/dev/console
#MaxLevelStore=debug
#MaxLevelSyslog=debug
#MaxLevelKMsg=notice
#MaxLevelConsole=info
#MaxLevelWall=emerg
```

可以发现，systemd的日志服务包含许多选项，其中Storage选项决定了systemd日志的存储方式。systemd的日志可以位于/run/log/journal和/var/log/journal这两个目录中。如果Storage选项的值设置为auto，则/var/log/journal目录不会自动创建。如果Storage的值设置为persistent，则表示优先保存在磁盘上，也就是优先保存在/var/log/journal目录中，/var/log/journal目录将会被自动按需创建。用户可以使用journalctl --flush命令将/run/log/journal目录中的日志同步到/var/log/journal目录中。

SystemMaxUse、SystemMaxFileSize等选项用来限制日志文件所占磁盘空间的大小，前者是指所有的日志文件所占的最大空间，而后者是指单个日志文件的最大值。这些选项值的单位可以是KB、MB以及GB等。

例如，下面的代码将日志文件所占磁盘空间限制为2GB：

```
SystemMaxUse=2G
```

7.6.4　手动清理日志

由于systemd的日志存储在/var/log/journal目录中，因此用户可以手动将该目录中的日志文件归档和清除。journalctl也提供了3个与日志清理有关的选项，分别为--vacuum-size、--vacuum-time和--vacuum-files。这3个选项分别从磁盘占用大小、日志时间以及日志文件数进行日志清理。

例如，下面的命令将日志占用磁盘的大小收缩为500MB以内：

```
liu@ubuntu:/var/log/journal$ sudo journalctl --vacuum-size=500M
Vacuuming done, freed 0B of archived journals from
/var/log/journal/f0d6c75de2c64fa187bb479df6ea709f.
```

下面的命令将清除两周前的日志：

```
liu@ubuntu:/var/log/journal$ sudo journalctl --vacuum-time=2weeks
Vacuuming done, freed 0B of archived journals from
/var/log/journal/f0d6c75de2c64fa187bb479df6ea709f.
```

7.7 进程管理

进程是Linux系统中重要的概念。各种服务都是以进程的形式存在于系统中的。有效的进程管理可以发现系统中耗时较多的进程、把重要的业务进程的优先级调高以及终止无效的进程等。本节将详细介绍Linux系统中的进程管理方法。

7.7.1 查询进程及其状态

所谓进程,是指Linux系统中处于运行状态的程序。进程管理是Linux系统的一个重要组成部分,负责管理和控制所有的动态过程和资源。

通常情况下,Linux的进程分为系统进程和用户进程两大类。系统进程主要负责Linux系统的生成、管理、维护和控制,包括init进程。用户进程是指用户通过Shell命令行执行的进程。Linux系统中的进程都是由初始化程序(例如init等)直接或者间接启动的。所以,初始化程序是所有进程的直接或者间接父进程。

每个进程都有一个系统赋予的进程标识,即进程ID。此外,进程还与启动进程的用户相关联,每个进程还会拥有自己的父进程。

在Linux系统中,查询进程及其状态使用ps命令。该命令可以查询当前系统中所有活动进程的状态,例如进程的运行时间和资源占用情况等。

ps命令的基本语法如下:

```
ps [options]
```

表7-4列出了ps命令的常用选项。

表 7-4 ps 命令的常用选项

选 项	说 明
-a	显示系统中所有活动进程的当前状态,与终端无关联的进程除外
-A	显示系统中当前所有进程的状态,等同于-e
-e	显示系统中当前所有进程的状态
-f	显示每个进程的完整信息
-l	显示每个进程的详细信息,起始时间除外
-g	显示与指定的用户组 ID 或者组名关联的进程
-p	显示指定进程 ID 的进程的信息
-u	显示与指定的用户 ID 或者用户名关联的进程

默认情况下,ps命令用于显示当前用户自己的进程信息,如下所示:

```
liu@ubuntu:~$ ps
    PID    TTY           TIME        CMD
    2335   pts/0         00:00:00        bash
    2535   pts/0         00:00:00        ps
```

如果想要了解更多的进程信息，可以使用其他的命令选项。-e选项可以显示当前系统中的所有进程，而-f选项则可以把每个进程的详细信息显示出来，如下所示：

```
liu@ubuntu:~$ ps -ef
UID      PID      PPID     C    STIME    TTY    TIME       CMD
root     1        0        0    16:22    ?      00:00:01   /sbin/init splash
root     2        0        0    16:22    ?      00:00:00   [kthreadd]
root     4        2        0    16:22    ?      00:00:00   [kworker/0:0H]
root     6        2        0    16:22    ?      00:00:00   [ksoftirqd/0]
root     7        2        0    16:22    ?      00:00:00   [rcu_sched]
root     8        2        0    16:22    ?      00:00:00   [rcu_bh]
root     9        2        0    16:22    ?      00:00:00   [migration/0]
root     10       2        0    16:22    ?      00:00:00   [lru-add-drain]
...
```

从上面的输出结果可以得知，ps命令同样也是分列显示其结果的。表7-5列出了ps输出结果中每个字段的含义。

表 7-5　ps 命令的输出字段

字　　段	说　　明
UID	进程所有者的有效用户 ID
PID	进程的进程 ID
PPID	父进程的进程 ID
C	进程生命周期的 CPU 的利用率（百分比），即进程实际利用 CPU 的时间除以进程整个生命周期的时长
STIME	进程的起始运行时间。如果起始时间位于 24 小时以内，则以 HH:MM 的形式表示；如果超过了 24 小时，则以 MmmDD 的形式表示，其中 Mmm 表示月份，DD 表示天
tty	控制终端。表示进程在哪个终端上运行。如果该字段的值为问号？，则表示该进程与任何终端无关
TIME	进程迄今累计占用的 CPU 时间的总和。以 DD-]HH:MM:SS 的形式表示
CMD	进程对应的程序或者命令的名称
PRI	进程优先级，数值越大，表示进程的优先级越低
NI	进程优先级的 nice 调整值，其范围为-20~19，用于调整进程的优先级
ADDR	进程的内存地址
%CPU	进程迄今占用的 CPU 时间相对于全部 CPU 时间的百分比
%MEM	进程当前占用的实际物理内存数量相对于系统全部物理内存数量的百分比
RSS	进程当前占用的物理内存的数量，单位为 KB
WCHAN	进程所等待事件的内存地址
SZ	虚拟内存用量
F	标识。1 为已经创建，但是尚未执行的进程，4 为用到超级用户特权的进程
S	进程状态码。S 表示因等待某一时间而处于休眠状态，进程可以中断；D 表示进程处于休眠状态，但是不能中断；R 表示进程正在运行；X 表示进程已经终止；Z 表示僵尸进程

除ps命令外，还有一个pstree命令能够以树状的形式显示进程之间的调用关系。该命令的基本语法如下：

```
pstree [options]
```

如果没指定作为根节点的进程ID，则pstree命令从systemd进程开始显示，如下所示：

```
liu@ubuntu-server:~$ pstree
systemd──┬─ModemManager──┬─{gdbus}
         │                └─{gmain}
         ├─NetworkManager──┬─dhclient
         │                 ├─{gdbus}
         │                 └─{gmain}
         ├─VBoxClient────VBoxClient────{SHCLIP}
         ├─VBoxClient────VBoxClient
         ├─VBoxClient────VBoxClient────{X11 events}
         ├─VBoxClient────VBoxClient──┬─{dndHGCM}
         │                           └─{dndX11}
         ├─VBoxService──┬─{automount}
         │              ├─{control}
         │              ├─{cpuhotplug}
         │              ├─{memballoon}
         │              ├─{timesync}
         │              ├─{vminfo}
         │              └─{vmstats}
...
```

如果指定了作为根节点的进程ID，则从指定的进程开始显示，如下所示：

```
liu@ubuntu-server:~$ pstree  2663
gvfs-mtp-volume──┬─{gdbus}
                 └─{gmain}
```

通过-p选项可以把进程ID显示出来，如下所示：

```
liu@ubuntu-server:~$ pstree -p
systemd(1)──┬─ModemManager(789)──┬─{gdbus}(894)
            │                     └─{gmain}(892)
            ├─NetworkManager(775)──┬─dhclient(2883)
            │                      ├─{gdbus}(927)
            │                      └─{gmain}(925)
```

在上面的输出结果中，括号里面的数字为对应进程的进程ID。

7.7.2 监控进程及系统资源

前面介绍的ps命令用来查询当前系统中的进程信息。实际上，ps命令的执行结果是当前系统中的进程的一个快照，代表进程在某个时刻的状态，是一个静止的概念。然后，作为系统管理员，除了解某个时刻的情况外，还需要了解某段时间内的动态情况。这些动态情况通过ps命令是无法获取的。

Linux的top命令可以动态地监控进程以及其他的系统资源。该命令的语法比较简单，直接在命令行输入top即可：

```
liu@ubuntu-server:~$ top
```

top的主界面如图7-6所示。默认情况下，top命令会根据CPU的占用情况列出前面的几个进程，然后每3秒刷新一次界面。用户可以通过-d选项来更改这个刷新的间隔，时间单位为秒。

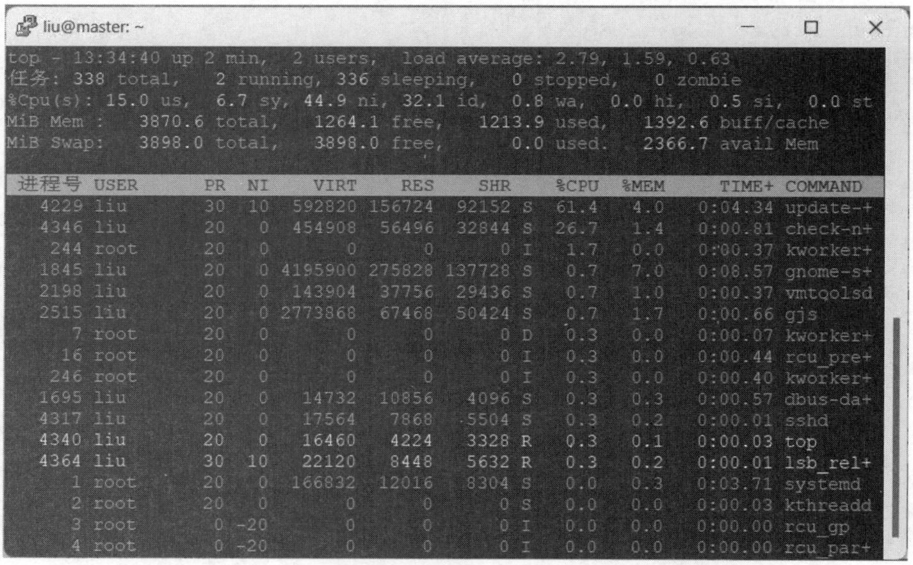

图 7-6　top 的主界面

top命令主界面的上半部分为系统运行状态的概况。第1行的内容从左到右依次为当前的系统时间、系统自启动以来的累计运行时间、登录系统中的当前用户数以及系统的3个平均负载值，分别为1分钟、5分钟以及15分钟的负载情况。

第2行是进程的概况，从左到右依次为系统现有的进程的总数、处于运行状态的进程的数量、处于休眠状态的进程的数量、暂停运行的进程的数量以及僵尸进程的数量。

第3行是对CPU工作状态的分析统计，从左到右依次为CPU处于用户模式、系统模式、空闲状态、等待I/O状态、处理硬件中断以及处理软件中断所占的百分比。

第4行是内存使用情况的分类统计，从左到右依次为系统配置的物理内存的数量、空闲内存的数量、已用内存的数量以及用作缓冲区的内存的数量。

第5行是交换分区使用情况的统计，从左到右依次为系统总的交换分区的大小、空闲交换分区的大小、已有交换分区的大小以及用作缓冲区的交换分区的大小等。

top命令主界面的下半部列出了各个进程的详细信息。表7-6列出了top命令中各个字段的含义。

表 7-6　top 命令中各个字段的含义

字　　段	含　　义
PID	进程 ID
USER	进程所有者
PR	进程优先级
NI	进程优先级的 nice 调整值，其范围为-20~19，用于调整进程的优先级
VIRT	进程使用的虚拟内存的数量
RES	进程占用的基本物理内存的数量
SHR	进程占用的共享内存的数量

（续表）

字　段	含　义
S	进程当前的状态，可以取 D、R、S、T 或者 Z 等值
%CPU	进程占用 CPU 的百分比。默认情况下，top 命令据此降序排列进程
%MEM	进程占用物理内存的百分比
TIME+	进程累计占用的 CPU 时间
COMMAND	进程所执行的命令

在top命令中，字段S表示进程的状态。S字段可以取以下值：

- D：进程处于不可中断的休眠状态。
- R：进程已经运行，或者已经处于运行队列，一旦调度即可运行。
- S：进程因等待外部事件的完成而处于休眠状态。
- T：进程因跟踪调试或者因收到某个信号而暂时停止运行。
- Z：进程已经终止，但是其父进程未完成善后工作。

按b键，可以把当前状态为R的进程反相显示，如图7-7所示。

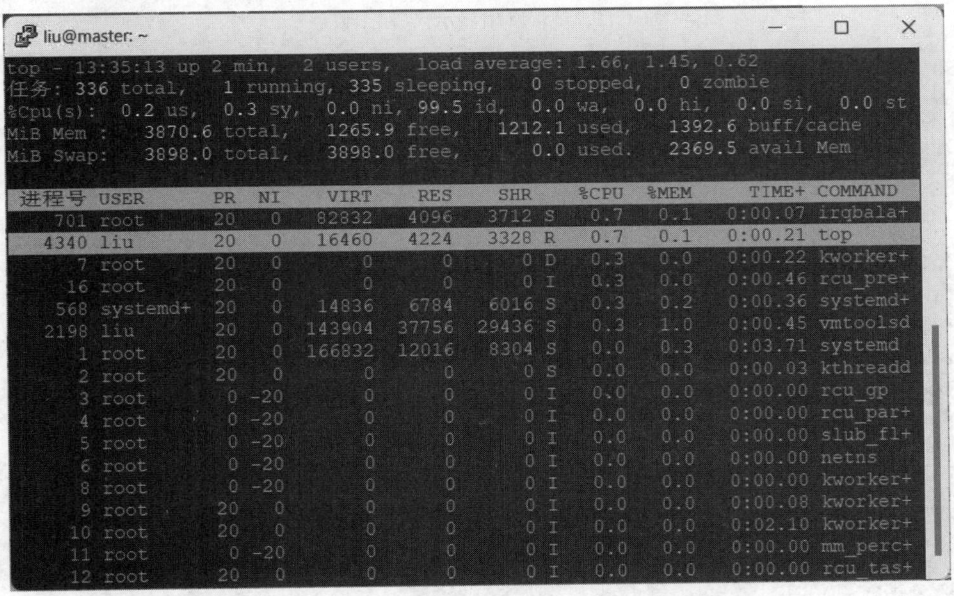

图 7-7　反相显示处于运行状态的进程

默认情况下，top命令以%CPU，即进程占用CPU的百分比为标准对进程列表进行排序。并且，每3秒钟刷新一次所有的数据。按x键，可以反相显示排序字段，如图7-8所示。

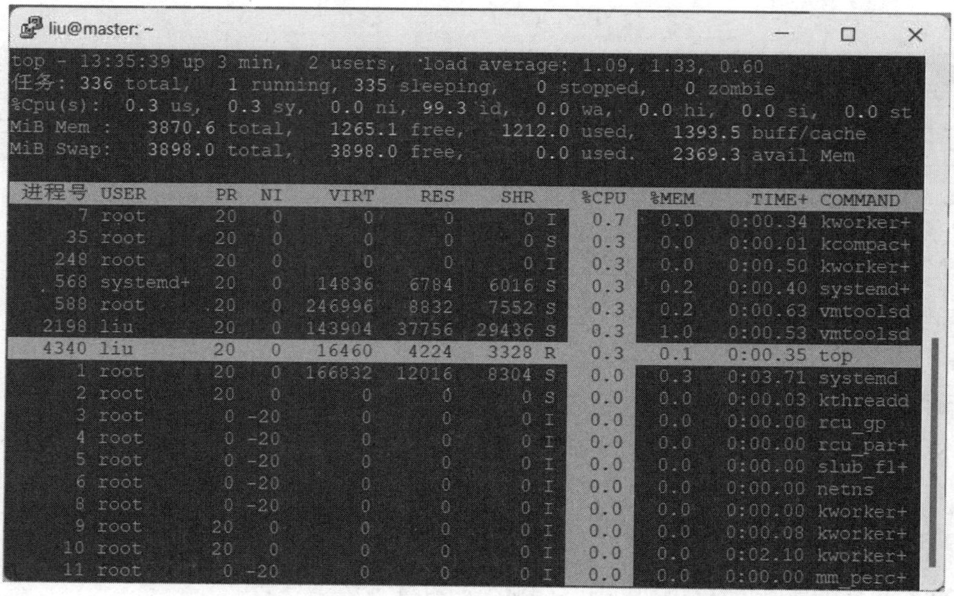

图 7-8　反相显示排序字段

按Shift+>或者Shift+<组合键，可以向右或者向左改变当前的排序字段，如图7-9所示。

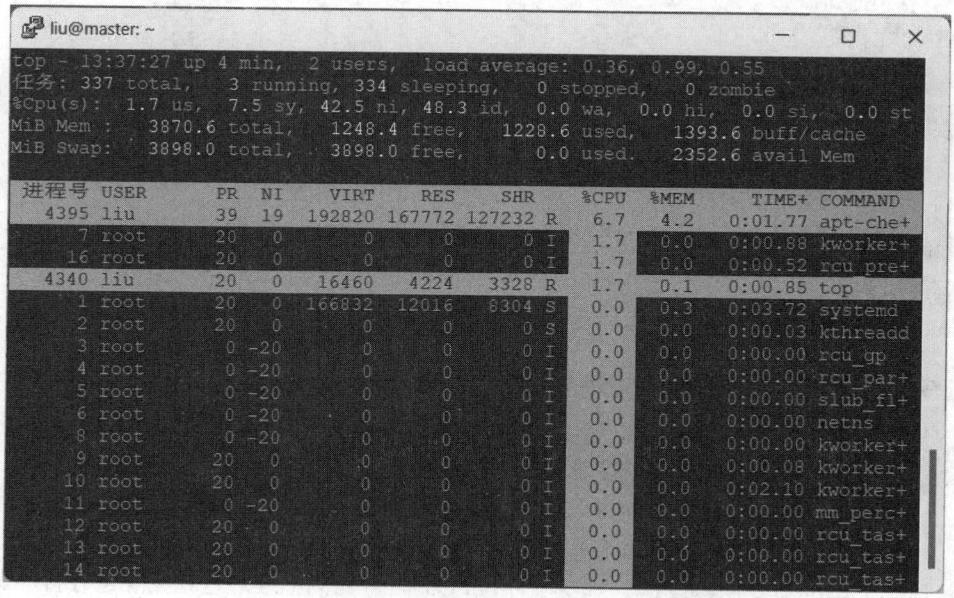

图 7-9　改变排序字段

实际上，top命令还可以显示更多的字段，在top主界面按f键，会切换到字段管理视图，如图7-10所示。

liu@master: ~
Fields Management for window 1:Def, whose current sort field is %CPU
Navigate with Up/Dn, Right selects for move then <Enter> or Left commits,
'd' or <Space> toggles display, 's' sets sort. Use 'q' or <Esc> to end!
* 进程号 = 进程编号 PGRP = Process Group OOMs = OOMEM Score c
* USER = Effective Use TTY = Controlling T ENVIRON = Environment v
* PR = 优先级 TPGID = Tty Process G vMj = Major Faults
* NI = Nice Value SID = Session Id vMn = Minor Faults
* VIRT = Virtual Image nTH = Number of Thr USED = Res+Swap Size
* RES = Resident Size P = Last Used Cpu nsIPC = IPC namespace
* SHR = Shared Memory 时间 = CPU Time nsMNT = MNT namespace
* 日 = 进程状态 SWAP = Swapped Size nsNET = NET namespace
* %CPU = CPU 使用情况 CODE = Code Size (Ki nsPID = PID namespace
* %MEM = Memory Usage DATA = Data+Stack (K nsUSER = USER namespac
* TIME+ = CPU Time, hun nMaj = Major Page Fa nsUTS = UTS namespace
* COMMAND = Command Name/ nMin = Minor Page Fa LXC = LXC container
PPID = Parent Proces nDRT = Dirty Pages C RSan = RES Anonymous
UID = Effective Use WCHAN = Sleeping in F RSfd = RES File-base
RUID = Real User Id 标志 = Task Flags <s RSlk = RES Locked (K
RUSER = 真实用户名 CGROUPS = Control Group RSsh = RES Shared (K
SUID = Saved User Id SUPGIDS = Supp Groups I CGNAME = Control Group
SUSER = Saved User Na SUPGRPS = Supp Groups N NU = Last Used NUM
GID = Group Id TGID = Thread Group
GROUP = Group Name OOMa = OOMEM Adjustm

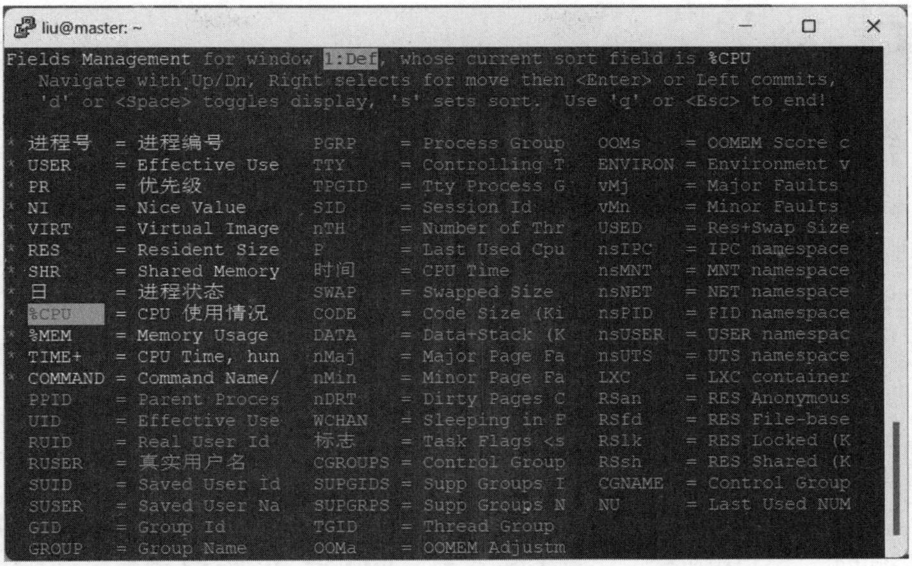

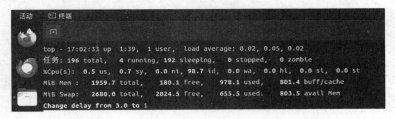

图 7-10　top 字段管理视图

图7-10中列出了top的所有字段。在上面的字段列表中，字段名称左侧有星号的表示该字段显示在top命令的主界面中。用户可以通过上下箭头键移动到某个字段上面，然后按空格键，以显示或者取消显示该字段。也可以按s键使得top主界面中的进程列表以该字段为标准排序。设置完成之后，按Esc键返回主界面。

进入top命令之后，主界面便以3秒的时间间隔刷新数据，用户可以改变这个时间间隔。方法是在主界面中按d键，在运行概况区的底部便会出现一行命令提示符，如图7-11所示。

活动
终端
top - 17:02:33 up 1:39, 1 user, load average: 0.02, 0.05, 0.02
任务: 196 total, 4 running, 192 sleeping, 0 stopped, 0 zombie
%Cpu(s): 0.5 us, 0.7 sy, 0.0 ni, 98.7 id, 0.0 wa, 0.0 hi, 0.0 si, 0.0 st
MiB Mem : 1959.7 total, 180.1 free, 978.1 used, 801.4 buff/cache
MiB Swap: 2680.0 total, 2024.5 free, 655.5 used. 803.5 avail Mem
Change delay from 3.0 to 1

图 7-11　top 命令提示符

用户可以在光标处输入一个数字作为新的时间间隔，然后按Enter键即可生效。

如果用户的计算机有多个CPU，则按数字1键，可以把多个CPU的统计数据显示出来，如图7-12所示。

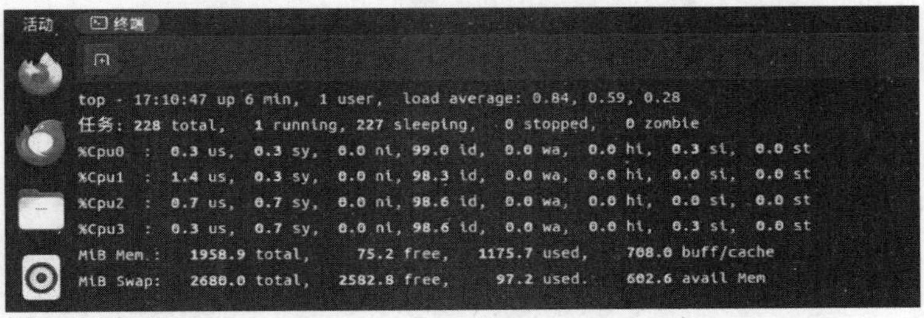

活动
终端
top - 17:10:47 up 6 min, 1 user, load average: 0.84, 0.59, 0.28
任务: 228 total, 1 running, 227 sleeping, 0 stopped, 0 zombie
%Cpu0 : 0.3 us, 0.3 sy, 0.0 ni, 99.0 id, 0.0 wa, 0.0 hi, 0.3 si, 0.0 st
%Cpu1 : 1.4 us, 0.3 sy, 0.0 ni, 98.3 id, 0.0 wa, 0.0 hi, 0.0 si, 0.0 st
%Cpu2 : 0.7 us, 0.7 sy, 0.0 ni, 98.6 id, 0.0 wa, 0.0 hi, 0.0 si, 0.0 st
%Cpu3 : 0.3 us, 0.7 sy, 0.0 ni, 98.6 id, 0.0 wa, 0.0 hi, 0.3 si, 0.0 st
MiB Mem : 1958.9 total, 75.2 free, 1175.7 used, 708.0 buff/cache
MiB Swap: 2680.0 total, 2582.8 free, 97.2 used. 602.6 avail Mem

图 7-12　多个 CPU 的统计数据

注意 如果用户想要退出top命令主界面，可以按q键。

7.7.3 终止进程

在许多情况下，用户需要手工终止某个进程。其中的原因比较多，例如某个进程运行时间过长、某个进程无法自己停止或者某个进程陷入死循环无法退出等。

在Linux系统中，终止某个进程需要使用kill命令，该命令的基本语法如下：

```
kill [options] <pid>
```

实际上，kill命令的功能是向某个进程发送一个信号。其中options表示选项，这个选项通常是一个信号。pid参数为目标进程的进程ID。

Linux系统支持很多信号，用户可以通过kill显示出来，如下所示：

```
liu@ubuntu-server:~$ kill -l
 1) SIGHUP     2) SIGINT     3) SIGQUIT    4) SIGILL     5) SIGTRAP
 6) SIGABRT    7) SIGBUS     8) SIGFPE     9) SIGKILL   10) SIGUSR1
11) SIGSEGV   12) SIGUSR2   13) SIGPIPE   14) SIGALRM   15) SIGTERM
16) SIGSTKFLT   17) SIGCHLD  18) SIGCONT  19) SIGSTOP  20) SIGTSTP
21) SIGTTIN   22) SIGTTOU   23) SIGURG    24) SIGXCPU  25) SIGXFSZ
26) SIGVTALRM   27) SIGPROF  28) SIGWINCH 29) SIGIO    30) SIGPWR
31) SIGSYS   34) SIGRTMIN  35) SIGRTMIN+1   36) SIGRTMIN+2   37) SIGRTMIN+3
38) SIGRTMIN+4   39) SIGRTMIN+5  40) SIGRTMIN+6  41) SIGRTMIN+7   42)
SIGRTMIN+8
43) SIGRTMIN+9   44) SIGRTMIN+10  45) SIGRTMIN+11  46) SIGRTMIN+12  47)
SIGRTMIN+13
48) SIGRTMIN+14  49) SIGRTMIN+15  50) SIGRTMAX-14  51) SIGRTMAX-13  52)
SIGRTMAX-12
53) SIGRTMAX-11  54) SIGRTMAX-10  55) SIGRTMAX-9   56) SIGRTMAX-8    57)
SIGRTMAX-7
58) SIGRTMAX-6   59) SIGRTMAX-5   60) SIGRTMAX-4   61) SIGRTMAX-3    62)
SIGRTMAX-2
63) SIGRTMAX-1   64) SIGRTMAX
```

在上面的命令中，-l选项表示罗列所有的信号。在使用kill命令发送信号时，如果没有指定要发送的信号，则默认为15，即SIGTERM。该信号可以用来终止某个进程。信号9，即SIGKILL同样也是用来终止进程的，但是该信号不能被阻塞、捕获和忽略。因此，用户在遇到无法终止进程的时候，可以尝试使用信号9来强制终止该进程。但是不推荐用户经常使用该信号，尤其是在针对数据库进程的时候，强制终止通常会导致数据丢失和数据库故障。

普通用户可以终止自己拥有的进程。但是如果想要终止其他用户的进程，则需要超级用户权限。

kill命令接受一个信号值和一个进程ID作为参数。因此，在终止进程之前，需要首先得知相应的进程ID。前面已经介绍过，获取进程ID可以使用ps命令，如下所示：

```
liu@ubuntu-server:~$ ps -ef|grep apache2
root       21988     1      0 18:04 ?        00:00:00 /usr/sbin/apache2 -k start
www-data   21993  21988     0 18:04 ?        00:00:00 /usr/sbin/apache2 -k start
```

```
www-data      21994      21988      0 18:04 ?      00:00:00 /usr/sbin/apache2 -k start
liu           22052      21858      0 18:04 pts/0    00:00:00 grep --color=auto apache2
```

通过上面的命令可以得知，当前一共有3个apache2进程。第2列为apache2的进程ID，分别为21988、21993和21994。

> 注意　上述结果的最后一行是我们刚才输入的grep命令，而非原有进程。

7.7.4　调整进程优先级

通常情况下，进程的优先级是由系统的进程调度程序决定的。但是，用户可以根据自己的实际需求来调整进程的优先级。

在Linux系统中，用户可以通过两个命令来调整进程的优先级，分别为nice和renice。前者用于以指定的优先级启动某个程序，而后者则是调整已经存在的进程的优先级。

nice命令的基本语法如下：

```
nice [option] [command]
```

nice命令常用的选项只有一个，即-n。该选项用来指定进程的优先级，为一个整数值。command参数为要启动的程序。

通过增加nice值可以降低一个进程的优先级。而减少nice值可以提高进程的优先级。普通用户只能降低进程的优先级，而超级用户则可以提高进程的优先级。这个限制主要是为了防止某些用户擅自增加自己的进程的优先级，因此可以无限制地占用共享CPU的时间。对于超级用户来说，nice值的范围为-20~19；而对于普通用户来说，nice值的范围为0~19。如果没有指定nice值，则默认值为10。

降低进程优先级通常用在归档文件的场合。通常来说，归档文件需要花费大量的时间。所以为了避免归档程序占用太多的CPU时间，可以增加nice值，以降低进程的优先级。

例如，下面的tar命令用于归档当前目录中的所有文件和子目录，并且以较低的优先级运行：

```
liu@ubuntu-server:~$ nice -12 tar -cvf doc.tar .
```

提高优先级则通常用在某些关键业务上面。为了避免其他的进程抢占CPU时间而影响业务，可以通过减少nice值来提高进程的优先级。

如果想修改正在运行的进程的优先级，则需要使用renice命令。该命令的基本语法如下：

```
renice [-n] priority [-g|-p|-u] identifier...
```

在上面的命令中，-n选项用来指定新的优先级，priority为新的nice值，其中-n可以省略。-g选项用来指定进程的组ID，-p选项则用来指定进程ID，-u选项用来指定进程的拥有者，identifier参数为组ID、进程ID或者用户名。

例如，下面的命令用于将进程ID为22856的进程的nice值设置为1，以降低进程的优先级：

```
liu@ubuntu-server:~$ sudo renice +1 -p 22856
```

第 **8** 章

软件包管理

为了帮助用户管理软件包，Ubuntu 系统中提供了多个软件包管理工具。本章主要介绍 Ubuntu 中的软件包管理工具的使用方法，讨论如何利用这些工具来安装、更新、删除、升级以及查询软件包。

本章主要涉及的知识点有：

❋ 软件包管理概述：主要介绍Ubuntu中的软件管理的基本概念以及常见的软件包管理工具。

❋ apt-get命令：介绍如何利用apt-get命令来管理软件包，包括查询、安装、重新安装以及删除等。

❋ apt命令：介绍如何利用apt命令来管理软件包。

❋ dpkg命令：主要介绍dpkg命令的使用方法。

❋ aptitude命令：主要介绍aptitude命令的使用方法以及如何利用图形化的aptitude来管理软件包。

❋ synaptic：主要介绍APT的图形化工具synaptic的使用方法。

8.1 软件包管理概述

整个Linux系统就是由大大小小的各种软件包构成的。因此，在Linux系统中，软件包的管理非常重要。与其他的操作系统不同，Linux系统的软件包管理比较复杂，有时还需要处理软件包之间的冲突。所以，初学者首先应该全面了解Linux的软件包管理的基本情况，才能进一步学习后面的内容。

本节首先介绍Ubuntu中的软件包管理的几个基本概念，然后对一些优秀的软件包管理工具进行简要介绍。

8.1.1 软件包管理的基本概念

下面首先介绍Linux系统的软件包管理中的几个非常重要的概念，分别是软件包、软件仓储以及软件包之间的相互依赖。

1. 软件包

在Linux系统中，所有的软件和文档都是以软件包的形式提供的。软件包主要有两种形式，分别是二进制软件包和源代码软件包。前者主要用于封装可执行程序、相关的文档以及配置文件等，后者则包含软件包的源代码以及生成二进制软件包的方法等。

通常情况下，二进制软件包是用户最常利用的软件包形式。实际上，二进制软件包是一种压缩形式的文件，里面包含可执行文件、配置文件、文档资料、产品说明以及版本等信息。通过这些信息，用户可以非常方便地安装、更新、升级以及删除软件。用户可以通过dpkg等命令来查看软件包所包含的文件列表，将在后面详细介绍。

不同的Linux发行版有不同的软件包管理工具，同时也会有不同格式的软件包。在Ubuntu系统中，常见的软件包格式有以下3种：

- DEB格式：该格式是Debian及其派生出来的Linux发行版主要支持的标准软件包格式，包括Ubuntu。其扩展名为.deb。Ubuntu软件仓储中的软件包均已提供该格式。apt、apt-get、aptitude以及synaptic等软件包管理工具均支持该格式。
- RPM：该格式是RedHat及其派生的Linux发行版支持的标准软件包格式。用户可以通过rpmd等命令来管理该类型的软件包。
- Tarball：该格式实际上是由tar和其他的压缩命令生成的一类压缩包。大部分源代码形式的软件包都是以Tarball格式提供的。用户需要首先将包中的文件释放出来，然后根据其中提供的说明文件进行安装。

为了保证软件包来源的合法性，软件包中包含数字签名。

2. 软件仓储

通常情况下，软件仓储是一组网站。其中提供了按照一定组织形式存储的软件包以及索引文件。软件包管理工具可以根据用户的需求连接到软件仓储服务器，搜索或者下载某个软件包。

Ubuntu的软件仓储大体上可以分为以下4种类型：

- Main：Ubuntu官方提供的软件包，也是Ubuntu系统基本的软件包。
- Restricted：Ubuntu支持的，但是没有自由软件版权的软件包。
- Universe：由Ubuntu社区维护，Ubuntu不提供官方支持的软件包。
- Multiverse：非自由软件。

3. 软件包之间的相互依赖

尽管一个软件包是一个相对独立的功能组合，但是软件包中的软件却不可避免地依赖于其他软件包的支持，这其中主要是对底层库文件的依赖。

有了软件包管理工具，用户就不需要人工处理这些依赖关系。在安装软件包时，apt-get、apt以及aptitude等软件包管理工具会自动判断要安装的软件包与其他软件包的依赖关系，并且会自动安装或者更新所需要的软件包。

8.1.2　软件包管理工具

正如前面介绍过的，在Linux系统中存在着多种格式的软件包，同时也存在着各种各样的Linux发行版，因此也产生出了多种软件包管理工具。但是，大体上讲，这些软件包管理工具的功能是类似的，都包括软件包的安装、更新、升级以及删除等基本的功能。

在Ubuntu系统中，用户经常使用的软件包管理工具主要有3种，分别为apt、aptitude以及synaptic。

1. apt

apt是一个通用的综合软件包管理工具。apt-get和apt是apt提供的前端软件包管理命令。

在Ubuntu系统中，apt的配置文件位于/etc/apt目录中，如下所示：

```
liu@ubuntu:~$ ls -l /etc/apt
总用量 20
drwxr-xr-x   2   root    root      4096    8月  4 09:54      apt.conf.d
drwxr-xr-x   2   root    root      4096    4月  2 03:39      preferences.d
-rw-rw-r--   1   root    root      2873    6月 17 08:46      sources.list
drwxr-xr-x   2   root    root      4096    4月  2 03:39      sources.list.d
drwxr-xr-x   2   root    root      4096    4月 12 11:08      trusted.gpg.d
```

在上面的输出中，/etc/apt/apt.conf.d目录中存储了主要的配置文件。其中，sources.list文件保存了当前Ubuntu系统的软件仓储的信息，如下所示：

```
liu@ubuntu:~$ more /etc/apt/sources.list
#deb cdrom:[Ubuntu 22.04.3 LTS _Jammy Jellyfish_ - Release amd64 (20230807.2)]/
jammy main restricted

# See http://help.ubuntu.com/community/UpgradeNotes for how to upgrade to
# newer versions of the distribution.
deb http://cn.archive.ubuntu.com/ubuntu/ jammy main restricted
# deb-src http://cn.archive.ubuntu.com/ubuntu/ jammy main restricted

## Major bug fix updates produced after the final release of the
## distribution.
deb http://cn.archive.ubuntu.com/ubuntu/ jammy-updates main restricted
# deb-src http://cn.archive.ubuntu.com/ubuntu/ jammy-updates main restricted

## N.B. software from this repository is ENTIRELY UNSUPPORTED by the Ubuntu
## team. Also, please note that software in universe WILL NOT receive any
## review or updates from the Ubuntu security team.
deb http://cn.archive.ubuntu.com/ubuntu/ jammy universe
# deb-src http://cn.archive.ubuntu.com/ubuntu/ jammy universe
deb http://cn.archive.ubuntu.com/ubuntu/ jammy-updates universe
# deb-src http://cn.archive.ubuntu.com/ubuntu/ jammy-updates universe

## N.B. software from this repository is ENTIRELY UNSUPPORTED by the Ubuntu
## team, and may not be under a free licence. Please satisfy yourself as to
--更多--(42%)...
```

每个软件仓储都包含说明、地址以及类型等信息。

/var/lib/apt目录存储apt本地软件包索引，如下所示：

```
liu@ubuntu:~$ ls -l /var/lib/apt/
总用量 136
-rw-rw-r--       1    root    root    199      6月  17 08:41    cdroms.list
-rw-r--r--       1    root    root    109402   8月   9 15:51    extended_states
drwxr-xr-x       3    root    root    16384    8月  13 11:06    lists
drwxr-xr-x       3    root    root    4096     4月  12 11:08    mirrors
drwxr-xr-x       2    root    root    4096     6月  18 23:08    periodic
```

对于/etc/apt/sources.list中描述的每个软件仓储，/var/lib/apt/lists目录中都会有一个索引文件与之对应。其中包含软件仓储中每个软件包的最新信息。

/var/cache/apt/archives目录是apt的本地缓存目录，包含apt最近下载的软件包。

2. aptitude

aptitude工具完全可以替代apt本身提供的apt和apt-get命令。aptitude的大部分选项与apt和apt-get命令是兼容的。该命令不仅提供了命令行的使用方式，还提供了一个非常友好的图形界面，如图8-1所示。

图 8-1 aptitude 的图形界面

3. synaptic

synaptic软件包管理工具是在apt的基础上开发出来的一种图形化的软件包管理工具。利用该工具，用户可以非常方便地通过鼠标和键盘对软件包进行管理，而不必记忆复杂的命令。图8-2显示了synaptic的主界面。

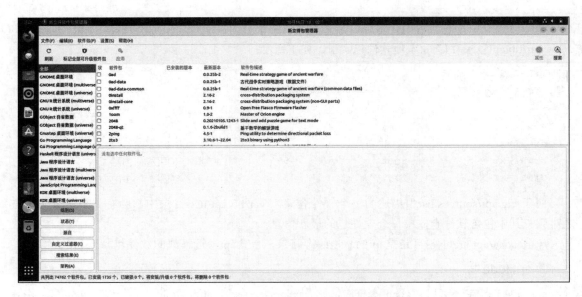

图 8-2　synaptic 软件包管理工具主界面

8.2　apt-get命令

apt-get命令是apt早期提供的前端软件包管理命令。该命令提供了apt软件包的基本管理。作为初学者，需要熟练掌握该命令的使用方法。本节将介绍如何使用apt-get命令来管理软件包。

8.2.1　搜索软件包

在正式安装某个软件包之前，用户可以先搜索一下软件仓储，确认软件仓储中是否包含该软件包。

apt提供了apt-cache命令用来管理其缓存中的软件包。该命令的基本语法如下：

```
apt-cache [command]
```

其中，command为apt-cache提供的子命令，常用的子命令有：

- showpkg：查看软件包的信息。
- search：搜索某个软件包。
- depends：显示软件包的依赖关系。

例如，下面的命令用于搜索当前缓存中是否有gcc软件包：

```
liu@ubuntu:~$ apt-cache search gcc|more
cpp - GNU C 预处理器(cpp)
cpp-11 - GNU C preprocessor
cpp-11-aarch64-linux-gnu - GNU C preprocessor
cpp-11-arm-linux-gnueabihf - GNU C preprocessor
cpp-11-powerpc64le-linux-gnu - GNU C preprocessor
```

```
cpp-11-s390x-linux-gnu - GNU C preprocessor
cpp-aarch64-linux-gnu - GNU C preprocessor (cpp) for the arm64 architecture
cpp-arm-linux-gnueabihf - GNU C preprocessor (cpp) for the armhf architecture
cpp-powerpc64le-linux-gnu - GNU C preprocessor (cpp) for the ppc64el architectur
e
cpp-s390x-linux-gnu - GNU C preprocessor (cpp) for the s390x architecture
dpkg-dev - Debian 软件包开发工具
gcc - GNU C 编译器
gcc-11 - GNU C 编译器
gcc-11-aarch64-linux-gnu - GNU C compiler (cross compiler for arm64 architecture
)
gcc-11-aarch64-linux-gnu-base - GCC，GNU 编译器套装（基本软件包）
gcc-11-arm-linux-gnueabihf - GNU C compiler (cross compiler for armhf architectu
re)
gcc-11-arm-linux-gnueabihf-base - GCC，GNU 编译器套装（基本软件包）
gcc-11-base - GCC，GNU 编译器套装（基本软件包）
gcc-11-multilib - GNU C compiler (multilib support)
gcc-11-powerpc64le-linux-gnu - GNU C compiler (cross compiler for ppc64el archit
...
```

可以发现，名称中包含gcc的软件包都会被搜索出来。其中就包含gcc，即GNU的C编译器。
下面的命令用于显示软件包gcc的基本信息：

```
liu@ubuntu:~$ apt-cache showpkg gcc
Package: gcc
Versions:
4:11.2.0-1ubuntu1
(/var/lib/apt/lists/cn.archive.ubuntu.com_ubuntu_dists_jammy_main_binary-amd64_Pac
kages) (/var/lib/dpkg/status)
    Description Language:
              File:
/var/lib/apt/lists/cn.archive.ubuntu.com_ubuntu_dists_jammy_main_binary-amd64_Pack
ages
                 MD5: c7efd71c7c651a9ac8b2adf36b137790
    Description Language:
              File:
/var/lib/apt/lists/cn.archive.ubuntu.com_ubuntu_dists_jammy_main_binary-i386_Packa
ges
                 MD5: c7efd71c7c651a9ac8b2adf36b137790
    Description Language: zh_CN
              File:
/var/lib/apt/lists/cn.archive.ubuntu.com_ubuntu_dists_jammy_main_i18n_Translation-
zh%5fCN
                 MD5: c7efd71c7c651a9ac8b2adf36b137790
    Description Language: en
              File:
/var/lib/apt/lists/cn.archive.ubuntu.com_ubuntu_dists_jammy_main_i18n_Translation-
en
                 MD5: c7efd71c7c651a9ac8b2adf36b137790


    Reverse Depends:
```

```
    nodeenv,gcc 4:4.9.1
    libdpkg-perl,gcc
    dpkg-dev,gcc
    varnish,gcc
    rustc-1.62,gcc
    golang-1.20-go,gcc
    golang-1.17-go,gcc
    golang-1.13-go,gcc
    gcc-9-doc,gcc 2.7.2.3-4.3
    gcc-12-doc,gcc 2.7.2.3-4.3
    gcc-10-doc,gcc 2.7.2.3-4.3
    dahdi-dkms,gcc
    cargo,gcc
    sa-compile,gcc
    rustc,gcc
    python3-numpy,gcc
    linux-source-6.2.0,gcc
    linux-source-6.2.0,gcc
    linux-source-6.2.0,gcc
    linux-source-6.2.0,gcc
    linux-source-6.2.0,gcc
    linux-source-6.2.0,gcc
    linux-source-5.19.0,gcc
    linux-source-5.19.0,gcc
    linux-source-5.19.0,gcc
    linux-source-5.19.0,gcc
    linux-source-5.19.0,gcc
    linux-source-5.19.0,gcc
    linux-source-5.15.0,gcc
    linux-source-5.15.0,gcc
    linux-source-5.15.0,gcc
...
```

可以得知，apt-cache showpkg命令能够显示软件包的名称、版本、类型、反向依赖等信息。如果用户想要查看更加详细的依赖关系，可以使用apt-cache depends命令，如下所示：

```
liu@ubuntu:~$ apt-cache depends gcc
gcc
  依赖：cpp
  依赖：gcc-11
  冲突：gcc-doc
 |推荐：libc6-dev
  推荐：<libc-dev>
    libc6-dev
  建议：gcc-multilib
  建议：make
    make-guile
  建议：manpages-dev
  建议：autoconf
  建议：automake
  建议：libtool
  建议：flex
```

```
    flex:i386
  建议: bison
    bison:i386
  建议: gdb
  建议: gcc-doc
...
```

8.2.2 apt-get 命令的基本语法

apt-get命令为apt早期提供的命令行工具，其基本语法如下：

```
apt-get [options] [command]
```

在上面的语法中，options为apt-get命令的选项，常用的选项有：

- -c：指定apt-get命令使用的，除默认的配置文件外的配置文件。
- -y：对于需要用户确认的请求，总是用yes作为回答。
- --no-download：禁止下载软件包。
- --download-only：仅仅下载软件包，不解压和安装。
- --purge：清除软件包，与remove子命令配合使用，功能等同于purge子命令。
- --reinstall：重新安装已经安装过的软件包。
- --allow-unauthenticated：允许安装未认证的软件包。
- --no-remove：禁止删除软件包。
- --no-upgrade：禁止升级软件包。

为了管理软件包，apt-get命令也提供了许多功能选项，例如install、update、remove以及upgrade等。这些功能选项分别用来完成不同的功能，故也称为子命令。表8-1列出了apt-get的常用子命令。

表 8-1 apt-get 的常用子命令

子 命 令	说　　明
install	安装一个或者多个软件包
update	同步软件仓储的软件包索引
upgrade	升级软件包
remove	删除一个或者多个软件包
autoremove	删除一个或者多个软件包，并且自动处理依赖关系
purge	彻底清除某个软件包，包含其配置文件
check	检查 apt 缓冲区，确定依赖包是否存在
clean	清除 apt 本地缓存

8.2.3 安装软件包

install子命令用来安装指定的软件包。该子命令接受一个或者多个软件包名称作为参数。在指定软件包时，用户不需要指定完整的名称，只要提供简单的名称即可。

例如，下面的命令用于安装quota软件包：

```
liu@ubuntu:~$ sudo apt-get install quota
正在读取软件包列表... 完成
正在分析软件包的依赖关系树... 完成
正在读取状态信息... 完成
建议安装:
  libnet-ldap-perl rpcbind default-mta | mail-transport-agent
下列【新】软件包将被安装:
  quota
升级了 0 个软件包,新安装了 1 个软件包,要卸载 0 个软件包,有 3 个软件包未被升级。
需要下载 213 kB 的归档。
解压缩后会消耗 1,249 kB 的额外空间。
获取:1 http://mirrors.tuna.tsinghua.edu.cn/ubuntu jammy/main amd64 quota amd64
4.06-1build2 [213 kB]
已下载 213 kB,耗时 3秒 (66.4 kB/s)
正在预设定软件包 ...
正在选中未选择的软件包 quota。
(正在读取数据库 ... 系统当前共安装有 212340 个文件和目录。)
准备解压 .../quota_4.06-1build2_amd64.deb ...
正在解压 quota (4.06-1build2) ...
正在设置 quota (4.06-1build2) ...
正在处理用于 man-db (2.10.2-1) 的触发器 ...
```

从上面的输出结果可以得知,在正式下载软件包之前,apt-get命令会要求用户确认是否继续执行。如果用户想要继续安装,则可以输入y再按Enter键给予确认。由于y为默认的选项,因此也可以直接Enter键。接下来,apt-get命令会逐个下载软件包及其依赖,直至最后安装完成。

8.2.4 重新安装软件包

在某些情况下,软件包会发生损坏而无法正常使用,用户可以选择重新安装该软件包。重新安装软件包不需要手工将其删除再安装一次。apt-get提供了一个--resinstall选项,该选项配合install子命令可以实现某个软件包的重新安装。例如,下面的命令用于重新安装quota软件包:

```
liu@ubuntu:~$ sudo apt-get --reinstall install quota
正在读取软件包列表... 完成
正在分析软件包的依赖关系树
正在读取状态信息... 完成
升级了 0 个软件包,新安装了 0 个软件包,重新安装了 1 个软件包,要卸载 0 个软件包,有 100 个软件包未被升级。
需要下载 0 B/250 kB 的归档。
解压缩后会消耗 0 B 的额外空间。
正在预设定软件包 ...
(正在读取数据库 ... 系统当前共安装有 207145 个文件和目录。)
正准备解包 .../quota_4.03-2_amd64.deb ...
正在将 quota (4.03-2) 解包到 (4.03-2) 上 ...
正在处理用于 ureadahead (0.100.0-19) 的触发器 ...
正在设置 quota (4.03-2) ...
正在处理用于 systemd (232-21ubuntu5) 的触发器 ...
正在处理用于 man-db (2.7.6.1-2) 的触发器 ...
```

8.2.5 删除软件包

为了节省磁盘空间，用户可以将系统中不再需要的软件包删除。apt-get命令提供了几个与软件包删除有关的选项和子命令，例如--purge、remove、autoremove以及purge等。其中，--purge选项配合remove选项基本等同于purge子命令。remove子命令会将软件包从系统中删除，但是某些配置文件仍然会保留。autoremove子命令会自动删除为了满足本软件包的依赖而自动安装的，并且已经不再需要的软件包。与remove命令相比，purge命令不仅删除软件包本身，还清除所有的配置文件。

> 注意 用户一定要注意remove和purge这两个命令的区别。

例如，下面的命令用于将quota软件包从系统中删除：

```
liu@ubuntu:~$ sudo apt-get remove quota
正在读取软件包列表... 完成
正在分析软件包的依赖关系树... 完成
正在读取状态信息... 完成
下列软件包将被【卸载】:
  quota
升级了 0 个软件包，新安装了 0 个软件包，要卸载 1 个软件包，有 3 个软件包未被升级。
解压缩后将会空出 1,249 kB 的空间。
您希望继续执行吗？ [Y/n] y
(正在读取数据库 ... 系统当前共安装有 212402 个文件和目录。)
正在卸载 quota (4.06-1build2) ...
正在处理用于 man-db (2.10.2-1) 的触发器 ...
```

同样，在删除软件包的时候，apt-get命令也会要求用户确认是否继续。如果确定继续删除软件包，则输入y，然后按Enter键即可。

如果想要彻底删除quota软件包，则可以使用以下命令：

```
liu@ubuntu:~$ sudo apt-get purge quota
```

以上命令等同于下面的命令：

```
liu@ubuntu:~$ sudo apt-get --purge remove quota
```

8.2.6 更新和升级软件包

在升级软件包之前，用户需要使用update子命令更新软件仓储的软件包索引，以获得最新的软件包信息，如下所示：

```
liu@ubuntu:~$ sudo apt-get update
命中:4 http://security.ubuntu.com/ubuntu jammy-security InRelease

命中:1 http://mirrors.tuna.tsinghua.edu.cn/ubuntu jammy InRelease

命中:2 http://mirrors.tuna.tsinghua.edu.cn/ubuntu jammy-updates InRelease

命中:3 http://mirrors.tuna.tsinghua.edu.cn/ubuntu jammy-backports InRelease
```

```
正在读取软件包列表... 完成
```

然后使用upgrade子命令更新软件包，如下所示：

```
liu@ubuntu:~$ sudo apt-get upgrade
正在读取软件包列表... 完成
正在分析软件包的依赖关系树
正在读取状态信息... 完成
正在计算更新... 完成
下列软件包是自动安装的并且现在不需要了：
  libtirpc1
使用'sudo apt autoremove'来卸载它(它们)。
下列软件包的版本将保持不变：
  linux-generic linux-headers-generic linux-image-generic
下列软件包将被升级：
  bsdutils gir1.2-soup-2.4 gnome-calendar gnome-desktop3-data
gnome-settings-daemon-schemas gnome-software gnome-software-common
gnome-software-plugin-snap grub-common grub-pc grub-pc-bin grub2-common krb5-locales
libblkid1 libclick-0.4-0…
升级了 97 个软件包，新安装了 0 个软件包，要卸载 0 个软件包，有 3 个软件包未被升级。
需要下载 40.1 MB 的归档。
解压缩后会消耗 3,640 kB 的额外空间。
您希望继续执行吗？ [Y/n]
...
```

同样，软件包的升级过程也要求用户确认。软件包的升级操作实际上是一个删除与重新安装的操作。apt-get命令会自动将旧的软件包删除，然后安装新的软件包。

8.3　apt命令

apt命令和apt-get命令都是apt提供的前端用户工具。与apt-get相比，apt对其进行了改进，增加了有用的选项和子命令。本节将详细介绍如何通过apt命令来管理软件包。

8.3.1　apt 命令的基本语法

apt命令的基本语法与apt-get命令基本相同，不再详细介绍。表8-2列出了apt命令常用的子命令。

表 8-2　apt 命令常用的子命令

子 命 令	说　　明
update	从软件仓储更新软件包索引
upgrade	升级软件包，但是不会删除软件包
full-upgrade	升级软件包，同时会安装或者删除其他的软件包以解决依赖关系
install	安装软件包
remove	删除软件包
purge	彻底删除软件包

（续表）

子 命 令	说　明
search	搜索软件包
show	显示软件包的信息
list	根据指定的标准列出软件包,通过--installe 选项指定列出已安装的软件包, --upgradeable 选项指定可升级的软件包等

8.3.2　搜索软件包

apt命令的search子命令用来实现软件包的搜索。软件包的搜索依赖于update子命令更新软件包索引。所以,在执行搜索之前,用户最好先调用一下update命令。

下面的命令用于搜索quota软件包:

```
liu@ubuntu:~$ apt search quota
正在排序... 完成
全文搜索... 完成
argonaut-quota/jammy,jammy 1.3-2 all
  Argonaut (tool to apply disk quota from ldap)

boxbackup-server/jammy-updates 0.13~~git20200326.g8e8b63c-1ubuntu2.20.04.1
amd64
    server for the BoxBackup remote backup system

camlp5/jammy 8.00.02-1build1 amd64
  Pre Processor Pretty Printer for OCaml - classical version

cyrus-common/jammy 3.4.3-3build2 amd64
  Cyrus mail system - common files
...
```

上面的输出结果中,每个软件包都包含完整的软件包名称和简介。

8.3.3　安装软件包

利用install子命令可以安装一个或者多个软件包。install子命令的使用方法与apt-get的install子命令基本相同。只不过apt的install命令更加友好一些,它提供了一个字符界面的进度条,用户可以通过进度条了解软件的安装进度,如下所示:

```
liu@ubuntu:~$ sudo apt install quota
正在读取软件包列表... 完成
正在分析软件包的依赖关系树... 完成
正在读取状态信息... 完成
建议安装:
  libnet-ldap-perl rpcbind default-mta | mail-transport-agent
下列【新】软件包将被安装:
  quota
升级了 0 个软件包,新安装了 1 个软件包,要卸载 0 个软件包,有 3 个软件包未被升级。
```

```
需要下载 0 B/213 kB 的归档。
解压缩后会消耗 1,249 kB 的额外空间。
正在预设定软件包 ...
正在选中未选择的软件包 quota。
(正在读取数据库 ... 系统当前共安装有 212340 个文件和目录。)
准备解压 .../quota_4.06-1build2_amd64.deb ...
正在解压 quota (4.06-1build2) ...
正在设置 quota (4.06-1build2) ...
正在处理用于 man-db (2.10.2-1) 的触发器 ...
```

8.3.4 删除软件包

apt命令也提供了remove、purge以及autoremove等子命令来删除软件包，其语法也大致相同。例如，下面的命令用于删除quotra软件包：

```
liu@ubuntu:~$ sudo apt remove quota
正在读取软件包列表... 完成
正在分析软件包的依赖关系树
正在读取状态信息... 完成
下列软件包是自动安装的并且现在不需要了：
  libtirpc1
使用'sudo apt autoremove'来卸载它(它们)。
下列软件包将被【卸载】：
  quota
升级了 0 个软件包，新安装了 0 个软件包，要卸载 1 个软件包，有 3 个软件包未被升级。
解压缩后将会空出 1,454 kB 的空间。
您希望继续执行吗？ [Y/n]
(正在读取数据库 ... 系统当前共安装有 207143 个文件和目录。)
正在卸载 quota (4.06-1) ...
正在处理用于 man-db (2.7.6.1-2) 的触发器 ...
```

如果用户想彻底清除quota软件包，可以使用以下命令：

```
liu@ubuntu:~$ sudo apt purge quota
```

8.3.5 更新和升级软件包

在升级软件包之前，用户需要更新一下软件包的索引。同样也使用update子命令，如下所示：

```
liu@ubuntu:~$ sudo apt update
```

然后使用upgrade或者full-upgrade子命令升级软件包：

```
liu@ubuntu:~$ sudo apt upgrade
正在读取软件包列表... 完成
正在分析软件包的依赖关系树
正在读取状态信息... 完成
正在计算更新... 完成
下列软件包是自动安装的并且现在不需要了：
  libtirpc1
...
```

8.4　aptitude命令

从功能上说，aptitude完全可以替代apt-get和apt命令。并且，aptitude命令拥有更为友好的使用界面。本节将详细介绍通过aptitude命令来管理软件包。

8.4.1　aptitude 命令的基本语法

aptitude命令的大部分选项和子命令与apt命令是兼容的。其基本语法如下：

```
aptitude [<options>...] [command]
```

aptitude提供的选项非常多，表8-3列出了aptitude命令的常用选项。

表 8-3　aptitude 命令的常用选项

选　　项	说　　明
--allow-untrusted	运行安装来自未认证软件仓储的软件包
-d 或者--download-only	把软件包下载到 apt 的缓存区中，不安装，也不删除软件包
-f	尽量解决包依赖遇到的问题
--purge-unused	清除不再需要的软件包
-D 或者--show-deps	在安装或者删除软件包时，显示自动安装和删除的概要信息
-P	每一步操作都要求用户确认
-y	所有问题都回答 y
-u	启动时下载新的软件列表

command参数是aptitude命令提供的子命令。aptitude命令提供的子命令非常多，常用的有以下几个：

- install：安装指定的软件包。
- upgrade：升级可用的软件包。
- full-upgrade：将已安装的软件包升级到新版本，根据依赖需要安装或者删除其他的依赖包。
- update：更新软件仓储软件包列表。
- safe-upgrade：将已安装的软件包升级到新版本，根据依赖需要安装或者删除其他的软件包。
- search：搜索软件包。
- show：显示软件包的详细信息。
- source：下载源代码包。
- why：给出指定软件包应该被安装的原因。
- why-not：给出指定软件包不能被安装的原因。
- clean：清空apt缓存目录中下载的安装包。
- download：下载指定的软件包到当前目录。
- remove：删除指定的软件包。
- purge：彻底删除指定的软件包，包括配置文件。
- reinstall：重新安装指定的软件包。

注意 尽管full-grade和safe-grade的功能基本相同，但是仍然存在着细微的差别。safe-grade命令只有在某个被依赖软件包不再需要的时候才删除，而full-grade则会根据实际情况来决定是否删除。因此，在某些safe-grade无法升级的情况下，full-grade命令仍然可以正常升级。

8.4.2　搜索软件包

在aptitude命令中，search子命令可以用来搜索软件包，如下所示：

```
liu@ubuntu-server:~$ aptitude search quota
p   argonaut-quota                - Argonaut (tool to apply disk quota from ldap)
p   fusiondirectory-plugin-quota - quota plugin for FusionDirectory
p   fusiondirectory-plugin-quota-schema   - LDAP schema for FusionDirectory quota
plugin
p   libquota-perl                 - Perl interface to file system quotas
p   libquota-perl:i386            - Perl interface to file system quotas
i   quota                         - disk quota management tools
p   quota:i386                    - disk quota management tools
p   quotatool                     - tool to edit disk quotas from the command line
p   quotatool:i386                - tool to edit disk quotas from the command line
p   vzquota                       - server virtualization solution - quota tools
p   vzquota:i386                  - server virtualization solution - quota tools
...
```

在上面的输出结果中，每一行描述一个软件包。最左侧的字母表示软件包的状态。最常见的字母为p，表示该软件包没有在当前系统中安装；如果最左侧的字母为c，则表示该软件包曾经在当前系统安装过，但是又被删除了，只保留了配置文件在系统中；如果为i，则表示该软件包已经在当前系统中安装了；如果为v，则表示当前的软件包为虚拟软件包。

注意 软件包的状态有很多种，并且可以是几个字母的组合，读者可以参考aptitude命令的技术手册。

第2列为软件包的名称，第3列为备注信息。

在上面的命令中，直接将软件包名称作为参数传递给aptitude search命令。实际上，aptitude search命令还支持某些特殊的匹配模式，例如~T表示列出所有的软件包，不管是否已经安装：

```
liu@ubuntu-server:~$ aptitude search ~T
p   0ad            - Real-time strategy game of ancient warfare
p   0ad:i386       - Real-time strategy game of ancient warfare
p   0ad-data       - Real-time strategy game of ancient warfare (data files)
p   0ad-data-common - Real-time strategy game of ancient warfare (common data
files)
p   0install       - cross-distribution packaging system
...
```

~U模式可以列出当前系统可以更新的软件包，如下所示：

```
liu@ubuntu-server:~$ aptitude search ~U
```

```
    i   bsdutils                - basic utilities from 4.4BSD-Lite
    i   A gnome-calendar         - Calendar application for GNOME
    I   A gnome-desktop3-data    - Common files for GNOME desktop apps
    ...
```

~i模式可以列出当前系统已经安装的软件包，如下所示：

```
liu@ubuntu-server:~$ aptitude search ~i
    i A a11y-profile-manager-indicator   - Accessibility Profile Manager - Unity
desktop indicator
    i A account-plugin-facebook         - Online account plugin for Unity - Facebook
    i A account-plugin-flickr           - Online account plugin for Unity - Flickr
    i A account-plugin-google           - Online account plugin for Unity - Google
    ...
```

在上面的列表中，第2列的字母A表示该软件包是自动安装的。

如果用户想要显示某个软件包的详细信息，可以使用aptitude show命令，如下所示：

```
liu@ubuntu-server:~$ aptitude show apache2
软件包: apache2
版本号: 2.4.52-1ubuntu4.6
状态：已安装
自动安装：否
优先级：可选
部分: web
维护者: Ubuntu Developers <ubuntu-devel-discuss@lists.ubuntu.com>
体系: amd64
未压缩尺寸: 546 k
依赖于: apache2-bin (= 2.4.52-1ubuntu4.6), apache2-data (= 2.4.52-1ubuntu4.6),
apache2-utils (= 2.4.52-1ubuntu4.6), lsb-base, mime-support, perl:any, procps
预依赖于: init-system-helpers (>= 1.54~)
推荐: ssl-cert
建议: apache2-doc, apache2-suexec-pristine | apache2-suexec-custom, www-browser,
ufw
冲突: apache2.2-bin, apache2.2-common, apache2:i386
代替: apache2.2-bin, apache2.2-common
提供: httpd, httpd-cgi
描述: Apache HTTP Server
  The Apache HTTP Server Project's goal is to build a secure, efficient and extensible
HTTP server as standards-compliant open source software. The result has long been the
number one web server on the
    Internet.

  Installing this package results in a full installation, including the configuration
files, init scripts and support scripts.
主页: https://httpd.apache.org/
```

8.4.3 安装软件包

安装软件包需要使用install子命令，该命令后面紧跟着软件包的名称作为参数。例如，下面的命令用于安装quota软件包：

```
liu@ubuntu-server:~$ sudo aptitude install quota
```

同样，aptitude命令也支持reinstall子命令。通过该子命令，用户可以重新安装某个软件包，如下所示：

```
liu@ubuntu-server:~$ sudo aptitude reinstall quota
```

8.4.4　删除软件包

与前面介绍的apt和apt-get命令一样，aptitude中删除软件包也是使用remove或者purge子命令。例如，下面的命令用于将quota软件包删除：

```
liu@ubuntu-server:~$ sudo aptitude remove quota
The following packages will be REMOVED:
  libtirpc1{u} quota
0 packages upgraded, 0 newly installed, 2 to remove and 0 not upgraded.
Need to get 0 B of archives. After unpacking 1,665 kB will be freed.
Do you want to continue? [Y/n/?]
(Reading database ... 344180 files and directories currently installed.)
Removing quota (4.06-1) ...
Removing libtirpc1:amd64 (0.2.5-1.1) ...
Processing triggers for libc-bin (2.24-9ubuntu2.2) ...
Processing triggers for man-db (2.7.6.1-2) ...
```

下面的命令用于将quota软件包从系统中彻底删除，包括配置文件等：

```
liu@ubuntu-server:~$ sudo aptitude purge quota
The following packages will be REMOVED:
  libtirpc1{u} quota{p}
0 packages upgraded, 0 newly installed, 2 to remove and 0 not upgraded.
Need to get 0 B of archives. After unpacking 1,665 kB will be freed.
Do you want to continue? [Y/n/?]
(Reading database ... 344180 files and directories currently installed.)
Removing quota (4.03-2) ...
Removing libtirpc1:amd64 (0.2.5-1.1) ...
Processing triggers for libc-bin (2.24-9ubuntu2.2) ...
Processing triggers for man-db (2.7.6.1-2) ...
(Reading database ... 344113 files and directories currently installed.)
Removing quota (4.06-1) ...
Purging configuration files for quota (4.06-1) ...
Processing triggers for ureadahead (0.100.0-19) ...
Processing triggers for systemd (232-21ubuntu5) ...
```

8.4.5　更新和升级软件包

在每次升级软件包之前，用户应该使用update命令更新一下软件包索引，如下所示：

```
liu@ubuntu-server:~$ sudo aptitude update
```

更新完之后，就可以使用upgrade命令升级软件包了，如下所示：

```
liu@ubuntu-server:~$ sudo aptitude upgrade
```

下面两个命令也可以进行软件包更新：

```
liu@ubuntu-server:~$ sudo aptitude safe-upgrade
```

和

```
liu@ubuntu-server:~$ sudo aptitude full-upgrade
```

8.4.6 图形化界面

aptitude命令不仅可以通过字符界面运行，它还提供了一个相对比较友好的图形化界面。如果用户没有为aptitude命令提供任何选项和参数，则表示启动图形化界面，如图8-3所示。

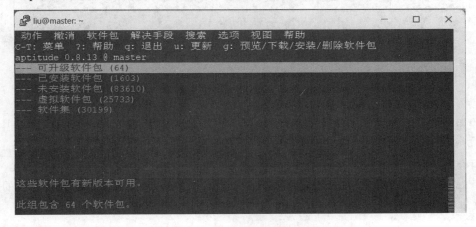

图 8-3 aptitude 命令的图形界面

实际上，这是一个相对比较简陋的图形化界面。窗口的顶部为菜单。

如果想要搜索软件包，则可以单击顶部的搜索菜单，然后选择"查找"命令，打开"搜索"对话框，如图8-4所示。

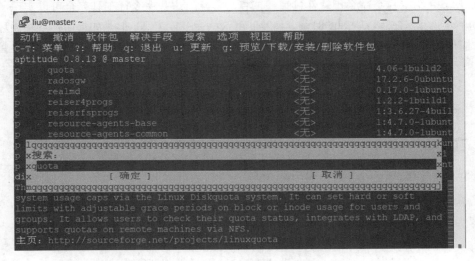

图 8-4 "搜索"对话框

在文本框中输入要搜索的关键词，例如quota，然后单击"确定"按钮即可开始搜索。接着出现搜索结果界面，如图8-5所示。

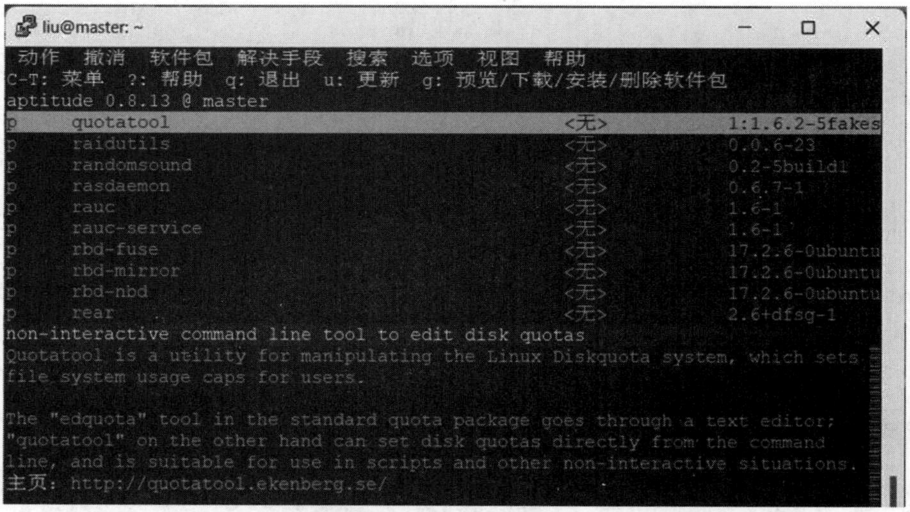

图 8-5　搜索结果

如果用户想要安装该软件包，则可以按Shift++组合键，把该软件包添加到安装列表中。最后按g键即可开始安装。如果想要删除某个软件包，则可以在软件包列表中选中该软件包，然后按Shift+−组合键即可。

尽管aptitude提供了图形界面，但是仍然比较简陋，操作起来比较麻烦。而后面介绍的synaptic则提供了非常友好的图形界面。

8.5　synaptic软件管理工具

前面几节介绍了几个命令行软件包管理工具，实际上这些命令行工具完全可以实现所有的软件管理功能。尤其是在远程管理的时候，只能使用这些命令行工具。但是如果用户在桌面环境中工作，那么图形化的管理工具可以提高效率。本节将介绍一个功能非常完善的图形化软件包管理工具synaptic。

8.5.1　安装软件包

synaptic的启动方法如下：

```
liu@ubuntu-server:~$ sudo synaptic
```

由于软件包的管理需要超级用户权限，因此在上面的命令中使用sudo切换用户身份。

如果当前系统中没有安装synaptic，则可以使用以下命令安装：

```
liu@ubuntu-server:~$ sudo apt install synaptic
```

启动完成之后，synaptic的主界面如图8-6所示。

最顶层为菜单栏，接下来是工具栏。左侧为软件包的分组筛选按钮。

右上侧为软件包列表，右下侧为当前选中的软件包的详细信息面板。

想要搜索软件包，可以按照以下步骤操作。

（1）单击工具栏上面的"搜索"按钮，打开"查找"对话框，如图8-7所示。

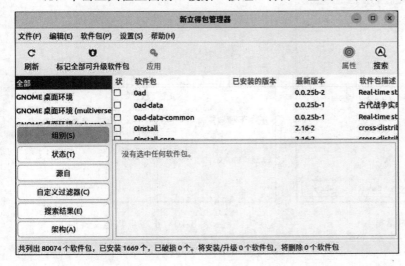

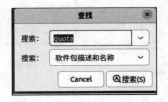

图 8-6　synaptic 的主界面　　　　　　　　图 8-7　"查找"对话框

在"搜索"文本框中输入要搜索的软件包的名称，然后单击"搜索"按钮即可开始搜索。

（2）搜索完成之后，在右上侧的列表中找到想要安装的软件包。单击左侧的复选框，在弹出的菜单中选择"标记以便安装"命令，如图8-8所示。

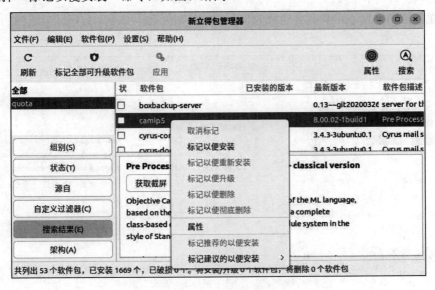

图 8-8　选择软件包

（3）单击工具栏上面的"应用"按钮，打开"摘要"对话框，如图8-9所示。

"摘要"对话框列出了需要安装的软件包列表。单击Apply按钮开始正式安装。

（4）正在下载包文件，如图8-10所示。

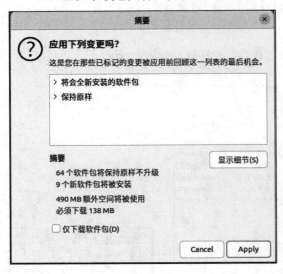

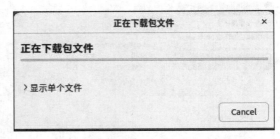

图 8-9 "摘要"对话框　　　　　　　　图 8-10 正在下载包文件

8.5.2 删除软件包

删除软件包的操作也非常简单，下面详细说明。

（1）单击工具栏上面的"搜索"按钮，打开"查找"对话框。在"搜索"文本框中输入要删除的软件包的名称，例如quota。单击"搜索"按钮开始搜索。

（2）在搜索结果列表中找到要删除的软件包，例如quota，如图8-11所示。左侧的绿色方块表示该软件包已经安装。

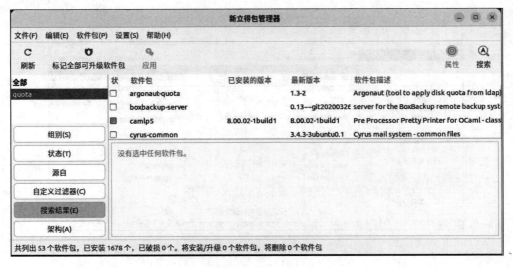

图 8-11 搜索结果

（3）单击quota左侧的复选框，在弹出的菜单中选择"标记以便删除"命令，如图8-12所示。

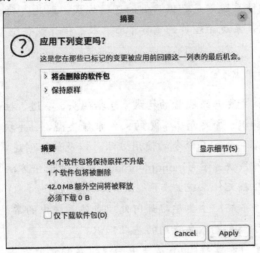

图 8-12　选择要删除的软件包

（4）单击工具栏上面的"应用"按钮，弹出"摘要"对话框，如图8-13所示。

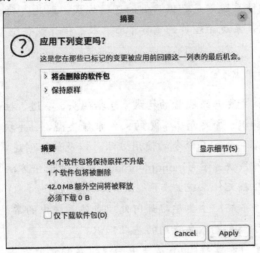

图 8-13　"摘要"对话框

单击Apply按钮执行删除操作。

8.5.3　更新和升级软件包

使用synaptic更新和升级软件包的操作也非常简单。单击synaptic主界面的工具栏上面的"重新载入"按钮即可更新软件包索引。

然后搜索要升级的软件包，单击软件包左侧的复选框，选择"标记升级"命令即可。其余的操作与安装或者删除软件包相同。

第 9 章
磁盘和文件系统管理

　　磁盘是计算机的重要组成部分。在计算机中，几乎所有的数据都存储在磁盘上面，包括操作系统本身。文件系统与操作系统密切相关，是数据在磁盘上面的存储方式。磁盘是数据存储的物理载体，而文件系统则是数据存储的逻辑方式。因此，磁盘和文件系统密不可分。管理好磁盘和文件系统是系统管理员的重要职责。本章将详细介绍 Linux 系统中如何管理磁盘和文件系统。

　　本章主要涉及的知识点有：

* 磁盘管理基础：主要介绍磁盘的构成，包括磁头、磁道、柱面、扇区以及磁盘分区等。
* 文件系统基础知识：主要介绍常见的文件系统类型、引导块、超级块以及索引节点等。
* 创建文件系统：学会mkfs命令的使用方法，以及如何创建常见的文件系统。
* 挂载与卸载文件系统：学习mount和umount命令的使用方法，掌握如何挂载常见的文件系统以及如何卸载文件系统。
* 检查与修复文件系统：主要学习如何处理文件系统中的常见故障。
* 磁盘阵列：学习和掌握磁盘阵列的基础知识。
* 逻辑卷管理：学习和掌握Linux系统中的逻辑卷的管理方法。

9.1　磁盘管理基础

　　与内存相比，磁盘是计算机的外部存储设备。磁盘作为最重要的数据载体，是计算机的核心组成部分。作为系统管理员，必须时刻了解磁盘的状态，避免数据丢失。本节将介绍磁盘管理的基础知识，使得读者更加容易学习后面的内容。

9.1.1 磁头

磁盘实际上是一个机械装置，主要包括盘片、磁头、盘片主轴、控制电机、磁头控制器、数据转换器、接口、缓存等部分，如图9-1所示。通常情况下，一个磁盘包含多个盘片，这些盘片都被固定在一个中心轴上面。每个盘片的两面都各有一个读写数据的磁头，磁头连接在机械臂上面。读写数据的时候，盘片在快速旋转的同时，磁头在机械臂的带动下也在不停地移动。

平时我们讲的硬盘的转速就是指盘片每分钟转的圈数。例如笔记本和个人计算机的硬盘的转速为5400RPM，服务器的硬盘一般为7200RPM或者10000RPM。其中5400RPM就是指硬盘的盘片每分钟旋转5400圈。

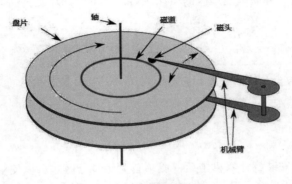

图 9-1　磁盘结构

从中可以看出，硬盘盘片的旋转速度是非常快的，此外磁头与盘片的距离也非常短，所以如果发生碰撞，磁头就很容易碰到盘片，从而损坏盘片表面，导致数据无法读取。

9.1.2 磁道

从图9-1可以得知，磁盘的盘片是由许多同心圆组成的。在这一点上，盘片与唱片很类似。而数据就存储在这些同心圆上面。这些同心圆称为磁道。实际上，磁头在盘片上面的读写轨迹就是磁道。

根据磁盘容量的不同，盘片所拥有的磁道数量也会不同。但是总的来说，盘片的磁道数量是一个非常大的数字。

每个磁道都用一个数字来代表，按照从内向外的顺序编号，依次为0磁道、1磁道、2磁道等。数字越大，离圆心就越远。

9.1.3 柱面

由于一个磁盘由多个盘片组成，因此从垂直方向看，所有盘片编号相同的磁道会形成一个垂直的圆柱面，这个圆柱面称为柱面。柱面是磁盘寻址的重要依据之一。每个盘片有多少个磁道，就有多少个柱面。

9.1.4　扇区

如果将每个磁道划分成若干弧段，那么这些弧段就称为扇区。每个磁道的扇区数量是在磁盘格式化的时候确定的。扇区是硬盘读写的最小单位。通常来说，扇区的容量是固定的，传统的磁盘每个扇区可以存储512字节的数据，而CD-ROM或者DVD-ROM的每个扇区则可以存储2048字节的数据。

跟磁道一样，扇区也是用数字来代表的。从0磁道的第1个扇区开始编号，其序号为1，紧跟着为2扇区、3扇区以及4扇区等。在一个盘片上面，扇区编号是累计的。即第一个磁道编完之后，第二个磁道的序号会延续第一个磁道的扇区的序号。

了解了磁头、磁道、柱面以及扇区的概念之后，就可以计算磁盘的容量了。一个磁盘的容量的计算公式如下：

磁盘存储容量=磁头数×磁道（柱面）数×每个磁道扇区数×每个扇区字节数

> 注意　磁头数与盘片的面数是相同的，磁道数与柱面数是相同的。

9.1.5　磁盘分区

当一个新的磁盘被安装到计算机中后，必须首先经过分区才可以使用。所谓分区，实际上是将一个磁盘划分为一个或者多个逻辑区域的过程。经过分区后形成的这些逻辑区域就称为磁盘分区。

每个磁盘把逻辑分区的位置和大小存储在一个称为分区表的区域中。在第8章介绍Linux系统启动的时候，讲到了主引导记录。传统的分区表就位于主引导记录中，称为MBR分区表。

在主引导记录中，使用64字节描述磁盘的分区方案。由于每个分区需要16字节来描述，因此一个磁盘最多只能有4个主分区。为了解决这个问题，后来又引入了扩展分区和逻辑分区的概念。

然而，更为关键的是主引导记录分区表通过4字节来存储磁盘的总扇区数。这意味着最多能够表示2^{32}个扇区。按照每个扇区512字节计算，磁盘的最大容量为2TB，超过2TB之后，就无法表示后面的扇区了。

随着存储技术的发展，这种情况显然不能满足实际需求。后来又出现了GPT分区表，该分区技术可以支持128个分区。此外，GPT使用8字节来表示扇区数，所以可以支持2^{64}个扇区。

对于操作系统而言，每个分区都相当于一个相对独立的磁盘。各个分区可以分别创建不同的文件系统，安装不同的操作系统。

9.2　文件系统的基础知识

文件系统是数据在磁盘上面的逻辑组织形式。也就是说，文件系统用于管理数据如何在磁盘上面存储和访问。所以说，文件系统是整个操作系统的基础。本节将详细介绍Linux系统中文件系统的相关基础知识。

9.2.1 常见的文件系统

在操作系统发展的几十年中，产生了许多类型的文件系统，例如 FAT（FAT12、FAT16 和 FAT32）、exFAT、NTFS、HFS、UFS、Ext2、Ext3、Ext4、XFS、ISO 9660、ZFS、Btrfs、ReiserFS 以及 UDF 等。这些文件系统各具特色，并且有不同的应用场合。下面对其中常见的几种文件系统进行简单介绍。

1. FAT

FAT 文件系统是一个相对比较古老的文件系统，产生于 1977 年。最初的 FAT 是专门为了软盘而设计的。但是随着微软的操作系统 DOS 以及 Windows 的流行，FAT 被移植到了硬盘上面，被 DOS 和 Windows 采用成为自己的文件系统。并且，在后面的 20 年中，一度成为主流的文件系统。

随着存储技术的发展，磁盘容量也在飞速增长。FAT 已经满足不了需求，后来又出现了 FAT12、FAT16 以及 FAT32 等。尽管 FAT 已经不是 Windows 的默认文件系统，但是 FAT 仍然在 U 盘、嵌入式设备以及软盘上面比较流行。

FAT 文件系统目前最为先进的是 FAT32。FAT32 文件系统有以下特点：

（1）单个文件不超过 4GB。
（2）单卷最大文件数为 4 194 304 个。
（3）分区最大容量为 8TB。
（4）可为多种操作系统读写。

2. exFAT

exFAT 文件系统是对 FAT 的扩展。exFAT 是专门为 U 盘和 SD 卡等闪存设备设计的文件系统。exFAT 诞生于 2006 年，由微软公司开发。

该文件系统弥补了 FAT 文件系统的大部分缺陷，例如单个文件的大小超过了 4GB，分区的最大容量可达 64ZB 等。

目前，大部分操作系统都支持 exFAT 文件系统的读写，包括 Windows、Linux 以及 UNIX 等。

3. NTFS

NTFS 是由微软开发的专用文件系统，用在微软的 Windows 操作系统中。相对于 FAT，NTFS 增加了许多高级的功能：

（1）大文件支持，单文件最大可达 16EB。
（2）增强的安全控制。
（3）单卷最大文件数为 $2^{32}-1$ 个。
（4）日志功能。系统中对文件的操作都可以被记录下来，当系统崩溃之后，利用日志功能可以修复数据。

4. Ext2/Ext3/Ext4

Ext 是 GNU/Linux 标准的文件系统，也是专门为 Linux 内核设计的第一个文件系统。第 1 版的 Ext 文件系统产生于 1992 年。后来不断更新，到 2008 年发布的 Linux 内核 2.6.28 已经支持 Ext4。Ext4 拥有非常多的先进功能：

（1）更大的文件系统和更大的文件。Ext4已经支持1EB的文件系统，以及16TB的单个文件。

（2）支持无限数量的子目录。

（3）性能得到极大提升，包括操作大文件的优化，写入数据时的多块和延迟分配，以及快速检查扫描等。

（4）改进的日志校验。

（5）索引节点改为256字节，支持更多的扩展属性。

5. Btrfs

Btrfs文件系统是由Oracle公司于2007年推出的一种文件系统，运行在Linux系统中。其最初的设计目标是取代Ext3文件系统。所以它针对Ext3的缺陷进行了改进，包括单个文件的大小、文件系统的大小、快照以及内置磁盘阵列支持等。

6. ZFS

ZFS最初是美国SUN公司为其Solaris操作系统开发的文件系统。它是世界上第一个128位的文件系统。在2005年发布的时候，引起了极大轰动。ZFS完全抛弃了卷管理的概念，不再创建虚拟的卷，而是用存储池来管理物理存储空间。

ZFS支持的单个存储卷容量可达16EB，一个存储池可以拥有2^{64}个卷，总容量最大为256ZB，而整个文件系统可以拥有2^{64}个存储池。

目前，ZFS已经被移植到许多Linux发行版上面，包括Ubuntu。

7. UFS

UFS是传统的UNIX操作系统标准的文件系统。无论是System V，还是BSD都采用UFS作为默认的文件系统，例如Solaris、Free BSD、Open BSD、Net BSD以及HP-UX等。

在UFS中，存储的基本单位称为块。块又分为引导块、超级块、索引节点以及数据块等。其中引导块包含引导系统时使用的信息，超级块包含记录文件系统的详细信息，索引节点存储文件的各种信息，数据块则存储文件的实际内容。

8. ReiserFS

ReiserFS文件系统是一种新型的文件系统。Linux内核从2.4.1开始支持ReiserFS。ReiserFS是一种日志型文件系统，其特色为能高效地处理大型文件以及大量的小文件。ReiserFS支持在线调整卷的大小。

9.2.2 块

在Linux的文件系统中，最小的读写单位称为块。在Ext的文件系统中，块是由一组扇区组成的，并且扇区的数量必须是2^n个，n为整数。在创建文件系统时，需要指定块的大小。对于Ext4而言，块的大小在1KB和64KB之间，默认为4KB。如果用户指定了较大的块，尽管可以创建文件系统，但是在使用时会出现意想不到的问题。

多个块被组织成为块组。块组的结构如图9-2所示。

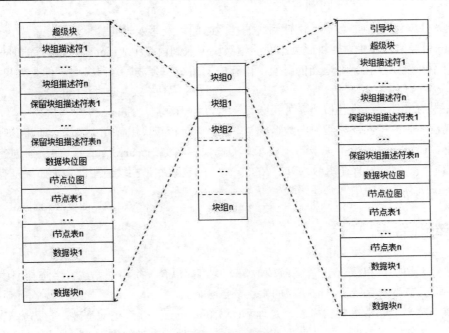

图 9-2 块组的结构

从图9-2可以看出，块组0比较特殊，其前面1024字节称为引导块，实际上前面介绍的主引导记录就位于该引导块中。因此，对于块组0而言，其超级块是从1024字节处开始的。除引导块外，从前往后依次为超级块、块组描述符、保留块组描述符表、数据块位图、节点位图、节点表以及数据块。其中数据块为用户数据的存储区域。除引导块、超级块、数据块位图以及节点位图外，其他的块都是可以重复的。

块组描述符记录了当前块组的基本信息，例如数据块位图、节点位图以及节点表等重要结构的块号。

数据块位图则记录了当前块组中数据块的使用情况，节点位图记录了当前块组的索引节点的使用情况。

关于引导块、超级块以及节点表，将在随后介绍。

> **注意** 如果某个磁盘并没有主引导记录，则块组0仍然包含引导块，只是前1024字节为空。

9.2.3 引导块

某个Ext文件系统，在其块组0的开头都有一块大小为1024字节的区域，用来存储引导程序等，称为引导块。即使该分区并不能引导系统，引导块仍然存在，只是没有任何数据。

9.2.4 超级块

超级块记录了与整个文件系统有关的信息，是整个文件系统的核心，包括总的i节点的数量、总的块数、空闲块数、空闲索引节点数、第一个数据块的位置、块的大小、每个块组包含块的个数、每个块组包含的索引节点的数量、文件系统的挂载时间以及写入时间等。

在Linux引导的过程中，会将磁盘上面的超级块读取到内存中。Linux系统运行的时候，内存中的超级块会不断发生变化。在适当的时候，内存中的超级块会被写入磁盘中。但是如果出现意外，Linux来不及将内存中的超级块数据写入磁盘，会导致两者不一致。此时，Linux会自动调用文件系统检查程序来对文件系统进行检查。如果损坏严重，则无法启动Linux。

通常情况下，为了保证超级块的数据安全，Ext4会对超级块进行冗余备份，即将其写入多个其他的块组中。Ext4提供了一个关于超级块冗余的选项，名称为sparse_super。如果在创建文件系统时启用该选项，则表示只有在组号为0或者为3、5、7的整数次幂的块组中冗余。如果没有启用该选项，则表示在所有的块组中冗余超级块。

9.2.5 索引节点

前面已经介绍过，在Linux文件系统中，每个块组都包含一个由一个或者多个数据块组成的索引节点表。索引节点表存储了当前块组的索引节点数据。

索引节点是一个非常重要的概念，是理解UNIX和Linux文件系统的基础。它描述了Linux文件系统中的每个文件的元数据信息，例如文件的大小、文件拥有者的ID、文件的组ID、文件的权限以及存储文件内容的数据块的位置等。索引节点与文件是一一对应的。也就是说，用户每创建一个文件或者目录，就会在某个块组的索引节点表中创建一个索引节点。

在Ext文件系统中，每个索引节点通常占128字节。表9-1列出了这128字节的功能。

表9-1　索引节点

字　节	说　明	字　节	说　明
0~1	文件类型和访问权限	88~91	一个二级数据块指针
2~3	文件所有者 ID 的低 16 位	92~95	一个三级数据块指针
4~7	文件大小	96~99	一个四级数据块指针
8~11	文件最后访问时间	100~103	32 位数值表示文件的版本号
12~15	文件状态最后改变的时间	104~107	文件扩展属性
16~19	文件内容最后修改的时间	108~111	目录 ACL 的高 32 位
20~23	文件删除时间	112~115	文件碎片的地址
20~25	文件所属的组 ID 的低 16 位	116	文件碎片在块中的位置
26~27	链接数	117	文件碎片的大小
28~31	文件占用的扇区数	118~119	未使用
32~35	标识符	120~121	文件所有者 ID 的高 16 位
36~39	未使用	122~123	文件所属组 ID 的高 16 位
40~87	12 个直接数据块指针	124~127	未使用

注意　索引节点中不包括文件名。

9.3　创建文件系统

在了解了文件系统的基础知识之后，接下来就要学习如何创建各种文件系统。本节首先介绍如何对磁盘进行分区，然后依次介绍各种常见的文件系统的创建方法。

9.3.1　创建分区

创建磁盘分区是将一个大的磁盘划分为多个逻辑区域的过程。各个磁盘分区可以相对独立地管理，可以创建不同的文件系统。

管理磁盘分区可以使用fdisk命令。该命令的基本语法如下：

```
fdisk [options] device
```

该命令常用的选项有：

- -b：指定磁盘扇区的大小，可以取512、1024、2048以及4096。由于当前的Linux内核会自动获取磁盘扇区的大小，因此该选项是为了与低版本的内核兼容而保留的。
- -l：列出指定设备的分区表。
- -t：指定分区方案类型，可以是GPT或者MBR等。

device参数为要划分分区的设备，通常是/dev/sda、/dev/sdb等。

例如，下面的命令用于列出磁盘/dev/sda的分区信息：

```
liu@ubuntu-server:~$ sudo fdisk -l /dev/sda
01 Disk /dev/sda: 10 GiB, 10737418240 bytes, 20971520 sectors
02 Units: sectors of 1 * 512 = 512 bytes
03 Sector size (logical/physical): 512 bytes / 512 bytes
04 I/O size (minimum/optimal): 512 bytes / 512 bytes
05 Disklabel type: dos
06 Disk identifier: 0x9be33bcb
07
08 Device     Boot    Start      End      Sectors      Size   Id  Type
09 /dev/sda1   *       2048    20969471   20967424     10G    83  Linux
```

在上面的输出结果中，第01行表示当前的设备为磁盘/dev/sda，其大小为10GB，10 737 418 240字节，20 971 520个扇区。第02行表示扇区大小单位为512字节。第03行表示逻辑扇区和物理扇区大小都为512字节。第04行表示磁盘读写单位为512字节。第05行表示当前磁盘的分区方案类型为dos，即MBR。第06行表示磁盘的标识为0x9be33bcb。

第08、09行输出当前磁盘的分区信息。其中Device字段表示分区名称。Linux按照磁盘逻辑名称加上数字序号的方式命名磁盘分区，/dev/sda1表示/dev/sda上面的第1个分区。Boot字段表示当前分区是否为可引导分区，星号表示可引导。Start和End字段分别表示当前分区的起始和结束扇区。Sectors字段表示当前分区总的扇区数。Size为当前分区的字节数。Id和Type列分别为当前分区的类型ID和类型名称。

如果没有指定目标设备，则fdisk -l命令会输出/etc/fstab文件中配置的以及系统检测到的每个存储设备的分区信息。

```
liu@ubuntu-server:~$ sudo fdisk -l
Disk /dev/sda: 10 GiB, 10737418240 bytes, 20971520 sectors
Units: sectors of 1 * 512 = 512 bytes
Sector size (logical/physical): 512 bytes / 512 bytes
I/O size (minimum/optimal): 512 bytes / 512 bytes
Disklabel type: dos
Disk identifier: 0x9be33bcb


Device     Boot     Start       End         Sectors      Size   Id  Type
/dev/sda1    *       2048     20969471     20967424      10G   83  Linux


Disk /dev/sdb: 185.2 MiB, 194187264 bytes, 379272 sectors
Units: sectors of 1 * 512 = 512 bytes
Sector size (logical/physical): 512 bytes / 512 bytes
I/O size (minimum/optimal): 512 bytes / 512 bytes
Disklabel type: dos
Disk identifier: 0x6a740143


Device     Boot     Start       End       Sectors      Size    Id  Type
/dev/sdb1            2048     379271     377224      184.2M  83  Linux
```

上面的命令输出了两个磁盘的分区信息，分别为/dev/sda和/dev/sdb。

下面介绍如何使用fdisk命令对一个新的磁盘进行分区。首先使用fdisk命令查看新的磁盘是否已经被系统正确检测到，如下所示：

```
liu@ubuntu-server:~$ sudo fdisk -l
Disk /dev/sda: 10 GiB, 10737418240 bytes, 20971520 sectors
Units: sectors of 1 * 512 = 512 bytes
Sector size (logical/physical): 512 bytes / 512 bytes
I/O size (minimum/optimal): 512 bytes / 512 bytes
Disklabel type: dos
Disk identifier: 0x9be33bcb

Device     Boot     Start       End         Sectors      Size   Id  Type
/dev/sda1    *       2048     20969471     20967424      10G   83  Linux


Disk /dev/sdb: 185.2 MiB, 194187264 bytes, 379272 sectors
Units: sectors of 1 * 512 = 512 bytes
Sector size (logical/physical): 512 bytes / 512 bytes
I/O size (minimum/optimal): 512 bytes / 512 bytes
Disklabel type: dos
Disk identifier: 0x6a740143

Device     Boot     Start       End       Sectors      Size    Id  Type
/dev/sdb1            2048     379271     377224 1     84.2M   83  Linux


Disk /dev/sdc: 10 GiB, 10737418240 bytes, 20971520 sectors
```

```
Units: sectors of 1 * 512 = 512 bytes
Sector size (logical/physical): 512 bytes / 512 bytes
I/O size (minimum/optimal): 512 bytes / 512 bytes
```

通过上面的输出可以得知，当前系统中有3块硬盘，其中第3块硬盘没有分区信息。这块硬盘就是我们要分区的对象，其逻辑名称为/dev/sdc。

（1）进入fdisk。输入以下命令，进入fdisk主界面：

```
liu@ubuntu-server:~$ sudo fdisk /dev/sdc

Welcome to fdisk (util-linux 2.29).
Changes will remain in memory only, until you decide to write them.
Be careful before using the write command.

Device does not contain a recognized partition table.
Created a new DOS disklabel with disk identifier 0xebdee579.

Command (m for help):
```

（2）显示帮助。如果用户不太熟悉fdisk的命令，可以输入m，然后按Enter键，即可把fdisk的命令及其功能显示出来，如下所示：

```
Command (m for help): m

Help:

  DOS (MBR)
   a   toggle a bootable flag
   b   edit nested BSD disklabel
   c   toggle the dos compatibility flag
...#省略部分帮助信息
  Create a new label
   g   create a new empty GPT partition table
   G   create a new empty SGI (IRIX) partition table
   o   create a new empty DOS partition table
   s   create a new empty Sun partition table
```

（3）输出当前磁盘分区表。由于磁盘分区会导致磁盘上面的数据全部丢失，因此在进行分区前，可以输入p命令，输出当前磁盘的分区信息，以确认是否指定了正确的磁盘，如下所示：

```
Command (m for help): p
Disk /dev/sdc: 10 GiB, 10737418240 bytes, 20971520 sectors
Units: sectors of 1 * 512 = 512 bytes
Sector size (logical/physical): 512 bytes / 512 bytes
I/O size (minimum/optimal): 512 bytes / 512 bytes
Disklabel type: dos
Disk identifier: 0xebdee579
```

注意　在进行分区前，一定要确认指定的磁盘是否正确，否则会导致数据丢失。

（4）创建分区，指定分区类型。输入n命令，如下所示：

```
Command (m for help): n
Partition type
   p   primary (0 primary, 0 extended, 4 free)
   e   extended (container for logical partitions)
```

输入n命令之后，fdisk会要求用户指定分区的类型，即主分区p还是扩展分区e。此外，fdisk命令还显示出了主分区和扩展分区的数量。其中主分区和扩展分区一共最多可以有4个。输入p，然后按Enter键。

（5）指定分区序号。用户可以选择1~4中的数字，如下所示。如果没有指定，则默认为当前可用的最小值。输入1或者直接按Enter键，进入下一步。

```
Partition number (1-4, default 1):1
```

（6）指定起始扇区。fdisk命令会给出当前可用的扇区的范围，如下所示。

```
First sector (2048-20971519, default 2048):
```

如果没有指定起始扇区，则fdisk命令会自动选择当前可用的最小值。

（7）指定结束扇区。用户可以使用两种方式来指定结束扇区。其一为"+扇区数"，其二为"+字节数"。其中，指定字节数的时候需要指定数量级，可以为K、M、G、T以及P等。如果没有指定，则默认为当前可用的最大扇区，如下所示：

```
Last sector, +sectors or +size{K,M,G,T,P} (2048-20971519, default 20971519): +5G
```

如果用户只想把当前磁盘划分为一个分区，则可以直接按Enter键。如果想创建多个分区，则可以输入指定的数值。在本例中，想要创建一个5GB的分区，可以输入"+5G"，然后按Enter键。

创建完成之后，可以通过p命令查看当前磁盘的分区情况，如下所示：

```
Command (m for help): p
Disk /dev/sdc: 10 GiB, 10737418240 bytes, 20971520 sectors
Units: sectors of 1 * 512 = 512 bytes
Sector size (logical/physical): 512 bytes / 512 bytes
I/O size (minimum/optimal): 512 bytes / 512 bytes
Disklabel type: dos
Disk identifier: 0xebdee579

Device     Boot     Start       End         Sectors      Size    Id   Type
/dev/sdc1           2048        10487807    10485760     5G      83   Linux
```

从上面的输出可以得知，当前磁盘已经有一个大小为5GB的分区了。

（8）创建其他的分区。用户可以按照第（4）~（7）步，为当前磁盘剩下的空间创建一个分区。创建完成之后，当前磁盘的分区情况如下所示：

```
Command (m for help): p
Disk /dev/sdc: 10 GiB, 10737418240 bytes, 20971520 sectors
Units: sectors of 1 * 512 = 512 bytes
Sector size (logical/physical): 512 bytes / 512 bytes
I/O size (minimum/optimal): 512 bytes / 512 bytes
Disklabel type: dos
Disk identifier: 0xebdee579
```

```
Device      Boot    Start       End          Sectors      SizeId  Type
/dev/sdc1           2048        10487807     10485760     5G  83   Linux
/dev/sdc2           10487808    20971519     10483712     5G  83   Linux
```

（9）写入磁盘。以上操作实际上都是在内存中进行的，并没有真正写入磁盘中。如果此时退出fdisk命令，则磁盘的数据不会发生任何变化。为了将用户的分区信息写入磁盘，需要输入w命令，然后按Enter键。

```
Command (m for help): w
The partition table has been altered.
Calling ioctl() to re-read partition table.
Syncing disks.

liu@ubuntu-server:~$
```

可以发现，当执行完w命令之后，fdisk会写入磁盘分区表，并且退出fdisk命令。

9.3.2　mkfs 命令

创建完磁盘分区之后，用户就可以在分区中创建文件系统了。Linux提供了mkfs命令来创建一个Linux文件系统。该命令的基本语法如下：

```
mkfs [options] device [size]
```

其中，mkfs命令的选项主要有-t，用来指定文件系统的类型。device参数为要创建的文件系统的目标分区。size参数则可以为当前文件系统指定块的数量。

除最基本的mkfs命令外，Linux还提供了其他相关命令，主要有mke2fs、mkfs.ext2、mkfs.fat、mkfs.ntfs以及mkfs.bfs等。下面对这些命令进行简单介绍。

1. mke2fs

该命令用来创建一个Ext2、Ext3或者Ext4文件系统。其基本语法如下：

```
mke2fs [options] device [ fs-size ]
```

在上面的语法中，options表示mke2fs命令的选项。device表示要创建文件系统的设备，通常是一个磁盘分区。fs-size参数为要创建的文件系统的大小，如果省略该参数，则表示文件系统的大小为磁盘分区的大小。

mke2fs命令主要有以下选项：

- -b：指定块的大小，可以取1024、2048或者4096，单位为字节。
- -c：在创建文件系统之前，检查坏的块。
- -E：指定文件系统的扩展选项。
- -f：指定磁盘碎片的大小。
- -g：指定每个块组包含的块的数量，通常无须指定该选项。
- -i：指定字节和索引节点的比例。
- -I：指定索引节点的大小。

- -L：指定新的文件系统的卷标，最长为16字节。
- -m：该值为百分比，指定保留给超级用户的磁盘块的比例，默认为5%。
- -M：记录最后一次挂载的目录。
- -N：指定要创建的索引节点的数量。
- -t：指定要创建的文件系统的类型，例如Ext2、Ext3或者Ext4等。

除上面的选项和参数外，mke2fs命令还有一个配置文件，其名称为mke2fs.conf，位于/etc目录中。该文件的内容如下：

```
liu@ubuntu-server:/sbin$ more /etc/mke2fs.conf
[defaults]
    base_features =
sparse_super,large_file,filetype,resize_inode,dir_index,ext_attr
    default_mntopts = acl,user_xattr
    enable_periodic_fsck = 0
    blocksize = 4096
    inode_size = 256
    inode_ratio = 16384


[fs_types]
    ext3 = {
        features = has_journal
    }
    ext4 = {
        features =
has_journal,extent,huge_file,flex_bg,metadata_csum,64bit,dir_nlink,extra_isize
        inode_size = 256
    }
    ext4dev = {
        features =
has_journal,extent,huge_file,flex_bg,metadata_csum,inline_data,64bit,dir_nlink
,extra_isize
        inode_size = 256
        options = test_fs=1
    }
    small = {
        blocksize = 1024
        inode_size = 128
        inode_ratio = 4096
    }
    floppy = {
        blocksize = 1024
        inode_size = 128
        inode_ratio = 8192
    }
    big = {
        inode_ratio = 32768
    }
    huge = {
        inode_ratio = 65536
```

```
    }
    news = {
        inode_ratio = 4096
    }
    largefile = {
        inode_ratio = 1048576
        blocksize = -1
    }
    largefile4 = {
        inode_ratio = 4194304
        blocksize = -1
    }
    hurd = {
        blocksize = 4096
        inode_size = 128
    }
```

从上面的内容可以得知，该文件主要配置了mke2fs命令的默认选项。在执行mke2fs命令的时候，如果没有指定某个选项，则会从该文件中获取。

2. mkfs.fat

该命令用来创建一个MS-DOS类型的文件系统，即FAT类型的文件系统。mkfs.fat命令的基本语法如下：

```
mkfs.fat [options] device [block-count]
```

mkfs.fat命令的选项与mke2fs基本相同。device参数为要创建的文件系统的目标分区，block-count参数为要创建的文件系统的块数。如果没有指定block-count参数，则mkfs.fat命令会自己判断块数。

> 注意　mkfs.fat命令不能创建一个可引导的文件系统。

3. mkfs.reiser4

该命令用来创建一个reiser4文件系统。其基本语法如下：

```
mkfs.reiser4 [ options ] device [ size[k|m|g] ]
```

mkfs.reiser4的选项与前面介绍的mke2fs大致相同，不再详细介绍。device参数为要创建的文件系统的目标分区。最后的size参数为文件系统的大小。

4. mkntfs

该命令用来创建一个NFTS文件系统。其基本语法如下：

```
mkntfs [options] device [number-of-sectors]
```

其中的命令选项请参照前面介绍的命令。device为目标分区。number-of-sectors为文件系统的扇区数。

除上面介绍的几个命令外，Linux还专门创建了几个符号链接，以便于用户使用。其中mkfs.ext2、mkfs.ext3和mkfs.ext4都指向mke2fs，mkfs.ntfs指向mkntfs，mkfs.msdos和mkfs.vfat都指向mkfs.fat。

当然，用户在使用这些符号链接的时候，都意味着用户会创建特定类型的文件系统。例如调用 mkfs.ext4意味着用户会创建Ext4文件系统。

9.3.3 创建 Ext2/Ext3/Ext4 文件系统

前面已经详细介绍了与创建文件系统有关的部分命令。下面介绍如何使用这些命令来创建Ext 类型的文件系统。

首先，对于Ext2类型的文件系统，可以使用以下命令来创建：

```
liu@ubuntu-server:/sbin$ sudo mke2fs -t ext2 /dev/sdc1
mke2fs 1.43.4 (31-Jan-2023)
Creating filesystem with 1310720 4k blocks and 327680 inodes
Filesystem UUID: cdf19723-4a3f-4b36-abdf-8b8ec007dfa3
Superblock backups stored on blocks:
    32768, 98304, 163840, 229376, 294912, 819200, 884736

Allocating group tables: done
Writing inode tables: done
Writing superblocks and filesystem accounting information: done
```

在上面的命令中，使用-t选项指定要创建的文件系统类型为Ext2，目前分区为/dev/sdc1。创建完成之后，mke2fs命令会给出新的文件系统的概要信息，包括总的块数、总索引节点数、文件系统的UUID以及超级块所在的块组等。

下面的命令用于创建一个Ext4类型的文件系统：

```
liu@ubuntu-server:/sbin$ sudo mke2fs -t ext4 /dev/sdc1
```

Ext3类型的文件系统的创建方法与Ext4基本相同，只是-t选项的值不同，不再举例说明。

前面已经介绍过，为了便于用户使用，Linux还专门创建了几个符号链接，其中就有mkfs.ext2、 mkfs.ext3和mkfs.ext4，分别用来创建对应的文件系统。因此，下面的命令同样可以创建一个Ext2 类型的文件系统：

```
liu@ubuntu-server:/sbin$ sudo mkfs.ext2 /dev/sdc1
```

如果目标分区已经存在文件系统，则无论是mke2fs、mkfs.ext2、mkfs.ext3还是mkfs.ext4，都会给出相应的提示信息，如下所示：

```
liu@ubuntu-server:~$ sudo mkfs.ext2 /dev/sdc1
mke2fs 1.43.4 (31-Jan-2023)
/dev/sdc1 contains a ext2 file system
    last mounted on Sun Aug 20 23:36:32 2023
Proceed anyway? (y,N)
```

在上面的命令中，mkfs.ext2命令提示当前分区已经存在一个Ext2类型的文件系统。如果用户想要重新创建文件系统，则输入y，然后按Enter键确认。

> 注意 创建文件系统类似于Windows系统中的格式化磁盘。创建文件系统会清除指定分区中的数据。

9.3.4　创建 NTFS 文件系统

NTFS是微软的Windows操作系统的标准文件系统。Linux已经支持该类文件系统的读写操作。在Linux系统中，创建NTFS文件系统需要使用mkfs.ntfs或者mkntfs。例如，下面的命令用于在/dev/sdc2分区上面创建一个NTFS文件系统：

```
liu@ubuntu-server:~$ sudo mkfs.ntfs /dev/sdc2
Cluster size has been automatically set to 4096 bytes.
Initializing device with zeroes: 100% - Done.
Creating NTFS volume structures.
mkntfs completed successfully. Have a nice day.
```

9.3.5　创建 FAT 文件系统

接下来介绍如何在一个U盘上面创建FAT文件系统。当用户将U盘接入计算机后，Linux系统通常会识别到该设备，并且自动挂载。为了能够在上面重新创建文件系统，首先必须把它卸载掉，否则会出现设备忙而无法更新分区表的情况。

在Ubuntu系统中，U盘一般挂载在/media/{userid}目录下面，其中userid为当前用户的用户名。可以使用mount命令来查看，如下所示：

```
liu@ubuntu-server:~$ mount
...
/dev/sdd1 on /media/liu/5156-62B7 type vfat
(rw,nosuid,nodev,relatime,uid=1000,gid=1000,fmask=0022,dmask=0022,codepage=437,ioc
harset=iso8859-1,shortname=mixed,showexec,utf8,flush,errors=remount-ro,uhelper=udi
sks2)
```

没有参数的mount命令会把当前系统挂载的文件系统都显示出来。在上面的输出中，新插入的U盘挂载到/media/liu/5156-62B7目录下面。

如果不能判断该设备是否为U盘，则可以通过查看Linux系统内核日志来确认，如下所示：

```
liu@ubuntu-server:~$ dmesg
...
[  899.560451] usb 1-1: new high-speed USB device number 3 using ehci-pci
[  899.913813] usb 1-1: New USB device found, idVendor=abcd, idProduct=1234
[  899.913818] usb 1-1: New USB device strings: Mfr=1, Product=2, SerialNumber=3
[  899.913822] usb 1-1: Product: UDisk
[  899.913826] usb 1-1: Manufacturer: General
[  899.913828] usb 1-1: SerialNumber: Jᴮ
[  899.918100] usb-storage 1-1:1.0: USB Mass Storage device detected
[  899.920169] scsi host5: usb-storage 1-1:1.0
[  900.958924] scsi 5:0:0:0: Direct-Access     General  UDisk             5.00 PQ: 0
ANSI: 2
[  900.960495] sd 5:0:0:0: Attached scsi generic sg4 type 0
[  900.977193] sd 5:0:0:0: [sdd] 15730688 512-byte logical blocks: (8.05 GB/7.50
GiB)
[  900.989241] sd 5:0:0:0: [sdd] Write Protect is off
[  900.989248] sd 5:0:0:0: [sdd] Mode Sense: 0b 00 00 08
```

```
[  901.000917] sd 5:0:0:0: [sdd] No Caching mode page found
[  901.000930] sd 5:0:0:0: [sdd] Assuming drive cache: write through
[  901.059559]  sdd: sdd1
[  901.125440] sd 5:0:0:0: [sdd] Attached SCSI removable disk
...
```

dmesg命令会把Linux内核的日志信息显示出来。通过上面的输出可以明确了解U盘挂载的过程，并且得知其设备名为sdd，该磁盘有一个分区，名称为sdd1。

如果U盘没有分区，可以按照前面介绍的方法利用fdisk命令创建分区。如果已经有了分区，可以直接在上面创建新的文件系统。无论是创建分区还是创建文件系统，U盘必须没有挂载到系统中。

如果U盘已经自动挂载，可以使用umount命令卸载，如下所示：

```
liu@ubuntu-server:~$ sudo umount /media/liu/5156-62B7
```

在上面的命令中，/media/liu/5156-62B7是U盘的挂载点。

用户可以通过fdisk命令查看U盘的分区信息，如下所示：

```
liu@ubuntu-server:~$ sudo fdisk /dev/sdd -l
Disk /dev/sdd: 7.5 GiB, 8054112256 bytes, 15730688 sectors
Units: sectors of 1 * 512 = 512 bytes
Sector size (logical/physical): 512 bytes / 512 bytes
I/O size (minimum/optimal): 512 bytes / 512 bytes
Disklabel type: dos
Disk identifier: 0x00000000

Device     Boot Start      End Sectors Size Id Type
/dev/sdd1       2048 15730687 15728640  7.5G 83 Linux
```

下面的命令用于在/dev/sdd1上面创建一个FAT文件系统：

```
liu@ubuntu-server:~$ sudo mkfs.fat /dev/sdd1
mkfs.fat 4.0 (2016-05-06)
```

9.3.6　调整文件系统

当一个文件系统被创建之后，大部分参数就已经固定不变了。但是这并不是绝对的。Ext文件系统就保留了部分可调参数，并且提供了tune2fs命令来进行相关的调整。tune2fs命令的基本语法如下：

```
tune2fs [options] device
```

tune2fs命令的常用选项有：

- -c：指定文件系统被强制检查前可以挂载的次数。如果指定为0或者-1，则该文件系统不会被强制检查。
- -C：设置文件系统已经被挂载的次数。如果该选项指定了一个大于-c选项指定的值，则该文件系统会在下次重启时被e2fsck命令检查。
- -E：设置文件系统的扩展选项。
- -g：指定可以使用文件系统保留块的用户组。

- -i：指定执行文件系统检查的时间间隔。
- -I：修改文件系统的索引节点的大小。
- -j：为当前文件系统增加日志功能。
- -J：覆盖现有的Ext3日志参数。
- -l：显示文件系统超级块的内容。
- -L：设置文件系统的卷标。
- -m：设置文件系统保留块所占的比例。
- -o：设置文件系统默认的挂载选项。
- -u：指定可以使用文件系统保留块的用户。

device参数为要调整的文件系统。

例如，下面的命令用于设置/dev/sdc1被挂载10次之后强制使用e2fsck命令进行文件系统的检查：

```
liu@ubuntu-server:~$ sudo tune2fs -c 10 /dev/sdc1
tune2fs 1.43.4 (31-Jan-2023)
Setting maximal mount count to 10
```

下面的命令用于为文件系统/dev/sdc1增加目录索引，以提高大目录的搜索速度：

```
liu@ubuntu-server:~$ sudo tune2fs -O dir_index /dev/sdc1
tune2fs 1.43.4 (31-Jan-2023)
```

下面的命令用于为/dev/sdc1文件系统增加日志功能：

```
liu@ubuntu-server:~$ sudo tune2fs -j /dev/sdc1
tune2fs 1.43.4 (31-Jan-2023)
Creating journal inode: done
This filesystem will be automatically checked every 10 mounts or
0 days, whichever comes first.  Use tune2fs -c or -i to override.
```

9.4　挂载与卸载文件系统

前面已经详细介绍了创建磁盘分区以及文件系统的方法。新的文件系统必须被挂载到Linux的目录树中，才可以被其他的应用系统使用。本节将介绍如何将新创建的文件系统挂载到Linux的整个目录树中以及如何将某个文件系统从目录树中移除。

9.4.1　挂载点

所谓挂载点，实际上是一个普通的目录。然而当一个目录充当了挂载点的功能角色之后，它就不再是一个普通的目录了，而是成为访问被挂载的文件系统的入口。

传统的UNIX以及Linux都有一个默认的mnt目录，该目录通常被作为临时挂载点使用。也就是说，如果用户需要临时挂载一个文件系统，存取其中的文件，就可以手工将其挂载到/mnt目录上面。现代的Linux通常使用/media作为临时挂载点。尤其是当用户使用USB设备的时候，一般都会将其挂载到/media下面的某个子目录上面。

当然，除这些系统提供的挂载点外，用户也可以自己创建一个目录，充当挂载点的角色。

注意　当一个目录充当挂载点的时候，该目录中的内容就是被挂载的文件系统的内容，而非该目录自身的内容。

Linux系统中还有一些特殊的挂载点，一般都是系统使用。例如/用来挂载根目录，/proc用来挂载proc文件系统，/run用来挂载临时文件系统等。

9.4.2　mount 和 findmnt 命令

mount命令用来将某个文件系统挂载到Linux系统的某个挂载点上面。其基本语法如下：

```
mount [options] device dir
```

mount命令常用的命令行选项有：

- -a：挂载/etc/fstab文件中配置的所有文件系统。
- -l：在列出挂载的文件系统时显示卷标。
- -L：挂载指定卷标的文件系统。
- -n：挂载文件系统，但是不写入/etc/mtab文件。
- -o：指定挂载选项。
- -r：将文件系统以只读的方式挂载。
- -T：指定用户自定义的fstab文件。
- -t：指定要挂载的文件系统的类型。
- -U：挂载UUID为指定值的分区。
- -w：以读写的方式挂载文件系统。

device参数为要挂载的文件系统，dir参数为挂载点。

除上面的命令行选项外，mount命令还支持许多挂载选项，这些选项有一部分是与文件系统无关的，有一部分则是与文件系统密切相关的。表9-2列出了与文件系统无关的挂载选项。对于与文件系统相关的挂载选项，可以参考mount命令的帮助手册，不再详细列出。

表 9-2　与文件系统无关的挂载选项

选　项	说　明
async	对于该文件系统的所有读写操作都是异步进行的
atime	与 noatime 选项相反，访问文件时更新索引节点中的文件的最后访问时间属性
noatime	不更新索引节点中的文件的最后访问时间属性，即使该文件被访问过，启用该选项可以加快磁盘的访问速度
auto	该文件系统可以被含有-a 选项的 mount 命令挂载
noauto	该文件系统必须单独挂载，不可以使用含有-a 选项的 mount 命令挂载
defaults	挂载文件系统时使用默认的选项，即 rw、suid、dev、exec、auto、nouser、async
dev	允许解析文件系统上面的字符或者块等特殊设备
nodev	不解析文件系统上面的字符或者块等特殊设备

（续表）

选　　项	说　　明
diratime	更新文件系统上面的目录的索引节点的访问记录，通常是指目录的最后访问时间
nodiratime	不更新文件系统上面的目录的索引节点的访问记录，通常是指目录的最后访问时间
dirsync	对于文件系统中的目录的更新应该以同步的方式进行
exec	允许执行该文件系统中的二进制文件
noexec	不允许执行该文件系统中的二进制文件
group	允许指定用户组中的普通用户挂载该文件系统
suid	允许 suid 或者 sgid 标志位生效
nosuid	禁止 suid 或者 sgid 标志位生效
owner	允许设备的所有者（即使是普通用户）挂载该文件系统
remount	允许重新挂载该文件系统，即使该文件系统已经被挂载
ro	以只读的方式挂载该文件系统
rw	以可读写的方式挂载该文件系统
sync	对文件系统的读写必须以同步方式进行
user	允许指定的普通用户挂载该文件系统
nouser	禁止普通用户挂载该文件系统
users	允许任何用户挂载或者卸载该文件系统

　　-a选项表示自动挂载/etc/fstab文件中配置的文件系统，除非该文件系统的挂载选项中指定了noauto。实际上，在Linux启动的过程中，会执行mount -a命令。因此，对于在挂载选项中指定noauto的文件系统，必须手工挂载。-r选项等同于-o ro，而-w选项则等同于-o rw。-t选项用来明确指定要挂载的文件系统的类型，例如Ext2、Ext3、Ext4、VFAT、NFS以及NTFS等。如果没有指定该选项，则mount命令会自动从超级块中获取。因此，在挂载一个未知的文件系统的时候，可以尝试省略该选项。

　　如果没有提供任何参数，则mount命令会读取/etc/mtab文件，列出当前挂载的文件系统，如下所示：

```
liu@ubuntu-server:~$ mount
sysfs on /sys type sysfs (rw,nosuid,nodev,noexec,relatime)
proc on /proc type proc (rw,nosuid,nodev,noexec,relatime)
udev on /dev type devtmpfs
(rw,nosuid,relatime,size=1999084k,nr_inodes=499771,mode=755)
devpts on /dev/pts type devpts
(rw,nosuid,noexec,relatime,gid=5,mode=620,ptmxmode=000)
tmpfs on /run type tmpfs (rw,nosuid,noexec,relatime,size=404396k,mode=755)
/dev/sda1 on / type ext4 (rw,relatime,errors=remount-ro,data=ordered)
securityfs on /sys/kernel/security type securityfs
(rw,nosuid,nodev,noexec,relatime)
tmpfs on /dev/shm type tmpfs (rw,nosuid,nodev)
tmpfs on /run/lock type tmpfs (rw,nosuid,nodev,noexec,relatime,size=5120k)
tmpfs on /sys/fs/cgroup type tmpfs (ro,nosuid,nodev,noexec,mode=755)
...
```

　　使用-l选项可以把卷标也显示出来，如果该文件系统已经设置了卷标的话。

　　但是现在的Linux内核基本上已经抛弃了/etc/mtab文件，把它变成了一个指向/proc/mounts文件的符号链接。因此，通过mount命令列出当前挂载的文件系统只是为了向后兼容。用户应该使用findmnt命令来查看系统挂载的文件系统。

findmnt命令会读取/etc/fstab以及/proc/self/mountinfo等文件，列出当前系统挂载的文件系统以及类型。该命令的基本语法如下：

```
findmnt [options] device|mountpoint
```

findmnt命令常用的选项有：

- -J：以JSON格式输出结果。
- -l：以列的形式输出结果。
- -p：以轮询模式输出结果。
- -r：以原始格式输出结果。
- -t：只显示指定类型的文件系统。

device参数为要查找的设备名，mountpoint参数为挂载点。也就是说，findmnt命令可以搜索某个指定的分区或者挂载点。如果没有指定设备名或者挂载点，则findmnt命令会以树形列出所有的文件系统，如下所示：

```
liu@ubuntu-server:~$ findmnt
TARGET                          SOURCE         FSTYPE     OPTIONS
/                               /dev/sda1      ext4
rw,relatime,errors…
 ├──/sys                        sysfs          sysfs          rw,nosuid,nodev…
 │  ├──/sys/kernel/security     securityfs     securityfs     rw,nosuid,nodev…
 │  ├──/sys/fs/cgroup           tmpfs          tmpfs          ro,nosuid,nodev,…
 │  │  ├──/sys/fs/cgroup/systemd cgroup        cgroup         rw,nosuid,nodev,…
 │  │  ├──/sys/fs/cgroup/pids    cgroup        cgroup             rw,nosuid,nodev…
 │  │  ├──/sys/fs/cgroup/blkio   cgroup        cgroup         rw,nosuid,nodev,…
 │  │  ├──/sys/fs/cgroup/cpu,cpuacct  cgroup   cgroup         rw,nosuid,nodev,…
 │  │  ├──/sys/fs/cgroup/freezer cgroup        cgroup         rw,nosuid,nodev…
 │  │  ├──/sys/fs/cgroup/hugetlb cgroup        cgroup         rw,nosuid,nodev,…
...
```

下面的命令用于列出/dev/sdc1的文件系统信息：

```
liu@ubuntu-server:~$ findmnt /dev/sdc1
TARGET    SOURCE       FSTYPE       OPTIONS
/data     /dev/sdc1    ext4         rw,relatime,data=ordered
```

注意 /proc/mounts文件是指向/proc/self/mounts文件的符号链接，该文件保存了当前系统挂载的文件系统的信息。而/proc/self/mountinfo文件则存储了更为详细的挂载信息。用户应该尽量使用findmnt命令来了解挂载的文件系统的情况。

9.4.3 /etc/fstab 文件

/etc/fstab文件为当前Linux文件系统的静态配置文件。该文件中定义了存储设备和分区整合到整个系统的方式。mount命令会读取这个文件，确定设备和分区的挂载选项。下面的代码为一个简单的**fstab**文件的内容：

```
liu@ubuntu-server:~$ cat /etc/fstab
# /etc/fstab: static file system information.
#
# Use 'blkid' to print the universally unique identifier for a
# device; this may be used with UUID= as a more robust way to name devices
# that works even if disks are added and removed. See fstab(5).
#
# <file system> <mount point>  <type> <options>        <dump> <pass>
# / was on /dev/sda1 during installation
UUID=ec635309-c414-4764-b462-d15b4c6bd80d  / ext4 errors=remount-ro 0    1
/swapfile                              none      swapsw          0    0
```

从上面的代码可以得知，/etc/fstab文件的每一行描述了一个文件系统的挂载信息。每一行分为6列，各列之间用空格或者Tab制表符分隔。

其中第1列为要挂载的文件系统。在/etc/fstab文件中，用户可以使用3种方式来表示一个文件系统，分别为文件系统的设备名、UUID或者卷标。Linux建议用户尽量使用UUID或者卷标来代表一个文件系统。这是因为设备名称通常与顺序有关，而这些设备的顺序有可能发生变化，例如设备的插拔或者BIOS中改变了相应的选项等。而UUID和卷标则与磁盘的顺序无关。

文件系统的设备名通常为/dev/sda、/dev/sdb或者/dev/sg0等。表9-3列出了Linux系统中常见的设备名以及含义。

表 9-3　Linux 系统中常见的设备名

设 备 名	说　　明
/dev/hd[a-t]	IDE 设备，例如 IDE 磁盘
/dev/sd[a-z]	SCSI 磁盘
/dev/fd[0-7]	标准软驱
dev/md[0-31]	软 RAID 设备
/dev/loop[0-7]	本地回环设备
/dev/ram[0-15]	内存
/dev/null	空设备，它丢弃一切写入其中的数据，但报告写入操作成功，读取它则会立即得到一个 EOF
/dev/zero	零设备，读它的时候，它会提供无限的空字符，例如 NULL、ASCII NUL 或者 0x00
/dev/tty[0-63]	虚拟终端设备
/dev/ttyS[0-3]	串口
/dev/lp[0-3]	并口
/dev/console	控制台
/dev/fb[0-31]	帧缓冲设备
/dev/cdrom	指向/dev/sr0 的符号链接
/dev/random	随机数设备

9.4.4　手工挂载文件系统

手工挂载文件系统通常用于临时使用某个文件系统的场合中。在这种情况下，用户需要执行

mount命令挂载文件系统。如果挂载点不存在，用户还需要创建一个目录作为挂载点。下面介绍如何手工挂载一个文件系统。

例如，下面我们将前面创建的/dev/sdc1挂载到/data目录下面。由于/data目录并不存在，因此需要先创建该目录，命令如下：

```
liu@ubuntu-server:~$ sudo mkdir /data
```

接下来将文件系统/dev/sdc1挂载到/data下面：

```
liu@ubuntu-server:~$ sudo mount /dev/sdc1 /data
```

如果使用卷标表示文件系统，则可以使用以下命令：

```
liu@ubuntu-server:~$ sudo mount -L DATA /data
```

在上面的命令中，DATA为/dev/sdc1的卷标。
同样，下面的命令用于通过UUID来挂载文件系统/dev/sdc1：

```
liu@ubuntu-server:~$ sudo mount -U 952cccaf-653b-4e63-b6e1-e44710b25780 /data
```

挂载完成之后，用户就可以通过对应的挂载点来读写该文件系统了。

注意 访问文件系统的时候，需要注意文件的访问权限。

9.4.5 自动挂载文件系统

自动挂载文件系统发生在两个时候，分别为Linux系统启动的时候以及用户执行mount -a命令的时候，实际上在Linux启动的时候，也是执行一次mount -a命令。因此，如果用户想要某个文件系统在系统启动的时候自动挂载，就可以在/etc/fstab文件中配置。

当用户执行以下命令：

```
liu@ubuntu-server:~$ sudo mount -a
```

mount命令会读取/etc/fstab文件，对于其中的每个文件系统，除配置noauto选项外，都会自动挂载。

9.4.6 卸载文件系统

卸载文件系统是指将某个文件系统从Linux的目录树中移除。当文件系统被卸载之后，应用程序便不可以对其进行读写操作。卸载文件系统通常发生在要对文件系统进行完整备份或者修复检测的时候，可以有效地防止其他的进程对文件系统进行读写而产生干扰。

卸载文件系统之前，必须停止对文件系统的读写，当前的工作目录也不可以在要卸载的文件系统中。

卸载文件系统使用umount命令，该命令的基本语法如下：

```
umount [options] {mountpoint|device}
```

其中，umount命令常用的选项有：

- -a：/proc/self/mountinfo文件中列出的文件系统都将被卸载。
- -f：强制卸载文件系统。
- -l：延迟卸载文件系统。
- -r：当文件系统卸载失败时，尝试以只读的方式重新挂载该文件系统。
- -t：指定要卸载的文件系统的类型。

mountpoint参数为挂载点，device参数为要卸载的设备名。用户可以通过挂载点或者设备名来指定要卸载的文件系统。

例如，下面的两个命令都可以卸载/dev/sdc1文件系统：

```
liu@ubuntu-server:~$ sudo umount /data
```

或者

```
liu@ubuntu-server:~$ sudo umount /dev/sdc1
```

如果有进程正在读写要卸载的文件系统，则umount命令会给出相应的错误提示，如下所示：

```
liu@ubuntu-server:~$ sudo umount /dev/sdc1
umount: /data: target is busy
```

以上命令给出提示，要卸载的文件系统/data正在被占用，不能被卸载。

在这种情况下，用户可以使用lsof或者fuser命令找出正在使用该文件系统的进程以及用户。然后想办法结束这些进程之后，再卸载文件系统。

lsof命令的使用方法如下：

```
liu@ubuntu-server:~$ lsof +d /data
COMMAND     PID      USER     FD   TYPE     DEVICE   SIZE/OFF    NODE     NAME
bash        4606     liu      cwd  DIR      8,33     1024        2        /data
vi          4674     liu      cwd  DIR      8,33     1024        2        /data
```

其中，+d选项用来指定目标设备或者挂载点。上面的命令显示出有两个进程正在使用/data文件系统，该进程为用户liu所有。其中一个命令为bash，另一个命令为vi，进程ID分别为4606和4674。

fuser命令的使用方法如下：

```
liu@ubuntu-server:~$ fuser -u -m /data
/data:                4606c(liu)  4674c(liu)
```

同样，fuser命令也列出了这两个进程。

umount命令还有一个非常有用的-l选项。通过该选项来处理文件系统被占用的情况也非常灵活。-l选项使得被占用的文件系统延迟卸载。也就是说，对于被占用的文件系统，如果使用以下命令卸载，并不会出错：

```
liu@ubuntu-server:~$ sudo umount -l /data
```

执行完以上命令之后，占用文件系统的进程仍然可以继续使用该文件系统，但是其他的进程却无法使用。当进程结束之后，文件系统不再被占用，就会被自动卸载。

注意 在卸载文件系统时，应该尽量避免使用-f选项，除非确定不会导致数据丢失。

9.5　检查与修复文件系统

当文件系统受损时，用户便应该对文件系统进行检查与修复，否则无法正常挂载和使用文件系统。本节将详细介绍检查与修复文件系统的方法。

9.5.1　fsck 和 e2fsck 命令

通常情况下，文件系统受损的主要原因有以下几种：

（1）电源故障。可以是突然停电、电源模块故障或者人为误操作等。

（2）硬盘故障。主要是硬盘硬件损坏。

（3）强行关机。用户直接关闭电源。

上面的情况发生之后，都会导致Linux文件系统的数据与超级块的数据不一致。一旦出现文件系统受损，用户应该尽快检查和修复，避免引起更大的损失。

fsck和e2fsck命令都可以对文件系统进行检查和修复。前者可以针对多种文件系统进行检查，而后者主要是针对Ext2、Ext3以及Ext4等文件系统。

fsck命令的基本语法如下：

```
fsck [options] [filesystem]
```

fsck命令常用的选项有：

- -A：根据/etc/fstab配置文件的内容，检查文件内所列的全部文件系统。
- -N：不执行命令，仅列出会执行的操作。
- -P：与-A选项配合使用，同时检查所有的文件系统。
- -R：与-A选项配合使用时，跳过根文件系统。
- -s：依次检查各个文件系统。
- -t：指定要检查的文件系统的类型。

filesystem参数为要检查的文件系统，可以说是一个设备名，例如/dev/sdc1；或者是一个挂载点，例如/data；或者是一个UUID，例如UUID=5133b056-0f9c-42e0-a114-f6f505dcd70f；也可以是一个卷标，例如LABEL=DATA。

e2fsck命令的语法与fsck命令基本相同，如下所示：

```
e2fsck [options] device
```

e2fsck的常用选项有：

- -b：使用指定的超级块修复文件系统。
- -B：指定包含超级块的磁盘块的大小。
- -c：通过执行badblocks程序扫描并标注损坏的块。
- -E：指定文件系统的扩展选项。
- -f：强制执行文件系统的检查。

- -F：执行检查之前，先清空设备的缓冲区。
- -p：不询问用户意见，自动修复错误。
- -y：对于检查和修复过程中的问题，均以yes回答。

device参数为要检查和修复的文件系统，可以是设备名、卷标或者UUID。

与mkfs命令一样，fsck命令也提供许多针对不同文件系统的命令，例如fsck.ext2、fsck.etx3、fsck.ext4、fsck.reiser4、fsck.fat、fsck.msdos以及fsck.vfat等。用户可以使用这些快捷命令来检查和修复文件系统。

9.5.2　交互式检查与修复文件系统

在交互模式下，fsck命令在遇到错误时会询问用户是否处理。下面的例子演示了检查和修复U盘上面的文件系统。

```
liu@ubuntu-server:~$ sudo fsck.vfat /dev/sdd1
fsck.fat 4.0 (2016-05-06)
0x41: Dirty bit is set. Fs was not properly unmounted and some data may be corrupt.
1) Remove dirty bit
2) No action
? 1
Perform changes ? (y/n) y
/dev/sdd1: 2 files, 3/1962242 clusters
```

在上面的命令中，fsck.fat命令给出了一个错误，即U盘文件系统的“脏”位被设置，可能的原因是文件系统没有被正常卸载或者数据损坏。

当Linux加载一个文件系统之后，如果文件系统中的文件没有被改动过，则该文件系统被标注为干净的。如果用户对上面的文件进行改动，则该文件系统被标注为脏的。内存中的数据并不是立即被写入磁盘中的，而是不定时写入。当一个文件系统被正常卸载时，缓存中的数据将被写入磁盘，并且将其文件系统标注为干净的。而如果文件系统没有被正常卸载，则可能会导致缓存中的数据丢失或者文件系统的“脏”位没有被取消。

在上面的例子中，通常是由于用户直接把U盘拔出，而没有卸载文件系统而导致的。因此，选择1）选项，删除“脏”位。

9.5.3　自动检查与修复文件系统

通过使用-p选项，可以使得fsck命令自动检查和修复文件系统中的一般问题，而不需要用户干预。例如，对于上面的问题，可以使用以下命令来修复：

```
liu@ubuntu-server:~$ sudo fsck.vfat -p /dev/sdd1
fsck.fat 4.0 (2016-05-06)
0x41: Dirty bit is set. Fs was not properly unmounted and some data may be corrupt.
 Automatically removing dirty bit.
Performing changes.
/dev/sdd1: 2 files, 3/1962242 clusters
```

从上面的输出可以得知，fsck命令自动删除了文件系统中的“脏”位。

由于fsck命令也提供了一个-y选项，用来对检查和修复过程中的所有问题都以yes回答，因此也可以使用以下命令：

```
liu@ubuntu-server:~$ sudo fsck -y /dev/sdd1
```

9.5.4 恢复严重受损的超级块

由于超级块保存了整个文件系统的重要数据，因此当超级块损坏时，会导致整个文件系统无法使用。而为了保证超级块的安全，文件系统会对超级块保留多个副本。当主超级块损坏时，可以使用其他的超级块来还原。

用户可以使用以下命令把文件系统中备份超级块所在的块显示出来：

```
liu@ubuntu-server:~$ sudo mkfs -t ext4 -n /dev/sdc
mke2fs 1.43.4 (31-Jan-2023)
Found a dos partition table in /dev/sdc
Proceed anyway? (y,N) y
Creating filesystem with 189636 1k blocks and 47424 inodes
Filesystem UUID: 1af0f044-cfd3-4284-80c5-f3eabb8a094e
Superblock backups stored on blocks:
    8193, 24577, 40961, 57345, 73729
```

从上面的输出可以得知，当前文件系统的备份超级块位于8193、24577、40961、57345以及73729这5个块中。通常情况下，用户可以使用8193号数据块中的超级块来还原。

还原超级块使用fsck命令，通过-b选项指定含有备份超级块的数据块编号，如下所示：

```
liu@ubuntu-server:~$ sudo fsck -t ext4 -b 8193 /dev/sdc1
fsck from util-linux 2.29
e2fsck 1.43.4 (31-Jan-2023)
/dev/sdc1 was not cleanly unmounted, check forced.
Pass 1: Checking inodes, blocks, and sizes
Pass 2: Checking directory structure
Pass 3: Checking directory connectivity
Pass 4: Checking reference counts
Pass 5: Checking group summary information
/dev/sdc1: ***** FILE SYSTEM WAS MODIFIED *****
/dev/sdc1: 15/47288 files (0.0% non-contiguous), 11636/188417 blocks
```

注意 如果是根文件系统或者其他重要的文件系统的超级块损坏，可以进入维护模式，然后通过上面的操作进行还原。

9.6 磁盘阵列

磁盘阵列（Redundant Arrays of Independent Disks，RAID）是目前应用非常广泛的存储技术。通过磁盘阵列可以极大地扩展存储容量，增强数据安全性以及提高性能。本节将对磁盘阵列技术以及如何在Linux中创建RAID进行简单介绍。

9.6.1 磁盘阵列的优缺点

磁盘阵列是由多个独立的磁盘构成的一个容量巨大的磁盘组。与单独使用一个磁盘相比，组建磁盘阵列有着非常明显的优势。

（1）容量得到极大提升。单个磁盘的容量毕竟是有限的。而许多个磁盘组合起来，形成一个阵列，能够以一个巨大磁盘的形式提供存储服务。

（2）数据安全得到保障。如果将数据存储到单个磁盘上面，如果磁盘损坏，则会导致数据丢失。而磁盘阵列则会配置一块或者多块磁盘作为冗余盘，当阵列中的某个磁盘损坏时，冗余盘会立即替换上去。此外，阵列上面的数据是冗余存储的，分布在各个磁盘上面。即使某块硬盘损坏，也会自动从其他的磁盘上面恢复。因此，除非同时出现较多的磁盘损失，否则不会出现数据丢失的情况。

（3）性能得到提升。现在的RAID技术可以通过在多个磁盘上同时存储和读取数据来大幅提高存储系统的数据吞吐量。

当然，磁盘阵列也有缺点。由于需要数据冗余，因此通常会损失一定比例的磁盘的容量。极端的情况是在RAID1中，两块磁盘互为镜像，但是只能使用一块磁盘的容量。在这种情况下，容量损失为50%。

9.6.2 磁盘阵列级别

磁盘阵列可以分为不同的级别。一般来说，包括RAID0~RAID6。下面分别对这些级别进行简单介绍。

1. RAID0

RAID0是最早出现的阵列技术，也是最简单的阵列。多个磁盘通常用阵列控制器并联在一起，构成一个大的磁盘组合。在RAID0上，数据呈条带分布，如图9-3所示。

在图9-3中，一共有两块磁盘。A1和A2组成条带0，A3和A4组成条带1，以此类推。

RAID0可以提高磁盘的性能和读写速度。但是RAID0不提供容错，所以当阵列中的一块磁盘损坏后，就会导致数据丢失。RAID0只需要两块以上的磁盘即可。

2. RAID1

RAID1又称为磁盘镜像。其原理是由两块磁盘组成，一块作为主盘，另一块作为备份盘，如图9-4所示。当向主盘写入数据时，控制器会同时向备份盘写入同样的数据。因此，RAID1中存在着两块数据完全一致的磁盘。

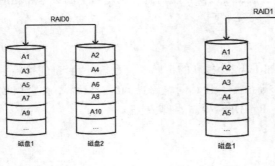

图 9-3　RAID0　　　　　　　　图 9-4　RAID1

RAID1是数据安全性最好的RAID级别。即使一块磁盘完全损坏，仍然可以从备份盘中还原数据。但是RAID1的缺点也很明显，它会导致50%的容量损失以及写入性能的下降。

3. RAID2

RAID2级别很少使用，与RAID0非常类似，只是条带的单位为位，而不是块。组成RAID2最少需要3块磁盘。

4. RAID3

RAID3的数据存取方式与RAID2一样，把数据以位为单位分割，分散存储到各个磁盘上面。在数据安全方面，以奇偶校验取代海明码进行错误校正及检测，所以只需要一个额外的校验盘。

5. RAID4

RAID4和RAID3很像，数据都是依次存储在多个硬盘上，奇偶校验码存放在独立的奇偶校验盘上，唯一不同的是，在数据分割上RAID3对数据的访问是按位进行的，而RAID4以数据块为单位。

6. RAID5

RAID5是一种使用非常广泛的RAID。RAID5兼顾了存储性能、数据安全和存储成本，其原理如图9-5所示。

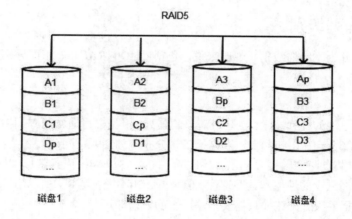

图 9-5　RAID5

从图9-5可以得知，RAID5不是像RAID1一样对存储的数据进行备份，而是把数据和相应的奇偶校验信息分散存储到组成RAID5的各个磁盘上面，并且奇偶校验信息和对应的数据可以位于不同的磁盘。如果RAID5中的一个磁盘出现故障，控制器会利用剩下的数据和相应的奇偶校验信息来恢复被损坏的数据。RAID5至少需要3块硬盘。

7. RAID6

与RAID5相比，RAID6增加了第2套独立的奇偶校验系统，两套奇偶校验系统使用不同的算法。RAID6的数据可靠性比RAID5高很多，任意两块磁盘同时损坏都不会影响数据的完整性。RAID6的原理如图9-6所示。理论上，RAID6至少需要4块磁盘。

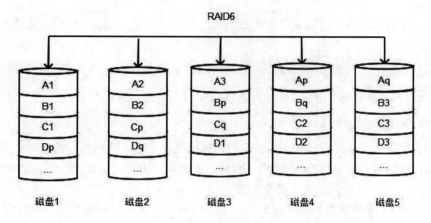

图 9-6 RAID6

除上面介绍的RAID0~RAID6外，还有部分混合RAID。这些混合RAID由上面介绍的两种技术混合而成，主要有RAID0+1、RAID1+0、RAID5+0、RAID5+3以及RAID6+0等。这种混合RAID的应用也非常广泛，它们融合两种RAID的优点。图9-7显示了RAID0+1的基本原理。

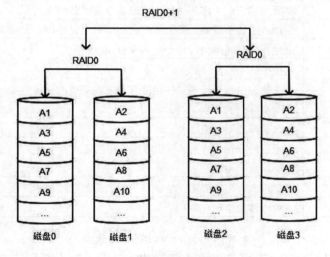

图 9-7 RAID0+1

可以得知，RAID0+1是先将两组磁盘分别并联组成RAID0，再将这两组RAID0做成镜像。同理，RAID1+0则相反，即先将机组磁盘两两做成RAID1，再并联组成一个RAID0。

9.6.3 创建磁盘阵列

根据阵列的实现方式，可以分为软件阵列和硬件阵列。软件阵列是指由软件模式阵列控制器来管理整个阵列。其缺点就是需要耗费大量的CPU来处理数据。硬件阵列则是由阵列控制器来管理整个阵列，阵列控制器上面拥有独立的CPU来处理数据，因而性能较好。

为了能够使得读者充分理解磁盘阵列的创建和使用，本节将在Ubuntu中实现一个简单的软件阵列。

mdadm是Linux系统中创建和管理阵列的工具。默认情况下，Ubuntu没有安装该工具，用户可以使用以下命令安装：

```
liu@ubuntu-server:~$ sudo apt install mdadm
```

mdadm命令的基本语法如下：

```
mdadm [mode] <raiddevice> [options] <component-devices>
```

在上面的语法中，mode表示mdadm命令的工作模式，关于这些模式，将在随后介绍。mdadm命令提供的选项也非常多，每种工作模式下都有许多选项，读者可以参考mdadm命令的帮助手册。component-devices为组成阵列的各个磁盘设备。

mdadm命令的工作模式包括Assemble、Build、Create、Follow、Grow、Incremental Assembly、Manage、Misc以及Auto-detect等。表9-4列出了mdadm命令的工作模式及其功能。表9-5列出了mdadm命令的常用选项。

表 9-4　mdadm 命令的工作模式

模　　式	说　　明
Assemble	将原来属于一个阵列的每个块设备重新组装为阵列
Build	创建或组装不需要元数据的阵列，即每个设备没有超级块
Create	创建一个新的阵列，每个设备具有超级块
Follow 或者 Monitor	监控模式
Grow	改变阵列中每个设备被使用的容量或阵列中的设备的数目，改变阵列属性，不能改变阵列的级别
Incremental Assembly	向已有阵列添加设备
Mange	管理已经存在的阵列，例如增加热备磁盘或者设置某个磁盘失效，然后从阵列中删除这个磁盘
Misc	混杂模式，可以删除某个磁盘上面的旧的超级块或者收集阵列信息等
Auto-detect	请求内核激活已有阵列

表 9-5　mdadm 命令的常用选项

工作模式	选　项	说　　明
模式选择	-A	选择 Assemble 模式
	-B	选择 Build 模式
	-C	选择 Create 模式
	-F	选择 Follow 或者 Monitor 模式
	-G	选择 Grow 模式
	-I	选择 Incremental Assembly 模式
模式无关	-c	指定 mdadm 配置文件，默认为/etc/mdadm/mdadm.conf 和/etc/mdadm/mdadm.conf.d
	-s	从配置文件或者/proc/mdstat 中扫描缺失的信息
	-e	定义磁盘上面的超级块的格式，对于 Create 模式来说，默认为 1.2

（续表）

工作模式	选 项	说 明
Create	-n	指定阵列中磁盘的数量，不包括冗余磁盘
	-x	指定阵列中冗余磁盘的数量
	-c	指定条带的大小
	-l	指定阵列级别，可以取 inear、raid0、0、stripe、raid1、1、mirror、raid4、4、raid5、5、raid6、6、raid10、10、multipath、mp、faulty 以及 container 等值
	-p	指定阵列的数据布局
	-N	指定阵列名称
	-R	强制激活阵列
	-o	以只读方式启动阵列
	-auto	以默认选项创建阵列
	--add	向阵列中增加磁盘，用在 Grow 模式中
Assemble	-u	指定重组阵列的 UUID
	-N	指定重组阵列的名称
	-R	重组后启动该阵列
	-a	采用默认选项重组阵列
	-U	更新每个磁盘的超级块
Manage	-a	在线添加新磁盘
	--re-add	重新添加原来移除的磁盘
	--add-spare	增加热备盘
	-r	移除磁盘
	-f	标识磁盘损坏
	--replace	将磁盘标注为需要更换，一旦热备盘可用，就替换该盘
Misc	-Q	查询一个阵列或者一个阵列组件设备的信息
	-D	查询一个阵列的详细信息
	-E	查询组件设备上面的超级块信息
	-R	启动重组后的不完整的阵列
	-S	停止阵列
	-o	使阵列进入只读状态
	-w	使阵列进入读写状态
	--zero-superblock	将设备中的超级块清零
	-t	和-D 选项一起使用，则 mdadm 的返回值是阵列的状态值。0 代表正常；1 代表降级，即至少有一块成员盘失效；2 代表有多块成员盘失效，整个阵列也失效；4 代表读取阵列信息失败
Monitor	-m	发送报警邮件
	-p	当出现报警时，启动指定程序

下面介绍如何使用mdadm命令创建一个RAID5阵列。首先在VirtualBox中为Ubuntu虚拟主机添加4个SATA硬盘。硬盘的大小用户可以自定义，在本例中均为500MB。创建完成之后，用fdisk命令查看结果如下：

```
liu@ubuntu-server:~$ sudo fdisk -l
```

```
Disk /dev/sda: 10 GiB, 10737418240 bytes, 20971520 sectors
Units: sectors of 1 * 512 = 512 bytes
Sector size (logical/physical): 512 bytes / 512 bytes
I/O size (minimum/optimal): 512 bytes / 512 bytes
Disklabel type: dos
Disk identifier: 0x9be33bcb

Device     Boot Start      End  Sectors Size Id Type
/dev/sda1  *    2048 20969471 20967424  10G 83 Linux


Disk /dev/sdb: 500 MiB, 524288000 bytes, 1024000 sectors
Units: sectors of 1 * 512 = 512 bytes
Sector size (logical/physical): 512 bytes / 512 bytes
I/O size (minimum/optimal): 512 bytes / 512 bytes


Disk /dev/sdc: 500 MiB, 524288000 bytes, 1024000 sectors
Units: sectors of 1 * 512 = 512 bytes
Sector size (logical/physical): 512 bytes / 512 bytes
I/O size (minimum/optimal): 512 bytes / 512 bytes


Disk /dev/sdd: 500 MiB, 524288000 bytes, 1024000 sectors
Units: sectors of 1 * 512 = 512 bytes
Sector size (logical/physical): 512 bytes / 512 bytes
I/O size (minimum/optimal): 512 bytes / 512 bytes


Disk /dev/sde: 500 MiB, 524288000 bytes, 1024000 sectors
Units: sectors of 1 * 512 = 512 bytes
Sector size (logical/physical): 512 bytes / 512 bytes
I/O size (minimum/optimal): 512 bytes / 512 bytes
```

从上面的输出可以得知，当前系统共有5块硬盘，其中第2~5块均为500MB，其设备名分别为/dev/sdb、/dev/sdc、/dev/sdd以及/dev/sde。

然后使用以下命令创建一个名称为/dev/md0的磁盘阵列：

```
liu@ubuntu-server:~$ sudo mdadm --create --auto=yes /dev/md0 --level=5
--raid-devices=3 --spare-devices=1 /dev/sdb /dev/sdc /dev/sdd /dev/sde
mdadm: Defaulting to version 1.2 metadata
mdadm: array /dev/md0 started.
```

在上面的命令中，--create选项表示使用Create模式，--auto=yes选项表示使用默认值，/dev/md0表示阵列设备名，--level=5选项表示创建的阵列为RAID5，--raid-devices=3选项表示组成阵列的磁盘数，--spare-devices=1选项表示冗余热备盘为1块，后面跟的是组成阵列的各个磁盘的设备名。

当阵列创建成功之后，mdadm命令会自动启动该阵列。如果用户再次使用fdisk命令查看磁盘列表，就会发现多出了一个设备名为/dev/md0的磁盘，如下所示：

```
liu@ubuntu-server:~$ sudo fdisk -l
Disk /dev/sda: 10 GiB, 10737418240 bytes, 20971520 sectors
Units: sectors of 1 * 512 = 512 bytes
```

```
Sector size (logical/physical): 512 bytes / 512 bytes
I/O size (minimum/optimal): 512 bytes / 512 bytes
Disklabel type: dos
Disk identifier: 0x9be33bcb

Device     Boot Start      End Sectors Size Id Type
/dev/sda1  *     2048 20969471 20967424  10G 83 Linux


Disk /dev/sdb: 500 MiB, 524288000 bytes, 1024000 sectors
Units: sectors of 1 * 512 = 512 bytes
Sector size (logical/physical): 512 bytes / 512 bytes
I/O size (minimum/optimal): 512 bytes / 512 bytes


Disk /dev/sdc: 500 MiB, 524288000 bytes, 1024000 sectors
Units: sectors of 1 * 512 = 512 bytes
Sector size (logical/physical): 512 bytes / 512 bytes
I/O size (minimum/optimal): 512 bytes / 512 bytes


Disk /dev/sdd: 500 MiB, 524288000 bytes, 1024000 sectors
Units: sectors of 1 * 512 = 512 bytes
Sector size (logical/physical): 512 bytes / 512 bytes
I/O size (minimum/optimal): 512 bytes / 512 bytes


Disk /dev/sde: 500 MiB, 524288000 bytes, 1024000 sectors
Units: sectors of 1 * 512 = 512 bytes
Sector size (logical/physical): 512 bytes / 512 bytes
I/O size (minimum/optimal): 512 bytes / 512 bytes


Disk /dev/md0: 998 MiB, 1046478848 bytes, 2043904 sectors
Units: sectors of 1 * 512 = 512 bytes
Sector size (logical/physical): 512 bytes / 512 bytes
I/O size (minimum/optimal): 524288 bytes / 1048576 bytes
```

可以发现，新创建的阵列的大小为998MB。这是因为RAID5会损失一块磁盘的容量，另外还有一块磁盘做了热备盘，所以可用的容量为两块磁盘的容量。

用户可以使用mdadm命令查看阵列的信息，如下所示：

```
liu@ubuntu-server:~$ sudo mdadm --detail /dev/md0
/dev/md0:
        Version : 1.2
  Creation Time : Tue Aug 22 21:02:32 2023
     Raid Level : raid5
     Array Size : 1021952 (998.00 MiB 1046.48 MB)
  Used Dev Size : 510976 (499.00 MiB 523.24 MB)
   Raid Devices : 3
  Total Devices : 4
```

```
        Persistence : Superblock is persistent

        Update Time : Tue Aug 22 21:02:39 2023
              State : clean
      Active Devices : 3
     Working Devices : 4
      Failed Devices : 0
      Spare Devices : 1

             Layout : left-symmetric
         Chunk Size : 512K

               Name : ubuntu-server:0  (local to host ubuntu-server)
               UUID : 21b130e7:a1ff2e95:69d82b2e:8192914c
             Events : 18

     Number   Major   Minor   RaidDevice State
        0        8       16        0       active sync   /dev/sdb
        1        8       32        1       active sync   /dev/sdc
        4        8       48        2       active sync   /dev/sdd

        3        8       64        -       spare   /dev/sde
```

对于Linux操作系统来说，/dev/md0就相当于一块磁盘。所以与普通磁盘一样，用户需要在上面创建各种文件系统。例如，下面的命令用于在/dev/md0上面创建一个Ext4文件系统：

```
liu@ubuntu-server:~$ sudo mkfs.ext4 /dev/md0
mke2fs 1.43.4 (31-Jan-2023)
Creating filesystem with 255488 4k blocks and 63872 inodes
Filesystem UUID: 1fa68c65-033a-40a6-8d37-9357e975abc2
Superblock backups stored on blocks:
     32768, 98304, 163840, 229376

Allocating group tables: done
Writing inode tables: done
Creating journal (4096 blocks): done
Writing superblocks and filesystem accounting information: done
```

创建完成之后，该阵列就可以像普通的文件系统一样被挂载和使用了。

注意 磁盘阵列可以像普通的文件系统一样通过设备名、UUID或者卷标来挂载。

9.7 逻辑卷管理

逻辑卷管理是Linux系统中非常有用的一个磁盘管理功能。通过逻辑卷，系统管理可以灵活地调整磁盘分区的大小。本节将系统介绍逻辑卷中的基本概念以及逻辑卷的管理方法。

9.7.1 逻辑卷管理的基本概念

在Linux系统运行的过程中，经常遇到的一个比较头痛的问题就是磁盘分区的空间不够用了。如果是普通的计算机，用户可以重新分区和重新安装操作系统。但是对于服务器来说，这种情况就比较麻烦了。而逻辑卷就是为了应对这种情况而出现的技术。

逻辑卷管理是Linux系统中对磁盘分区进行管理的一种机制，它通过在磁盘和分区之上建立一个抽象的逻辑层来屏蔽物理分区的大小。

在逻辑卷管理中，用户可以将多个磁盘分区组合成一个存储池，管理员可以在存储池上面根据需求来创建逻辑卷，然后创建文件系统，挂载到系统中使用。

在正式创建逻辑卷之前，先了解几个基本概念。

1. 物理介质

所谓物理介质，是指物理磁盘，在操作系统中就是/dev目录下面的一个个设备文件，例如/dev/sda、/dev/sdb以及/dev/md0等。

2. 物理卷

物理卷是指物理硬盘上的分区或逻辑上与磁盘分区具有相同功能的设备。物理卷是逻辑卷管理的基本存储单元。

3. 卷组

卷组由一个或者多个物理卷组成。对于操作系统来说，卷组类似于物理磁盘，卷组上面可以创建虚拟分区，即逻辑卷。

4. 逻辑卷

逻辑卷是指卷组上面创建的虚拟分区。对于操作系统来说，逻辑卷类似于磁盘分区，在逻辑卷上可以建立文件系统。

因此，从概念上讲，一个或者多个物理磁盘上可以划分出一个或者多个磁盘分区，然后这些分区可以组成一个物理卷，形成一个存储池。用户把这个存储池划分出来一个或者多个逻辑卷，挂载到不同的挂载点下面使用，这个就是逻辑卷管理的基本原理。

9.7.2 安装 LVM

LVM即逻辑卷管理。如果Ubuntu中没有安装该软件包，则可以使用以下命令安装：

```
liu@ubuntu-server:~$ sudo apt install lvm2
```

安装完成之后，就有了逻辑卷管理的所有命令。

9.7.3 创建物理卷

在创建物理卷之前，先在VirtualBox中为Ubuntu虚拟机增加3个500MB的虚拟SATA磁盘。在本例中，这3块磁盘的设备名分别为/dev/sdf、/dev/sdg和/dev/sdh。接下来介绍如何创建物理卷。

（1）创建类型为Linux LVM的分区。创建LVM分区的步骤与前面介绍的磁盘分区的步骤大致相同，只是创建完成之后，还需要使用t命令将分区类型修改为8e，即Linux LVM。命令如下：

```
liu@ubuntu-server:~$ sudo fdisk /dev/sdf

Welcome to fdisk (util-linux 2.29).
Changes will remain in memory only, until you decide to write them.
Be careful before using the write command.


Command (m for help): n
Partition type
   p   primary (0 primary, 0 extended, 4 free)
   e   extended (container for logical partitions)
Select (default p): p
Partition number (1-4, default 1): 1
First sector (2048-1023999, default 2048):
Last sector, +sectors or +size{K,M,G,T,P} (2048-1023999, default 1023999):

Created a new partition 1 of type 'Linux' and of size 499 MiB.

Command (m for help): t
Selected partition 1
Partition type (type L to list all types): 8e
Changed type of partition 'Linux' to 'Linux LVM'.

Command (m for help): w
The partition table has been altered.
Calling ioctl() to re-read partition table.
Syncing disks.
```

（2）按照相同的步骤在其余两块磁盘上面创建分区。创建完成之后，fdisk命令的输出结果如下：

```
liu@ubuntu-server:~$ sudo fdisk -l
...
Disk /dev/sdf: 500 MiB, 524288000 bytes, 1024000 sectors
Units: sectors of 1 * 512 = 512 bytes
Sector size (logical/physical): 512 bytes / 512 bytes
I/O size (minimum/optimal): 512 bytes / 512 bytes
Disklabel type: dos
Disk identifier: 0x050d084a

Device     Boot    Start       End     Sectors     Size   Id  Type
/dev/sdf1          2048    1023999   1021952      499M   8e  Linux LVM


Disk /dev/sdg: 500 MiB, 524288000 bytes, 1024000 sectors
Units: sectors of 1 * 512 = 512 bytes
Sector size (logical/physical): 512 bytes / 512 bytes
I/O size (minimum/optimal): 512 bytes / 512 bytes
Disklabel type: dos
```

```
Disk identifier: 0x5d86bd0a

Device     Boot    Start      End        Sectors         Size    Id  Type
/dev/sdg1          2048       1023999    1021952         499M    8e  Linux
LVM


Disk /dev/sdh: 500 MiB, 524288000 bytes, 1024000 sectors
Units: sectors of 1 * 512 = 512 bytes
Sector size (logical/physical): 512 bytes / 512 bytes
I/O size (minimum/optimal): 512 bytes / 512 bytes
Disklabel type: dos
Disk identifier: 0xc69cd685

Device     Boot    Start      End        Sectors         Size    Id  Type
/dev/sdh1          2048       1023999    1021952         499M    8e  Linux LVM
...
```

（3）创建物理卷。创建物理卷使用pvcreate命令，该命令接受设备名作为参数。命令如下：

```
liu@ubuntu-server:~$ sudo pvcreate /dev/sdf1
  Physical volume "/dev/sdf1" successfully created.
liu@ubuntu-server:~$ sudo pvcreate /dev/sdg1
  Physical volume "/dev/sdg1" successfully created.
liu@ubuntu-server:~$ sudo pvcreate /dev/sdh1
  Physical volume "/dev/sdh1" successfully created.
```

创建完成之后，可以使用pvscan或者pvdisplay命令查看。pvscan命令的输出结果如下：

```
liu@ubuntu-server:~$ sudo pvscan
  PV /dev/sdf1   VG        lvm2 [496.00 MiB / 496.00 MiB free]
  PV /dev/sdg1   VG        lvm2 [496.00 MiB / 496.00 MiB free]
  PV /dev/sdh1   VG        lvm2 [496.00 MiB / 496.00 MiB free]
  Total: 3 [1.45 GiB] / in use: 3 [1.45 GiB] / in no VG: 0 [0   ]
```

而pvdisplay命令则可以输出更为详细的信息，如下所示：

```
liu@ubuntu-server:~$ sudo pvdisplay
  --- Physical volume ---
  PV Name               /dev/sdf1
  VG Name
  PV Size               499.00 MiB / not usable 3.00 MiB
  Allocatable           yes
  PE Size               4.00 MiB
  Total PE              124
  Free PE               124
  Allocated PE          0
  PV UUID               1Z16J9-aLw4-uXOs-Q9bA-qnGh-swTD-dcCEW0

  --- Physical volume ---
  PV Name               /dev/sdg1
  VG Name
  PV Size               499.00 MiB / not usable 3.00 MiB
  Allocatable           yes
```

```
PE Size              4.00 MiB
Total PE             124
Free PE              124
Allocated PE           0
PV UUID              QnjK4K-CLi2-apeh-yXBn-k379-2i7J-0G5wi9

--- Physical volume ---
PV Name              /dev/sdh1
VG Name
PV Size              499.00 MiB / not usable 3.00 MiB
Allocatable          yes
PE Size              4.00 MiB
Total PE             124
Free PE              124
Allocated PE           0
PV UUID              HedXiS-ERPO-108l-cCdO-tk1v-VJci-awPFlE
```

在上面的操作中，用到了3个命令，分别为pvcreate、pvscan和pvdisplay。

pvcreate命令的功能是创建物理卷。该命令的基本语法如下：

```
pvcreate [options] PhysicalVolume
```

该命令常用的选项有-u，用来指定设备的UUID。PhysicalVolume参数为物理分区，可以同时指定多个物理分区，它们之间用空格隔开。

pvscan命令用来扫描所有的物理卷。该命令常用的选项为-u，用来显示设备的UUID。

pvdisplay命令用来显示物理卷的详细信息，如果没有指定设备名，则显示所有的物理卷的信息。

9.7.4 创建卷组

创建卷组的过程是把多个物理卷组合起来，形成一个大的存储池。创建卷组需要使用vgcreate命令，该命令的基本语法如下：

```
vgcreate [options] VolumeGroupName PhysicalDevicePath...
```

关于该命令的选项，请参考其帮助手册。VolumeGroupName参数为卷组名称，PhysicalDevicePath参数为要加入卷组的物理卷列表，使用设备名表示，多个设备名之间用空格隔开。

例如，下面的命令创建了一个名称为vgpool的卷组：

```
liu@ubuntu-server:~$ sudo vgcreate vgpool /dev/sdf1 /dev/sdg1 /dev/sdh1
  Volume group "vgpool" successfully created
```

在上面的命令中，vgpool为卷组名称，随后跟着的为要加入卷组的物理卷。

创建完成之后，使用vgdisplay命令查看如下：

```
liu@ubuntu-server:~$ sudo vgdisplay
  --- Volume group ---
  VG Name              vgpool
  System ID
  Format               lvm2
  Metadata Areas       3
```

```
Metadata Sequence No    1
VG Access               read/write
VG Status               resizable
MAX LV                  0
Cur LV                  0
Open LV                 0
Max PV                  0
Cur PV                  3
Act PV                  3
VG Size                 1.45 GiB
PE Size                 4.00 MiB
Total PE                372
Alloc PE / Size             0 / 0
Free  PE / Size         372 / 1.45 GiB
VG UUID                 iWFbX3-e46U-SEeJ-QjY3-7azK-jaZG-xpdgr6
```

9.7.5 创建逻辑卷

创建逻辑卷需要使用lvcreate命令，其基本语法如下：

```
lvcreate [options] VolumeGroup
```

常用的选项有：

- -a：创建完成之后立即激活该逻辑卷。
- -p：指定逻辑卷的访问权限，可以是r或者rw，即只读和读写。
- -L：指定逻辑卷的大小，可以是字节、扇区、KB、MB等单位。
- -i：指定要创建的条带数。
- -I：指定条带的大小。

VolumeGroup参数为卷组名称。

下面在前面创建的vgpool卷组上面创建一个200MB的逻辑卷，命令如下：

```
liu@ubuntu-server:~$ sudo lvcreate -L 200M vgpool
  Logical volume "lvol0" created.
```

创建完成之后，使用vgdisplay命令查看vgpool状态，如下所示：

```
liu@ubuntu-server:~$ sudo vgdisplay vgpool
  --- Volume group ---
  VG Name                 vgpool
  System ID
  Format                  lvm2
  Metadata Areas          3
  Metadata Sequence No    2
  VG Access               read/write
  VG Status               resizable
  MAX LV                  0
  Cur LV                  1
  Open LV                 0
  Max PV                  0
```

```
    Cur PV                  3
    Act PV                  3
    VG Size                 1.45 GiB
    PE Size                 4.00 MiB
    Total PE                372
    Alloc PE / Size         50 / 200.00 MiB
    Free  PE / Size         322 / 1.26 GiB
    VG UUID                 iWFbX3-e46U-SEeJ-QjY3-7azK-jaZG-xpdgr6
```

可以发现，vgpool已经被分配出去200MB。

使用fdisk命令可以查看到这个200MB的逻辑卷，如下所示：

```
liu@ubuntu-server:~$ sudo fdisk -l
...
Disk /dev/mapper/vgpool-lvol0: 200 MiB, 209715200 bytes, 409600 sectors
Units: sectors of 1 * 512 = 512 bytes
Sector size (logical/physical): 512 bytes / 512 bytes
I/O size (minimum/optimal): 512 bytes / 512 bytes
```

接下来的操作就是在逻辑卷上面创建文件系统，然后挂载到操作系统中使用，命令如下：

```
liu@ubuntu-server:~$ sudo mkfs.ext4 /dev/vgpool/lvol0
mke2fs 1.43.4 (31-Jan-2023)
Creating filesystem with 204800 1k blocks and 51200 inodes
Filesystem UUID: 2276435b-f2a3-4be3-acbe-ae4e2af21879
Superblock backups stored on blocks:
    8193, 24577, 40961, 57345, 73729

Allocating group tables: done
Writing inode tables: done
Creating journal (4096 blocks): done
Writing superblocks and filesystem accounting information: done
```

> 注意　逻辑卷的设备文件位于/dev目录下面的以卷组命名的目录中。

9.7.6　扩展逻辑卷

前面已经讲过，逻辑卷的一个好处就是可以物理地变大或变小，而不需要移动所有数据到一个更大的硬盘。在介绍扩展逻辑卷之前，先介绍一个命令。lvextend命令用来扩展一个逻辑卷的大小，其基本语法如下：

```
lvextend [options] LogicalVolumePath
```

其中，常用的选项有：

- -L：该选项有两种语法，如果直接指定一个数字，则表示将逻辑卷的大小设置为指定值；如果在指定的数字前面加上一个加号+，则表示在原来的大小上面再增加指定的值。
- -i：指定条带的数量。
- -I：指定条带的大小。
- -r：同时扩展文件系统的大小。

LogicalVolumePath参数为逻辑卷的设备名。

例如，下面的命令用于将前面创建的逻辑卷的大小增加500MB：

```
liu@ubuntu-server:~$ sudo lvextend -L +500M /dev/vgpool/lvol0
   Size of logical volume vgpool/lvol0 changed from 200.00 MiB (50 extents) to 700.00
MiB (175 extents).
   Logical volume vgpool/lvol0 successfully resized.
```

此时，如果用户使用fdisk命令查看磁盘设备，则会发现/dev/vgpool/lvol0的大小已经是700MB了。但是如果将该文件系统挂载上去查看，则会发现文件系统的大小仍然是200MB，如下所示：

```
liu@ubuntu-server:~$ df -h
Filesystem              Size    Used    Avail    Use%    Mounted on
...
/dev/mapper/vgpool-lvol0    190M    1.6M    175M    1%      /data
```

要使得文件系统的大小也变为700MB，需要使用resize2fs命令，如下所示：

```
liu@ubuntu-server:~$ sudo resize2fs /dev/vgpool/lvol0
resize2fs 1.43.4 (31-Jan-2023)
Filesystem at /dev/vgpool/lvol0 is mounted on /data; on-line resizing required
old_desc_blocks = 2, new_desc_blocks = 6
The filesystem on /dev/vgpool/lvol0 is now 716800 (1k) blocks long.
```

此时，如果再次查看文件系统，则会发现文件系统已经被扩展了，如下所示：

```
liu@ubuntu-server:~$ df -h
Filesystem              Size    Used    Avail    Use%    Mounted on
...
/dev/mapper/vgpool-lvol0    674M    2.5M    638M    1%      ./data
```

9.7.7 压缩逻辑卷

压缩逻辑卷的操作与扩展逻辑卷相反。在压缩逻辑卷之前，要确保备份了逻辑卷上面的文件。

首先需要压缩文件系统的大小，命令为resize2fs。例如，下面的命令用于将逻辑卷上面的文件系统的大小调整为400MB：

```
liu@ubuntu-server:~$ sudo resize2fs /dev/vgpool/lvol0 400M
resize2fs 1.43.4 (31-Jan-2023)
Resizing the filesystem on /dev/vgpool/lvol0 to 409600 (1k) blocks.
The filesystem on /dev/vgpool/lvol0 is now 409600 (1k) blocks long.
```

接下来使用lvreduce命令压缩逻辑卷，如下所示：

```
liu@ubuntu-server:~$ sudo lvreduce -L -300M /dev/vgpool/lvol0
  WARNING: Reducing active logical volume to 400.00 MiB.
  THIS MAY DESTROY YOUR DATA (filesystem etc.)
Do you really want to reduce vgpool/lvol0? [y/n]: y
   Size of logical volume vgpool/lvol0 changed from 700.00 MiB (175 extents) to 400.00
MiB (100 extents).
   Logical volume vgpool/lvol0 successfully resized.
```

lvreduce命令的语法与lvextend语句基本相同，也是通过-L选项来指定压缩的大小，如果数字前面有减号-，则表示减少指定的数量；否则，表示减少到指定的数量。

> **注意** 压缩逻辑卷的时候一定要谨慎，防止数据丢失。

第 **10** 章

Vim 文本编辑器

文本编辑对于运维工程师来说非常重要，运维过程中经常需要修改脚本、修改配置。一些桌面版本有各式各样的图形界面的文本编辑器，既方便又好用，但是在运维领域，更多的是对服务器版本的维护，所以学习终端下的文件编辑器尤为重要。本章将详细介绍 Linux 系统中常用的终端下的 Vim 文本编辑器。

本章主要涉及的知识点有：

❋ Vim基础：介绍Vim基础知识以及它的优势。

❋ Vim模式：主要介绍三种模式的作用和切换。

10.1　Vim基础

Vim是一个功能强大的全屏幕文本编辑器，一直以来作为Linux系统默认配置的编辑器，其方便编程的功能特别丰富，如代码补全、编译及错误跳转等，被广泛使用。Vim和Vi本质上是一样的工具，Vim是Vi的增强版本，在Vi的基础上扩展了很多实用的功能。

10.1.1　Vim 介绍

Vim是从Vi发展出来的一个文本编辑器，其用于编程的功能特别丰富，如代码补全、编译及错误跳转等被程序员广泛使用，和Emacs并列成为类UNIX系统用户最喜欢的文本编辑器。

Vim的设计理念是命令的组合。用户学习了各种各样的文本间移动/跳转的命令和其他普通模式的编辑命令，并且能够灵活组合使用的话，能够比那些没有模式的编辑器更加高效地进行文本编辑。同时，Vim与很多快捷键设置和正则表达式类似，可以辅助记忆，并且Vim针对程序员做了优化。

10.1.2　Vim 的发展历史

Bram Moolenaar在20世纪80年代末购入他的Amiga计算机时，Amiga上没有他最常用的编辑器Vi。Bram从一个开源的Vi复制Stevie开始，开发了Vim的1.0版本。最初的目标只是完全复制Vi的功能，那个时候的Vim是Vi IMitation（模拟）的简称。1992年，1.22版本的Vim被移植到了UNIX和MS-DOS上。从那个时候开始，Vim的全名就变成了Vi IMproved。

在这之后，Vim加入了不计其数的新功能。

10.1.3　Vim 的优势

1. 高效率移动

（1）尽可能少地在插入模式下使用，因为在插入模式下Vim就像一个"哑巴"编辑器一样。Vim的强大之处在于它的命令模式。

（2）通过h、j、k、l使用Vim高效率编辑的第一步就是放弃使用箭头键。使用Vim不用频繁地在箭头键和字母键之间移来移去，这会节省很多时间。在命令模式下，可以用h、j、k、l来分别实现左、下、上、右箭头的功能。

（3）在当前行有效地移动光标。很多编辑器只提供了简单的命令来控制光标的移动（比如左、上、右、下、到行首/尾等），Vim则提供了很多强大的命令来控制光标。当光标从一点移动到另一点时，在这两点之间的文本（包括这两个点）称作被"跨过"，这里的命令也被称作motion。

（4）在整个文件中有效移动光标。Vim有很多命令可以用来到达文件中你想到达的地方。

2. 高效输入

（1）使用关键词自动完成。Vim有一个非常漂亮的关键词自动完成系统，使用关键词自动完成功能，只需要输入开始的几个字母（比如iAmAL），然后按<C-N>键（按住Ctrl键，再按N键）或者按<C-P>键（按住Ctrl键，再按P键）。如果Vim没有给出你想要的词，继续按键，直到你满意为止，Vim会一直循环它找到的匹配的字符串。

（2）聪明地进入插入模式。Vim提供了很多进入插入模式的命令。

（3）有效地移动大段的文本可使用可视选择（Visual Selection）模式。不像最初的Vi，Vim允许高亮（选择）一些文本，并且进行操作。

（4）在可视选择模式下剪切和复制。

（5）粘贴很简单，按P键即可。

（6）使用多重剪贴板。很多编辑器都只提供了一个剪贴板，Vim有很多。剪贴板在Vim中被称为寄存器（Register）。你可以列出当前定义的所有寄存器名和它们的内容，命令为:reg。最好使用小写字母来作为寄存器的名称，因为大写的有些被Vim占用了。

（7）避免重复在Vi里面输入.（小数点符号），这样将会重复输入的上一个命令。

（8）使用数字也是Vim强大的且很节省时间的重要特性之一。在很多Vim的命令之前都可以使用一个数字。

10.2　Vim模式

　　Vim是工作在字符终端环境下的全屏幕编辑器，因此编辑界面比较简陋，并没有因为用户提供鼠标操作和菜单系统，而是通过按键命令实现相应的编辑和操作功能。在编辑界面中可以使用三种不同的工作模式，分别为命令模式、输入模式和末行模式。在不同的模式下能够对文件进行的操作也不相同。

10.2.1　三种工作模式

　　命令模式：启动Vim编辑器后默认进入命令模式，在该模式下主要完成如光标移动、字符串查找，以及删除、复制、粘贴文件内容等相关操作。

　　输入模式：在该模式下主要的操作就是录入文件内容，可以对文本文件正文进行修改或者添加新的内容。在输入模式下，Vim编辑器的最后一行会出现"--INSERT--"的状态提示信息。

　　末行模式：在该模式下可以设置Vi编辑环境、保存文件、退出编辑器，以及对文件内容进行查找、替换等。在末行模式下，Vim编辑器的最后一行会出现英文冒号":"提示符。

　　命令模式、输入模式和末行模式是Vim编辑环境的三种状态，通过不同的按键操作可以在不同的模式间进行切换。例如，从命令模式按英文冒号":"键可以进入末行模式，而如果按3、i、0等键可以进入输入模式，在输入模式、末行模式下均可按Esc镜返回命令模式，如图10-1所示。

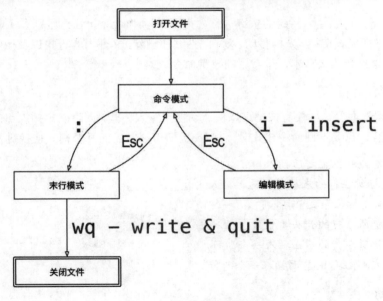

图 10-1　模式以及切换方法

10.2.2　命令模式的基本操作

　　执行单独的vim命令即可进入Vim编辑器的命令模式，还会显示相关版本的信息，如图10-2所示。但更常见的使用方法是指定要编辑的文件名作为参数，若该文件不存在，则Vim将根据该文件名称打开一个新的空文件。

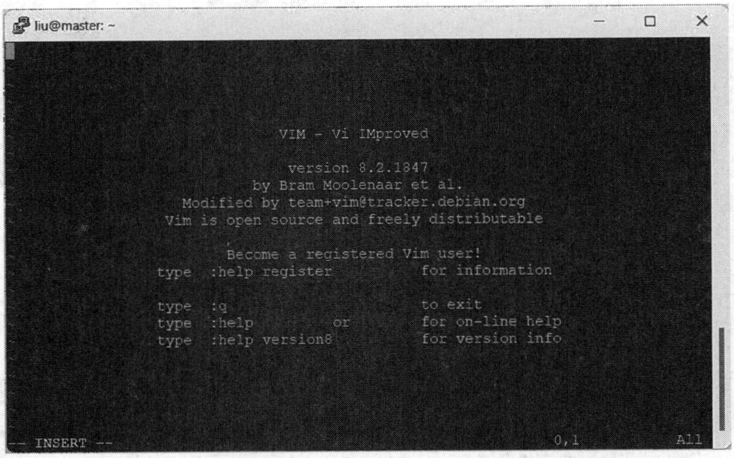

图 10-2　Vim 打开后的主界面

在学习Vim编辑器的基本操作时，建议用户复制一个内容较多的系统配置文件进行练习，而不要直接修改系统文件，以免发生失误造成系统故障。

将系统中的/etc/inittab文件复制到当前目录中，并使用Vim编辑器打开复制的新文件。

```
liu@ubuntu:~$ cp /etc/fstab ./vitest.file
liu@ubuntu:~$ vim vitest.file
```

在命令模式下，可以输入特定的按键（称之为 vim 操作命令，注意区别于 Linux 系统命令）进行操作，主要包括模式切换，光标移动，复制、粘贴和删除，文件内容查找以及撤销编辑及保存、退出等操作。这里只介绍最基本、最常用的按键命令。

1. 模式切换

在命令模式下，使用a、i、o等按键可以快速切换至输入模式，同时确定插入点的方式和位置，以便录入文件内容。需要返回命令模式时，按Esc键即可。常见的几个模式切换键及其作用如下。

- a：在当前光标位置之后插入内容。
- A：在光标所在行的末尾（行尾）插入内容。
- i：在当前光标位置之前插入内容。
- 1：在光标所在行的开头（行首）插入内容。
- o：在光标所在行的后面插入一个新行。
- O：在光标所在行的前面插入一个新行。

2. 光标移动

1）光标方向移动

直接使用键盘中的4个方向键完成相应的光标移动。

2）翻页移动

使用Page Down或快捷键Ctrl+F向下翻动一整页内容。使用Page Up或快捷键Ctrl+B向上翻动一整页内容。

其中，Page Down和Page Up键同样适用于Vi的输入模式。

3）行内快速跳转

按Home键或数字"0"键将光标快速跳转到本行的行首。按End键或"$"键将光标快速跳转到本行的行尾。

在上述按键操作中，Page Down、Page Up、Home、End键及方向键同样也可在输入模式下使用。

4）行间快速跳转

使用gg按键命令可跳转到文件内容的第一行。使用按键命令G可跳转到文件的最后一行。

使用按键命令#G可跳转到文件中的第#行（其中"#"号用具体数字替换）。为了便于查看行间跳转的效果，这里可以先学习一下如何在Vim编辑器中显示行号。只要切换到末行模式并执行:set nu命令即可显示行号，使用:set nonu命令可以取消。

```
: set nu
```

显示行号后的Vim编辑器界面显示格式如下：

```
01 # /etc/fstab: static file system information.
02 #
03 # Use 'blkid' to print the universally unique identifier for a
04 # device; this may be used with UUID= as a more robust way to name devices
05 # that works even if disks are added and removed. See fstab(5).
06 #
07 # <file system> <mount point>   <type> <options>         <dump>  <pass>
08 # / was on /dev/sda3 during installation
09 UUID=19529c4a-806e-452f-988e-4e86edeaa12c /           ext4    errors=rem
ount-ro 0      1
10 # /boot/efi was on /dev/sda2 during installation
11 UUID=AE17-7902  /boot/efi       vfat     umask=0077     0      1
12 #/swapfile                      none      swap      sw      0      0
...//省略更多内容
```

3. 复制、粘贴和删除

1）复制操作

使用按键命令yy复制当前整行的内容到粘贴板，使用#yy的形式还可以复制从光标处开始的#行内容。复制的内容需要进行粘贴才能使用。

2）粘贴操作

在Vi编辑器中，前一次被删除或复制的内容将会保存到剪切板缓冲区中，只要按P键即可将缓冲区中的内容粘贴到光标位置之后。

3）删除操作

使用x或Delete键可删除光标处的单个字符。

使用按键命令dd可删除当前光标所在行，使用#dd的形式还可以删除从光标处开始的#行内容。

使用按键命令d可删除当前光标之前到行首的所有字符。

使用按键命令ds可删除当前光标处到行尾的所有字符。

4. 文件内容查找

在命令模式下，按"/"键后可以输入指定的字符串，从当前光标处开始向后进行查找。完成查找后，可以按n、N键在不同的查找结果中进行选择。例如输入"/dev"，按Enter键后将查找文件中的"dev"字符串并高亮显示结果，光标自动移至第一个查找结果处，按n键可以移动到下一个查找结果处，如图10-3所示。

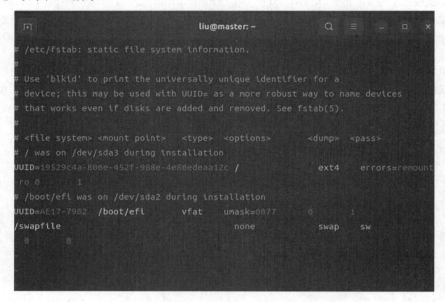

图 10-3　在 Vim 命令模式下查找指定内容

5. 撤销编辑及保存、退出

在对文件内容进行编辑时，有时需要对一些失误的编辑操作进行撤销，这时可以使用按键命令u、U。其中，u命令用于取消最近一次的操作，并恢复操作结果，我们也可以多次重复按u键恢复已进行的多步操作。U命令用于取消对当前行所做的所有编辑。

当需要保存当前的文件内容并退出Vi编辑器时，可以输入ZZ命令。

10.2.3　末行模式下的基本操作

在命令模式下按冒号":"键可以切换到末行模式，Vim编辑器的最后一行中将显示":"提示符，用户可以在该提示符后输入特定的末行命令，完成如保存文件、退出编辑器、打开新文件、修改文件内容以及字符串替换等丰富的功能操作。

1. 保存文件及退出 Vim 编辑器

1）保存文件

文件内容进行修改并确认以后，使用w命令进行保存。

若需要另存为其他文件，则需要指定新的文件名，必要时还可以指定文件名如下。

```
: w /home/newfile
```

2）退出编辑器

当需要退出Vim编辑器时，可以执行":Q"命令。若文件内容已经修改却没有保存，使用":a"命令将无法成功退出，这时需要使用":!"命令强行退出（不保存明出），格式如下。

```
:q!
```

3）保存并退出

既要保存文件又要退出Vim编辑器可以使用一条末行命令":wq"或":x"实现，其效果与命令模式中的命令相同，格式如下。

```
: wq
```

2. 打开新文件或读入其他文件内容

1）打开新文件进行编辑

在当前Vim编辑器中，执行":e 新的文件"形式的末行命令可以编辑（Edit）新文件。
例如，以下命令可以打开当前用户宿主目录中的install.1og文件进行编辑，格式如下。

```
: e ~/install.log
```

2）在当前文件中读入其他文件内容

执行"：r其他文件"形式的末行命令可以读入（Read）其他文件中的内容，并将其复制到当前光标所在位置。例如，以下命令可以将/etc/filesystems文件中的内容复制到当前文件中。

```
:r /etc/filesystems
```

3. 替换文件内容

在Vim编辑器的末行模式下，能够将文件中特定的字符串替换成新的内容，当需批量修改同一内容时，使用替换功能将大大提高编辑的效率。使用替换功能时的命令格式如下。

```
: [替换范围] sub /旧的内容/新的内容[/g]
```

在上述替换格式中，主要关键字为sub（Substitute，替换），也可以简写为S。替换范围是可选部分，默认只对当前行的内容进行替换，一般可以表示为以下两种形式。

- %：在整个文件内容中进行查找并替换。
- n.m：在指定行数范围内的文件内容中进行查找并替换。

末尾的"/g"部分是可选内容，表示对替换范围内每一行所有的匹配结果都进行替换，省略"/g"时将只替换每行中的第一个匹配结果。

例如，将当前行中的第1个i字母替换为大写I，可以使用以下命令：

```
: sub /i/I
```

将文档中第10～20行中的initdefault字符串替换为DEFAULT，可以使用以下命令：

```
: 10 20 sub /initdefault/DEFAULT/g
```

将整个文档中的initdefault字符串替换为bootdefault，可以使用以下命令：

```
: sub/initdefault/bootdefault/g
```

第 **11** 章

网络管理

可以肯定地说，没有 Linux，就没有今天这么精彩的互联网。Linux 天生与网络有着密不可分的联系。据统计，Linux 和 UNIX 在互联网服务器操作系统中已经占据了 60%以上的市场份额。网络管理对于 Ubuntu 系统维护来说是一项非常重要的技能。本章将介绍在 Ubuntu 网络管理中经常用到的配置文件，以及常用的网络管理命令。

本章主要涉及的知识点有：

❋ Ubuntu网络配置文件：主要介绍Ubuntu基本网络配置文件/etc/network/interfaces以及其他与网络有关的配置文件。
❋ 常用的网络管理命令：介绍ifconfig、nslookup、ping、ip、netstat以及route等常用的与网络配置有关的命令的使用方法。
❋ 防火墙：介绍Ubuntu防火墙（UFW）的配置方法。

11.1　网络接口

在Linux中，所有的网络通信都是通过网络接口完成的，网络接口是Linux操作系统以及运行在Linux操作系统中的各种应用与网络上其他的主机或者设备进行数据交换的交通枢纽。网络接口不仅包括物理硬件，即网卡，还包括Linux中与网络有关的底层服务。

本节将介绍Ubuntu中的网络接口的查看方法、命名规则以及常用的配置文件。

11.1.1　查看网络接口

作为系统管理员，经常需要了解当前Linux中的网络接口以及状态,尤其是在出现网络故障时。Linux系统提供了一个非常有用的命令来帮助用户完成这个任务，该命令的名称为ifconfig。顾名思义，该命令的名称由接口interface的i和f两个字母和配置config这个单词拼接而成。在终端窗口中输入该命令，就会列出当前系统中的网络接口及其状态，Ubuntu默认不会安装ifconfig，要先执行安装命令sudo apt install net-tools安装net-tools工具。ifconfig命令执行结果如下所示：

```
liu@ubuntu:~$ ifconfig
enp0s3    Link encap:Ethernet  HWaddr 08:00:27:c7:1c:de
          inet addr:10.0.2.15  Bcast:10.0.2.255  Mask:255.255.255.0
          inet6 addr: fe80::a00:27ff:fec7:1cde/64 Scope:Link
          UP BROADCAST RUNNING MULTICAST  MTU:1500  Metric:1
          RX packets:11 errors:0 dropped:0 overruns:0 frame:0
          TX packets:77 errors:0 dropped:0 overruns:0 carrier:0
          collisions:0 txqueuelen:1000
          RX bytes:2255 (2.2 KB)  TX bytes:8687 (8.6 KB)

lo        Link encap:Local Loopback
          inet addr:127.0.0.1  Mask:255.0.0.0
          inet6 addr: ::1/128 Scope:Host
          UP LOOPBACK RUNNING  MTU:65536  Metric:1
          RX packets:6 errors:0 dropped:0 overruns:0 frame:0
          TX packets:6 errors:0 dropped:0 overruns:0 carrier:0
          collisions:0 txqueuelen:1
          RX bytes:338 (338.0 B)  TX bytes:338 (338.0 B)

liu@ubuntu:~$
```

通过以上输出，用户可以非常清楚地了解到当前系统中有两个活动的（UP）网络接口，其名称分别为enp0s3和lo。其中，enp0s3为以太网（Ethernet）接口，其物理地址为08:00:27:c7:1c:de，IPv4地址为10.0.2.15，广播地址为10.0.2.255，子网掩码为默认的255.255.255.0，IPv6地址为fe80::a00:27ff:fec7:1cde/64，当前状态为UP，即启用状态。而lo为内部环路（Loopback）。

与其他的Linux命令一样，ifconfig命令也提供了许多选项和参数，用户可以通过man命令来查看，在此不再赘述。但是，有一个选项值得重点介绍一下，即-a。

在前面的例子中，我们没有为ifconfig命令提供任何选项和参数，在这种情况下，ifconfig会把当前系统中所有的处于活动状态（UP）的网络接口罗列出来，而处于非活动状态（DOWN）的网络接口则会被忽略掉。而对于一个系统管理员来说，通常需要掌握所有网络接口的情况，即使该接口处于非活动状态。此时，我们只要使用-a选项就可以了，其中字母a表示所有（All）。命令如下所示：

```
liu@ubuntu:~$ ifconfig -a
enp0s3    Link encap:Ethernet  HWaddr 08:00:27:c7:1c:de
          inet addr:10.0.2.15  Bcast:10.0.2.255  Mask:255.255.255.0
          inet6 addr: fe80::a00:27ff:fec7:1cde/64 Scope:Link
          UP BROADCAST RUNNING MULTICAST  MTU:1500  Metric:1
          RX packets:74 errors:0 dropped:0 overruns:0 frame:0
          TX packets:132 errors:0 dropped:0 overruns:0 carrier:0
          collisions:0 txqueuelen:1000
          RX bytes:10042 (10.0 KB)  TX bytes:12568 (12.5 KB)

enp0s8    Link encap:Ethernet  HWaddr 08:00:27:1f:fa:5a
          BROADCAST MULTICAST  MTU:1500  Metric:1
```

```
            RX packets:2 errors:0 dropped:0 overruns:0 frame:0
            TX packets:66 errors:0 dropped:0 overruns:0 carrier:0
            collisions:0 txqueuelen:1000
            RX bytes:1180 (1.1 KB)  TX bytes:7708 (7.7 KB)

enp0s9    Link encap:Ethernet  HWaddr 08:00:27:92:d5:3f
            BROADCAST MULTICAST  MTU:1500  Metric:1
            RX packets:2 errors:0 dropped:0 overruns:0 frame:0
            TX packets:66 errors:0 dropped:0 overruns:0 carrier:0
            collisions:0 txqueuelen:1000
            RX bytes:1180 (1.1 KB)  TX bytes:7708 (7.7 KB)

enp0s10   Link encap:Ethernet  HWaddr 08:00:27:73:d0:4e
            BROADCAST MULTICAST  MTU:1500  Metric:1
            RX packets:2 errors:0 dropped:0 overruns:0 frame:0
            TX packets:66 errors:0 dropped:0 overruns:0 carrier:0
            collisions:0 txqueuelen:1000
            RX bytes:1180 (1.1 KB)  TX bytes:7708 (7.7 KB)

lo        Link encap:Local Loopback
            inet addr:127.0.0.1  Mask:255.0.0.0
            inet6 addr: ::1/128 Scope:Host
            UP LOOPBACK RUNNING  MTU:65536  Metric:1
            RX packets:15 errors:0 dropped:0 overruns:0 frame:0
            TX packets:15 errors:0 dropped:0 overruns:0 carrier:0
            collisions:0 txqueuelen:1
            RX bytes:779 (779.0 B)  TX bytes:779 (779.0 B)

liu@ubuntu:~$
```

与前面例子的输出结果进行对比，可以发现在当前系统中，除enp0s3和lo这两个活动的网络接口外，还有3个处于非活动状态的网络接口，其名称分别为enp0s8、enp0s9和enp0s10。在这3个接口的描述信息中，没有包含UP和RUNNING等状态信息。这意味着该网络接口目前处于禁用状态。

> **注意** 处于非活动状态的网络接口不可以进行数据通信。如果出现网络无法连接的情况，用户可以查看对应的网络接口信息中是否含有UP和RUNNING等状态信息。

当然，如果系统拥有较多的网络接口，则前面所使用的命令的输出结果会给管理员带来许多不必要的干扰。可以想象，在几十个网络接口中寻找某个具体的接口是一件多么痛苦的事情。

如果用户只关注某个特定的网络接口，而不是系统中所有的网络接口，可以直接将接口名称作为参数传递给ifconfig命令，如下所示：

```
liu@ubuntu:~$ ifconfig enp0s8
enp0s8    Link encap:Ethernet  HWaddr 08:00:27:1f:fa:5a
            BROADCAST MULTICAST  MTU:1500  Metric:1
            RX packets:2 errors:0 dropped:0 overruns:0 frame:0
            TX packets:66 errors:0 dropped:0 overruns:0 carrier:0
            collisions:0 txqueuelen:1000
            RX bytes:1180 (1.1 KB)  TX bytes:7708 (7.7 KB)
```

```
liu@ubuntu:~$
```

可以发现，加入接口名称参数之后，ifconfig命令就只显示指定网络接口的状态信息了。

除ifconfg命令外，用户还可以通过lshw命令来查看当前系统中的网络接口。该命令的主要功能是列出当前系统的硬件系统，这里面就包含网络接口。

```
liu@ubuntu:~$ sudo lshw -class network
  *-network:0
       description: Ethernet interface
       product: 82540EM Gigabit Ethernet Controller
       vendor: Intel Corporation
       physical id: 3
       bus info: pci@0000:00:03.0
       logical name: enp0s3
       version: 02
       serial: 08:00:27:c7:1c:de
       size: 1Gbit/s
       capacity: 1Gbit/s
       width: 32 bits
       clock: 66MHz
       capabilities: pm pcix bus_master cap_list ethernet physical tp 10bt 10bt-fd
100bt 100bt-fd 1000bt-fd autonegotiation
       configuration: autonegotiation=on broadcast=yes driver=e1000
driverversion=7.3.21-k8-NAPI duplex=full ip=10.0.2.15 latency=64 link=yes mingnt=255
multicast=yes port=twisted pair speed=1Gbit/s
       resources: irq:19 memory:f0000000-f001ffff ioport:d010(size=8)
    *-network:1 DISABLED
       description: Ethernet interface
       product: 82540EM Gigabit Ethernet Controller
       vendor: Intel Corporation
       physical id: 8
       bus info: pci@0000:00:08.0
       logical name: enp0s8
       version: 02
       serial: 08:00:27:1f:fa:5a
       size: 1Gbit/s
       capacity: 1Gbit/s
       width: 32 bits
       clock: 66MHz
       capabilities: pm pcix bus_master cap_list ethernet physical tp 10bt 10bt-fd
100bt 100bt-fd 1000bt-fd autonegotiation
       configuration: autonegotiation=on broadcast=yes driver=e1000
driverversion=7.3.21-k8-NAPI duplex=full latency=64 link=no mingnt=255 multicast=yes
port=twisted pair speed=1Gbit/s
       resources: irq:16 memory:f0820000-f083ffff ioport:d240(size=8)
    *-network:2 DISABLED
       description: Ethernet interface
       product: 82540EM Gigabit Ethernet Controller
       vendor: Intel Corporation
       physical id: 9
       bus info: pci@0000:00:09.0
```

```
            logical name: enp0s9
            version: 02
            serial: 08:00:27:92:d5:3f
            size: 1Gbit/s
            capacity: 1Gbit/s
            width: 32 bits
            clock: 66MHz
            capabilities: pm pcix bus_master cap_list ethernet physical tp 10bt 10bt-fd
100bt 100bt-fd 1000bt-fd autonegotiation
            configuration: autonegotiation=on broadcast=yes driver=e1000
driverversion=7.3.21-k8-NAPI duplex=full latency=64 link=no mingnt=255 multicast=yes
port=twisted pair speed=1Gbit/s
            resources: irq:17 memory:f0840000-f085ffff ioport:d248(size=8)
     *-network:3 DISABLED
            description: Ethernet interface
            product: 82540EM Gigabit Ethernet Controller
            vendor: Intel Corporation
            physical id: a
            bus info: pci@0000:00:0a.0
            logical name: enp0s10
            version: 02
            serial: 08:00:27:73:d0:4e
            size: 1Gbit/s
            capacity: 1Gbit/s
            width: 32 bits
            clock: 66MHz
            capabilities: pm pcix bus_master cap_list ethernet physical tp 10bt 10bt-fd
100bt 100bt-fd 1000bt-fd autonegotiation
            configuration: autonegotiation=on broadcast=yes driver=e1000
driverversion=7.3.21-k8-NAPI duplex=full latency=64 link=no mingnt=255 multicast=yes
port=twisted pair speed=1Gbit/s
            resources: irq:18 memory:f0860000-f087ffff ioport:d250(size=8)
     liu@ubuntu:~$
```

在上面的命令中，-class network选项表示只显示与网络有关的硬件信息。可以发现，lshw命令侧重于显示硬件信息，其中包含网络接口的逻辑名称、状态以及物理地址等信息，而没有包含与TCP/IP协议有关的信息。

11.1.2　网络接口命名

在前面的11.1.1节中，我们介绍了查看网络接口的各种信息，其中提到了网络接口的名称。实际上，在Linux中，为了便于用户记忆和使用，系统为每个网络接口指定了一个逻辑名称，这个逻辑名称遵循一定的规则，逻辑名称的各个部分都有具体的含义。在各种命名中，最常见的，也是大家最熟悉的就是ethn。在这个命名中，前3个字母eth表示网络接口类型为以太网，后面一个n是一个从0开始的数字，表示网络接口的顺序。其中，第一个网络接口为eth0，以此类推。当然，在现实中，除以太网外，还会有其他类型的网络，其网络接口也有相应的命名规则，例如fc表示光纤网络，ge表示千兆以太网络，xe表示万兆以太网等。用户可以通过这些规则来了解网络接口的类型。

从版本16.04开始，Ubuntu的网络接口命名规则发生了变化，例如在11.1.1节中，我们看到的网络接口名称分别为enp0s8、enp0s9等。其中，en表示以太网，p表示网卡的位置，s表示网卡所处的槽位，其中的数字表示序号。这种命名规则是基于固件和网卡的位置信息的，与传统的ethn相比有一定的优势。当然，用户也可以通过修改配置文件使得网络接口的命名规则变为传统的ethn规则。

11.1.3　配置网络接口 IP 地址

Linux支持临时IP地址配置和静态IP地址配置。前者是通过ifconfig命令完成的，而后者则是通过修改配置文件完成的。下面分别对这两种配置方式进行介绍。

1. 临时 IP 地址配置

在某些情况下，管理员可能只是想临时为某个网络接口配置一个IP地址，使得Linux系统能够通过该接口访问网络。当Linux系统重新启动后，该配置信息则无须保留。这个任务可以通过ifconfig命令来完成。在11.1.1节中，我们已经介绍了使用该命令来查看网络接口，实际上该命令的功能远不止这些，它还可以用来配置网络接口，包括更改网络接口的状态。ifconfig配置网络接口的基本语法如下：

```
ifconfig interface ip netmask netmask
```

在上面的语法中，参数interface表示网络接口的逻辑名称，例如eth0或者enp0s8等；ip表示要为该接口配置的IP地址；netmask表示子网掩码。例如，下面的命令用于将网络接口eth1的IP地址配置为10.0.3.16，子网掩码为255.255.0：

```
liu@ubuntu:~$ sudo ifconfig eth1 10.0.3.16 netmask 255.255.255.0
```

> **注意** 由于配置网络接口需要root用户权限，因此在上面的命令中通过sudo命令来使得该命令以root用户的身份执行。

执行完以上命令之后，网络接口eth1的IP地址就变成了10.0.3.16，可以通过ifconfig命令来查看，如下所示：

```
liu@ubuntu:~$ ifconfig eth1
eth1    Link encap:Ethernet  HWaddr 08:00:27:1f:fa:5a
        inet addr:10.0.3.16  Bcast:10.0.3.255  Mask:255.255.255.0
        inet6 addr: fe80::c6c7:5719:c71a:d9fd/64 Scope:Link
        UP BROADCAST RUNNING MULTICAST  MTU:1500  Metric:1
        RX packets:1 errors:0 dropped:0 overruns:0 frame:0
        TX packets:89 errors:0 dropped:0 overruns:0 carrier:0
        collisions:0 txqueuelen:1000
        RX bytes:590 (590.0 B)  TX bytes:10385 (10.3 KB)
```

为了使得该网络接口能够通信，除配置IP地址外，还需要为该网络接口指定默认网关。配置网关需要使用route命令，例如，下面的命令用于为网络接口eth1指定默认网关为10.0.3.1：

```
liu@ubuntu:~$ sudo route add default gw 10.0.3.1 eth1
liu@ubuntu:~$ route -n
Kernel IP routing table
Destination     Gateway         Genmask         Flags   Metric  Ref     Use Iface
```

```
0.0.0.0          10.0.3.1         0.0.0.0        UG      0          0        0    eth1
0.0.0.0          10.0.2.2         0.0.0.0        UG      0          0        0    eth0
0.0.0.0          10.0.4.2         0.0.0.0        UG      100        0        0    eth2
0.0.0.0          10.0.5.2         0.0.0.0        UG      101        0        0    eth3
...
liu@ubuntu:~$
```

指定默认网关之后，经由eth1接口发送出去的数据包都会经由默认网关发送出去。

配置完网关之后，实际上该网络接口已经能够正常收发数据包了。但是在互联网上，绝大部分网站和主机都是通过域名来标识和访问的，所以还需要配置DNS服务器的地址。在Ubuntu中，DNS服务器的配置信息保存在/etc/resolv.conf文件中，如下所示：

```
liu@ubuntu:~$ cat /etc/resolv.conf
# Dynamic resolv.conf(5) file for glibc resolver(3) generated by resolvconf(8)
#     DO NOT EDIT THIS FILE BY HAND -- YOUR CHANGES WILL BE OVERWRITTEN
nameserver  223.5.5.5
nameserver  223.6.6.6
nameserver  192.168.1.1
```

在上面的代码中，每一行配置一个DNS服务器，可以为该系统指定多个DNS服务器。每一行包含两列，第1列为nameserver关键字，表示该行配置一个DNS服务器；第2列为DNS服务器的IP地址。用户可以在该文件的末尾追加自己所需的DNS服务器。

如果用户不再需要为该接口保留IP地址，则可以通过ip命令来清除IP地址的配置信息，如下所示：

```
liu@ubuntu:~$ sudo ip addr flush eth1
liu@ubuntu:~$ ifconfig eth1
eth1      Link encap:Ethernet  HWaddr 08:00:27:1f:fa:5a
          UP BROADCAST RUNNING MULTICAST  MTU:1500  Metric:1
          RX packets:1 errors:0 dropped:0 overruns:0 frame:0
          TX packets:101 errors:0 dropped:0 overruns:0 carrier:0
          collisions:0 txqueuelen:1000
          RX bytes:590 (590.0 B)  TX bytes:11259 (12.2 KB)
```

🔧注意　通过ifconfig命令配置的临时IP地址会立即生效，无须重新启动该接口。

---

2. 静态地址配置

为了给网络接口指定一个静态IP地址，用户需要修改/etc/netplan/01-network-manager-all.yaml配置文件。下面首先看一个样本文件，内容如下：

```
liu@ubuntu:~$ cat /etc/netplan/01-network-manager-all.yaml
# Let NetworkManager manage all devices on this system
network:
  version: 2
  renderer: NetworkManager
```

通过查看以上代码，我们可以发现ens33是从DHCP服务器获取IP地址的，下面我们为该网络接口提供一个静态IP地址，使用以下命令修改/etc/netplan/01-network-manager-all.yaml文件：

```
liu@ubuntu:/ $ sudo vi /etc/netplan/01-network-manager-all.yaml
```

将该文件的内容修改如下：

```
# Let NetworkManager manage all devices on this system
network:
  ethernets:
    # ip addr 默认 ens33
    ens33:
      dhcp4: false
      # IP 地址
      addresses: [192.168.79.8/24]
      routes:
        - to: default
          # 网关, 对应宿主机提供的IP
          via: 192.168.79.2
      dhcp6: false
  version: 2
```

addresses关键字表示指定的IP地址，斜杠后的24表示子网掩码，routes下面的via关键字表示网关。

修改完配置文件之后，所进行的修改还不能马上生效。为了能够使得该网络接口按照配置文件中的参数进行配置，需要重启该网络接口。

```
liu@ubuntu:~$ sudo netplan apply
```

通过ifconfig命令可以查看该接口的网络参数：

```
liu@ubuntu:~$ ifconfig ens33
eth0      Link encap:Ethernet  HWaddr 08:00:27:c7:1c:de
          inet addr: 192.168.79.8 Bcast: 192.168.79.255  Mask:255.255.255.0
          inet6 addr: fe80::a00:27ff:fec7:1cde/64 Scope:Link
          UP BROADCAST RUNNING MULTICAST  MTU:1500  Metric:1
          RX packets:36 errors:0 dropped:0 overruns:0 frame:0
          TX packets:141 errors:0 dropped:0 overruns:0 carrier:0
          collisions:0 txqueuelen:1000
          RX bytes:4349 (4.3 KB)  TX bytes:15267 (15.2 KB)
```

3. 动态 IP 地址分配（DHCP）

如果用户的网络中有DHCP服务器,并且Linux主机的IP地址允许动态获取,则用户可以为Linux主机的网络接口配置DHCP客户端。配置的方法同样在/etc/netplan/01-network-manager-all.yaml文件中，只是需将多余的静态配置删除，如下所示：

```
# Let NetworkManager manage all devices on this system
network:
  version: 2
  renderer: NetworkManager
```

配置完成之后，重新应用一下，如下所示：

```
liu@ubuntu:~$ sudo netplan apply
```

上面的输出信息实际上显示了整个DHCP客户端从DHCP服务器申请IP地址的整个过程。

11.1.4 域名解析

所谓域名解析，是将域名转换为IP地址的过程。Linux主机想要通过域名访问某项网络服务，需要指定域名服务器为其解析域名。下面介绍如何在Ubuntu系统中配置DNS客户端。

传统的做法是将域名解析服务器的配置信息保存在/etc/resolv.conf文件中。但是在新版本的Ubuntu中，这个文件的功能发生了变化。它的主要作用已经转换为跟踪用户网络的变化。用户已经不需要人工修改该文件，该文件会被系统自动更新。即使用户手动修改了该文件，则在系统重新启动之后，所有的改动都会丢失。目前该文件已经变成了一个符号链接，如下所示：

```
/etc/resolv.conf -> ../run/resolvconf/resolv.conf
```

那么用户应该在哪里配置DNS服务器信息呢？与前面配置网络接口一样，DNS服务器的信息也在/etc/netplan/01-network-manager-all.yaml文件中指定，如下所示：

```
# Let NetworkManager manage all devices on this system
network:
  ethernets:
    # ip addr 默认 ens33
    ens33:
      dhcp4: false
      # IP 地址
      addresses: [192.168.79.8/24]
      routes:
        - to: default
          # 网关 对应宿主机提供的IP
          via: 192.168.79.2
      nameservers:
        # DNS 地址
        addresses: [8.8.8.8,114.114.114.114]
      dhcp6: false
  version: 2
```

与前面的内容相比，可以发现上面的代码多了3行。nameservers表示后面配置的为DNS服务器。用户可以同时指定多个域名服务器，中间用空格或者制表符隔开。例如，在上面的代码中，同时指定8.8.8.8和114.114.114.114共两个域名服务器。Linux在解析域名时会按照顺序依次使用这个域名服务器。

11.2 常用的网络配置命令

为了管理网络，Linux提供了许多非常有用的网络管理命令。利用这些命令，一方面可以有效地管理网络，另一方面出现网络故障时，可以快速进行诊断。本节将对Ubuntu提供的网络管理命令进行介绍。

11.2.1　ifconfig 命令

关于ifconfig命令，在11.1节已经介绍过了。通过该命令可以查看和配置网络接口。ifconfig是一个比较古老的命令，在Ubuntu 22以及其他的许多发行版中，已经不太推荐使用该命令了。默认情况下，Ubuntu 22.04已经不提供该命令，用户可以通过安装net-tools软件包来获得该命令，如下所示：

```
liu@ubuntu:~$ sudo apt install net-tools
```

ifconfig命令的基本语法如下：

```
ifconfig interface [aftype] options | address
```

在上面的语法中，参数interface表示要配置的网络接口。aftype表示地址类型，例如inet、inet6或者ddp等。options表示ifconfig命令的选项，常用的选项有：

- -a：列出当前系统所有可用的网络接口，包括禁用状态的。
- up：启用指定的网络接口。
- down：禁用指定的网络接口。
- netmask：指定当前IP网络的子网掩码。
- add：为指定网络接口增加一个IPv6地址。
- del：从指定网络接口删除一个IPv6地址。
- -broadcast：指定网络接口的广播地址。

address参数为指派给网络接口的IP地址。

例如，下面的命令用于查看当前系统所有的网络接口：

```
liu@ubuntu:~$ ifconfig -a
enp0s3: flags=4163<UP,BROADCAST,RUNNING,MULTICAST>  mtu 1500
        inet 10.0.2.15  netmask 255.255.255.0  broadcast 10.0.2.255
        inet6 fe80::e45f:e916:6143:cf66  prefixlen 64  scopeid 0x20<link>
        ether 08:00:27:58:3d:f7  txqueuelen 1000  (Ethernet)
        RX packets 1865  bytes 2270203 (2.2 MB)
        RX errors 0  dropped 0  overruns 0  frame 0
        TX packets 592  bytes 50713 (50.7 KB)
        TX errors 0  dropped 0 overruns 0  carrier 0  collisions 0

lo: flags=73<UP,LOOPBACK,RUNNING>  mtu 65536
        inet 127.0.0.1  netmask 255.0.0.0
        inet6 ::1  prefixlen 128  scopeid 0x10<host>
        loop  txqueuelen 1000  (Local Loopback)
        RX packets 36  bytes 2502 (2.5 KB)
        RX errors 0  dropped 0  overruns 0  frame 0
        TX packets 36  bytes 2502 (2.5 KB)
        TX errors 0  dropped 0 overruns 0  carrier 0  collisions 0
```

在上面的输出中，一共有两个网络接口，其名称分别为enp0s3和lo。关于各个网络接口的详细信息，在前面已经介绍过了，此处不再重复。

如果想要禁用某个网络接口，可以使用down选项。例如，下面的命令用于禁用名称为enp0s3

的网络接口：

```
liu@ubuntu:~$ sudo ifconfig enp0s3 down
```

网络接口被禁用之后，其状态信息中就不再包含RUNNING属性了，如下所示：

```
liu@ubuntu:~$ ifconfig enp0s3
enp0s3: flags=4098<BROADCAST,MULTICAST>  mtu 1500
        ether 08:00:27:58:3d:f7  txqueuelen 1000  (Ethernet)
        RX packets 1865  bytes 2270203 (2.2 MB)
        RX errors 0  dropped 0  overruns 0  frame 0
        TX packets 592  bytes 50713 (50.7 KB)
        TX errors 0  dropped 0 overruns 0  carrier 0  collisions 0
```

被禁用的网络可以使用以下命令重新启动：

```
liu@ubuntu:~$ sudo ifconfig enp0s3 up
```

11.2.2　ip 命令

与前面介绍的ifconfig命令不同，ip命令是一个Linux系统中比较新的、功能强大的网络管理工具。ip命令是iproute2软件包中的核心命令。通过ip命令可以显示或操纵Linux主机的路由、网络设备、策略路由、多播地址和隧道。ip命令的基本语法如下：

```
ip [ options ] object { command }
```

在上面的语法中，options表示命令选项，常用的选项有：

- -h：输出可读的信息。
- -f：指定协议族。该选项可以取inet、inet6、bridge、ipx以及dnet五个值。如果没有指定协议族，则ip命令会从其他的参数判断。如果无法判断，则默认为inet。
- -4：指定协议族为inet，即IPv4。
- -6：指定协议族为inet6，即IPv6。
- -B：指定协议族为bridge，即桥接。
- -D：指定协议族为decnet。
- -I：指定协议族为ipx，即IPX协议。
- -s：显示详细信息。

object为命令操作的对象，常见的对象有：

- address：IPv4或者IPv6地址。
- l2tp：L2TP隧道协议。
- link：网络设备。
- maddress：多播地址。
- route：路由表。
- rule：路由策略。
- tunnel：隧道。

command为命令，常用的命令有add、delete、show、set、list等。根据不同的对象会有不同的命令。下面分别介绍ip命令的使用方法。

1. 管理网络设备

网络设备包括交换机、路由器以及网络接口等。ip命令最常管理的网络设备就是网络接口了。例如，下面的命令用于显示网络设备的运行状态：

```
liu@ubuntu:~$ ip link list
1: lo: <LOOPBACK,UP,LOWER_UP> mtu 65536 qdisc noqueue state UNKNOWN mode DEFAULT
group default qlen 1000
    link/loopback 00:00:00:00:00:00 brd 00:00:00:00:00:00
2: enp0s3: <BROADCAST,MULTICAST,UP,LOWER_UP> mtu 1500 qdisc pfifo_fast state UP
mode DEFAULT group default qlen 1000
    link/ether 08:00:27:58:3d:f7 brd ff:ff:ff:ff:ff:ff
3: enp0s8: <BROADCAST,MULTICAST,UP,LOWER_UP> mtu 1500 qdisc pfifo_fast state UP
mode DEFAULT group default qlen 1000
    link/ether 08:00:27:8d:3d:fa brd ff:ff:ff:ff:ff:ff
```

在上面的命令中，link为对象，即网络设备，list为命令，所以整个命令的含义为列出所有的网络设备。如果想要显示更详细的信息，可以使用-s选项，如下所示：

```
liu@ubuntu:~$ ip -s link list
1: lo: <LOOPBACK,UP,LOWER_UP> mtu 65536 qdisc noqueue state UNKNOWN mode DEFAULT
group default qlen 1000
    link/loopback 00:00:00:00:00:00 brd 00:00:00:00:00:00
    RX: bytes    packets     errors   dropped overrun mcast
    2636         40          0        0       0       0
    TX: bytes    packets     errors   dropped carrier collsns
    2636         40          0        0       0       0
2: enp0s3: <BROADCAST,MULTICAST,UP,LOWER_UP> mtu 1500 qdisc pfifo_fast state UP
mode DEFAULT group default qlen 1000
    link/ether 08:00:27:58:3d:f7 brd ff:ff:ff:ff:ff:ff
    RX: bytes    packets     errors   dropped overrun mcast
    1672         13          0        0       0       0
    TX: bytes    packets     errors   dropped carrier collsns
    13220        136         0        0       0       0
3: enp0s8: <BROADCAST,MULTICAST,UP,LOWER_UP> mtu 1500 qdisc pfifo_fast state UP
mode DEFAULT group default qlen 1000
    link/ether 08:00:27:8d:3d:fa brd ff:ff:ff:ff:ff:ff
    RX: bytes    packets     errors   dropped overrun mcast
    4106         37          0        0       0       0
    TX: bytes    packets     errors   dropped carrier collsns
    13146        135         0        0       0       0
```

下面的命令用于禁用网络接口enp0s3：

```
liu@ubuntu:~$ sudo ip link set enp0s3 down
```

在上面的命令中，由于操作的对象为网络接口，因此使用link。set命令用来设置属性。down为禁用状态，up为启用状态。

> ❀➕注意 以上命令等同于ifconfig enp0s3 down。

设置完成之后，使用ip命令查看其状态，如下所示：

```
liu@ubuntu:~$ ip link list
1: lo: <LOOPBACK,UP,LOWER_UP> mtu 65536 qdisc noqueue state UNKNOWN mode DEFAULT
group default qlen 1000
     link/loopback 00:00:00:00:00:00 brd 00:00:00:00:00:00
2: enp0s3: <BROADCAST,MULTICAST> mtu 1500 qdisc pfifo_fast state DOWN mode DEFAULT
group default qlen 1000
     link/ether 08:00:27:58:3d:f7 brd ff:ff:ff:ff:ff:ff
3: enp0s8: <BROADCAST,MULTICAST,UP,LOWER_UP> mtu 1500 qdisc pfifo_fast state UP
mode DEFAULT group default qlen 1000
     link/ether 08:00:27:8d:3d:fa brd ff:ff:ff:ff:ff:ff
```

从上面的输出可以得知，网络接口enp0s3的状态中不再含有UP标识。

要想把enp0s3重新启用，则可以使用以下命令：

```
liu@ubuntu:~$ sudo ip link set enp0s3 up
```

下面的命令用于改变网络设备的最大传输单元，即MTU的值为1600：

```
liu@ubuntu:~$ sudo ip link set dev enp0s3 mtu 1600
```

其中，dev表示网络接口。因此，上面的命令把网络接口enp0s3的MTU值设置为1600。

下面的命令用于修改网络设备的MAC地址，把网络接口enp0s3的MAC地址修改为08:00:27:58:3d:f7：

```
liu@ubuntu:~$ sudo ip link set dev enp0s3 address 08:00:27:58:3d:f7
```

2. 管理 IP 地址

利用ip命令可以管理网络接口的IP地址，包括添加、删除、显示以及清除等操作。其中需要使用address对象。通常情况下，address可以缩写为a、add或者addr。

下面的命令用于为网络接口enp0s3添加一个新的IP地址：

```
liu@ubuntu:~$ sudo ip address add 192.168.125.1/24 dev enp0s3
```

在上面的命令中，IP地址采用CIDR地址表示法，/前面为IP地址，/后面为二进制子网掩码中1的个数。

如果想要删除指定网络接口的IP地址，可以使用以下命令：

```
liu@ubuntu:~$ sudo ip addr delete 192.168.125.1/24 dev enp0s3
```

在上面的命令中，采用缩写addr，delete表示要执行的命令。

ip命令中的show可以显示指定网络接口的IP地址信息，如下所示：

```
liu@ubuntu:~$ ip a show dev enp0s3
2: enp0s3: <BROADCAST,MULTICAST,UP,LOWER_UP> mtu 1500 qdisc pfifo_fast state UP
group default qlen 1000
     link/ether 08:00:27:58:3d:f7 brd ff:ff:ff:ff:ff:ff
     inet 10.0.2.15/24 brd 10.0.2.255 scope global dynamic enp0s3
       valid_lft 86078sec preferred_lft 86078sec
```

```
    inet6 fe80::e45f:e916:6143:cf66/64 scope link
        valid_lft forever preferred_lft forever
```

同样，以下两个命令也可以显示同样的结果：

```
liu@ubuntu:~$ ip addr ls enp0s3
2: enp0s3: <BROADCAST,MULTICAST,UP,LOWER_UP> mtu 1500 qdisc pfifo_fast state UP
group default qlen 1000
    link/ether 08:00:27:58:3d:f7 brd ff:ff:ff:ff:ff:ff
    inet 10.0.2.15/24 brd 10.0.2.255 scope global dynamic enp0s3
        valid_lft 85959sec preferred_lft 85959sec
    inet6 fe80::e45f:e916:6143:cf66/64 scope link
        valid_lft forever preferred_lft forever
liu@ubuntu:~$ ip addr ls dev enp0s3
2: enp0s3: <BROADCAST,MULTICAST,UP,LOWER_UP> mtu 1500 qdisc pfifo_fast state UP
group default qlen 1000
    link/ether 08:00:27:58:3d:f7 brd ff:ff:ff:ff:ff:ff
    inet 10.0.2.15/24 brd 10.0.2.255 scope global dynamic enp0s3
        valid_lft 85951sec preferred_lft 85951sec
    inet6 fe80::e45f:e916:6143:cf66/64 scope link
        valid_lft forever preferred_lft forever
```

在上面的例子中，使用list命令代替show，list可以缩写为ls。从上面的例子可以得知，ip命令的语法是非常灵活的。

如果想要清除某个网络接口的IP地址，则可以使用flush，如下所示：

```
liu@ubuntu:~$ sudo ip -4 addr flush enp0s3
```

上面的命令使用-4选项来表示清除IPv4类型的IP地址，同时指定网络接口为enp0s3。

> **注意** 通过ip命令修改的IP地址重启后会消失。如果想永久保存，请修改网络配置文件。

3. 管理路由表

在ip命令中，路由表使用route对象表示。route可以缩写为r或者ro。从Linux内核2.2版本开始，内核把路由归纳到许多路由表中，并对这些表都进行编号，编号数字的范围是1~255。另外，为了方便，还可以在/etc/iproute2/rt_tables中为路由表命名。例如，下面的代码为一个默认的rt_tables文件的内容：

```
root@ubuntu:~# cat /etc/iproute2/rt_tables
#
# reserved values
#
255 local
254 main
253 default
0   unspec
#
# local
#
#1  inr.ruhep
```

在上面的文件中，每行定义一个路由表，前面的数字为路由表编号，后面为路由表名称，例如local、main以及default等。上面的几个路由表为默认路由表，用户不可以修改。用户可以修改该文件，增加新的路由表，但是前面的编号不可以重复。

默认情况下，所有的路由都会被插入编号为254的main表中。在进行路由查询时，内核只使用路由表main。

路由表的操作包括添加、删除、修改、替换、显示以及获取单条路由等。下面分别介绍这些操作方法。

默认情况下，ip命令会显示出main路由表的路由信息。如下所示：

```
liu@ubuntu:~$ ip route show
01  default via 10.0.2.2 dev enp0s3 proto static metric 100
02  default via 192.168.1.1 dev enp0s8 proto static metric 101
03  10.0.2.0/24 dev enp0s3 proto kernel scope link src 10.0.2.15 metric 100
04  169.254.0.0/16 dev enp0s3 scope link metric 1000
05  192.168.1.0/24 dev enp0s8 proto kernel scope link src 192.168.1.110 metric 100
```

从上面的输出可以得知，当前系统的main路由表中一共有5条路由信息。其中第01、02行都为默认路由，使用关键字default表示。第01行为网络接口enp0s3指定默认网关为10.0.2.2，其跳数为100。第02行为网络接口enp0s8指默认网关为192.168.1.1，其跳数为101。默认网关是必须要有的路由信息，当系统在发送数据包的时候，查不到相应的路由信息，便直接从默认路由发送。

第03行表示当前系统通过网络接口enp0s3与网络10.0.2.0/24连通。只要设备之间的网络是连通的，用户就可以访问10.0.2.0/24内部的任何IP地址。

第05行与第03行的功能基本相同，只是该行定义了一条通过网络接口enp0s8通向网络192.168.1.0/24的路由。

如果想要显示其他路由表的路由记录，则可以通过table关键字来指定路由表，如下所示：

```
liu@ubuntu:~$ ip route show table local
broadcast 10.0.2.0 dev enp0s3 proto kernel scope link src 10.0.2.15
local 10.0.2.15 dev enp0s3 proto kernel scope host src 10.0.2.15
broadcast 10.0.2.255 dev enp0s3 proto kernel scope link src 10.0.2.15
broadcast 127.0.0.0 dev lo proto kernel scope link src 127.0.0.1
local 127.0.0.0/8 dev lo proto kernel scope host src 127.0.0.1
local 127.0.0.1 dev lo proto kernel scope host src 127.0.0.1
broadcast 127.255.255.255 dev lo proto kernel scope link src 127.0.0.1
broadcast 192.168.1.0 dev enp0s8 proto kernel scope link src 192.168.1.110
...
```

上面的命令显示了local路由表的路由信息。

> 注意 如果没有指定table关键字，则默认为main路由表。

下面的命令用于删除一条默认路由：

```
liu@ubuntu:~$ sudo ip route del default
```

执行完以上命令之后，再次显示路由表信息，结果如下：

```
liu@ubuntu:~$ ip route list
```

```
default via 10.0.2.2 dev enp0s3 proto static metric 101
10.0.2.0/24 dev enp0s3 proto kernel scope link src 10.0.2.15 metric 100
169.254.0.0/16 dev enp0s8 scope link metric 1000
192.168.1.0/24 dev enp0s8 proto kernel scope link src 192.168.1.110 metric 100
```

可以得知，网络接口enp0s8的默认路由已经被删除了。由于当前系统还有一条通过网络接口enp0s3的默认路由，因此该系统仍然可以访问其他的所有网络。如果再执行一次上面的命令，把网络接口enp0s3的默认路由也删除，则该系统便不能访问其他的网络了，如下所示：

```
liu@ubuntu:~$ sudo ip route del default
liu@ubuntu:~$ ping 8.8.8.8
connect: Network is unreachable
```

但是由于通向网络10.0.2.0/24和192.168.1.0/24的路由还存在，因此这两个网络仍然可以访问，如下所示：

```
liu@ubuntu:~$ ping 192.168.1.168
PING 192.168.1.168 (192.168.1.168) 56(84) bytes of data.
64 bytes from 192.168.1.168: icmp_seq=1 ttl=128 time=0.187 ms
64 bytes from 192.168.1.168: icmp_seq=2 ttl=128 time=0.652 ms
...
```

为了使得系统能够访问其他的网络，可使用以下命令添加一条默认路由：

```
liu@ubuntu:~$ sudo ip route add default via 192.168.1.1 dev enp0s8
liu@ubuntu:~$ ping 8.8.8.8
PING 8.8.8.8 (8.8.8.8) 56(84) bytes of data.
64 bytes from 8.8.8.8: icmp_seq=1 ttl=44 time=18.1 ms
64 bytes from 8.8.8.8: icmp_seq=2 ttl=44 time=18.4 ms
64 bytes from 8.8.8.8: icmp_seq=3 ttl=44 time=18.4 ms
64 bytes from 8.8.8.8: icmp_seq=4 ttl=44 time=25.0 ms
...
```

ip route get命令可以获取通向某个IP地址的路由信息，如下所示：

```
liu@ubuntu:~$ ip route get 8.8.8.8
8.8.8.8 via 192.168.1.1 dev enp0s8 src 192.168.1.110
  cache
```

上面的命令告诉我们，发送到8.8.8.8的数据包经过网络接口enp0s8，并且通过网关192.168.1.1。

4. 管理策略路由

在某些情况下，我们不只是需要通过数据包的目的地址决定路由，可能还需要通过其他一些信息，例如源地址、IP协议、传输层端口甚至数据包的负载。这叫作策略路由。策略路由是Linux提供的一种比较高级的路由功能。策略路由由路由规则来表示，在IP命令中，其对象为rule。同样，路由规则也包括添加、删除以及修改等操作。

例如，下面的命令用于列出当前系统的策略路由规则。

```
liu@ubuntu:~$ ip rule list
0:          from all lookup local
32766:      from all lookup main
32767:      from all lookup default
```

上面的命令列出了路由器默认的路由规则，一共有3条。最前面的数字为规则编号，编号越小，优先级越高。后面定义了具体的规则。最后的local、main以及default等为路由表的名称。

规则0是优先级别最高的规则，它规定所有的数据包都必须先使用local表进行路由。本规则不能被更改和删除。

规则32766规定所有的包使用表main进行路由。本规则可以被更改和删除。

规则32767规定所有的包使用表default进行路由。本规则可以被更改和删除。

在默认情况下，进行路由时，首先会根据规则0在本地路由表中寻找路由，如果目的地址是本网络，或是广播地址的话，在这里就可以找到合适的路由；如果路由失败，就会匹配下一个不空的规则，在这里只有32766规则，在这里将会在主路由表中寻找路由；如果失败，就会匹配32767规则，即寻找默认路由表。如果失败，路由将失败。

为了便于管理路由规则，用户可以添加自己的路由表。然后在路由表中添加路由信息，最后通过规则指定路由策略。

例如，下面修改/etc/iproute2/rt_tables文件，增加一个新的路由表，其编号为252，名称为localnet。修改后的文件内容如下所示：

```
liu@ubuntu:~$ cat /etc/iproute2/rt_tables
#
# reserved values
#
255 local
254 main
253 default
252 localnet
0   unspec
#
# local
#
#1  inr.ruhep
```

然后在路由表localnet中增加一条默认路由：

```
liu@ubuntu:~$ sudo ip route add default via 192.168.0.1 dev enp0s3 table localnet
```

最后添加一条路由规则，指定来自192.168.1.0/24的数据包都通过路由表localnet路由：

```
liu@ubuntu:~$ sudo ip rule add from 192.168.1.0/24 table localnet
```

下面的命令用于将路由规则从localnet中删除：

```
liu@ubuntu:~$ sudo ip rule del from 192.168.2.0/24 table localnet
```

除管理网络设备、路由表和路由策略外，ip命令还可以管理ARP路由表以及隧道等。用户可以参考ip命令的帮助手册，不再详细举例说明。

注意 通过ip命令设置的路由信息在重新启动系统之后会丢失。为了避免丢失，用户可以将命令写入rc.local等初始化文件。

11.2.3 route 命令

route命令与ifconfig命令都在net-tools软件包中，是一个传统的Linux路由管理命令。通过route命令可以显示和管理路由表。route命令的基本语法如下：

```
route [options]
```

route命令的常用选项有：

- -A：指定协议族，可以取inet以及inet6等值。
- -n：显示数字形式的IP地址。
- -e：使用netstat格式显示路由表。
- del：删除路由记录。
- add：添加路由记录。
- gw：设置默认网关。
- dev：路由记录对应的网络接口。
- -net：指定的目标是一个网络。
- -host：指定的目标是一台主机。
- netmask：指定目标网络的子网掩码。

例如，下面的命令用于显示当前系统的路由表信息：

```
liu@ubuntu:~$ route -n
Kernel IP routing table
Destination     Gateway         Genmask         Flags   Metric  Ref     Use Iface
0.0.0.0         10.0.2.2        0.0.0.0         UG      100     0       0   enp0s3
0.0.0.0         192.168.1.1     0.0.0.0         UG      101     0       0   enp0s8
10.0.2.0        0.0.0.0         255.255.255.0   U       100     0       0   enp0s3
169.254.0.0     0.0.0.0         255.255.0.0     U       1000    0       0   enp0s3
192.168.1.0     0.0.0.0         255.255.255.0   U       100     0       0   enp0s8
```

route命令的输出一共有8列。第1列为路由的目标网络或者主机。第2列为网关，如果没有设置网关，则该列为星号*。第3列为目标网络的子网掩码，如果路由目标为一台主机，则该列为255.255.255.255；如果该条记录为默认路由，则子网掩码为0.0.0.0。第4列为标志，如果该条路由处于启用状态，则该列含有U标志；如果路由目标为一台主机，则该列含有H标志；如果该条路由通过网关，则该列含有G标志；如果该条路由为动态路由重新初始化路由，则该列含有R标志；如果该条路由是动态希尔，则该列含有D标志；如果该条路由是由守护进程动态修改的，则该列含有M标志；如果该条路由为禁用路由，则该列含有!标志。第5列为离目标主机或者网络的距离，通常使用跳数来表示。第6列永远为0。第7列为该条路由被使用的次数。第8列为该条路由的数据包将要发送到的网络接口。

通过route命令也可以对网络参数进行管理。例如，用户可以通过以下命令添加一条到达网络224.0.0.0/28的路由：

```
liu@ubuntu:~$ sudo route add -net 224.0.0.0 netmask 240.0.0.0 dev enp0s3
liu@ubuntu:~$ route -n
Kernel IP routing table
Destination  Gateway      Genmask        Flags   Metric  Ref      Use      Iface
```

```
0.0.0.0        10.0.2.2      0.0.0.0          UG    100     0        0      enp0s3
0.0.0.0        192.168.1.1   0.0.0.0          UG    101     0        0      enp0s8
10.0.2.0       0.0.0.0       255.255.255.0    U     100     0        0      enp0s3
169.254.0.0    0.0.0.0       255.255.0.0      U     1000    0        0      enp0s3
192.168.1.0    0.0.0.0       255.255.255.0    U     100     0        0      enp0s8
224.0.0.0      0.0.0.0       240.0.0.0        U     0       0        0      enp0s3
```

上面新添加的路由表示发送到网络224.0.0.0/28的数据包都经过网络接口enp0s3。

route del命令可以将指定的路由记录删除，如下所示：

```
liu@ubuntu:~$ sudo route del -net 224.0.0.0 netmask 240.0.0.0
liu@ubuntu:~$ route -n
Kernel IP routing table
Destination Gateway         Genmask          Flags  Metric  Ref   Use
                Iface
0.0.0.0        10.0.2.2      0.0.0.0          UG     100     0     0      enp0s3
0.0.0.0        192.168.1.1   0.0.0.0          UG     101     0     0      enp0s8
10.0.2.0       0.0.0.0       255.255.255.0    U      100     0     0      enp0s3
169.254.0.0    0.0.0.0       255.255.0.0      U      1000    0     0      enp0s3
192.168.1.0    0.0.0.0       255.255.255.0    U      100     0     0      enp0s8
```

用户可以通过route命令来管理网关。例如，下面的命令用于将默认网关192.168.1.1删除：

```
liu@ubuntu:~$ sudo route del default gw 192.168.1.1
liu@ubuntu:~$ route -n
Kernel IP routing table
Destination    Gateway       Genmask          Flags  Metric  Ref   Use   Iface
0.0.0.0        10.0.2.2      0.0.0.0          UG     100     0     0     enp0s3
10.0.2.0       0.0.0.0       255.255.255.0    U      100     0     0     enp0s3
169.254.0.0    0.0.0.0       255.255.0.0      U      1000    0     0     enp0s3
192.168.1.0    0.0.0.0       255.255.255.0    U      100     0     0     enp0s8
```

下面的命令用于为网络接口enp0s8增加默认网关：

```
liu@ubuntu:~$ sudo route add default gw 192.168.1.1 dev enp0s8
liu@ubuntu:~$ route -n
Kernel IP routing table
Destination Gateway         Genmask          Flags  Metric  Ref Use Iface
0.0.0.0        192.168.1.1   0.0.0.0          UG     0       0   0   enp0s8
0.0.0.0        10.0.2.2      0.0.0.0          UG     100     0   0   enp0s3
10.0.2.0       0.0.0.0       255.255.255.0    U      100     0   0   enp0s3
169.254.0.0    0.0.0.0       255.255.0.0      U      1000    0   0   enp0s3
192.168.1.0    0.0.0.0       255.255.255.0    U      100     0   0   enp0s8
```

11.2.4 netstat 命令

顾名思义，netstat命令不是用来配置网络的，而是用来查看各种网络信息的，包括网络连接、路由表以及网络接口的各种统计数据等。

netstat命令的基本语法如下：

```
netstat [options]
```

常用的选项如下：

- -a：显示所有处于活动状态的套接字。
- -A：显示指定协议族的网络连接信息。
- -c：持续列出网络状态信息，刷新频率为1s。
- -e：显示更加详细的信息。
- -i：列出所有的网络接口。
- -l：列出处于监听状态的套接字。
- -n：直接显示IP地址，不转换成域名。
- -p：显示使用套接字的进程ID和程序名称。
- -r：显示路由表信息。
- -s：显示每个协议的统计信息。
- -t：显示TCP/IP协议的连接信息。
- -u：显示UDP协议的连接信息。

下面的例子列出了所有的端口，包括监听和未监听的：

```
liu@ubuntu:~$ netstat -a
Active Internet connections (servers and established)
Proto  Recv-Q  Send-Q  Local Address       Foreign Address    State
tcp    0       0       localhost:ipp       0.0.0.0:*          LISTEN
tcp    0       0       localhost:mysql     0.0.0.0:*          LISTEN
tcp    0       0       0.0.0.0:hostmon     0.0.0.0:*          LISTEN
tcp6   0       0       ip6-localhost:ipp   [::]:*             LISTEN
tcp6   0       0       localhost:8005      [::]:*             LISTEN
tcp6   0       0       [::]:hostmon        [::]:*             LISTEN
tcp6   0       0       [::]:http-alt       [::]:*             LISTEN
udp    0       0       localhost:domain    0.0.0.0:*
udp    0       0       0.0.0.0:bootpc      0.0.0.0:*
...
```

netstat –a命令的输出结果一共有6列。第1列为协议，包括tcp、tcp6以及udp等。第2列为用户未读取的套接字中的数据。第3列为远程主机未读取的套接字中的数据。第4列为本地地址和端口号。第5列为远程地址和端口号。第6列为套接字状态，可以是ESTABLISHED、TIME_WAIT、CLOSE以及LISTEN等值，分别表示连接已建立、连接已关闭等待处理完数据、连接已关闭以及正在监听进入的连接请求等。

使用-t选项可以只显示TCP/IP协议的连接，排除掉其他的协议，例如udp等，如下所示：

```
liu@ubuntu:~$ netstat -at
Active Internet connections (servers and established)
Proto  Recv-Q  Send-Q  Local Address       Foreign Address    State
tcp    0       0       localhost:ipp       0.0.0.0:*          LISTEN
tcp    0       0       localhost:mysql     0.0.0.0:*          LISTEN
tcp    0       0       0.0.0.0:hostmon     0.0.0.0:*          LISTEN
tcp6   0       0       ip6-localhost:ipp   [::]:*             LISTEN
tcp6   0       0       localhost:8005      [::]:*             LISTEN
tcp6   0       0       [::]:hostmon        [::]:*             LISTEN
tcp6   0       0       [::]:http-alt       [::]:*             LISTEN
```

...

下面的命令用于通过状态对连接进行筛选，只显示处于监听状态的TCP连接：

```
liu@ubuntu:~$ netstat -tl
Active Internet connections (only servers)
Proto  Recv-Q  Send-Q  Local Address        Foreign Address       State
tcp    0       0       localhost:ipp        0.0.0.0:*             LISTEN
tcp    0       0       localhost:mysql      0.0.0.0:*             LISTEN
tcp    0       0       0.0.0.0:hostmon      0.0.0.0:*             LISTEN
...
```

在上面的例子中，本地地址是采用名称来显示的，例如localhost:ipp以及localhost:mysql等，并没有把数字形式的地址显示出来，不是很直观。用户可以使用-n选项来直接显示数字形式的地址，而不转换成名称，如下所示：

```
liu@ubuntu:~$ netstat -tlan
Active Internet connections (servers and established)
Proto  Recv-Q  Send-Q  Local Address        Foreign Address       State
tcp    0       0       127.0.0.1:631        0.0.0.0:*             LISTEN
tcp    0       0       127.0.0.1:3306       0.0.0.0:*             LISTEN
tcp    0       0       0.0.0.0:5355         0.0.0.0:*             LISTEN
tcp6   0       0       ::1:631              :::*                  LISTEN
...
```

当某个端口被占用而导致服务无法启动时，可以使用netstat命令进行排查。例如，下面的命令用于将在8080端口监听的程序名称及其状态显示出来：

```
liu@ubuntu:~$ sudo netstat -anp|grep ":8080"
tcp6   0       0       :::8080              :::*          LISTEN    1162/java
```

通过netstat命令还可以列出当前系统的所有网络接口，如下所示：

```
liu@ubuntu:~$ netstat -i
Kernel Interface table
Iface   MTU    RX-OK  RX-ERR RX-DRP RX-OVR TX-OK TX-ERR TX-DRP TX-OVR Flg
enp0s3  1500   160    0      0      0      176   0      0      0      BMRU
enp0s8  1500   173    0      0      0      190   0      0      0      BMRU
lo      65536  44     0      0      0      44    0      0      0      LRU
```

此外，netstat命令还有查看路由表信息的功能，需要使用-r选项，如下所示：

```
liu@ubuntu:~$ netstat -r
Kernel IP routing table
Destination  Gateway  Genmask        Flags MSS Window irtt Iface
default      gateway  0.0.0.0        UG    0   0      0    enp0s3
default      gateway  0.0.0.0        UG    0   0      0    enp0s8
10.0.2.0     0.0.0.0  255.255.255.0  U     0   0      0    enp0s3
link-local   0.0.0.0  255.255.0.0    U     0   0      0    enp0s3
192.168.1.0  0.0.0.0  255.255.255.0  U     0   0      0    enp0s8
...
```

11.2.5　nslookup 命令

nslookup命令主要用来查询域名信息，实际上主要是将域名转换为相应的IP地址，或者将IP地址转换成相应的域名。nslookup命令为用户提供了两种工作模式，分别是交互模式和非交互模式。其基本语法如下：

```
nslookup [name | -] [server]
```

其中，name参数表示要查询的域名，而server则是指定的域名服务器。

例如，下面的命令用于查询www.baidu.com域名的相关信息：

```
liu@ubuntu:~$ nslookup www.baidu.com
01  Server:          127.0.0.53
02  Address:         127.0.0.53#53
03
04  Non-authoritative answer:
05  www.baidu.com    canonical name = www.a.shifen.com.
06  Name:     www.a.shifen.com
07  Address: 14.215.177.38
08  Name:     www.a.shifen.com
09  Address: 14.215.177.39
```

在上面的输出中，第01、02行显示了nslookup使用的域名服务器。第04~09行显示了www.baidu.com域名的相关信息。其中第05行显示www.baidu.com还有别名为www.a.shifen.com。此外，该域名对应两个IP地址。

默认情况下，nslookup命令查询的是A记录，即域名对应的IP地址。实际上，通过nslookup命令还可以查询其他的类型域名记录，包括MX，如下所示：

```
liu@ubuntu:~$ nslookup -type=mx ezloo.com 8.8.8.8
Server:     8.8.8.8
Address:    8.8.8.8#53

Non-authoritative answer:
ezloo.com    mail exchanger = 10 aspmx.l.google.com.
ezloo.com    mail exchanger = 20 alt1.aspmx.l.google.com.
ezloo.com    mail exchanger = 30 alt2.aspmx.l.google.com.
ezloo.com    mail exchanger = 40 aspmx2.googlemail.com.
ezloo.com    mail exchanger = 50 aspmx3.googlemail.com.

Authoritative answers can be found from:
```

上面的命令使用-type选项指定查询的域名记录类型为MX，即邮件服务器。同时指定使用的域名服务器为8.8.8.8。

上面介绍的是非交互模式，nslookup命令还提供了一种交互模式。在使用nslookup命令的时候，如果没有提供任何参数和选项，则进入交互模式。

```
liu@ubuntu:~$ nslookup
>
```

进入交互模式之后，会出现一个命令提示符>，用户可以在命令提示符后面输入命令。在交互模式下，nslookup提供了3个主要的命令，分别是set、server和lserver。set命令用来改变查询的记录类型，server和lserver用来指定要使用的域名服务器。

下面的代码使用交互模式查询域名www.baidu.com的信息：

```
01  > set type=a
02  > server 8.8.8.8
03  Default server: 8.8.8.8
04  Address: 8.8.8.8#53
05  > www.baidu.com
06  Server:  8.8.8.8
07  Address: 8.8.8.8#53
08
09  Non-authoritative answer:
10  www.baidu.com    canonical name = www.a.shifen.com.
11  Name:    www.a.shifen.com
12  Address: 103.235.46.39
```

其中，第01行使用set命令将记录类型设置为A记录。第02行通过server命令指定要使用的域名服务器为8.8.8.8。第05行输入要查询的域名。

11.2.6 ping 命令

ping命令是一个使用非常频繁的命令。该命令会向某台主机发送ICMP数据包，并接收响应。ping命令主要用来测试网络的连通状态，如果收到响应，则表示网络在物理连接上是畅通的，否则可能会出现物理故障。

ping命令的基本语法如下：

```
ping [options] destination
```

ping命令常用的选项有：

- -4：仅使用IPv4。
- -6：仅使用IPv6。
- -c：指定发送的数据包的数量。
- -i：指定数据包发送的时间间隔，默认单位为秒。
- -I：指定使用的网络接口。

destination参数为目标主机。

例如，下面的命令用于测试到主机www.baidu.com的网络是否连通：

```
liu@ubuntu:~$ ping www.baidu.com
PING www.a.shifen.com (14.215.177.38) 56(84) bytes of data.
64 bytes from 14.215.177.38 (14.215.177.38): icmp_seq=1 ttl=56 time=3.21 ms
64 bytes from 14.215.177.38 (14.215.177.38): icmp_seq=2 ttl=56 time=7.43 ms
64 bytes from 14.215.177.38 (14.215.177.38): icmp_seq=3 ttl=56 time=3.84 ms
64 bytes from 14.215.177.38 (14.215.177.38): icmp_seq=4 ttl=56 time=3.62 ms
^C
--- www.a.shifen.com ping statistics ---
4 packets transmitted, 4 received, 0% packet loss, time 3005ms
```

```
rtt min/avg/max/mdev = 3.210/4.527/7.430/1.693 ms
```

注意 用户需要按Ctrl+C组合键退出ping命令。

11.3　防火墙

防火墙是保护计算机系统免受网络上其他用户非法访问的一种软件系统。在计算机的安全中，防火墙发挥着重要的作用。本节将详细介绍Ubuntu中的防火墙系统ufw的配置方法。

11.3.1　ufw 简介

从Linux内核2.4开始，引入了一个名称为Netfilter的子系统。通过Netfilter可以实现数据包的过滤、网络地址转换等重要的网络功能。几乎所有的Linux发行版都使用Netfilter作为数据包过滤的工具。

在Netfilter的基础上出现了一些防火墙管理工具，例如iptables和firewalld。其中，在RHEL 7中采用firewalld作为防火墙管理工具，用来代替iptables。

默认情况下，Ubuntu采用ufw作为防火墙管理工具。ufw提供非常友好的方式帮助用户管理防火墙。

11.3.2　ufw 的配置

ufw的管理工具即为ufw命令。该命令的基本语法如下：

```
ufw [option] command
```

ufw命令比较重要的选项只有一个，即--dry-run，该选项使得ufw命令不实际执行，只是显示命令要产生的改变。

ufw提供的子命令比较多，有以下几个：

- enable：启用ufw防火墙。
- disable：禁用防火墙。
- reload：重新加载防火墙。
- default：修改默认的策略。该子命令可以指定allow、deny以及reject这3个参数，并且可以指定数据包的方向为incoming、outgoing或者routed。
- logging：日志管理，包括启用或者禁用日志，以及指定日志级别。
- reset：将防火墙的配置恢复到初始状态。
- status：显示防火墙的状态。
- show：显示防火墙的信息。
- allow：添加允许通信的规则。
- deny：添加禁止通信的规则。

- reject：添加拒绝通信的规则。
- limit：添加限制规则。
- delete：删除指定的规则。
- insert：在指定位置插入规则。
- app list：列出使用防火墙的应用系统。
- app info：列出使用防火墙的应用信息。
- app update：更新应用防火墙。
- app default：执行应用的默认防火墙规则。

默认情况下，ufw处于禁用状态，管理员可以使用以下命令启动防火墙：

```
liu@ubuntu:~$ sudo ufw enable
Firewall is active and enabled on system startup
```

启动之后，就可以使用status子命令查看防火墙的运行状态了：

```
liu@ubuntu:~$ sudo ufw status
Status: active
```

与其他的防火墙管理软件相比，ufw的操作极其简单。例如，使用以下命令就可以开放80端口：

```
liu@ubuntu:~$ sudo ufw allow 80
Rule added
Rule added (v6)
```

用户根本不需要去记忆复杂的语法。这种简洁的语法对于初学者来说，无疑是非常容易上手的。

同样，如果用户想要禁用某个端口，只要使用deny子命令就可以了，如下所示：

```
liu@ubuntu:~$ sudo ufw deny 80
Rule updated
Rule updated (v6)
```

allow子命令实际上是在防火墙规则链的最后追加一条规则。而ufw也支持规则的插入。用户可以使用insert子命令在指定的位置插入一条新的规则。例如，下面的命令用于在第1条规则前面插入一条规则，允许访问8080端口：

```
liu@ubuntu:~$ sudo ufw insert 1 allow 8080
Rule inserted
Rule inserted (v6)
```

对于无用的规则，用户可以将其删除。删除规则使用delete子命令，加上规则即可，如下所示：

```
liu@ubuntu:~$ sudo ufw delete allow 8080
Rule deleted
Rule deleted (v6)
```

除简单地开关端口外，ufw也支持来源主机或者网络的限制。例如，下面的命令用于允许192.168.0.2访问本机的22端口，即可以通过SSH访问本机：

```
liu@ubuntu:~$ sudo ufw allow proto tcp from 192.168.0.2 to any port 22
Rule added
```

上面的命令稍微有点复杂，需要简单地解释一下。proto关键字用来指定访问协议，from关键字用来指定来源地址，to关键字用来指定被访问的IP或者端口。在本例中，使用any关键字表示本机所有的IP地址的22端口。

如果将上例中的192.168.0.2换成192.168.0.0/24，则表示允许来自网络192.168.0.0/24的任何主机访问本机的22端口，如下所示：

```
liu@ubuntu:~$ sudo ufw allow proto tcp from 192.168.0.0/24 to any port 22
Rule added
```

11.3.3 ufw 与应用系统的整合

在ufw中，每个需要开放端口的应用系统都会有一个配置文件。该配置文件记录了该应用系统需要的端口。默认情况下，这些配置文件位于/etc/ufw/applications.d目录下。用户可以直接修改这些配置文件。

例如，下面的代码为Apache2的配置文件：

```
liu@ubuntu:~$ cat /etc/ufw/applications.d/apache2-utils.ufw.profile
[Apache]
title=Web Server
description=Apache v2 is the next generation of the omnipresent Apache web server.
ports=80/tcp

[Apache Secure]
title=Web Server (HTTPS)
description=Apache v2 is the next generation of the omnipresent Apache web server.
ports=443/tcp

[Apache Full]
title=Web Server (HTTP,HTTPS)
description=Apache v2 is the next generation of the omnipresent Apache web server.
ports=80,443/tcp
```

从上面的内容可以得知，ufw对于Apache2的配置文件共分为3段，第1段描述了80端口的HTTP服务，第2段描述了443端口的HTTPS服务，第3段描述了完整的Apache2服务的配置。关于其他的应用系统的配置，与上面的代码大致相同，读者可以参考上面的代码来配置其他的应用程序。

注意 如果应用程序的端口发生了改变，用户可以直接修改对应的文件。

ufw提供了一些关于应用系统整合的命令，主要包括ufw app list、ufw app info以及ufw allow等。ufw app list命令用于列出与ufw整合的应用系统，如下所示：

```
liu@ubuntu:~$ sudo ufw app list
Available applications:
  Apache
  Apache Full
  Apache Secure
  CUPS
```

ufw app info命令可以把某个应用系统的详细配置信息显示出来，如下所示：

```
liu@ubuntu:~$ sudo ufw app info Apache
Profile: Apache
Title: Web Server
Description: Apache v2 is the next generation of the omnipresent Apache web
server.

Port:
 80/tcp
```

与开放一个端口类似，允许一个应用程序通过防火墙也可以使用ufw allow命令。

例如，下面的命令用于允许MySQL通过防火墙：

```
liu@ubuntu:~$ sudo ufw allow mysql
Rule added
Rule added (v6)
```

此外，ufw还支持一些扩展的语法，例如限制哪些主机可以访问某个应用程序：

```
liu@ubuntu:~$ sudo ufw allow from 192.168.1.0/24 to any app mysql
Rule added
```

上面的命令用于允许来自网络192.168.1.0/24的主机访问MySQL。

> **注意** 允许某些应用程序通过防火墙，需要首先为该应用程序在/etc/ufw/applications.d目录中创建一个配置文件。ufw命令会从配置文件中读取所需要开放的端口信息等。

11.3.4 ufw 日志管理

对于防火墙来说，其日志功能非常重要。通过查看防火墙日志，管理员可以有效地发现网络上面的攻击以及攻击的来源，从而可以采取必要的防范措施。

ufw的日志功能可以使用以下命令启用：

```
liu@ubuntu:~$ sudo ufw logging on
Logging enabled
```

启用日志功能之后，ufw的日志将会出现在/var/log/messages、/var/log/syslog和/var/log/kern.log等日志文件中。

如果用户想要停止ufw的日志，则可以使用以下命令：

```
liu@ubuntu:~$ sudo ufw logging off
Logging disabled
```

第 12 章

系统和网络安全

系统和网络安全始终是系统维护中最为重要的部分，必须引起足够的重视。然而，对于绝大部分用户来说，仅仅停留在让系统运行起来或者让网络连通起来的阶段。而对于系统和网络安全，却没有采取相应的措施，或者根本不认为需要采取措施。最近几年频繁爆出的网络安全事件，就是不重视系统和网络安全导致的后果。本章将详细介绍 Ubuntu 中的系统和网络安全。

本章主要涉及的知识点有：

❋ 用户管理安全：主要介绍用户的日常管理中需要注意的安全问题。
❋ 防火墙：主要介绍Ubuntu的防火墙ufw。
❋ AppArmor：主要介绍AppArmor的命令工具以及配置方法。
❋ 证书：主要介绍证书类型以及证书的创建和安装方法。
❋ 弱点扫描、入侵检测：主要介绍弱点扫描工具OpenVAS、入侵检测系统Snort的使用方法。

12.1 用户管理安全

用户管理是Ubuntu系统安全中最为关键的环节之一。许多安全隐患都是因为用户管理不善而引起的。因此，掌握如何通过简单而有效的用户管理技术来保护服务器是非常有必要的。本节将对用户管理的安全知识进行介绍。

12.1.1 管理好 root 用户

在Linux系统中，root用户成为超级用户，这意味着root用户拥有至高无上的权限。因此，root

用户成为许多黑客的攻击目标，企图获取root用户的权限和身份成为入侵系统的途径。

因此，在现代许多Linux系统的发行版中，都对root用户的管理进行了或多或少的改进。在Ubuntu中，默认是禁止root用户直接登录系统的。但是，这并不影响用户通过root用户的权限来进行系统维护。Ubuntu提供了一个名称为sudo的命令来使得普通用户可以完成系统管理任务。在使用sudo命令时，普通用户不需要得知root用户的密码，只需要输入自己的密码即可。

Ubuntu强烈建议用户使用sudo命令来代替root用户执行日常维护工作。通过sudo命令，管理员可以为不同的用户分别配置不同的权限，从而达到权限控制细化的效果。

为了保证root用户安全，管理员可以使用以下命令锁定root用户密码，禁止root用户使用密码登录系统：

```
liu@ubuntu:~$ sudo passwd -l root
```

默认情况下，初始用户，即在安装系统时创建的用户具有sudo命令的执行权限。如果想要其他的用户拥有执行sudo命令的权限，需要将其添加到/etc/sudoers文件中。尽管该文件为文本文件，但是不建议用户直接编辑该文件，而是使用sudoedit命令来修改。因为如果对于该文件的语法不太熟悉的话，直接修改该文件会出现语法错误，从而导致无法使用sudo命令。

12.1.2　用户资料安全

通常情况下，Linux服务器是多用户共享使用的，也就是说，系统中会存在多个用户账号。在这种情况下，用户应该注意自己的文件资料的安全。

默认情况下，每个用户的主目录都被赋予rwxr-xr-x的权限，如下所示：

```
liu@ubuntu:/home$ ls -ld /home/liu/
drwxr-xr-x  3  liu  liu  4096  Oct 18 17:55  /home/liu/
```

这意味着任何用户都可以进入其他用户的主目录并浏览其他用户的资料。在某些场合中，这种情况是非常不安全的。因此，管理员可以将用户主目录的访问权限修改为0750，即rwxr-x---，从而禁止除同组用户外的其他用户进入该主目录。

```
liu@ubuntu:/home$ sudo chmod 0750 /home/liu/
liu@ubuntu:/home$ ls -ld /home/liu/
drwxr-x---  3  liu  liu  4096  Oct 18 17:55  /home/liu/
```

> **注意** 有些人喜欢不分青红皂白地对子文件夹和文件使用递归选项-R，其实这并没有必要，有时甚至会产生不必要的麻烦。仅使用父目录会阻止任何对父目录下的非经授权的闯入。

除修改主目录访问权限外，管理员还可以修改adduser命令的默认选项来指定新的用户主目录的公共默认权限。Adduser命令的配置文件为/etc/adduser.conf。通过其中的DIR_MODE选项，可以指定默认的用户主目录访问权限。例如：

```
DIR_MODE=0750
```

设置完以上选项之后，使用adduser命令添加一个新的用户test：

```
liu@ubuntu:/home$ sudo adduser test
Adding user `test' ...
Adding new group `test' (1003) ...
Adding new user `test' (1003) with group `test' ...
Creating home directory `/home/test' ...
Copying files from `/etc/skel' ...
Enter new UNIX password:
Retype new UNIX password:
passwd: password updated successfully
Changing the user information for test
Enter the new value, or press ENTER for the default
        Full Name []: test
        Room Number []:
        Work Phone []:
        Home Phone []:
        Other []:
Is the information correct? [Y/n] y
liu@ubuntu:/home$ ls -ld /home/test/
drwxr-x---  2       test    test    4096    Oct 20 15:24    /home/test/
```

可以看出，用户test的主目录的访问权限已经默认为rwxr-x---。

12.1.3　密码策略

在绝大部分网络攻击中，弱密码始终是一个非常重要的突破口。许多成功的安全漏洞都涉及穷举和字典攻击弱密码。而在日常工作中，有的用户为了便于记忆密码，经常将密码设置为简单的字符串，例如123456、abc以及888888等，或者是比较常见的英文单词和个人生日等。这些密码很轻易地就可以通过字典破解。

密码的安全策略主要涉及3个方面，分别为密码长度、密码复杂度和密码的最长寿命。管理员可以从这3个方面加强密码安全。

在不同的Linux发行版中，设置密码长度的方法有所不同，默认的密码最小长度也有所不同。在 Ubuntu 中，默认的最小密码长度为6。在基于 Debian 的发行版中，管理员可以在/etc/pam.d/common-password文件中指定密码的最小长度。在common-password文件中找到以下1行：

```
password [success=1 default=ignore]  pam_unix.so obscure use_authtok
try_first_pass sha512
```

在该行的后面追加下面的选项：

```
minlen=8
```

minlen选项表示密码的最小长度。
修改完成后的代码如下：

```
password [success=1 default=ignore]  pam_unix.so obscure use_authtok
try_first_pass sha512 minlen=8
```

设置完成之后，该规则立刻生效，如下所示：

```
liu@ubuntu:/home$ passwd
```

```
Changing password for liu.
(current) UNIX password:
New password:
BAD PASSWORD: The password is shorter than 8 characters
New password:
```

除密码长度外，密码的复杂度也是非常重要的。Ubuntu 使用 libpam-pwquality 或者 libpam-cracklib来实现密码复杂度的检查。如果当前系统没有安装上面的软件包，可以自己安装。当然，只能安装其中的一个软件包。下面的命令用于安装libpam-pwquality：

```
liu@ubuntu:/home$ sudo apt install libpam-pwquality
```

安装完成之后，同样在/etc/pam.d/common-password文件中设置密码复杂度要求。在该文件中找到以下代码行：

```
password   requisite        pam_pwquality.so      retry=3
```

其中，retry=3表示用户最多可以尝试输入3次密码。

如果要求用户的密码必须含有1个大写字母，可以使用ucredit选项，如下所示：

```
passwordrequisite    pam_pwquality.so retry=3 ucredit=-1
```

如果要求密码至少有1个小写字母，可以使用lcredit选项，如下所示：

```
passwordrequisite    pam_pwquality.so retry=3 ucredit=-1 lcredit=-1
```

如果要求密码至少有1个数字，可以使用dcredit选项，如下所示：

```
passwordrequisite    pam_pwquality.so retry=3 ucredit=-1 lcredit=-1 dcredit=-1
```

如果要求密码至少含有1个除数字和字母外的字符，可以使用ocredit选项，如下所示：

```
passwordrequisite    pam_pwquality.so retry=3 ucredit=-1 lcredit=-1 dcredit=-1
ocredit=-1
```

如果要求密码至少包含上面所讲的两种字符集，需要使用minclass选项，如下所示：

```
passwordrequisite    pam_pwquality.so retry=3 ucredit=-1 lcredit=-1 dcredit=-1
ocredit=-1 minclass=2
```

在创建用户时，强制指定用户密码的寿命也是密码安全的重要措施。密码的寿命包括最短和最长密码期效，通过指定这两种选项来强迫用户在密码过期时改变他们的密码。

管理员可以使用chage命令来查看或者修改密码或者用户的寿命。例如，下面的命令用于显示用户liu的相关信息：

```
liu@ubuntu:/home$ sudo chage -l liu
Last password change                                : 10?18, 2023
Password expires                                    : never
Password inactive                                   : never
Account expires                                     : never
Minimum number of days between password change      : 0
Maximum number of days between password change      : 99999
Number of days of warning before password expires   : 7
```

其中，第1行为用户最后修改密码的时间，第2行为密码过期时间，第3行为密码过期后还允许用户登录的最长天数，第4行为账户过期时间，第5行为密码最短寿命，第6行为密码最长寿命，第7行为密码过期前的提醒天数。

如果需要修改上面的任何一项数据，可以使用不含-l选项的chage命令，交互式地修改：

```
liu@ubuntu:/home$ sudo chage liu
```

当然，管理员也可以直接通过选项来指定上面的数值，如下所示：

```
liu@ubuntu:/home$ sudo sudo chage -E 01/31/2019 -m 5 -M 90 -I 30 -W 14 liu
```

其中，-E选项表示账户过期日期，-m选项表示密码最短寿命，-M选项表示密码最长寿命，-I选项表示密码过期后还允许用户使用密码登录系统的最多天数，-W选项表示密码过期前预警的天数。

12.2　防火墙

防火墙是防止网络攻击，保护服务器的重要工具。任何一台连接到互联网的主机都必须安装和启用防火墙。否则，该主机非常容易成为黑客眼中的目标。通过配置防火墙，可以将网络攻击排除在外。本节将详细介绍Ubuntu的默认防火墙管理工具ufw以及目前比较流行的防火墙firewalld。

12.2.1　ufw

在第11章中，已经介绍过ufw的基本用法。正如前面介绍的一样，ufw本身并不是一个功能完备的防火墙，而是一个为了添加和删除简单规则而提供的防火墙配置工具。而Ubuntu仍然使用iptables作为防火墙的底层实现方式。

通过ufw，管理员可以方便地开放或者关闭端口，限制来源主机或者网络。甚至，ufw还提供了与应用程序的集成功能，通过简单的语法可以允许某些应用程序访问网络。

具体的使用方法前面已经详细介绍过了，此处不再重复说明。

12.2.2　IP 伪装

IP伪装的目的是允许网络中拥有私有的、不可路由的IP地址的主机访问网络。由于互联网上面的数据传输是双向的，也就是说，位于私有网络中的主机向远处的服务器发送了网络请求之后，服务器的响应也必须能够传输到发起请求的主机上面。为了能够做到这一点，Linux必须修改每个数据包的源地址，从而使得服务器的响应能够被正确路由回来。在这个过程中，处理数据转发的Linux系统充当了网关的角色。

IP伪装可以通过ufw制定规则来实现，这些规则保存在/etc/ufw/*.rules文件中。为了能够实现IP伪装，需要启用数据包的转发。首先，修改/etc/default/ufw文件，将DEFAULT_FORWARD_POLICY选项的值修改为ACCEPT，如下所示：

```
DEFAULT_FORWARD_POLICY="ACCEPT"
```

然后修改/etc/ufw/sysctl.conf文件，去掉下面1行前面的注释符号：

```
net/ipv4/ip_forward=1
```

然后在/etc/ufw/before.rules文件中添加网络地址转换规则，如下所示：

```
01  #nat Table rules
02  *nat
03  :POSTROUTING ACCEPT [0:0]
04  -A POSTROUTING -s 192.168.0.0/24 -o eth1 -j MASQUERADE
05  COMMIT
```

在上面的代码中，第01行为注释内容。第02行表示下面的规则为nat表的规则。第03行表示POSTROUTING链的默认规则为接受。第04行表示将来自网络192.168.0.0/24的数据包都通过网络接口eth1转发出去。第05行表示应用以上规则。

12.2.3 日志

防火墙的日志对于识别攻击、调试防火墙有着非常重要的作用。在发生网络攻击的时候，可以通过日志追踪攻击的来源。

管理员可以通过以下命令启用ufw的日志功能：

```
liu@ubuntu:~$ sudo ufw logging on
```

启用日志功能之后，ufw的日志就会保存到/var/log/messages、/var/log/syslog和/var/log/kern.log等文件中。

12.3 AppArmor

AppArmor是一个与SELinux类似的访问控制系统。通过AppArmor，管理员可以控制应用程序的功能。这对于某些提供网络服务的应用程序来说，可以加强其安全性。本节将介绍AppArmor的使用方法。

12.3.1 安装 AppArmor

Ubuntu系统已经集成了AppArmor，但是包括的配置文件比较少，用户可以自己安装，命令如下：

```
liu@ubuntu:~$ sudo apt install apparmor-profiles
```

此外，AppArmor还提供了一系列的命令行工具，可以更改AppArmor的执行模式、查看配置文件的状态、创建新的配置文件等。安装命令如下：

```
liu@ubuntu:~$ sudo apt install apparmor-utils
```

AppArmor有两种工作模式，分别为enforce和complain。对于前者而言，配置文件中列出的限制条件都会得到执行，并且对于违反这些限制条件的程序会进行日志记录。而对于后者而言，配置文件中的限制条件不会得到执行，AppArmor只是对程序的行为进行记录。例如，程序可以写一个在配置文件中注明只读的文件，但AppArmor不会对程序的行为进行限制，只是进行记录。

管理员可以通过以下命令重新加载AppArmor的配置信息：

```
liu@ubuntu:~$ sudo systemctl reload apparmor
```

执行以下命令可以禁用AppArmor服务：

```
liu@ubuntu:~$ sudo systemctl disable apparmor
```

12.3.2　使用 AppArmor

apparmor-utils软件包包含许多命令行工具，下面分别进行介绍。

1. apparmor_status

该命令用来查看AppArmor配置文件的当前状态，如下所示：

```
liu@ubuntu:~$ sudo apparmor_status
apparmor module is loaded.
80 profiles are loaded.
43 profiles are in enforce mode.
  /sbin/dhclient
  /usr/bin/evince
  /usr/bin/evince-previewer
...
37 profiles are in complain mode.
  /usr/lib/chromium-browser/chromium-browser
  /usr/lib/chromium-browser/chromium-browser//chromium_browser_sandbox
  /usr/lib/chromium-browser/chromium-browser//lsb_release
...
```

从上面的输出可以得知，当前系统中加载了80个配置文件，其中43个为enforce模式，37个为complain模式。

2. aa-complain

该命令将配置文件以complain模式加载。例如，下面的命令用于将/etc/apparmor.d目录下的所有配置文件以complain模式加载，如下所示：

```
liu@ubuntu:~$ sudo aa-complain /etc/apparmor.d/*
Profile for /etc/apparmor.d/abstractions not found, skipping
Profile for /etc/apparmor.d/apache2.d not found, skipping
Setting /etc/apparmor.d/bin.ping to complain mode.
Profile for /etc/apparmor.d/cache not found, skipping
Setting /etc/apparmor.d/content-hub-clipboard to complain mode.
Setting /etc/apparmor.d/content-hub-peer-picker to complain mode.
Profile for /etc/apparmor.d/disable not found, skipping
Profile for /etc/apparmor.d/force-complain not found, skipping
Setting /etc/apparmor.d/lightdm-guest-session to complain mode.
Profile for /etc/apparmor.d/local not found, skipping
Profile for /etc/apparmor.d/lxc not found, skipping
Setting /etc/apparmor.d/lxc-containers to complain mode.
...
```

3. aa-enforce

该命令将配置文件以enforce模式加载。例如，下面的命令用于将/etc/apparmor.d目录下的所有配置文件以enforce模式加载：

```
liu@ubuntu:~$ sudo aa-enforce /etc/apparmor.d/*
Profile for /etc/apparmor.d/abstractions not found, skipping
Profile for /etc/apparmor.d/apache2.d not found, skipping
Setting /etc/apparmor.d/bin.ping to enforce mode.
Profile for /etc/apparmor.d/cache not found, skipping
Setting /etc/apparmor.d/content-hub-clipboard to enforce mode.
Setting /etc/apparmor.d/content-hub-peer-picker to enforce mode.
Profile for /etc/apparmor.d/disable not found, skipping
Profile for /etc/apparmor.d/force-complain not found, skipping
Setting /etc/apparmor.d/lightdm-guest-session to enforce mode.
Profile for /etc/apparmor.d/local not found, skipping
Profile for /etc/apparmor.d/lxc not found, skipping
Setting /etc/apparmor.d/lxc-containers to enforce mode.
...
```

4. apparmor_parse

该命令用来将一个配置文件载入内核。它也可以通过使用-r选项来重新载入当前已载入的配置文件。例如，下面的命令用于载入/etc/apparmor.d/usr.lib.dovecot.anvil文件。

```
liu@ubuntu:~$ sudo apparmor_parser /etc/apparmor.d/usr.lib.dovecot.anvil
```

如果想重新载入已经位于内核的配置文件，则可以使用-r选项，如下所示：

```
liu@ubuntu:~$ sudo apparmor_parser -r /etc/apparmor.d/usr.lib.dovecot.anvil
```

12.3.3　AppArmor 配置文件

AppArmor是通过一个配置文件（即profile）来指定一个应用程序的相关权限的。在大多数情况下，可以通过限制应用程序的某些不必要的权限来提升系统安全性，比如指定Firefox不能访问系统目录，这样即便使用Firefox访问了恶意网页，也可以避免恶意网页通过Firefox访问系统目录。

AppArmor的配置文件位于/etc/apparmor.d目录中，并且以应用程序的绝对路径命名，只是把其中的/替换为.。例如配置文件/etc/apparmor.d/bin.ping对应的应用程序为/bin/ping。

在AppArmor的配置文件中，主要有两种类型的规则：

- 路径：指定该应用程序能够访问哪些文件。
- 能力：指定该进程能够拥有哪些权限。

为了能够使读者有个比较深刻的印象，下面看一个简单的例子，即经常使用的ping命令的配置文件：

```
liu@ubuntu:~$ cat /etc/apparmor.d/bin.ping
01  # ----------------------------------------------------------------
02  #
03  #    Copyright (C) 2002-2009 Novell/SUSE
04  #    Copyright (C) 2010 Canonical Ltd.
```

```
05  #
06  #    This program is free software; you can redistribute it and/or
07  #    modify it under the terms of version 2 of the GNU General Public
08  #    License published by the Free Software Foundation.
09  #
10  # ----------------------------------------------------------------------
11
12  #include <tunables/global>
13  profile ping /{usr/,}bin/ping {
14    #include <abstractions/base>
15    #include <abstractions/consoles>
16    #include <abstractions/nameservice>
17
18    capability net_raw,
19    capability setuid,
20    network inet raw,
21    network inet6 raw,
22
23    /{,usr/}bin/ping mixr,
24    /etc/modules.conf r,
25
26    # Site-specific additions and overrides. See local/README for details.
27    #include <local/bin.ping>
28  }
```

在上面的代码中，第01~10行都为注释内容。第12行的#include指令包含来自其他文件的声明。这样的话，可以实现代码的共享。第13~28行通过profile指令定义配置文件。其中capability语句定义了应用程序的能力，例如第18行指定ping命令可以连接 CAP_NET_RAW Posix.1e，第19行指定ping命令拥有setuid权限。第23行的mixr表示应用程序能够读取和执行该文件。第24行表示ping命令能够读取该配置文件等。

AppArmor提供了许多指令和语句，读者可以参考相关的技术文档以了解更多的信息。

管理员可以根据自己的需求为应用程序创建配置文件。在创建配置文件的时候，需要考虑应用程序会怎样运行、会读写哪些文件等。

然后使用aa-genprof命令创建配置文件。该命令的语法如下：

```
aa-genprof <executable> [-d /path/to/profiles] [-f /path/to/logfile]
```

其中，executable参数为应用程序的路径，-d选项用来指定配置文件的路径，-f选项用来指定日志文件的路径。

例如，下面的命令用于为tar命令创建配置文件：

```
liu@ubuntu:~$ sudo aa-genprof /bin/tar
```

当应用程序出现异常访问时，会被记录在日志文件中。管理员可以通过aa-logprof命令来扫描日志文件，对其进行审计或者更新配置文件等，如下所示：

```
liu@ubuntu:~$ sudo aa-logprof
Reading log entries from /var/log/syslog.
Updating AppArmor profiles in /etc/apparmor.d.
```

12.4　数字证书

随着网络环境的恶化，人们已经逐渐抛弃网络上面的明文数据传输，而是采用各种加密方式将数据加密后传输。通过密钥加密是目前比较流行的加密方式。系统利用公钥将数据加密，对方收到数据后通过私钥将数据解密。这些操作都需要用到证书，所以证书在保证网络安全方面有着不可代替的作用。本节将介绍证书的类型以及创建方法。

12.4.1　获取数字证书

公开密钥加密最常见的用途就是通过安全套接字来加密传输数据。例如HTTPS就是将原本明文传输的HTTP协议通过SSL加密。通过SSL可以使得本身并不支持数据加密的协议能够将数据加密后再进行传输。

公钥通常通过证书来分发。一般情况下，证书需要认证机构来签发。而认证机构就是一个受信任的第三方机构。由认证机构来确认证书中包含的内容是准确的、真实的。

从认证机构获得一个数字证书的过程非常简单，其基本步骤如下：

步骤01 用户创建一个私钥和公钥密钥对。

步骤02 基于公钥创建一个数字证书请求。该请求中包含服务器和公司信息。

步骤03 向认证机构发送证书请求。

步骤04 当认证机构确认用户提供的资料之后，将数字证书颁发给用户。

步骤05 用户将数字证书安装到服务器，并使用该证书配置相应的应用程序。

12.4.2　生成密钥

在申请数字证书之前，用户需要自己生成密钥对。根据不同的用途，密钥分为密码保护的密钥和没有密码保护的密钥。如果申请的证书用于某些守护进程，例如Apache、Postfix以及Tomcat等，则应该生成没有密码保护的密钥，这样的话用户就不需要在每次启动服务时输入密码。但是，没有密码保护的密钥相对而言是不安全的，所以，除应用于守护进程外，生成的密钥都应该通过密码保护。

密钥可以通过OpenSSL软件包来完成，该软件包提供了一个名称为openssl的命令。

下面的命令用于创建一个密码保护的私钥：

```
liu@ubuntu:~$ openssl genrsa -des3 -out server.key 2408
Generating RSA private key, 2408 bit long modulus
......................................+++
......+++
e is 65537 (0x10001)
Enter pass phrase for server.key:
Verifying - Enter pass phrase for server.key:
```

其中，genrsa为openssl的子命令，表示生成一个RSA算法私钥。-des3表示使用DES3加密算法保护RSA私钥。如果不指定-des3选项，则生成的私钥没有密码保护。-out选项用来指定私钥文件名。最后的数字2408为生成的私钥的位数。

当执行完以上命令之后，生成的私钥便以server.key为文件名存储在当前目录中。用户可以使用cat命令查看其内容，如下所示：

```
liu@ubuntu:~$ cat server.key
-----BEGIN RSA PRIVATE KEY-----
Proc-Type: 4,ENCRYPTED
DEK-Info: DES-EDE3-CBC,7BDF4938AA6D0EFF

BtbHjd5umBfZB3YWPcnDo500RZaYYcjG334cXhc7TPFGRG7J76iSMYTjh29GWMIg
Vdxkh21kYay4LBbk8ljrVXUaq26BDJoKBMekavWLxxbw/uhZiG4bT1K3e5LYpO0e
GWhxmIDzhKUMuYG5lXBT4YwH5lQjOfp9pxFcroiE978ESxG6gddGp4ty+ONyU5wb
fQGJuNTCvre1VvZokS8EFWiiorSsl9yT0TxOLkyBUCqUzcHXO3fLiwO5RKHx28Mf
…
nTyCCAn8Ks4=
-----END RSA PRIVATE KEY-----
```

接下来，用户可以使用openssl命令从server.key文件生成一个没有密码保护的私钥，如下所示：

```
liu@ubuntu:~$ openssl rsa -in server.key -out server-nopasswd.key
Enter pass phrase for server.key:
writing RSA key
```

其中，rsa子命令表示管理RSA密钥，-in选项用来指定输入的密钥文件，-out选项指定输出的密钥文件。在输出密钥的过程中，需要用户输入前面设置的保护密码。

12.4.3 生成证书签署请求

证书签署请求（Certificate Signing Request，CSR），即通过前面生成的私钥生成一个数字证书请求。该操作需要使用openssl命令的req子命令。

例如，下面的命令用于以前面创建的私钥生成一个证书签署请求：

```
liu@ubuntu:~$ openssl req -new -key server.key -out server.csr
Enter pass phrase for server.key:
You are about to be asked to enter information that will be incorporated
into your certificate request.
What you are about to enter is what is called a Distinguished Name or a DN.
There are quite a few fields but you can leave some blank
For some fields there will be a default value,
If you enter '.', the field will be left blank.
-----
Country Name (2 letter code) [AU]:CN
State or Province Name (full name) [Some-State]:Guangdong
Locality Name (eg, city) []:Guangzhou
Organization Name (eg, company) [Internet Widgits Pty Ltd]:Demo
Organizational Unit Name (eg, section) []:IT
Common Name (e.g. server FQDN or YOUR name) []:www.demo.com
Email Address []:admin@demo.com

Please enter the following 'extra' attributes
```

```
to be sent with your certificate request
A challenge password []:
An optional company name []:
```

在生成请求的过程中，会要求用户输入一系列的信息，包括国家名称、省名、城市、组织机构、域名以及电子邮件地址等。此外，还要求用户输入一个可选的密码和公司名称。当所有的问题都回答完毕之后，一个包含证书请求的名称为server.csr的文件便生成了。用户可以将该文件提交给证书认证机构，认证机构会根据该文件生成一个数字证书发送给用户。

除通过认证机构申请证书外，用户也可以创建自己签署的数字证书。当然，由于自签署证书并没有经过第三方的认证，因此不可以用在生产环境中，仅仅作为开发或者测试使用。

下面的命令用于生成一个自签名的数字证书：

```
liu@ubuntu:~$ openssl x509 -req -days 365 -in server.csr -signkey server.key -out
server.crt
Signature ok
subject=/C=CN/ST=Guangdong/L=Guangzhou/O=Demo/OU=IT/CN=www.demo.com/emailAddre
ss=admin@demo.com
Getting Private key
Enter pass phrase for server.key:
```

在执行上面的命令的时候，会要求用户输入私钥的密码，输入完成之后，生成的证书便保存在server.crt文件中。

12.4.4 安装证书

数字证书的安装比较简单，直接将证书和私钥复制到指定的目录即可，如下所示：

```
liu@ubuntu:~$ sudo cp server.crt /etc/ssl/certs/
liu@ubuntu:~$ sudo cp server.key /etc/ssl/private/
```

安装完成之后，用户可以在其他应用系统中使用该数字证书。例如在Apache中启用HTTPS。

12.5 弱点扫描

弱点扫描是保证网络上面的主机安全的重要措施之一。每台主机都难免存在着安全隐患，这些安全隐患会成为网络攻击的目标。通过弱点扫描可以及时发现这些安全隐患并采取相应的措施，可以避免出现网络安全问题。本节将介绍弱点扫描工具GVM（OpenVAS）的使用方法。

12.5.1 安装 GVM（OpenVAS）

GVM（OpenVAS）是一个开放式的漏洞评估系统，主要用来检测目标网络或主机的安全性。与安全焦点的X-Scan工具类似，OpenVAS系统也采用Nessus较早版本的一些开放插件。OpenVAS能够基于C/S（客户端/服务器）或者B/S（浏览器/服务器）架构进行工作，管理员通过浏览器或者专用客户端程序来下达扫描任务，服务器端负责授权，执行扫描操作并提供扫描结果。

一套完整的OpenVAS系统包括服务器端和客户端等多个组件，其架构如图12-1所示。

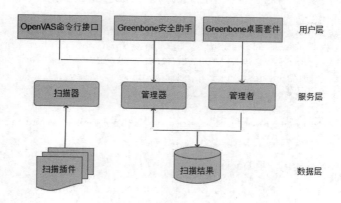

图 12-1 GVM（OpenVAS）架构

1. 服务层组件

服务层组件主要包括以下3种。

- openvas-scanner：扫描器，负责调用各种漏洞检测插件完成实际的扫描操作。
- openvas-manager：管理器，负责分配扫描任务，并根据扫描结果生成评估报告。
- openvas-administrator：管理者，负责管理配置信息以及用户授权等操作。

2. 用户层组件

用户层组件主要包括以下3种。

- openvas-cli：命令行工具，负责提供从命令行访问OpenVAS服务层。
- greenbone-security-assistant：安全助手，负责提供访问OpenVAS服务层的Web接口，便于通过浏览器来执行扫描任务，是使用最简便的客户层组件。
- Greenbone-Desktop-Suite：桌面套件，负责提供访问OpenVAS服务层的图形界面，主要允许在Windows客户机中使用。

OpenVAS提供了3种安装方式，第1种为Docker镜像，用户只要下载该镜像，然后直接导入该镜像即可使用。第2种为二进制软件包，OpenVAS为RHEL以及Ubuntu等多种系统平台提供了二进制软件包，用户只要安装相应的软件包即可。第3种为源代码，用户需要下载源代码后自行编译安装。

使用Docker compose方式来完成安装，安装依赖，命令如下：

```
liu@ubuntu:~$ sudo apt install ca-certificates curl gnupg
```

完成之后，执行以下命令安装Docker：

```
#删除旧的Docker相关软件包
liu@ubuntu:~$ for pkg in docker.io docker-doc docker-compose podman-docker
containerd runc; do sudo apt remove $pkg; done
#安装Docker仓库
liu@ ubuntu:~$ sudo install -m 0755 -d /etc/apt/keyrings
liu@ubuntu:~$ curl -fsSL https://download.docker.com/linux/ubuntu/gpg | sudo gpg
```

```
--dearmor -o /etc/apt/keyrings/docker.gpg
    liu@ ubuntu:~$ sudo chmod a+r /etc/apt/keyrings/docker.gpg
    liu@ ubuntu:~$ echo \
      "deb [arch="$(dpkg --print-architecture)"
signed-by=/etc/apt/keyrings/docker.gpg] https://download.docker.com/linux/ubuntu \
      "$(. /etc/os-release && echo "$VERSION_CODENAME")" stable" | \
      sudo tee /etc/apt/sources.list.d/docker.list > /dev/null
    liu@ ubuntu:~$ sudo apt update
    #安装Docker
    liu@ubuntu:~$sudo apt install docker-ce docker-ce-cli containerd.io
docker-compose-plugin
```

然后执行以下命令添加用户到Docker组：

```
    liu@ ubuntu:~$ sudo usermod -aG docker $USER && su $USER
```

下载Docker Compose的YML数据：

```
    #创建下载目录
    liu@ ubuntu:~$ export DOWNLOAD_DIR=$HOME/greenbone-community-container && mkdir
-p $DOWNLOAD_DIR
    #下载YML文件
    liu@ ubuntu:~$ cd $DOWNLOAD_DIR && curl -f -L
https://greenbone.github.io/docs/latest/_static/docker-compose-22.4.yml -o
docker-compose.yml
```

依据YML文件下载Container：

```
    liu@ ubuntu:~$ docker compose -f $DOWNLOAD_DIR/docker-compose.yml -p
greenbone-community-edition pull
```

启动Container：

```
    liu@ ubuntu:~$ docker compose -f $DOWNLOAD_DIR/docker-compose.yml -p
greenbone-community-edition up -d
```

查看Container的LOG：

```
    liu@ ubuntu:~$ docker compose -f $DOWNLOAD_DIR/docker-compose.yml -p
greenbone-community-edition logs -f
```

更新登录密码：

```
    liu@ ubuntu:~$ docker compose -f $DOWNLOAD_DIR/docker-compose.yml -p
greenbone-community-edition \
      exec -u gvmd gvmd gvmd --user=admin --new-password=123456
```

经过上面的操作，OpenVAS就安装好了。用户可以通过浏览器访问OpenVAS，需要通过HTTPS访问。OpenVAS的登录界面如图12-2所示。

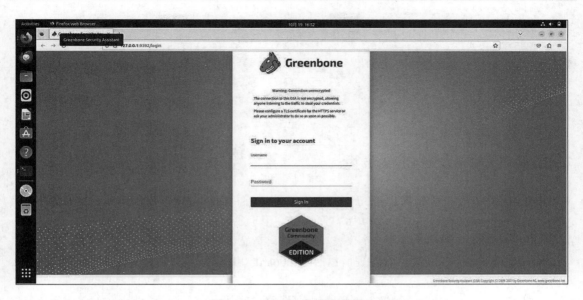

图 12-2　OpenVAS 的登录界面

OpenVAS默认的管理员账号和密码为admin和123456。登录成功之后，会直接跳转到仪表盘页面，如图12-3所示。

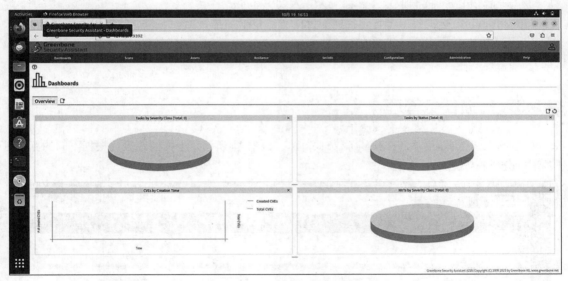

图 12-3　OpenVAS 仪表盘页面

对于实际的漏洞扫描和漏洞测试，需要CVE、端口列表和扫描配置等安全信息。所有这些数据均由Greenbone社区提供数据容器映像。

下载Greenbone社区提供数据容器映像：

```
liu@ ubuntu:~$ docker compose -f $DOWNLOAD_DIR/docker-compose.yml -p
greenbone-community-edition pull notus-data vulnerability-tests scap-data
dfn-cert-data cert-bund-data report-formats data-objects
```

使用新的数据来重启Container：

```
liu@ ubuntu:~$ docker compose -f $DOWNLOAD_DIR/docker-compose.yml -p
greenbone-community-edition up -d notus-data vulnerability-tests scap-data
dfn-cert-data cert-bund-data report-formats data-objects
```

> 注意 这步重启完成后，需要等待几分钟到几个小时不等，否则在后续进入界面的时候会由于缺少配置不能新建Tasks。

12.5.2 OpenVAS 的仪表盘

OpenVAS的仪表盘包括Dashboard、Scans、Assets、SecInfo、Configuration、Extras以及Administration等菜单。其中Dashboard为总的仪表盘，用于显示整个系统当前的重要统计信息。Scans、Assets和SecInfo这3个菜单也包含一个仪表盘，但是只是显示某个方面的概况。

Scans菜单的主要功能是扫描管理，包括Dashboard（仪表盘）、Tasks（扫描任务）、Reports（报告）以及Results（结果）等菜单。

Assets菜单的主要功能是管理主机和操作系统，包括Dashboard（仪表盘）、Hosts（主机）以及Operating System（操作系统）等菜单。

SecInfo菜单主要包括各种与IT基础设施有关的安全信息，包括NVTs（网络攻击测试）、CVEs（厂商和安全人员发布的一般攻击和漏洞）以及CPE标准命名等。

Configuration菜单主要用于管理各种配置信息，包括扫描目标、端口、凭据以及任务计划等。

Extras菜单包括其他的一些功能和配置信息。Administration菜单包括用户、用户组、角色以及认证方式管理。

12.5.3 扫描任务管理

单击Scans→Tasks菜单，打开任务管理界面，如图12-4所示。上面的图表为根据不同的标准对任务进行分类统计。

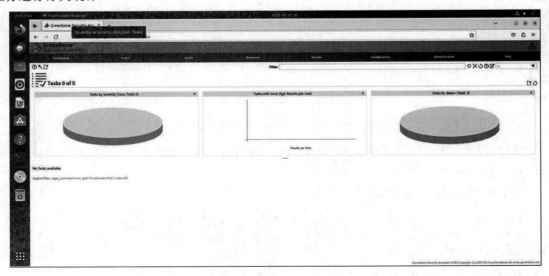

图 12-4 任务管理界面

　　用户有两种方式创建扫描任务。首先,用户可以单击任务管理界面左上角的任务向导按钮,
通过向导创建扫描任务。其次,用户还可以单击创建任务按钮,直接创建一个扫描任务。

　　如果用户对于创建任务操作不太熟悉,可以选择向导方式,如图12-5所示。

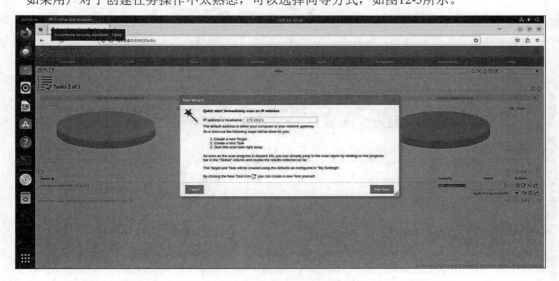

图 12-5　任务向导

　　在IP address or hostname文本框中输入要扫描的主机的IP地址或者域名。单击Start Scan按钮,
即可开始扫描指定的目标。

　　如果不想使用向导,则可以直接单击New Task按钮,打开New Task对话框,如图12-6所示。

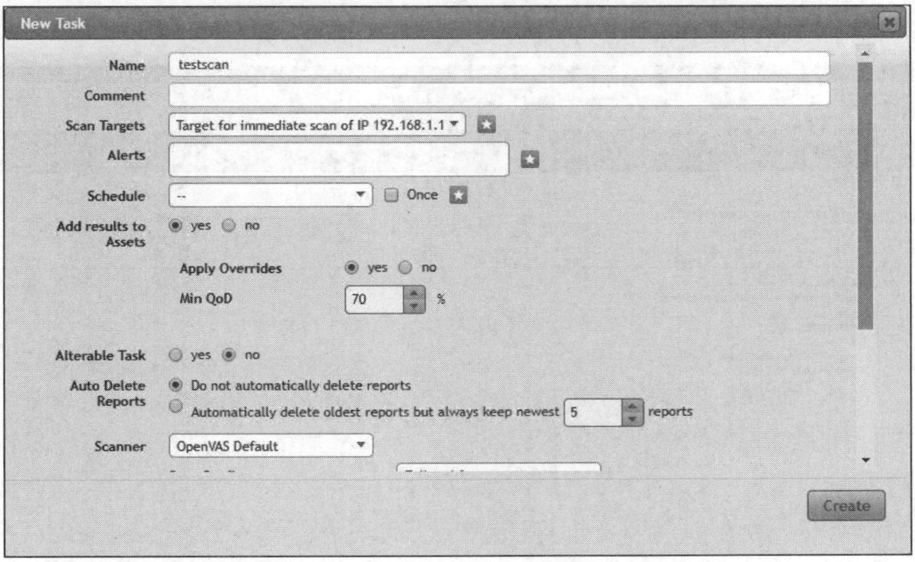

图 12-6　新建任务

　　使用这种方式,用户可以控制更多的选项,例如任务名称、扫描目标、报警方式、计划任务
以及扫描任务的并发控制等。设置完成之后,单击Create按钮即可开始扫描。

　　在任务列表的每一行后面都有6个按钮,分别为开始/停止、继续、删除、编辑、克隆以及导出。

12.5.4　扫描报表

OpenVAS会对每次扫描给出详细的报表。在扫描列表中，有一列名称为Reports。该列分为Total和Last两列。Total列显示了该项扫描任务总的报表数，其中括号前面的数字为已经完成的报表，括号中的为该项任务所有的报表。Last列则为最近一次扫描的报告。

单击Total列括号前面的数字，打开报表列表页面，如图12-7所示。

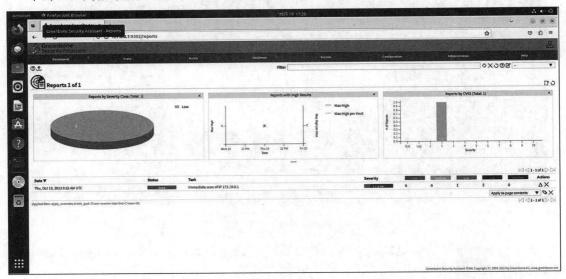

图 12-7　报表列表

单击下面的报表列表的Date列，可以列出报表的详细信息，如图12-8所示。

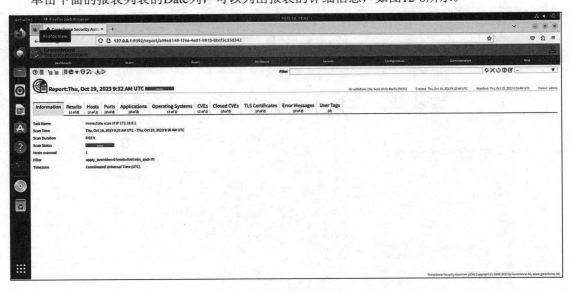

图 12-8　报表的详细信息

图12-8列出了该次扫描发现的漏洞以及严重程度。具体信息可以查看详细情况，如图12-9所示。

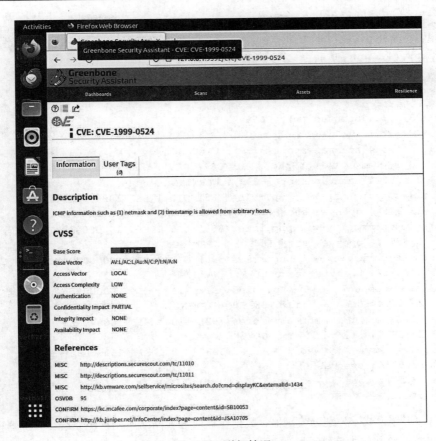

图 12-9　详细情况

12.6　入侵检测

对于网络安全而言，入侵检测是一件非常重要的事情。入侵检测系统可以用来检测网络中恶意的请求。Snort是一款非常有名的入侵检测系统。本节将详细介绍Snort的安装和配置方法。

12.6.1　安装 Snort

Snort为大部分Linux发行版都提供了软件包，因此安装起来非常方便。在Ubuntu中，可以使用以下命令安装Snort：

```
liu@openvas:~$ sudo apt install snort
```

安装完成之后，Snort便以服务的形式运行在系统中：

```
liu@openvas:~$ systemctl status snort
● snort.service - LSB: Lightweight network intrusion detection system
   Loaded: loaded (/etc/init.d/snort; bad; vendor preset: enabled)
   Active: active (running) since 一 2023-10-23 23:57:45 CST; 9min ago
     Docs: man:systemd-sysv-generator(8)
```

```
    Process: 6596 ExecStop=/etc/init.d/snort stop (code=exited, status=0/SUCCESS)
    Process: 6690 ExecStart=/etc/init.d/snort start (code=exited, status=0/SUCCESS)
     CGroup: /system.slice/snort.service
            └─6704 /usr/sbin/snort -m 027 -D -d -l /var/log/snort -u snort -g snort
-c /etc/snort/snort.conf -S HOME_NET

    10月 23 23:57:44 openvas snort[6699]: WARNING:
/etc/snort/rules/community-web-php.rules(386) GID 1 SID 100000820 in rul
    10月 23 23:57:44 openvas snort[6699]: WARNING:
/etc/snort/rules/community-web-php.rules(387) GID 1 SID 100000821 in rul
    10月 23 23:57:44 openvas snort[6699]: WARNING:
/etc/snort/rules/community-web-php.rules(388) GID 1 SID 100000822 in rul
    10月 23 23:57:44 openvas snort[6699]: WARNING:
/etc/snort/rules/community-web-php.rules(389) GID 1 SID 100000823 in rul
    10月 23 23:57:44 openvas snort[6699]: WARNING:
/etc/snort/rules/community-web-php.rules(390) GID 1 SID 100000824 in rul
    10月 23 23:57:44 openvas snort[6699]: WARNING:
/etc/snort/rules/community-web-php.rules(391) GID 1 SID 100000825 in rul
    10月 23 23:57:44 openvas snort[6699]: WARNING:
/etc/snort/rules/community-web-php.rules(392) GID 1 SID 100000826 in rul
    10月 23 23:57:44 openvas snort[6699]: WARNING:
/etc/snort/rules/community-web-php.rules(393) GID 1 SID 100000827 in rul
    10月 23 23:57:45 openvas snort[6690]:    ...done.
    10月 23 23:57:45 openvas systemd[1]: Started LSB: Lightweight network intrusion
detection system.
```

Snort有3种工作模式，分别为嗅探器、数据包抓取器和网络入侵检测系统。嗅探器模式仅仅是从网络上读取数据包并作为连续不断的流显示在终端上。数据包抓取器模式把数据包记录到硬盘上。网路入侵检测系统模式是最复杂的，而且是可配置的，可以让Snort分析网络数据流以匹配用户定义的一些规则，并根据检测结果采取一定的动作。

12.6.2　Snort 配置文件

Snort默认的配置文件为/etc/snort/snort.conf。该配置文件定义了网络变量、解码器、基础检测引擎、预处理器、动态加载库、输出插件以及自定义规则等。

在Ubuntu中，网络变量被定义在一个单独的名称为snort.debian.conf的配置文件中，如下所示：

```
liu@openvas:~$ sudo cat /etc/snort/snort.debian.conf
01 # snort.debian.config (Debian Snort configuration file)
02 #
03 # This file was generated by the post-installation script of the snort
04 # package using values from the debconf database.
05 #
06 # It is used for options that are changed by Debian to leave
07 # the original configuration files untouched.
08 #
09 # This file is automatically updated on upgrades of the snort package
10 # *only* if it has not been modified since the last upgrade of that package.
11 #
```

```
12  # If you have edited this file but would like it to be automatically updated
13  # again, run the following command as root:
14  #   dpkg-reconfigure snort
15
16  DEBIAN_SNORT_STARTUP="boot"
17  DEBIAN_SNORT_HOME_NET="192.168.1.0/24"
18  DEBIAN_SNORT_OPTIONS=""
19  DEBIAN_SNORT_INTERFACE="enp0s3"
20  DEBIAN_SNORT_SEND_STATS="true"
21  DEBIAN_SNORT_STATS_RCPT="root"
22  DEBIAN_SNORT_STATS_THRESHOLD="1"
```

第 17 行定义了需要检测的本地网络，第 19 行定义了需要检测的网络接口。

12.6.3　Snort 检测规则

Snort依靠一系列的规则来检测入侵行为，这些规则位于/etc/snort/rules目录中。Snort已经预定义了许多类型的规则，如下所示：

```
liu@openvas:~$ ls -l /etc/snort/rules/
total 1600
-rw-r--r--  1  root    root    5520    10月  3  2023 attack-responses.rules
-rw-r--r--  1  root    root    17898   10月  3  2023 backdoor.rules
-rw-r--r--  1  root    root    3862    10月  3  2023 bad-traffic.rules
-rw-r--r--  1  root    root    7994    10月  3  2023 chat.rules
-rw-r--r--  1  root    root    249     10月  3  2023 community-ftp.rules
...
```

用户可以添加自定义的规则。一般情况下，自定义规则放在/etc/snort/rules/local.rules文件中。

Snort的规则一般都写在一个单行上面。如果某条规则被拆分成多行，则在行尾使用/分隔。单条的Snort规则被分为两大部分：规则头和规则选项。规则头包含规则的动作、协议、源和目标IP地址、子网掩码以及源和目标端口信息等。规则部分包含报警消息内容和匹配规则等。图12-10描述了规则头的构成。

动作	协议	地址	端口	方向	地址	端口

图 12-10　规则头

下面首先看一条最简单的规则：

```
alert ip any any -> any any (msg: "ICMP Packet found";sid:234234342342)
```

上面的规则非常不实用，但是通过这条规则可以使得用户测试Snort是否能够正常工作。该规则使得每当捕获一个IP数据包的时候都产生一个警告消息。

- alert：表示数据包匹配后面的规则就产生一条警告消息。
- ip：表示规则将被用在所有的IP包上。
- 第1个any：定义IP包源地址，表示来自任何一个IP地址的IP包都符合条件。

- 第2个any：定义源端口号。
- ->：定义数据包传递的方向。
- 第3个any：定义目的地址，any表示任何目的地址。
- 第4个any：定义目的端口号，any表示任何端口。

括号内为规则选项，msg表示匹配规则时发出的消息内容。

下面再看一条稍微复杂的规则：

```
alert tcp any any -> 192.168.1.0/24 111 (content:"|00 01 86 a5|"; msg: "mountd
access";)
```

在该规则中，匹配的协议为tcp。目标地址为一个网络地址192.168.1.0/24。圆括号中为匹配选项，content表示数据包内容中含有后面的字符。

12.6.4 测试 Snort

为了测试Snort是否可以正常工作，在/etc/snort/rules/local.rules文件中插入以下规则：

```
alert ip any any -> any any (msg: "ICMP Packet found";sid:234234342342)
```

然后执行以下命令开始检测：

```
liu@openvas:~$ sudo snort -A console -q -u snort -g snort -c /etc/snort/snort.conf
```

如果从另一台主机上面使用ping命令向该主机发送ICMP包，就会发现在控制台连续输出以下消息：

```
10/24-00:55:27.617145  [**] [1:382:7] ICMP PING Windows [**] [Classification: Misc
activity] [Priority: 3] {ICMP} 192.168.1.168 -> 192.168.1.193
    10/24-00:55:27.617145  [**] [1:2306108358:0] ICMP Packet found [**] [Priority: 0]
{ICMP} 192.168.1.168 -> 192.168.1.193
    10/24-00:55:27.617145  [**] [1:384:5] ICMP PING [**] [Classification: Misc
activity] [Priority: 3] {ICMP} 192.168.1.168 -> 192.168.1.193
    10/24-00:55:27.617145  [**] [1:1:0] ICMP packet detected! [**] [Priority: 0] {ICMP}
192.168.1.168 -> 192.168.1.193
    10/24-00:55:27.617198  [**] [1:2306108358:0] ICMP Packet found [**] [Priority: 0]
{ICMP} 192.168.1.193 -> 192.168.1.168
    10/24-00:55:27.617198  [**] [1:408:5] ICMP Echo Reply [**] [Classification: Misc
activity] [Priority: 3] {ICMP} 192.168.1.193 -> 192.168.1.168
```

在上面的消息中，192.168.1.168为发送ping命令的主机的IP地址。上面的消息表示Snort已经能够正常工作。

> 注意 Snort的规则比较简单，读者可以参考相关的书籍更加深入地了解。

第 13 章

Samba 文件服务器

Samba 是一种在 Linux 环境中运行的免费软件。利用 Samba, Linux 可以创建基于 Windows 的计算机使用共享。另外,Samba 还提供了一些工具,允许 Linux 用户从 Windows 计算机进入共享和传输文件。

13.1 Samba服务简介

SMB(Server Messages Block,信息服务块)是一种在局域网上共享文件和打印机的通信协议,为局域网内的不同计算机系统之间提供文件及打印机等资源的共享服务。SMB协议是客户机/服务器型协议,客户机通过该协议可以访问服务器上的共享文件系统、打印机及其他资源。通过设置NetBIOS over TCP/IP,使得Samba可以方便地在网络中共享资源,如图13-1所示。

Windows与Linux之间的文件共享可以采用多种方式,常用的是Samba或FTP。如果Linux系统的文件需要在Windows中编辑,也可以使用Samba。

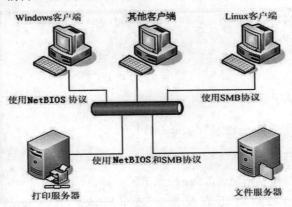

图 13-1 Samba 架构

13.2 Samba服务的安装与配置

Samba是在Linux以及UNIX系统中实现SMB协议的一个软件包。SMB协议又称为服务器信息块，是一个网络文件共享协议，它允许应用程序和终端用户从远端的文件服务器访问文件资源。

在Ubuntu中，如果没有安装Samba软件包，可以通过以下命令安装：

```
liu@ubuntu:~$ sudo apt install samba
```

用户可以通过以下命令启动Samba服务：

```
liu@ubuntu:~$ sudo systemctl start samba
```

启动成功之后，通过systemctl命令查看该服务的状态，如下所示：

```
liu@ubuntu:~$ systemctl status samba
● samba.service - LSB: ensure Samba daemons are started (nmbd, smbd and samba)
  Loaded: loaded (/etc/init.d/samba; generated; vendor preset: enabled)
  Active: active (exited) since Sun 2023-09-24 21:52:15 CST; 1min 43s ago
    Docs: man:systemd-sysv-generator(8)
 Process: 6242 ExecStart=/etc/init.d/samba start (code=exited, status=0/SUCCESS)

Sep 24 21:52:15 ubuntu systemd[1]: Starting LSB: ensure Samba daemons are started
(nmbd, smbd and samba)...
 Sep 24 21:52:15 ubuntu samba[6242]: Starting nmbd (via systemctl): nmbd.service.
 Sep 24 21:52:15 ubuntu samba[6242]: Starting smbd (via systemctl): smbd.service.
 Sep 24 21:52:15 ubuntu systemd[1]: Started LSB: ensure Samba daemons are started
(nmbd, smbd and samba).
```

可以得知，Samba服务已经处于运行状态。

接下来添加一个可以访问Samba共享服务的用户。这个用户首先必须是Linux系统的本地用户。添加Samba用户需要使用smbpasswd命令。smbpasswd命令是Samba最主要的管理命令。该命令的基本语法如下：

```
smbpasswd [options] username
```

smbpasswd的常用选项有：

- -a：添加Samba用户。
- -d：禁用Samba用户。
- -e：重新启用某个Samba用户。
- -n：取消密码。
- -x：删除Samba用户。

例如，下面的命令用于将joe添加为Samba用户：

```
liu@ubuntu:~$ sudo smbpasswd -a joe
```

在添加用户的时候，需要指定访问Samba服务的密码。

设置为Samba用户之后，还需要指定共享资源。共享资源在Samba的配置文件/etc/samba/smb.conf中设置。/etc/samba/smb.conf是Samba最主要的配置文件。smb.conf中含有多个段，每个段由段名开始，直到下一个段名结束。每个段名放在方括号中间。除[global]段外，所有的段都可以看作一个共享资源。段名是该共享资源的名字，段中的参数是该共享资源的属性。

smb.conf文件中的选项非常多，大致可以分全局选项和共享选项两大类。其中全局选项中最重要的是security，该选项用来指定Samba的认证方式。Samba目前支持4种认证方式：

- share：用户访问Samba提供的共享资源不需要账号和密码。
- user：用户访问Samba共享资源需要提供账号和密码。该账号和密码由Samba管理。
- server：依靠操作系统，例如Windows NT/2000或Samba Server来验证用户的账号和密码。
- domain：域安全级别，使用主域控制器来完成认证。

共享选项中比较重要的有path、browseable、writable、available、admin users以及valid users等。表13-1列出了最常用的一些共享选项。

表 13-1　Samba 的共享选项

选　项	说　明
path	指定共享目录的路径。可以用%u、%m 这样的宏来代替路径中的 UNIX 用户名
browseable	指定该共享目录是否可以浏览
writable	指定该共享目录是否可以写
available	指定该共享目录是否可用
admin users	指定该共享资源的管理者
valid users	指定允许访问该共享资源的用户
invalid users	指定不允许访问该共享资源的用户
write list	指定可以写入该共享资源的用户
public	是否允许匿名用户访问该共享资源
guest ok	同 public

在配置Samba共享资源的时候，主要设置的内容包括共享资源的名称、共享资源的路径以及访问权限等。

例如，下面的代码设置了一个共享资源：

```
01  [work]
02    comment = Directory Work
03    path=/samba
04    readonly=no
05    public=yes
06    writable=yes
07    browseable=yes
08    write list=joe
09    valid users=joe
```

第01行为共享资源的名称，该名称是提供给客户端使用的。第03行通过path选项指定共享资源的本地路径为/home/samba。第04~07行指定该资源的访问权限。第08行指定可以写入本资源的用户列表。第09行指定可以访问该资源的用户列表。

设置完成之后，通过以下命令为joe用户添加/samba目录的访问权限：

```
liu@ubuntu:~$ sudo setfacl -m user:joe:rwx /samba/
```

然后重新启动Samba服务。

无论是在Linux或者Windows中，都可以访问Samba的共享资源。下面以Windows 10为例，说明如何访问Samba共享资源。

（1）打开控制面板，如图13-2所示。

图 13-2　Windows 10 控制面板

（2）选择"网络和Internet"菜单，打开"网络和Internet"窗口，如图13-3所示。

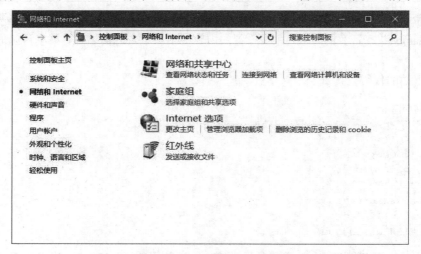

图 13-3　"网络和 Internet"窗口

（3）选择"查看网络计算机和设备"菜单，打开"网络"窗口，如图13-4所示。此时，启用Samba共享服务的计算机会出现在列表中。

图 13-4　"网络"窗口

（4）双击要访问的计算机名称，在本例中为UBUNTU。在弹出的对话框中输入账号和密码。确定之后，列出所有的共享资源，如图13-5所示。

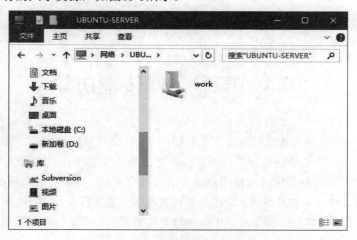

图 13-5　列出共享资源

第 14 章

FTP 文件传输服务

文件传输服务是一种非常普通的互联网服务,其主要功能是在网络上传输各种类型的文件。各种类型的操作系统基本上都内置了文件传输服务的功能,并作为一种标准的网络服务提供给用户。本节将介绍如何在 Ubuntu 中配置和管理文件传输服务。

14.1 FTP文件传输协议

在详细介绍FTP服务的配置之前,先简单介绍一下FTP文件传输协议。文件传输协议是一种标准的网络协议,它属于网络传输协议的应用层。文件传输协议采用客户端/服务器模式。服务端一般运行在Linux或者Windows等服务器操作系统上,而客户端则一般运行在用户的计算机上。

对于用户来说,端口21被认为是FTP服务的标准端口。而实际上,FTP服务一般使用20和21这两个端口。端口20用来在客户端和服务器中间传输文件数据流,而端口21则用来传输控制流,即用来传输控制数据流的命令。

FTP服务有两种服务模式,分别为主动模式和被动模式。在主动模式下,客户端会首先向服务器的21端口发送一条连接请求命令,服务器接收请求,两者建立一条命令链路。在需要传输数据的时候,客户端会创建一个进程,监听本地的某个端口,然后向服务器端口21发送一条PORT命令,告诉服务器自己已经监听某个端口,服务器会从端口20连接到客户端的指定端口,建立一条数据链路,进行数据传输。

从上面的描述可以得知,在主动模式下,建立数据链路时,是服务器主动连接客户端的某个端口。如果客户端存在防火墙,并且禁止该端口的入站连接,则会导致数据链路建立失败。在被动模式下则不会存在这个问题。

在被动模式下,同样首先是客户端向服务器的21端口发送请求,服务器接收请求并且建立命令链路。不同的是,在需要传输数据时,服务器会向客户端发送PASV命令,告诉客户端自己提供数据传输服务的端口,通常为20,然后客户端会向服务器的20端口发送连接请求,从而建立数据链路。

　　无论是服务器还是客户端，都有许多成熟的软件。其中常见的FTP服务器软件有vsftpd、ProFTP、FileZilla Server、IIS以及Server-U等。客户端软件主要有FileZilla Client、SmartFTP以及CuteFTP等。此外，还有一个名称为ftp的命令行客户端。

14.2　安装vsftpd

　　vsftpd是许多UNIX以及Linux默认的FTP服务软件包。其名称来自very secure FTP daemon的缩写，因此安全性是其最大的特点。vsftpd是完全免费的、开放源代码的软件包，支持很多其他的FTP服务器所不支持的特征，例如非常高的安全性需求、带宽限制、良好的可伸缩性、可创建虚拟用户、支持IPv6以及速率高等。

　　vsftpd目前的新版本为3.0，用户可以使用源代码安装，也可以直接使用apt命令安装二进制软件包。对于初学者来说，建议使用软件包的形式安装。

　　在Ubuntu中，用户可以使用以下命令安装vsftpd：

```
liu@ubuntu:~$ sudo apt install vsftpd
```

　　安装完成之后，可以启动该服务：

```
liu@ubuntu:~$ sudo systemctl start vsftpd
liu@ubuntu:~$ sudo systemctl status vsftpd
● vsftpd.service - vsftpd FTP server
  Loaded: loaded (/lib/systemd/system/vsftpd.service; enabled; vendor preset: e
  Active: active (running) since Tue 2023-09-12 10:45:27 CST; 40min ago
 Main PID: 4361 (vsftpd)
   Tasks: 1 (limit: 4915)
  CGroup: /system.slice/vsftpd.service
          └─4361 /usr/sbin/vsftpd /etc/vsftpd.conf

9月 12 10:45:27 ubuntu systemd[1]: Starting vsftpd FTP server...
9月 12 10:45:27 ubuntu systemd[1]: Started vsftpd FTP server.
```

14.3　vsftpd的配置文件

　　vsftpd默认的配置文件为/etc/vsftpd.conf。与其他的配置文件一样，该文件也是一个纯文本文件。下面的代码为一个标准的vsftpd.conf文件的部分内容：

```
01  #是否以独立服务的方式启动
02  listen=NO
03  #支持IPv6
04  listen_ipv6=YES
05  #是否允许匿名
06  anonymous_enable=NO
07  #是否允许本地用户登录
```

```
08  local_enable=YES
09  #是否使用本地时间
10  use_localtime=YES
11  #启用日志
12  xferlog_enable=YES
13  #指定数据端口为20
14  connect_from_port_20=YES
15  #PAM服务名
16  pam_service_name=vsftpd
17  #指定RSA证书位置
18  rsa_cert_file=/etc/ssl/certs/ssl-cert-snakeoil.pem
19  rsa_private_key_file=/etc/ssl/private/ssl-cert-snakeoil.key
20  ssl_enable=NO
```

从上面的代码可以得知，vsftpd.conf配置文件的内容都是以"选项名=选项值"的形式定义的。vsftpd.conf的选项分为3类，分别是布尔型、数值型以及字符串型。表14-1~表14-3分别列出了常用的选项。

表 14-1　vsftpd 常用的布尔型选项

选　　项	说　　明	默　认　值
allow_anon_ssl	在启用 SSL 的时候，是否允许匿名用户使用 SSL 连接 vsftpd	NO
anon_mkdir_write_enable	是否允许匿名用户在一定条件下创建目录	NO
anon_other_write_enable	是否允许匿名用户拥有其他的写入权限，例如删除和重命名	NO
anon_upload_enable	是否允许匿名用户上传文件，须将全局的 write_enable=YES	NO
anonymous_enable	是否允许匿名用户登录 vsftpd	YES
ascii_download_enable	是否允许以 ASCII 码方式下载文件	NO
ascii_upload_enable	是否允许以 ASCII 方式上传文件	NO
async_abor_enable	是否允许识别异步 ABOR 请求	NO
chmod_enable	是否允许本地用户使用 CHMOD 命令改变上传的文件的权限。匿名用户无法使用 CHMOD 命令	YES
chown_uploads	是否将匿名用户上传的文件的所有者更改为 chown_user-name 选项指定的用户	NO
chroot_list_enable	是否启用 chroot_list_file 配置项指定的用户列表文件	NO
chroot_local_user	是否将本地用户限制在主目录中	NO
connect_from_port_20	设置是否使用 20 端口传输数据。由于安全的原因，一些客户端坚持使用 20 端口，但是禁用该选项可以使 vsftpd 运行在更低的特权中	NO
delete_failed_uploads	是否删除上传失败的文件	NO
dirlist_enable	是否允许用户列出目录内容	YES
dirmessage_enable	当用户切换目录时，是否显示新目录中的.message	NO
download_enable	是否允许下载	YES
force_dot_files	是否显示以圆点开头的隐藏文件	NO
force_anon_data_ssl	在 ssl_enable 选项设置为 YES 的情况下，是否强制匿名用户使用 SSL 进行数据传输	NO

（续表）

选　　项	说　　明	默　认　值
force_anon_logins_ssl	在 ssl_enable 选项设置为 YES 的情况下，是否强制匿名用户使用 SSL 发送密码登录	NO
force_local_data_ssl	在 ssl_enable 选项设置为 YES 的情况下，是否强制非匿名用户使用 SSL 进行数据传输	YES
force_local_logins_ssl	在 ssl_enable 选项设置为 YES 的情况下，是否强制非匿名用户使用 SSL 发送密码进行登录	YES
guest_enable	在设置为 YES 的情况下，所有非匿名用户被归类为 guest_username 选项指定的用户	NO
hide_ids	如果设置为 YES，则目录内容列表中的用户和组都将被显示为 ftp	NO
listen	是否把 vsftpd 以独立服务的方式运行	NO
listen_ipv6	是否支持 IPv6	NO
local_enable	是否允许本地用户登录	NO
lock_upload_files	在设置为 YES 的情况下，所有的上传操作都会在被上传的文件上加一个写入锁，所有的下载操作都会在被下载文件上面加一个共享锁	YES
log_ftp_protocol	是否为 FTP 请求和响应启用日志	NO
ls_recurse_enable	是否允许执行 ls -R 命令。该命令会递归列出目录内容	NO
no_anon_password	是否询问匿名用户密码	NO
passwd_chroot_enable	与 chroot_local_user 选项配合使用，可以限制每个用户只能访问指定的路径，该路径从/etc/passwd 文件该用户的主目录开始算起	NO
pasv_enable	是否允许被动模式传输数据	YES
port_enable	是否允许主动模式传输数据	YES
run_as_launching_user	是否以启动用户的身份运行 vsftpd 服务	NO
session_support	是否支持会话	NO
ssl_enable	是否支持 SSL 连接	NO
ssl_sslv2	是否支持 SSL v2	NO
ssl_sslv3	是否支持 SSL v3	NO
syslog_enable	是否将日志写入 Linux 系统日志	NO
userlist_deny	拒绝还是允许 userlist_file 选项指定的用户列表中的用户连接 vsftpd 服务	YES
userlist_enable	是否启用用户列表	NO
write_enable	是否允许执行改变文件的命令，包括 STOR、DELE、RNFR、RNTO、MKD、RMD、APPE 和 SITE	NO

表 14-2　vsftpd 常用的数值型选项

选　　项	说　　明	默　认　值
accept_timeout	设置以被动方式建立数据连接的超时时间，单位为秒	60
anon_max_rate	匿名用户的最大传输速度，单位为字节/秒，0 表示无限制	0
anon_umask	匿名用户创建文件的权限掩码	077

（续表）

选　项	说　明	默　认　值
connect_timeout	连接超时时间，单位为秒	60
data_connection_timeout	数据传输时最大的停顿时间，以秒为单位。超过指定的时间，客户端将被断开	300
delay_failed_login	登录失败延时，以秒为单位	1
delay_successful_login	登录成功延时，以秒为单位	0
file_open_mode	上传文件的权限掩码	0666
ftp_data_port	指定主动模式下的数据传输端口	20
idle_session_timeout	空闲会话的超时时间，以秒为单位	300
listen_port	在独立服务的方式下，指定 vsftpd 监听的端口	21
local_max_rate	指定最大传输速度，以字节/秒为单位。0 表示无限制	0
local_umask	本地用户创建文件时的权限掩码	077
max_clients	最大客户端数量。0 表示无限制	0
max_login_fails	最多尝试登录的次数	3
max_per_ip	同一个 IP 地址最多的连接数。0 表示无限制	0
pasv_max_port	被动模式下分配给数据连接的最大端口号，0 表示无限制	0
pasv_min_port	被动模式下分配给数据连接的最小端口号，0 表示无限制	0

表 14-3　vsftpd 常用的字符串型选项

选　项	说　明	默　认　值
anon_root	匿名用户登录成功后的默认路径	
banned_email_file	不允许作为匿名用户密码登录的邮件列表	/etc/vsftpd.banned_emails
ca_certs_file	CA 证书文件	
chown_username	匿名用户上传文件的默认的所有者	root
chroot_list_file	指定被限制在主目录中的用户列表	/etc/vsftpd.chroot_list
cmds_allowed	允许执行的 FTP 命令	
cmds_denied	拒绝执行的 FTP 命令	
deny_file	指定不允许访问的文件和目录	
ftp_username	处理匿名用户登录的用户名	ftp
listen_address	在独立服务方式下，指定 vsftpd 服务的 IP 和端口	

14.4　管理FTP用户

vsftpd支持3种类型的用户，分别为匿名用户、本地用户和虚拟用户。本节将详细介绍这3种类型的用户。

1. 匿名用户

为了便于用户下载文件，传统的FTP服务都提供了匿名用户登录。所谓匿名用户，是指名称为

anonymous的用户，用户可以使用这个用户名和自己的电子邮箱地址作为密码登录FTP服务器。而FTP服务器会划分出一个或者几个目录，供匿名用户下载文件，甚至有些FTP服务也允许匿名用户上传文件。

对于vsftpd来说，如果想要启用匿名用户登录，则需要将anonymous_enable选项的值设置为YES，如下所示：

```
anonymous_enable=YES
```

设置完成之后，重新启动vsftpd服务即可生效。

> **注意**　通常情况下，FTP服务器不允许匿名用户上传文件，以避免引起安全隐患。

2. 本地用户

所谓本地用户，是指Linux系统中的用户。vsftpd允许使用本地用户直接登录，这样的话，FTP用户和Linux系统用户就可以集成在一起，便于管理。

为了使得vsftpd允许本地用户登录，用户需要启用local_enable，如下所示：

```
local_enable=YES
```

将local_enable的值设置为YES之后，所有有效的本地用户都可以登录vsftpd。

为了便于控制权限，有的时候我们并不希望所有的本地用户都可以使用FTP服务，而是选择部分用户可以登录vsftpd，其他的用户不可以登录。为了实现这个目标，可以使用userlist_enable、userlist_deny以及userlist_file这3个选项。其中userlist_enable选项表示是否启用用户列表文件。userlist_deny选项表示只允许用户列表文件中的用户登录vsftpd还是拒绝用户列表中的用户登录vsftpd。当userlist_deny的值为YES时，表示拒绝列表中的用户登录vsftpd；反之，则只允许列表中的用户登录。用户列表文件由userlist_file选项来指定，默认为/etc/vsftpd/user_list。

所以，如果只想限制某些特定的用户不可以连接vsftpd，可以进行如下配置：

```
userlist_enable=YES
userlist_deny=YES
userlist_file=/etc/vsftpd/user_list
```

然后，在/etc/vsftpd/user_list文件中添加需要拒绝登录vsftpd的用户名，每个用户名占一行。

```
liu@ubuntu:~$ cat /etc/vsftpd/user_list
liu
root
...
```

从上面的描述中可以得知，/etc/vsftpd/user_list文件中的用户是否可以登录vsftpd，取决于userlist_enable是否设置为YES。userlist_enable选项被设置为YES之后，还要判断userlist_deny选项的值究竟是YES还是NO。所以，这3个选项相互关联。

设置完成并且重启vsftpd服务之后，除user_list文件中指定的用户外，其他的本地用户都可以连接vsftpd。

> **注意**　在Ubuntu中，/etc/vsftpd/user_list不会自动创建。如果需要使用这个文件，用户应该手工创建它。

除前面3个文件外，实际上还有一个配置文件可以用来配置限制访问FTP服务的用户。该文件为/etc/ftpusers。该文件在vsftpd安装之后，由系统自动创建。与/etc/vsftpd/user_list文件类似，该文件中也包含一系列的用户名。下面的内容为/etc/ftpusers的默认内容：

```
liu@ubuntu:~$ cat /etc/ftpusers
# /etc/ftpusers: list of users disallowed FTP access. See ftpusers(5).


root
daemon
bin
sys
sync
games
man
lp
mail
news
uucp
nobody
```

与/etc/vsftpd/user_list不同的是，该文件的功能只是用来限制其中的用户登录FTP服务。也就是说，如果管理员想要拒绝某个用户登录vsftpd，直接将其加入该文件中即可。

> **注意** 如果某个用户名同时在/etc/vsftpd/user_list和/etc/ftpusers中出现，即使userlist_deny的值设置为NO，vsftpd仍然会拒绝该用户登录。

默认情况下，本地用户登录vsftpd之后，可以访问整个文件系统，包括根目录。因此，这为Linux系统带来了一定的安全隐患。vsftpd提供了比较灵活的设置选项，可以将指定的用户限制在只能访问自己的主目录。这主要涉及3个选项，分别为chroot_local_user、chroot_list_enable和chroot_list_file。当chroot_local_user被设置为YES时，所有的本地用户都被限制在自己的主目录中。实际上是vsftpd通过chroot()函数将用户的主目录设置为虚拟的根目录。即使用户使用以下命令切换路径：

```
cd /
```

切换到的仍然是用户的主目录。

如果想要排除某些用户，允许他们访问除主目录外的其他目录，可以将chroot_list_enable选项的值设置为YES，通过chroot_list_file选项指定用户列表文件，然后在用户列表文件中添加需要排除的用户。

在将chroot_local_user选项设置为YES之后，通常情况下在用户登录的时候会出现以下错误：

```
500 OOPS: vsftpd: refusing to run with writable root inside chroot()
登录失败
```

之所以会出现以上错误，是因为从2.3.5之后，vsftpd增强了安全检查，如果用户被限定在其主目录下，则该用户的主目录不能再具有写权限。如果检查发现还有写权限，就会报该错误。

管理员可以通过两种方式来解决这个问题。首先可以将用户主目录的写入权限去掉，如下所示：

```
sudo chmod a-w /home/liu/
```

其中，a表示所有的用户，-w表示删除写入权限。当然，在大部分情况下，将用户主目录的写入权限去掉会引起比较多的不便。管理员可以采用另一种方式，即将allow_writeable_chroot选项的值设置为YES。

3. 虚拟用户

vsftpd支持虚拟用户登录。虚拟用户是指Linux系统中并不存在的用户。这些虚拟用户仅仅用于登录vsftpd。下面详细介绍在vsftpd中添加虚拟用户的方法。

（1）创建虚拟用户账号文件。该文件可以在任意地方创建。

```
liu@ubuntu:~$ vi ftpusers.txt
```

然后输入以下内容：

```
ftpuser1
password1
ftpuser2
password2
ftpuser3
password3
```

在上面的代码中，奇数行为账号，偶数行为密码。所以上面一共有3个账号，分别为ftpuser1、ftpuser2和ftpuser3。

（2）使用db_load命令生成虚拟用户数据库，命令如下：

```
liu@ubuntu:~$ sudo db_load -T -t hash -f ftpusers.txt /etc/vsftpd/ftpusers.db
```

其中，/etc/vsftpd/ftpusers.db为虚拟用户数据库文件。

（3）设置虚拟用户数据库访问权限。为了加强安全，将/etc/vsftpd/ftpusers.db 文件的访问权限设置为 600，命令如下：

```
liu@ubuntu:~$ sudo chmod 600 /etc/vsftpd/ftpusers.db
```

（4）设置PAM认证。对于vsftpd而言，PAM认证文件位于/etc/pam.d/vsftpd。

```
liu@ubuntu:~$ sudo vi /etc/pam.d/vsftpd
```

修改/etc/pam.d/vsftpd文件的内容如下：

```
01  # Standard behaviour for ftpd(8).
02  auth sufficient pam_userdb.so db=/etc/vsftpd/ftpusers
03  account sufficient pam_userdb.so db=/etc/vsftpd/ftpusers
04  #auth    requiredpam_listfile.so item=user sense=deny file=/etc/ftpusers onerr=succeed
05  # Note: vsftpd handles anonymous logins on its own. Do not enable pam_ftp.so.
06
07  # Standard pam includes
08  @include common-account
09  @include common-session
10  @include common-auth
11  auth requiredpam_shells.so
```

其中，第02、03行是对虚拟用户的验证，对虚拟用户的验证使用了sufficient控制标志。这意味着如果当前模块验证通过，就不必使用后面的层叠模块进行验证了。但是如果失败了，就继续进行后面的验证，也就是对系统本地用户的验证。第08~11行是对系统本地用户的验证。

在生产环境中，为了保证系统的安全，防止系统用户信息泄露，管理员一般仅仅允许虚拟用户登录vsftpd，所以后面的几行可以注释掉。

（5）创建虚拟宿主用户。vsftpd的虚拟用户并不是系统用户，也就是说这些FTP的用户在系统中是不存在的。他们的权限其实是集中寄托在一个系统中的某一个用户身上的。在本例中，创建一个名称为vftpuser的用户，作为虚拟用户的宿主，命令如下：

```
liu@ubuntu:~$ sudo useradd -m -d /home/ftphome -s /bin/false vftpuser
```

由于宿主用户不需要登录系统，因此将其Shell设置为/bin/false。-m选项表示自动创建主目录，-d选项指定用户主目录为/home/ftphome。

（6）创建虚拟用户主目录。在/home/ftphome目录中，分别创建两个名称为test1和test2的目录，作为ftpuser1和ftpuser2的主目录，命令如下：

```
liu@ubuntu:~$ sudo mkdir /home/ftphome/test1
liu@ubuntu:~$ sudo mkdir /home/ftphome/test2
```

（7）修改vsftpd配置文件/etc/vsftpd.conf。

```
01  guest_enable=YES
02  guest_username=vftpuser
03  virtual_use_local_privs=YES
04  user_config_dir=/etc/vsftpd/user_config
```

其中，第01行允许访客登录。第02行指定访客用户映射到系统本地用户vftpuser。第03行指定虚拟用户的权限为本地用户权限。第04行指定虚拟用户的配置文件路径为/etc/vsftpd/user_config，管理员可以在该目录下为不同的虚拟用户创建自己的配置文件。

（8）为虚拟用户创建配置文件。vsftpd支持为每个虚拟用户指定单独的配置文件，配置文件的路径由user_config_dir选项指定，文件名与虚拟用户的用户名相同。在本例中，创建两个配置文件，其名称分别为ftpuser1和ftpuser2。其中ftpuser1的内容如下：

```
local_root=/home/ftphome/test1
```

ftpuser2的内容如下：

```
local_root=/home/ftphome/test2
```

在上面的代码中，通过local_root选项为两个用户分别指定主目录。实际上除主目录外，在该文件中还可以指定其他选项，包括访问权限等。

（9）将虚拟用户添加到/etc/vsftpd/user_list文件中。如果userlist_enable选项没有设置为YES，则可以省略本步骤。用户可以直接使用vi或者gedit等命令编辑该文件，将ftpuser1和ftpuser2添加到里面。

至此，虚拟用户创建完毕。当ftpuser1登录后，其主目录为/home/ftphome/test1；当ftpuser2登录后，其主目录为/home/ftphome/test2。

注意　如果虚拟用户不能上传文件，请检查虚拟用户宿主用户的访问权限。

14.5　演示：使用FTP传输文件

FTP的客户端软件非常多，有图形界面的，也有命令行的，有商业软件，也有开放源代码的。为了使得读者能够深入了解FTP传输文件的过程和操作，下面以Windows 10的命令行客户端ftp.exe为例，说明如何通过FTP传输文件。

右击Windows 10的开始菜单按钮，在弹出的菜单中选择"命令提示符"选项，打开"命令提示符"窗口，如图14-1所示。

图 14-1　"命令提示符"窗口

Windows的ftp命令支持交互式操作。在"命令提示符"窗口输入ftp，然后按Enter键，即可进入交互式界面。然后输入help命令，可以将FTP客户端支持的命令显示出来，如图14-2所示。

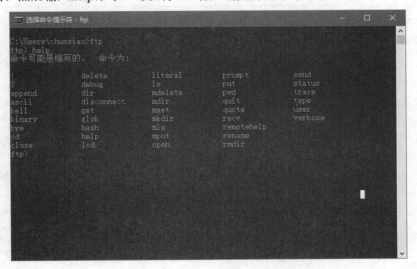

图 14-2　Windows FTP 客户端支持的命令

表14-4列出了Windows的命令行FTP客户端支持的常用命令。

表 14-4　Windows FTP 客户端支持的 FTP 命令

命　令	说　明
!	转义到 Shell
?	显示本地帮助信息
append	向已经存在的文件追加内容或者续传文件
ascii	切换到 ASCII 传输模式
bell	命令完成时发出声音
binary	切换到二进制传输模式
bye	终止 FTP 会话并退出
cd	更改远程工作目录
close	终止 FTP 会话
delete	删除文件
dir	列出远程目录内容
disconnect	终止 FTP 会话
get	接收文件
lcd	更改本地工作目录
ls	列出远程工作目录内容
mdelete	删除多个文件
mdir	列出多个远程目录的内容
mget	获取多个文件
mkdir	在 FTP 服务器上创建目录
mls	列出多个远程目录的内容
mput	上传多个文件
open	连接到远程 FTP 服务器
prompt	切换到交互模式
put	上传一个文件
pwd	输出远程工作目录
quit	终止 FTP 会话并退出
recv	接收文件
rename	重命名文件
rmdir	删除 FTP 服务器上的目录
send	发送一个文件
status	显示当前状态
type	切换传输模式
user	发送新用户的信息

1. 连接 FTP 服务器

在命令提示符后面输入open命令，后面紧跟要连接到FTP服务器的域名或者IP地址，如下所示：

```
ftp> open 192.168.1.110
连接到 192.168.1.110。
220 (vsFTPd 3.0.3)
200 Always in UTF8 mode.
用户 (192.168.1.110:(none)): ftpuser1
```

```
331 Please specify the password.
密码：
230 Login successful.
```

如果连接成功，则会要求用户输入账号名称，然后输出密码。为了安全起见，密码并不显示。最后出现登录成功的消息。

2. 列出远程目录内容

FTP提供了一个与Linux相同的ls命令来列出远程服务器上的指定目录的内容，并且同样支持-l和-a选项，如下所示：

```
ftp> ls -l
200 PORT command successful. Consider using PASV.
150 Here comes the directory listing.
-rw-------    1    1002    1002    41781   Sep 16 22:29
20122141832592.jpg
-rw-------    1    1002    1002    36373   Sep 16 22:29
20126617424329.jpg
-rw-------    1    1002    1002    9708967 Sep 16 22:29
apache-tomcat-8.0.28.zip
drwx------    2    1002    1002    4096    Sep 16 22:28    files
-rw-------    1    1002    1002    1469128 Sep 16 22:29    serverguide.pdf
drwx------    2    1002    1002    4096    Sep 16 22:28    wav
226 Directory send OK.
ftp: 收到 434 字节，用时 0.01秒 62.00千字节/秒。
```

默认情况下，ls命令显示远程当前工作目录的内容。如果不使用-l选项，则ls命令仅列出文件名称，不包含其他的信息。

注意 dir命令与ls -l命令的功能相同。

通过-a选项可以列出远程服务器上的以圆点开头的隐藏文件，包括当前目录和上一级目录这两个特殊的文件。

3. 切换本地和远程工作目录

切换客户端本地工作目录使用lcd命令。该命令可以接受一个本地路径作为参数，表示要切换到的目录，如下所示：

```
ftp> lcd d:\temp
目前的本地目录 D:\temp。
```

如果没有提供参数，则lcd命令会返回用户主目录。

切换远程工作目录需要使用cd命令，同样该命令可以接受要切换到的目标路径，如下所示：

```
ftp> cd files
250 Directory successfully changed.
```

4. 下载文件

FTP的get命令用来从服务器上下载单个文件。该命令后面直接跟随一个文件名作为参数即可。

文件可以使用绝对路径，也可以使用相对路径。例如，下面的命令用于下载名称为20122141832592.jpg的文件：

```
ftp> get 20122141832592.jpg
200 PORT command successful. Consider using PASV.
150 Opening BINARY mode data connection for 20122141832592.jpg (41781 bytes).
226 Transfer complete.
ftp: 收到 41781 字节, 用时 0.00秒 41781000.00千字节/秒
```

对于批量下载多个文件，FTP提供了mget命令，该命令支持通配符*，以及一个空格隔开的文件名列表。

```
ftp> mget *
200 Switching to ASCII mode.
mget 20122141832592.jpg? y
200 PORT command successful. Consider using PASV.
150 Opening BINARY mode data connection for 20122141832592.jpg (41781 bytes).
226 Transfer complete.
ftp: 收到 41781 字节, 用时 0.00秒 41781000.00千字节/秒
mget 20126617424329.jpg?
...
```

上面的命令下载了当前目录下的所有文件。默认情况下，mget命令使用交互模式，在下载每个文件时都会要求用户确认。用户输入y，然后按Enter键即可。

> 注意 可以使用prompt命令关闭交互模式。

5. 上传文件

从客户端本地上传文件到FTP服务器，可以使用put和mput命令。同样，这两个命令分别用来上传单个文件和多个文件。下面的例子分别演示这两个命令的用法：

```
ftp> put 10.jpg
200 PORT command successful. Consider using PASV.
150 Ok to send data.
226 Transfer complete.
ftp: 发送 49739 字节, 用时 0.00秒 49739.00千字节/秒
ftp> mput 4*.jpg
mput 4.jpg? y
200 PORT command successful. Consider using PASV.
150 Ok to send data.
226 Transfer complete.
ftp: 发送 13944 字节, 用时 0.00秒 13944000.00千字节/秒
mput 4a.jpg? y
200 PORT command successful. Consider using PASV.
150 Ok to send data.
226 Transfer complete.
ftp: 发送 20052 字节, 用时 0.00秒 6684.00千字节/秒
...
```

对于上传文件来说，用户必须拥有写入权限才可以。所以出现上传的情况，需要检查当前用

户在FTP服务器上的访问权限。

6. 创建和删除目录

目录管理使用mkdir和rmdir，分别用来创建和删除目录。这两个命令的使用非常简单，如下所示：

```
ftp> mkdir test
257 "/test" created
ftp> rmdir test
250 Remove directory operation successful.
```

7. 断开连接

FTP的几个命令都可以用来断开与服务器的连接，分别为disconnect、bye、close和quit。其中，disconnect和close用来断开FTP会话，并不退出客户端。bye和quit这两个命令会终止会话，并且退出FTP客户端。

```
ftp> bye
221 Goodbye.
```

关于FTP的其他命令，由于用法比较简单，读者可以自己练习一下，或者参考其他的技术文档。

除命令行外，现在已经有大量的图形化FTP客户端软件出现。通过这些软件，用户就不需要记忆复杂的命令了。图14-3显示了FileZilla的主界面。

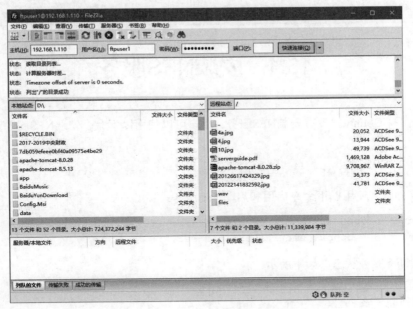

图 14-3　FileZilla 的主界面

第 15 章

NFS 网络文件服务

NFS（Network File System，网络文件系统）最初是在 FreeBSD 中实现的，后来许多 UNIX 和 Linux 系统陆续支持 NFS。在服务器管理中，NFS 的功能是非常重要的。通过 NFS，管理员可以像操作本地文件系统一样操作远程服务器共享出来的文件系统。本节将详细介绍在 Ubuntu 中 NFS 的配置和使用方法。

15.1 安装NFS服务

默认情况下，Ubuntu并没有安装NFS服务。用户可以使用以下命令安装NFS服务及其相关的组件：

```
liu@ubuntu:~$ sudo apt install nfs-common nfs-kernel-server
```

安装完成之后，使用以下命令启用和启动NFS服务：

```
liu@ubuntu:~$ sudo systemctl enable nfs-server
liu@ubuntu:~$ sudo systemctl start nfs-server
```

然后查看NFS服务状态，如下所示：

```
liu@ubuntu:~$ systemctl status nfs-server
● nfs-server.service - NFS server and services
   Loaded: loaded (/lib/systemd/system/nfs-server.service; enabled; vendor preset:
enabled)
   Active: active (exited) since Sat 2023-09-23 17:25:53 CST; 4min 46s ago
 Main PID: 30351 (code=exited, status=0/SUCCESS)
   CGroup: /system.slice/nfs-server.service

Sep 23 17:25:53 ubuntu systemd[1]: Starting NFS server and services...
Sep 23 17:25:53 ubuntu exportfs[30347]: exportfs: can't open /etc/exports for
```

```
reading
    Sep 23 17:25:53 ubuntu systemd[1]: Started NFS server and services.
```

可以发现，NFS服务已经正常启动了。

15.2　共享文件系统

在Ubuntu中，通过NFS发布共享文件或者文件系统，可以通过/etc/exports文件和exportfs命令实现。其中/etc/exports文件是NFS服务中最重要的配置文件，该文件定义了各种共享资源，以及共享资源的访问权限等。而exportfs命令则用于发布或者撤销共享资源，并且可以监控共享资源的状态等。

/etc/exports文件包含能够被NFS客户端访问的本地物理文件系统列表。该文件的内容由系统管理员维护。在该文件中配置的每个文件系统都有一系列的选项和访问控制列表。

/etc/exports文件的每一行描述了一个被共享的文件系统。每行由两个部分组成，第一部分为本地共享的目录或者文件系统，第二部分则为可以访问文件系统的主机以及访问权限等。

对于客户端主机，NFS支持4种表示形式，分别介绍如下。

- 单个主机：这是最常用的一种主机表示形式，可以是一个能够被解析的主机名、全称域名、IP地址。如果使用IPv6地址，则需要使用方括号。
- 网络地址：如果想要某个IP网络中的所有主机都可以访问某个NFS文件系统，则可以通过网络地址指定客户端主机。在这种情况下，用户需要使用网络ID加子网掩码的形式来表示网络地址。例如192.168.1.0/24表示192.168.1.0子网中的所有主机。
- 通配符：NFS支持通过通配符来表示多台主机。通配符可以是*或者？。前者表示多个字符，而后者表示单个字符。甚至还支持类似于正则表达式的[]形式，表示名称中含有方括号中的字符列表中的字符。
- 匿名：如果仅仅使用一个*表示，则所有的主机都可以访问该文件系统。

NFS通过选项来控制客户端对于文件系统的访问。表15-1列出了NFS文件系统的常用选项。

表 15-1　NFS 文件系统的常用选项

选　项	说　明
secure/insecure	要求采用低于 1024 的端口号来建立连接。如果想要取消这一限制，使用 insecure 选项
rw	允许客户端对 NFS 卷进行读写。默认为只读
ro	限制客户端对 NFS 卷只能读取
async	允许 NFS 服务器采用异步方式处理客户端数据的读写请求。使用该选项可以改善 NFS 服务器的性能，但是在网络不稳定的情况下会丢失数据
sync	强制服务器采用同步的方式处理客户端数据的读写请求
no_wdelay	在同步模式下，如果有写操作请求，NFS 服务器会立即执行
nohide	如果 NFS 服务器共享了两个文件系统，并且其中一个文件系统挂载在另一个文件系统中。默认情况下，如果客户端只挂载其中的父文件系统，则子文件系统是不可见的，其挂载点仅仅表现为一个空目录。这样，客户端想要访问子文件系统，只能再次挂载。如果启用 nohide 选项，则挂载了父文件系统之后，子文件系统对于客户端是可以访问的

（续表）

选　项	说　明
crossmnt	基本功能与 nohide 相同
no_subtree_check	关闭子目录树检查。子目录树检查会执行一些不想忽略的安全性检查。默认选项是启用子目录树检查
no_auth_nlm	NFS 服务器不要对加锁请求进行认证
fsid	标识 NFS 共享的文件系统。对于 NFSv4 来说，共享文件系统必须有一个根目录，这个根目录使用 fsid=root 或者 fsid=0 表示。对于其他的文件系统，可以使用数字或者 UUID 表示
root_squash	如果客户端以 root 身份访问 NFS 卷，则将 root 用户的权限压缩，将其身份映射为匿名用户，以降低安全风险。该选项不影响其他的用户
no_root_squash	如果客户端以 root 身份访问 NFS 卷，不进行权限压缩，则将拥有 root 权限
all_squash	将所有访问者的身份都映射为匿名用户，压缩其权限
anonuid	指定匿名用户的用户 ID
anongid	指定匿名用户的组 ID

> 注意　启用no_root_squash选项会给NFS服务器带来极大的风险。

exportfs命令用来维护NFS共享文件系统列表。其基本语法如下：

```
exportfs [options]
```

该命令常用的选项有：

- -a：导出或者不导出所有的目录。
- -o：指定访问选项。
- -i：忽略/etc/exports文件，仅仅使用默认选项。
- -r：重新导出所有的目录。
- -u：不导出一个或者多个目录。
- -f：清空导出目录列表缓存。

下面演示如何共享一个本地目录。

（1）创建本地目录：

```
liu@ubuntu:~$ sudo mkdir /nfsroot
```

然后，在这个目录创建两个子目录，分别为dir1和dir2。

（2）编辑/etc/exports文件，增加以下两行：

```
/nfsroot/dir1   *(rw,sync,no_subtree_check,root_squash)
/nfsroot/dir2   192.168.1.170(ro,sync,no_subtree_check,no_root_squash)
```

上面两行分别把刚才创建的两个目录共享出去。其中dir1的访问权限为读写，而dir2的访问权限为只读。

（3）导出共享目录，命令如下：

```
liu@ubuntu:~$ sudo exportfs -a
```

导出完成之后，客户端就可以访问该共享目录了。用户可以在客户机上执行showmount命令来查看NFS服务器共享的资源，如下所示：

```
liu@master:~$ showmount -e 192.168.1.110
Export list for 192.168.1.110:
/nfsroot/dir2 *
/nfsroot/dir1 192.168.1.170
```

关于showmount命令的详细使用方法，将在随后介绍。

15.3　挂载NFS文件系统

NFS文件系统的挂载方法同样使用mount命令。只不过现在挂载的不是本地文件系统，而是NFS服务器上共享出来的文件系统或者目录。

在挂载NFS文件系统之前，用户可以通过showmount命令来查看NFS服务器共享的文件系统。例如：

```
liu@master:~$ showmount -e 192.168.1.110
Export list for 192.168.1.110:
/nfsroot/dir2 *
/nfsroot/dir2 192.168.1.170
```

在上面的命令中，-e选项表示列出NFS服务器的导出列表。从上面的结果可以得知，192.168.1.110一共共享了两个目录。其中第1个目录并没有限制客户端主机，而第2个目录则限制了只允许192.168.1.170访问。

了解了NFS服务器的共享情况之后，用户就可以挂载NFS服务器共享的文件系统了。其中，NFS的文件系统需要使用以下格式表示：

```
ipaddr:/dirname
```

其中，ipaddr为NFS服务器的IP地址，dirname为共享出来的文件系统或者目录的路径。

为了挂载NFS文件系统，需要创建两个挂载点，其名称分别为dir1和dir2，如下所示：

```
liu@master:~$ mkdir dir1
liu@master:~$ mkdir dir2
```

然后使用mount命令挂载文件系统，如下所示：

```
liu@master:~$ sudo mount 192.168.1.110:/nfsroot/dir1 dir1
liu@master:~$ sudo mount 192.168.1.110:/nfsroot/dir2 dir2
```

挂载完成之后，用户就可以访问其中的内容了：

```
liu@master:~$ ls -l dir1
total 0
-rw-rw-r-- 1  nfsuser1        nfsuser1    0   9月 23 22:39    dfasdf
-rw-r--r-- 1  liu    liu 0   9月 23 22:33    sdfs
```

对于dir1，用户还拥有写入的权限，可以在其中创建文件。

通过mount命令挂载NFS文件系统，在系统重新启动之后，不会自动重新挂载。如果用户想要固定地挂载某个NFS文件系统，则可以将其添加到/etc/fstab文件中，如下所示：

```
192.168.1.110:/nfsroot/dir1      /home/liu/dir1      nfs      rw      0      0
```

> **注意** NFS的访问权限比较复杂，不仅跟/etc/exports文件中的权限选项和访问者的账号有关，还跟NFS服务器上的用户的共享访问权限有关。关于这个方面的内容，将在随后详细讨论。

15.4　NFS文件系统权限

NFS文件系统的权限相对比较复杂，导致这个问题的原因主要是NFS本身的设计。NFS文件系统实际上位于NFS服务器上，由NFS服务器来管理，通过NFS协议共享给客户端使用。这一点与存储区域网络有着明显的区别。图15-1和图15-2分别描述了NFS和存储区域网络的原理。

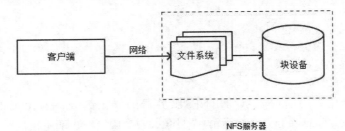

图 15-1　NFS 的工作原理

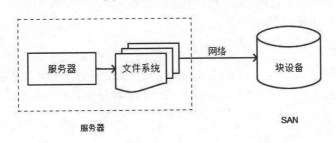

图 15-2　存储区域网络的工作原理

从图15-1可以看出，NFS的文件系统是由NFS服务器的操作系统管理的。而客户端仅仅是将数据通过NFS协议传递给NFS服务器，由NFS服务器负责数据的读取和写入。存储区域网络则不同，其文件系统完全是由使用文件系统的服务器来直接管理的，而SAN设备则不负责文件系统的管理。

正因为NFS的设计原理如此，所以在使用的过程中必然会涉及客户端的用户对于NFS文件系统的访问权限和NFS服务器的用户对本地文件系统的访问权限。这两种权限必须同时处理好，才能正常对NFS文件系统进行读写。图15-3描述了这两种权限对于NFS文件系统的影响。

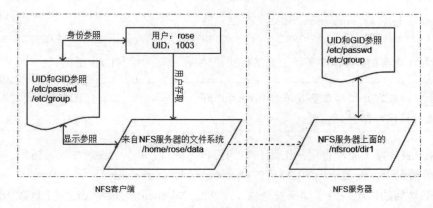

图 15-3　NFS 服务器用户权限管理

从图15-3可以得知，NFS服务器对于文件系统的访问权限是依据其本身的系统用户的，而客户端的操作系统对于NFS文件系统的访问权限管理却是依据客户端本身的系统用户的。这样的话，在使用NFS文件系统的过程中，必然会涉及两套用户账号和两套文件系统。

假设客户端的一个普通用户rose来访问NFS文件系统/home/rose/data。当该用户进入该目录之后，客户端操作系统会依据本地的/etc/passwd和/etc/group以及文件系统本身的权限来决定用户rose是否可以对该目录进行读写。但是，/home/rose/data同时又是来自NFS服务器的文件系统/nfsroot/dir1。此时，会出现以下几种情况。

（1）NFS服务器和客户端拥有相同的账号rose，并且其用户ID和组ID是相同的，都是1003。这种情况非常完美，客户端可以直接以rose的身份来访问/home/rose/data。此时，客户端的用户rose对/home/rose/data的访问权限与NFS服务器上面的用户rose对/nfsroot/dir1的访问权限完全一致，并且在列出目录内容时，文件的所有者和所属组都可以正常显示。

（2）NFS服务器用户ID为1003的用户不是rose，而是joe，那么客户端的用户rose的访问权限仍然与NFS服务器上面的joe相同。这是因为在文件系统的索引节点中记录的是用户的ID，而不是用户名。所以只要用户ID相同，其访问权限就相同。

对于这种情况，用户可以进行验证。首先确认客户端的rose用户对于/home/rose/data没有写入权限，如下所示：

```
rose@master:~/data$ touch test2
touch: cannot touch 'test2': Permission denied
```

从上面命令的执行结果可以得知，rose不能在/home/rose/data目录中创建新的文件。
接下来通过setfacl命令为NFS服务器上的用户joe增加写入权限，如下所示：

```
liu@ubuntu:~$ sudo setfacl -m user:joe:rwx /nfsroot/dir1/
```

然后再次在客户端以rose用户的身份在/home/rose/data目录中创建新文件，如下所示：

```
rose@master:~/data$ touch test2
rose@master:~/data$ ll test2
-rw-r--r-- 1  rose   rose   0   9月  24 17:25    test2
```

可以发现这次可以创建成功，并且新创建的test2文件的所有者和组都是rose。但是，如果在NFS服务器上面查看这个文件，则其所有者和组却为joe，如下所示：

```
liu@ubuntu:~$ ll /nfsroot/dir1/test2
-rw-r--r--  1  joe      joe      0  Sep 24 17:25       /nfsroot/dir1/test2
```

这是因为客户端的rose和服务器上面的joe用户拥有相同的用户ID和组ID。

> **注意** 如果客户端和服务器有相同的用户joe，但是其用户ID和组ID不同，则其对于NFS文件系统的访问权限是不同的。

（3）NFS服务器上面没有用户ID为1003的用户。此时，用户rose的权限被压缩，作为匿名用户访问。一般情况下，匿名用户的ID为65534，其账户名称为nobody。

对于匿名访问的情况，为了提高安全性，通常通过anonuid和anongid这两个选项为匿名用户指定一个本地的用户ID和组ID。这样的话，所有的匿名访问都被映射为这两个选项的指定值。匿名用户的权限就与anonuid选项指定的用户相同。

（4）客户端以root身份访问NFS文件系统。这种情况非常特殊，因为每台Linux都有root用户，并且其用户ID和组ID永远是0。如果客户端以root身份访问NFS服务器，根据前面的介绍，此时会拥有root权限。这种情况是非常危险的，所以通常共享文件系统的时候会启用root_squash选项，将root用户的权限压缩为匿名用户的权限。

除客户端和服务器的用户对于文件系统的访问权限外，在导出文件系统的时候，也有几个选项会影响客户端对于NFS文件系统的读写权限，这些选项分别为ro和rw。其中ro表示只读，rw表示可读写。如果在导出文件系统的时候指定了ro选项，则即使NFS服务器上面对应的用户拥有写入权限，则客户端仍然不能写入。

综上所述，在使用NFS共享文件系统的时候，如果遇到不能写入的情况，则应该从多个方面进行检查，包括客户端和服务器的用户对应、服务器的用户对于NFS文件系统的访问权限以及/etc/exports文件中的访问选项等。

第 16 章
NTP 服务的搭建与应用

NTP（Network Time Protocol，网络时间协议）是用来使计算机时间同步化的一种协议，它可以使计算机对其服务器或时钟源进行同步化，可以提供高精准度的时间校正。

生成运营环境中的时间同步十分重要，如基于时间的用户访问控制，由于客户机与管理主机时间不一致，导致客户机明明在规定时间内访问要访问的内容，但受到管理系统拒绝。类似这种情况还有很多，如电商或网银的交易记录等。因此，掌握配置与使用时间服务器至关重要。本章将详细介绍在 Ubuntu 中 NTP 服务的搭建与应用方法。

16.1　安装NTP服务

默认情况下，Ubuntu并没有安装NTP服务。用户可以使用以下命令安装NTP服务及其相关的组件：

```
liu@ubuntu:~$ sudo apt install ntp ntpdate ntpstat
```

安装完成之后，使用以下命令启用和启动NTP服务：

```
liu@ubuntu:~$ sudo systemctl enable ntp
Synchronizing state of ntp.service with SysV service script with
/lib/systemd/systemd-sysv-install.
Executing: /lib/systemd/systemd-sysv-install enable ntp
liu@ubuntu:~$ sudo systemctl start ntp
```

然后查看NTP服务状态，如下所示：

```
liu@ubuntu:~$ sudo systemctl status ntp
● ntp.service - Network Time Service
    Loaded: loaded (/lib/systemd/system/ntp.service; enabled; vendor preset:
enabled)
    Active: active (running) since Sat 2024-01-20 11:36:53 CST; 5min ago
```

```
      Docs: man:ntpd(8)
  Main PID: 10851 (ntpd)
     Tasks: 2 (limit: 4555)
    Memory: 1.4M
       CPU: 204ms
    CGroup: /system.slice/ntp.service
            └─10851 /usr/sbin/ntpd -p /var/run/ntpd.pid -g -u 130:137

1月 20 11:36:57 master ntpd[10851]: Soliciting pool server 202.112.29.82
1月 20 11:36:58 master ntpd[10851]: Soliciting pool server 193.182.111.14
1月 20 11:36:58 master ntpd[10851]: Soliciting pool server 181.215.32.88
1月 20 11:36:58 master ntpd[10851]: Soliciting pool server 193.182.111.143
1月 20 11:36:58 master ntpd[10851]: Soliciting pool server 185.125.190.56
1月 20 11:36:59 master ntpd[10851]: Soliciting pool server 185.125.190.58
1月 20 11:36:59 master ntpd[10851]: Soliciting pool server 45.76.221.157
1月 20 11:36:59 master ntpd[10851]: Soliciting pool server 193.182.111.142
1月 20 11:37:00 master ntpd[10851]: Soliciting pool server 91.189.91.157
1月 20 11:37:00 master ntpd[10851]: Soliciting pool server 78.46.102.180
```

可以发现，NTP服务已经正常安装。

查看客户端是否正常安装：

```
liu@ubuntu:~$ sntp --version
sntp 4.2.8p15@1.3728-o Wed Feb 16 17:13:02 UTC 2022 (1)
…
```

可以发现，NTP客户端已经正常安装。

16.2 NTP服务配置

在Ubuntu中，通过NTP服务来同步时间，首要的配置就是找到时间服务器，可以通过/etc/ntp.conf文件实现以及通过ntpdate命令实现。其中/etc/ntp.conf文件是NTP服务中最重要的配置文件，该文件定义了各种时间服务器资源。

默认的配置如下：

```
pool 0.ubuntu.pool.ntp.org iburst
pool 1.ubuntu.pool.ntp.org iburst
pool 2.ubuntu.pool.ntp.org iburst
pool 3.ubuntu.pool.ntp.org iburst
```

对于时间服务器的配置，我们可以通过国家授时中心（地址为ntp.ntsc.ac.cn），或者访问https://www.ntppool.org/zone/asia，来查询最近的时间服务器，如图16-1和图16-2所示。

图 16-1　查询最近的时间服务器 1

图 16-2　查询最近的时间服务器 2

第 17 章

DNS 域名服务

在互联网上，域名服务发挥了重要的作用。它使得用户可以非常方便地访问互联网上的各种服务，而不必记忆各种复杂的 IP 地址。在互联网上有许多主机提供域名服务。这些主机包括 UNIX、Linux 以及 Windows 等。本节将详细介绍如何在 Linux 系统上配置域名解析服务。

17.1 域名、IP地址、域名服务器

为了更好地学习后面的知识，首先对域名相关的基础知识进行简单介绍。

1. 域名

所谓域名，实际上就是用点分隔的字符组成的互联网上的某一台主机或者计算机组的名称。最初的域名由ASCII字符的一个子集组成。但是后来，随着需求的增加，域名系统也支持更多的UNICODE字符，例如中文。但是，使用非英文字符作为域名会产生一些不必要的麻烦，例如输入困难等。

下面列出的就是一些常见的域名：

```
www.baidu.com
www.harvard.edu
www.oracle.com
```

域名分为很多种类型，主要有通用域名和国家代码域名。部分常用的通用域名如表17-1所示。

表 17-1 部分常用的通用域名

域　名	说　明	域　名	说　明
.com	商业公司	.edu	美国教育机构
.net	网络服务商	.gov	美国政府机构
.org	非盈利组织		

国家代码域名比较多，例如.cn为中国的顶级域名、.hk为香港特别行政区的顶级域名以及.jp为日本的顶级域名等。

2. IP 地址

IP地址用来唯一标识IP网络中的一个网络设备，分为IPv4和IPv6两大类。其中IPv4是由32位二进制数字组成的一个数字，通过圆点分隔为4组。其形式如下：

```
xxx.xxx.xxx.xxx
```

其中，每组xxx数字为不超过255的十进制数字。例如8.8.8.8、103.7.30.123以及192.168.1.1都是有效的IP地址。IPv4地址可分为A、B、C、D、E五大类，其中A类和B类地址用于大中型网络，C类地址用于一般网络，D类地址一般很少使用，E类地址属于特殊保留地址。

由于IPv4使用32位二进制数字，因此最多可以表示2^{32}个IP地址。随着网络上设备的增多，IPv4地址已经在2011年2月分配完。

IPv6是为了解决IPv4表示的地址数量较少而提出的新方案。它采用128位二进制数字，所以能够表示更多的地址。一般情况下，IPv6被书写为32位十六进制的形式，并且通过圆点分割为8组，如下所示：

```
2001:0:9d38:90d7:345d:229c:3f57:edf4
```

如果某一组数字全部为0，可以省略：

```
2001:0db8:85a3::1319:8a2e:0370:7344
```

3. 域名服务器

域名服务器是将比较容易记忆的域名转换为IP地址的服务器。因此，在域名服务器上，有一个关于域名和IP地址对应的数据库。当收到查询请求时，域名服务器会根据用户的请求将域名转换为对应的IP地址，也可以将IP地址转换为域名。

按照功能划分，域名服务器主要可以分为主域名服务器、从域名服务器、缓冲域名服务器以及转发域名服务器。主域名服务器是管理某个特定的DNS区的服务器，负责管理指定区的域名数据库文件，是该区的域名信息的权威数据来源。从域名服务器实际上是主域名服务器的一个备份服务器，当主域名服务器出现故障时，从域名服务器会代替主域名服务器承担域名解析的角色。缓冲域名服务器本身不负责管理任何区的域名数据，而是缓存从其他的域名服务器中收到的域名解析数据。转发域名服务器负责把本地主域名服务器或者缓冲域名服务器无法解析的域名转发到指定的域名服务器来解析。

通常情况下，域名服务器都是根据域名查询对应的IP地址，称为正向解析。在某些情况下，也会收到根据IP地址查询对应的域名的请求，称为反向解析。

17.2　BIND以及组件

BIND是目前互联网上使用最多的DNS服务器软件，大约占了90%以上。BIND由互联网协会维护和开发，是一个开放源代码的软件系统。

如果当前系统没有安装BIND，用户可以使用以下命令安装：

```
liu@ubuntu:~$ sudo apt install bind9
```

根据不同的场景，BIND可以被配置为主域名服务器、缓冲域名服务器、从域名服务器，或者是杂合模式的域名服务器。

17.3 BIND配置文件

BIND的主要配置文件都位于/etc/bind目录中，表17-2列出了BIND的主要配置文件及其功能。

表 17-2 BIND 的主要配置文件

配 置 文 件	说　明
db.0	网络地址"0.*"的反向解析文件
db.127	localhost 反向区文件，用于将本地回送 IP 地址（127.0.0.1）转换为名字 localhost
db.255	广播地址"255.*"的反向解析文件
db.empty	RFC1918 空区反向解析文件
db.local	localhost 正向区文件，用于将名字 localhost 转换为本地环路 IP 地址 127.0.0.1
db.root	根服务器指向文件，由 Internet NIC 创建和维护，无须修改，但是需要定期更新
named.conf	BIND 的主要配置文件，用于定义当前区域名服务器负责维护的域名解析信息
named.conf.local	当前域名服务器负责维护的所有区的信息
named.conf.options	定义当前域名服务器主配置文件的全局选项
rndc.key	包含 named 守护进程使用的认证信息
zones.files	定义域名服务器负责管理与维护的所有正向区配置文件与反向区配置文件，是当前域名服务器提供的权威域名解析数据

尽管BIND的配置文件比较多，但是实际上需要用户配置的文件主要是named.conf。

BIND的主进程名为named。named.conf文件是BIND最主要的配置文件。named.conf配置文件是由配置语句和注释组成的。每条配置语句以分号";"作为结束符，多条配置语句组成一个语句块；注释语句使用两个"//"作为注释符。

named.conf主要支持的语句有acl、key、masters以及server等。下面分别介绍这些常用的语句。

1. acl

该语句用来定义一个地址匹配列表，可以用于访问控制或者其他的用途。acl语句的基本语法如下：

```
acl acl-name {
    address_match_list
};
```

其中，acl-name为地址匹配列表名称，address_match_list为IP地址或者IP地址列表。地址匹配列表在使用前必须被定义。BIND已经预先定义了几个地址匹配列表，这些地址匹配列表可以直接使用：

- any：匹配所有的主机。
- none：匹配空主机。
- localhost：匹配本地网络接口的所有IP地址。

- localnets：匹配一台主机所在的网络上的所有IP地址。

例如，下面的代码定义了几个访问控制列表：

```
01  //定义一个名为acl1的ACL，包含3个单个IP地址
02  acl "acl1" {
03     10.0.0.1; 192.168.23.1; 192.168.23.15;
04     };
05  //定义一个名为acl2的ACL
06  acl "acl2" {
07  //可以包含其他ACL
08  "acl1";
09  //包含10.0.15.0网络的所有IP地址
10  10.0.15.0/24;
11  //非10.0.16.1子网的IP地址
12  !10.0.16.1/24;
13  //包含一个IP地址组
14  {10.0.17.1;10.0.18.2;};
15  //本地网络接口IP地址
16  localhost;
17     };
18  zone "example.com" {
19    type slave;
20    file "slave.example.com";
21     //在此处使用了前面定义的acl1访问列表
22    allow-notify {"acl1";};
23  };
```

其中，第02~04行定义了一个名称为acl1的地址匹配列表，包含3个IP地址。第06~17行定义了名称为acl2的地址匹配列表。acl2的定义比较复杂，第08行将前面定义的acl1包含进来，第10行是一个网络10.0.15.0/24，第12行通过！运算符把网络10.0.16.1/24排除，第14行是一个IP地址组，第16行通过localhost指定本地的所有IP地址。

从上面的定义可以得知，地址匹配列表的定义中可以包含其他的地址匹配列表。地址匹配列表也支持某些逻辑运算符，例如！，表示否定的运算。此外，还可以指定一个网络ID，以及通过{}定义IP地址组。

acl语句仅仅定义了一个地址匹配列表，就像定义了一个数组或者变量，本身并不发挥作用。但是，这个地址匹配列表可以用在其他的语句中，作为其他的语句作用的对象。

第18~23行定义了一个区，其中第22行引用了前面定义的地址匹配列表acl1，表示example.com区的数据变更会通知到acl1定义的列表。

2. Key

key语句用来定义TSIG或者命令通道所使用的加密密钥。其基本语法如下：

```
key key_id {
    algorithm string;
    secret string;
}
```

其中，key_id为密钥名称，algorithm为加密算法，secret为密钥。

例如，下面的代码定义了一个名称为test_key的密钥：

```
key "test_key" {
    algorithm hmac-md5;
    secret "epYaIl5VMJGRSG4WMeFW5g==";
};
```

3. masters

该语句用来定义主域服务器列表。其基本语法如下：

```
masters masters-name [ port global-port ] {
    ( masters-list | ipv4_address [ port port-num ] | ipv6_address [ port ] ) [ key
key-name ]; ...
    };
```

其中，masters-names是主域服务器列表名称，该名称是唯一的。masters-name可以是一个用引号引用起来的字符串，如果masters-name不含空格，则引号是可选的；如果masters-name中含有空格，则必须使用引号引起来。

global-port为整数值，用来为列表中的服务器指定统一的端口号。如果某个服务器使用的端口号不同，则可以直接在IP地址后面加上端口号。

masters-list是一个已经定义好的主域服务器列表的名称，这意味着主域服务器列表的元素可以是另一个主域服务器列表。

ipv4_address和ipv6_address分别是IPv4和IPv6地址，后面紧跟的port为端口号。也就是说，如果某个IP所对应的服务器使用了不同于global-port指定的端口号，则可以直接在其IP地址后面指定所用的端口号。如果同时指定了global-port和port，则port会优先使用。

key-name为使用key语句定义的加密密钥的名称。

例如，下面定义了一个名称master-ips的列表：

```
masters master-ips {192.168.2.3 port 1053; 192.168.17.4;};
```

4. server

该语句用来为某个特定的服务器设置参数。其语法为：

```
server ip-addr {
  [ bogus yes | no ; ]
  [ edns yes | no ; ]
  [ keys "key-name"; ["key-name"; ... ; ]
  [ provide-ixfr yes | no; ]
  [ request-ixfr yes | no; ]
  [ transfers number; ]
  [ transfer-format ( one-answer | many-answers ); ]
;}
```

ip-addr为服务器的IP地址。bogus子句为布尔型选项，标识是否忽略来自该服务器的数据。edns子句决定本地服务器与远端服务器通信时是否使用EDNS，即RFC2671中提出的DNS扩展机制。keys子句用来确定一个由key语句定义的加密密钥，用于和远端服务器通话时的安全处理。provide-ixfr子句决定本地服务器是否作为主域名服务器。request-ixfr子句决定本地服务器是否作为从域名服务器。transfers子句用来限定同时从特定服务器进行并发数据传输的区域的数量。transfer-forma即数据传输格式。

5. options

该语句用来设定全局配置选项和默认值。其基本语法如下：

```
options {
    statements
}
```

其中，statements为各种子句。options支持的子句非常多，有130多个。这些选项能够控制到DNS服务器的各个方面。关于这些选项，不再详细说明，读者可以参考named.conf文件的帮助手册或者其他的书籍。

6. controls

该语句用来定义一个远程控制通道。用户可以通过远程管理工具，例如rndc进行远程管理。该语句的基本语法如下：

```
controls {
    inet inet_spec [inet_spec]  ;
};
```

其中，inet子句定义了远程管理的方法，包括IP地址、端口以及加密密钥等。如果用户想要禁用远程管理功能，则可以定义一个空的controls语句，如下所示：

```
controls {};
```

7. zone

该语句用来定义一个区域。该语句的基本语法如下：

```
zone "zone_name" [class] {
    // zone statements
};
```

其中，class为可选项，表示区域所属的类。最常见的类为IN，表示Internet。如果省略了class选项，则为IN。

zone语句支持的子句也非常多。其中最常用的子句为type，表示区域的类型。表17-3列出了常见的区域类型。

表 17-3　常见的区域类型

类　　型	说　　明
Master	主域服务器，负责该区域的数据，并提供该区域的权威响应
slave	从域名服务器，负责该区域数据的备份，从主域服务器复制数据
stub	类似于从域名服务器，但是只复制 NS 记录，而非整个区域数据
forward	转发区域，基于域名进行转发
hint	指定初始的根域名服务器集合
delegation-only	强制基础区域为只授权状态

关于zone语句的其他子句，不再详细说明。

8. view

该语句用来定义视图。视图是BIND9新增的功能。通过视图可以使得域名服务器在响应请求时，根据不同的请求而返回不同的数据。view语句的基本语法如下：

```
view "view_name" [class] {
  [ match-clients { address_match_list } ; ]
  [ match-destinations { address_match_list } ; ]
  [ match-recursive-only { yes | no } ; ]
  // view statements
  // zone clauses
};
```

与zone语句一样，view语句也拥有类属性。如果没有指定类，则默认为IN。每个view语句定义一个被某些客户端所看到的域名空间的视图。一个客户端匹配一个视图是指它的源地址与view语句中的match-clients子句中的address_match_list相匹配，并且它的目标地址与match-destinations中的address_match_list相匹配。如果没有指定match-clients和match-destinations，则匹配所有的客户端。一个视图也可以被定义为match-recursive-only，表示它仅仅匹配客户端的递归请求。

例如，下面的语句定义了一个视图：

```
view "trusted" {
    //匹配自己的网络
    match-clients { 192.168.23.0/24; };
    recursion yes;
    //定义区域
    zone "example.com" {
        type master;
        // private zone file including local hosts
        file "internal/master.example.com";
    };
    // add required zones
};
```

除上面介绍的几个语句外，named.conf配置文件还支持其他的一些语句，例如dlz、lwres、logging以及trusted-keys等。限于篇幅，对于这些语句不再详细介绍。

17.4 配置区域

区域是DNS中最重要的概念之一，是域名服务器管理的基本单位。一台域名服务器可以管理一个或者多个区域，而一个区域只能由一台主域名服务器管理，但是可以有多台从域名服务器。

在配置域名服务器的时候，必须先建立区域，再根据需要在区域中添加资源记录，才可以完成解析工作。除$TTL和$ORIGIN这两个选项外，区域配置文件中还包括SOA、NS、A、PTR、CNAME以及MX等资源记录。

1. $TTL

资源记录的生存时间，定义该资源记录中的信息被其他的域名服务器缓存的时间。该选项的值为一个无符号的32位整数值。数值后面可以加上时间单位，其中d表示天，w表示周，h表示小时。如果没有指定时间单位，则默认为秒。如果将该选项的值设置为0，则表示当前域名服务器的资源记录不可以被缓存。

通常情况下，$TTL选项位于区域文件的开头。

> 注意 尽管$TTL的值可以设置为0，但是仅仅用在极端的情况下。

2. $ORIGIN

该选项用来指定域名。如果在资源记录中，用户定义的主机名不是规范域名，或者域名后面没有使用圆点结束，BIND会把$ORIGIN的值附加在主机名后面，构成一个完整的域名。该选项的基本语法如下：

```
$ORIGIN domain-name
```

例如，如果用户指定该选项的值如下：

```
$ORIGIN mydomain.com.
```

则资源记录：

```
IN   NS   ns
```

相当于：

```
IN   NS   ns.mydomain.com.
```

3. 资源记录

资源记录主要包括SOA、NS、MX、A、PTR以及CNMAE等，这些数据构成了域名服务器解析域名的基础。

17.5 资源记录

除前面介绍的$TTL和$ORIGIN选项外，区域配置文件中的第一条资源记录为SOA。

（1）SOA表示区域的开始，用来定义区域的全局参数，包括域名、联系电子邮件以及其他的控制信息。SOA记录的语法如下：

```
owner-name   class   type   name-server  email-addr  (sn refresh retry
expiry min-ttl)
```

（2）NS记录用来定义区域内的域名服务器。如果一个区域内有多台域名服务器，则可以有多条NS资源记录。NS记录的语法如下：

```
owner-name   class   type    name-server
```

owner-name与SOA记录的含义和取值相同。class的值通常为IN。type指记录类型，对于NS记录而言，固定为NS。name-server为域名服务器的主机名或者IP地址。如果主机名以圆点结束，则表示使用的是全称主机名或者全称域名；否则，需要加上$ORIGIN选项的值构成全称主机名。

例如，下面的代码定义了一条NS记录：

```
example.com. IN     NS      ns1.example.com.
```

（3）A记录是指一条IPv4地址记录，实现主机名到IP地址的映射。A记录的语法如下：

```
host-name class   type     ipv4
```

其中，host-name为主机名。class为地址类型，通常为IN。type为资源记录的类型，对于A记录，固定为A。ipv4是一个使用圆点隔开的十进制IPv4的地址。

> 注意 在资源记录中，只有全称主机名或者全称域名以圆点结束，非全称主机名或者IP地址不能以圆点结束。

例如：

```
web IN  A   192.168.254.3
```

在上面的代码中，将主机名web映射到IP地址192.168.254.3。当查询名称为web的主机时，域名服务器便将其对应的IP地址返回给客户端。

> 注意 对于IPv6地址而言，需要使用AAAA来定义。

（4）PTR记录用于反向区域配置文件中，实现IP地址到主机名的映射。

```
ip  class   type hostname
```

其中，ip为IPv4或者IPv6地址。与前面的记录一样，class通常为IN。对于PTR记录，type的值固定为PTR。hostname为对应的主机名或者域名，全称域名需要以圆点结束。

（5）CNAME记录为别名记录，用来为主机定义一个别名。CNAME记录存在于正向区域配置文件中，一个主机可以有多个别名。

CNAME记录的基本语法如下：

```
canonical-name  class     type      hostname
```

其中，canonical-name为别名。class通常为IN。type的值为CNAME。hostname为别名对应的主机名。

例如，下面的代码通过CNAME记录将www和ftp这两个名称都映射到同一台主机：

```
server1     IN      A       192.168.0.3
www         IN      CNAME   server1
ftp         IN      CNAME   server1
```

> 注意 为了提高解析效率，通常应该避免使用CNAME记录。

（6）MX记录为当前的区域指定邮件服务器。其基本语法如下：

```
host-name   class       type      prioritymail-server
```

以上各项的含义与前面介绍的大致相同，不再重复介绍。值得一提的是priority选项，用来指定邮件服务器的优先级。当区域中有多台邮件服务器的时候，优先级高的服务器优先使用。

下面的代码演示了MX记录的定义方法：

```
01  ;资源记录数据的TTL为2天
02  $TTL 2d ;
03  $ORIGIN example.com.
04  ; SOA记录
05  @              IN      SOA   ns1.example.com. hostmaster.example.com. (
06  ; 上面1行与下面1行的功能相同
07  ; example.com. IN      SOA   ns1.example.com. hostmaster.example.com. (
08            2003080800 ; serial number
09            3h         ; refresh =  3 hours
10            15M        ; update retry = 15 minutes
11            3W12h      ; expiry = 3 weeks + 12 hours
12            2h20M      ; nxttl = 2 hours + 20 minutes
13            )
14              IN      MX    10  mail  ; short form
15  ; 上面1行与下面1行的功能相同
16  ; example.com. IN     MX    10 mail.example.com.
17  ; 可以定义多台邮件服务器
18              IN      MX    20  mail2.example.com.
19  ; 使用区域外的邮件服务器
20              IN      MX    30  mail.example.net.
21  ; 区域内的邮件服务器需要A记录实现主机名到IP的映射
22  mail        IN      A        192.168.0.3
23  mail2       IN      A        192.168.0.3
```

17.6　演示：DNS服务器配置实例

下面以一个具体的实例来说明如何配置域名服务器。在本例用到的区域名称为mydomain.com，其中一共有3台主机，其角色和IP地址分配如图17-1所示。

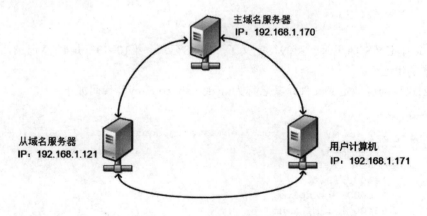

图 17-1　mydomain.com 区域

1. 定义区域

修改主域名服务器的named.conf配置文件，增加以下代码：

```
01  zone "mydomain.com" IN {
02  type master;
03  file "/etc/bind/mydomain.com.dns";
04  allow-update { none; };
05  allow-transfer { 192.168.1.121; };
06
07  };
08
09  zone "1.168.192.in-addr.arpa" IN {
10  type master;
11  file "/etc/bind/mydomain.com.rev";
12  allow-update { none; };
13  allow-transfer { 192.168.1.121; };
14  };
```

其中，第01~07行定义正向区域，第09~14行定义反向区域，这两个区域的定义大致相同，其类型都为master。此外，正向区域的定义文件为/etc/bind/mydomain.com.dns，反向区域的定义文件为/etc/bind/mydomain.com.rev。这两个区域都允许192.168.1.121同步区域数据。

2. 创建区域定义文件

首先在/etc/bind目录中创建名称为mydomain.com.dns的正向区域配置文件。其内容如下：

```
01  $TTL 86400
02  $ORIGIN mydomain.com.
03  @   IN  SOA  ns.mydomain.com.    webmaster.mydomain.com. (
04                                   20230923;serial
05                                   120;refresh
06                                   3600;retry
07                                   3600;expiry
08                                   3600 );minimum
09            IN      NS      ns
10  master    IN      A       192.168.1.170
11  slave     IN      A       192.168.1.121
12  www       IN      A       192.168.1.178
13  ns        IN      A       192.168.1.170
```

其中，第03~08行定义SOA记录。第09行定义了一条NS记录。第10~13行是4条A记录，将4个主机名映射到不同的IP地址。

接下来创建反向区域定义文件，其名称为mydomain.com.rev。代码如下：

```
01  $TTL 86400
02  @   IN  SOA ns.mydomain.com. webmaster.mydomain.com. (
03          2 ; Serial
04           120 ; Refresh
05          14400 ; Retry
06          3600000 ; Expire
07          86400 ) ; Minimum
08          IN      NS      ns
09  170     IN      PTR     ns.mydomain.com.
10  170     IN      PTR     master.mydomain.com.
11  121     IN      PTR     slave.mydomain.com.
```

```
12   178      IN      PTR      www.mydomain.com.
```

从上面的代码可以得知，在反向区域定义文件中，除SOA和NS记录外，主要是PTR记录。

配置完以上两步之后，需要重新启动BIND服务进程。到目前为止，实际上该域名服务器已经能够正常工作，实现对于区域mydomain.com中的域名的解析。

接下来使用nslookup命令在用户计算机上测试该域名服务器能否正常工作。nslookup命令的功能为交互式地查询域名。

在命令行中输入nslookup命令，进入交互模式：

```
liu@user:~$ nslookup >
```

nslookup命令的提示符为一个大于号。在命令提示符后面输入server命令，指定要使用的域名服务器，如下所示：

```
> server 192.168.1.170
Default server: 192.168.1.170
Address: 192.168.1.170#53
>
```

接下来分别输入slave.mydomain.com和master.mydomain.com这两个域名，测试能否解析成功，如下所示：

```
> slave.mydomain.com
Server:      192.168.1.170
Address:192.168.1.170#53

Name:    slave.mydomain.com
Address: 192.168.1.121
> master.mydomain.com
Server:      192.168.1.170
Address:192.168.1.170#53

Name:    master.mydomain.com
Address: 192.168.1.170
```

从上面的输出可以得知，域名slave.mydomain.com被成功地解析为192.168.1.121，而master.mydomain.com则被成功地解析为192.168.1.170。这与前面在区域文件中定义的完全一致。

3. 配置从域名服务器

修改从域名服务器的BIND配置文件，增加区域定义，如下所示：

```
01  zone "mydomain.com" IN {
02  type slave;
03  file "/etc/bind/mydomain.com.dns";
04  masters { 192.168.1.170; };
05  };
06
07  zone "1.168.192.in-addr.arpa" IN {
08  type slave;
09  file "/etc/bind/mydomain.com.rev";
10  masters { 192.168.1.170; };
```

```
11  };
```

以上代码同样定义了两个区域，分别为正向区域和反向区域。这两个区域的类型为slave，即从服务器。同时使用masters语句指定主域名服务器为192.168.1.170。

修改完成之后，重新启动从服务器上的BIND服务进程，即可从主域名服务器上同步区域数据。

然后在用户主机上通过nslookup命令测试从域名服务器是否正常工作，命令如下：

```
> server 192.168.1.121
Default server: 192.168.1.121
Address: 192.168.1.121#53
> www.mydomain.com
Server:     192.168.1.121
Address:192.168.1.121#53

Name:   www.mydomain.com
Address: 192.168.1.178
```

从上面的输出可以得知，从域名服务器也能够正常解析本区域的域名。

第 18 章
DHCP 动态主机配置协议

如果管理的计算机有几十台，那么初始化服务器配置 IP 地址、网关和子网掩码等参数是一个烦琐耗时的过程。如果网络结构要更改，则需要重新初始化网络参数。使用动态主机配置协议（Dynamic Host Configuration Protocol, DHCP）可避免此问题，客户端可以从 DHCP 服务端检索相关信息并完成相关网络配置，在系统重启后依然可以工作。尤其在移动办公领域，只要区域内有一台 DHCP 服务器，用户就可以在办公室之间自由活动而不必担心网络参数配置的问题。DHCP 提供一种动态指定 IP 地址和相关网络配置参数的机制。DHCP 基于 C/S 模式，主要用于大型网络。本节主要介绍 DHCP 的工作原理及 DHCP 服务端与 DHCP 客户端的部署过程。

18.1　DHCP的工作原理

DHCP用来自动给客户端分配TCP/IP信息的网络协议，如IP地址、网关、子网掩码等信息。每个DHCP客户端通过广播连接到区域内的DHCP服务器，该服务器会响应请求，返回包括IP地址、网关和其他网络配置信息。DHCP的请求过程如图18-1所示。

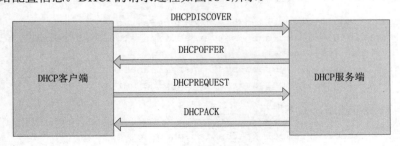

图 18-1　DHCP 的请求过程

客户端请求IP地址和配置参数的过程有以下几个步骤：

步骤 01 客户端需要寻求网络IP地址和其他网络参数，然后向网络中广播，客户端发出的请求名称为DHCPDISCOVER。例如广播网络中有可以分配IP地址的服务器，服务器会返回相应应答，告诉客户端可以分配。服务器返回包的名称为DHCPOFFER，包内包含可用的IP地址和参数。

步骤 02 如果客户端在发出DHCPOFFER包后一段时间内没有接收到响应，就会重新发送请求，如果广播区域内有多于一台的DHCP服务器，就由客户端决定使用哪个。

步骤 03 当客户端选定了某个目标服务器后，会广播DHCPREQUEST包，用以通知选定的DHCP服务器和未选定的DHCP服务器。

步骤 04 服务端收到DHCPREQUEST后会检查收到的包，如果包内的地址和所提供的地址一致，就证明现在客户端接收的是自己提供的地址，此时将发送DHCPACK确认包。如果不是，就说明自己提供的地址未被采纳。如果被选定的服务器在接收到DHCPREQUEST包以后，因为某些原因可能不能向客户端提供这个IP地址或参数，可以向客户端发送DHCPNAK包。

步骤 05 客户端在收到包后，检查内部的IP地址和租用时间，若发现有问题，则发包拒绝这个地址，然后重新发送DHCPDISCOVER包。若无问题，则接受这个配置参数。

18.2 配置DHCP服务器

本节主要介绍DHCP服务器的配置过程，包括软件安装、配置文件设置、服务器启动等步骤。

1. 软件安装

DHCP服务安装如下：

```
liu@ubuntu:~$ sudo apt install isc-dhcp-server
```

经过上面的设置，DHCP服务已经安装完毕，主要的文件如下：

- /etc/dhcp/dhcpd.conf为DHCP主配置文件。
- /usr/lib/systemd/system/dhcpd.service为DHCP服务启动和停止控制单元。

安装完成之后，使用以下命令启用和启动DHCP服务：

```
liu@ubuntu:~$ sudo systemctl enable isc-dhcp-server
Synchronizing state of isc-dhcp-server.service with SysV service script with
/lib/systemd/systemd-sysv-install.
Executing: /lib/systemd/systemd-sysv-install enable isc-dhcp-server
liu@ubuntu:~$ sudo systemctl start isc-dhcp-server
```

然后查看NTP服务状态，如下所示：

```
liu@ubuntu:~$ sudo systemctl status isc-dhcp-server
× isc-dhcp-server.service - ISC DHCP IPv4 server
    Loaded: loaded (/lib/systemd/system/isc-dhcp-server.service; enabled; vendor
preset: enabled)
```

```
      Active: failed (Result: exit-code) since Sat 2024-01-20 12:27:29 CST; 5s ago
        Docs: man:dhcpd(8)
     Process: 102504 ExecStart=/bin/sh -ec        CONFIG_FILE=/etc/dhcp/dhcpd.conf;
if [ -f /etc/ltsp/dhcpd.conf ]; then CONFIG_FILE=/etc/ltsp/dhcpd.conf; fi;        [ -e
/var/lib/dhcp/dhc>
    Main PID: 102504 (code=exited, status=1/FAILURE)
         CPU: 20ms

   1月 20 12:27:29 master dhcpd[102504]:
   1月 20 12:27:29 master dhcpd[102504]: Not configured to listen on any interfaces!
   1月 20 12:27:29 master dhcpd[102504]:
   1月 20 12:27:29 master dhcpd[102504]: If you think you have received this message
due to a bug rather
   1月 20 12:27:29 master dhcpd[102504]: than a configuration issue please read the
section on submitting
   1月 20 12:27:29 master dhcpd[102504]: bugs on either our web page at www.isc.org
or in the README file
   1月 20 12:27:29 master dhcpd[102504]: before submitting a bug.  These pages explain
the proper
   1月 20 12:27:29 master dhcpd[102504]: process and the information we find helpful
for debugging.
   1月 20 12:27:29 master dhcpd[102504]:
   1月 20 12:27:29 master dhcpd[102504]: exiting.
   lines 1-18/18 (END)
```

isc-dhcp-server服务未能启动成功。

配置端口，使用选择的编辑器打开DHCP配置文件 /etc/default/isc-dhcp-server，找到 INTERFACEv4并添加你的网络接口。如果你有多个接口，可以用空格分隔它们并将它们包含在 INTERFACEv4网络接口的定义中。

另外，通过在开头添加#注释掉域名服务器。找到对应行并通过删除开头的#来取消注释。这样做会使DHCP成为本地网络的官方服务器。

```
   liu@ubuntu:~$ ip a
   1: lo: <LOOPBACK,UP,LOWER_UP> mtu 65536 qdisc noqueue state UNKNOWN group default
qlen 1000
      link/loopback 00:00:00:00:00:00 brd 00:00:00:00:00:00
      inet 127.0.0.1/8 scope host lo
        valid_lft forever preferred_lft forever
      inet6 ::1/128 scope host
        valid_lft forever preferred_lft forever
   2: ens33: <BROADCAST,MULTICAST,UP,LOWER_UP> mtu 1500 qdisc fq_codel state UP group
default qlen 1000
      link/ether 00:0c:29:61:4f:5d brd ff:ff:ff:ff:ff:ff
      altname enp2s1
      inet 192.168.56.163/24 brd 192.168.56.255 scope global dynamic noprefixroute
ens33
        valid_lft 925sec preferred_lft 925sec
      inet6 fe80::9d29:877d:2df3:66ef/64 scope link noprefixroute
        valid_lft forever preferred_lft forever
   liu@ubuntu:~$ cat /etc/default/isc-dhcp-server
   INTERFACESv4="ens33"
```

2. 配置文件设置

要配置DHCP服务器，需要修改配置文件/etc/dhcp/dhcpd.conf；如果不存在，就创建该文件。实现的功能是为当前网络内的服务器分配指定IP段的IP地址，并设置过期时间为2天。配置文件如下：

```
liu@ubuntu:~$ cat /etc/dhcp/dhcpd.conf
#格式说明和示例配置文件位置
# DHCP Server Configuration file.
#   see /usr/share/doc/dhcp*/dhcpd.conf.example
#   see dhcpd.conf(5) man page
#
# 定义所支持的DNS动态更新类型。none表示不支持动态更新，interim表示DNS互动更新模式，
# ad-hoc表示特殊DNS更新模式
ddns-update-style none;
#指定接收DHCP请求的网卡的子网地址，注意不是本机的IP地址。netmask为子网掩码
subnet 192.168.19.0 netmask 255.255.255.0{
        #指定默认网关
        option routers 192.168.19.1;
        #指定默认子网掩码
        option subnet-mask 255.255.255.0;
        #指定DNS服务器地址
        option domain-name-servers 61.139.2.69;
        #指定最大租用周期
        max-lease-time 172800;
        #此DHCP服务分配的IP地址范围
        range 192.168.19.230 192.168.19.240;
}
```

以上示例文件列出了一个子网的声明，包括routers默认网关、subnet-mask子网掩码和max-lease-time最大租用周期，单位是秒。有关配置文件的更多选项，可以执行命令man 5 dhcpd.conf参考联机的帮助文件。

3. 服务器启动

DHCP服务器启动：

```
liu@ubuntu:~$  sudo systemctl restart isc-dhcp-server
```

如启动失败，可以使用命令journalctl -xe查看导致启动失败的错误信息，然后参考dhcpd.conf的帮助文档。

18.3　配置DHCP客户端

当服务端启动成功后，客户端需要进行以下配置以便自动获取IP地址。

```
liu@ubuntu:~$ cat /etc/sysconfig/network-scripts/ifcfg-ens33
TYPE=Ethernet
BOOTPROTO=dhcp
DEFROUTE=yes
```

```
PEERDNS=yes
PEERROUTES=yes
IPV4_FAILURE_FATAL=no
IPV6INIT=yes
IPV6_AUTOCONF=yes
IPV6_DEFROUTE=yes
IPV6_PEERDNS=yes
IPV6_PEERROUTES=yes
IPV6_FAILURE_FATAL=no
IPV6_ADDR_GEN_MODE=stable-privacy
NAME=ens33
UUID=cbf0d46a-30b2-4d89-b9ad-7bb0d1182f94
DEVICE=ens33
ONBOOT=no
```

如需使用DHCP服务，BOOTPROTO=dhcp表示将当前主机的网络IP地址设置为自动获取方式。

```
liu@ubuntu:~$ ifdown ens33
liu@ubuntu:~$  ifup ens33
#启动成功后，确认成功获取到指定IP段的IP地址
liu@ubuntu:~$  ifconfig
ens33: flags=4163<UP,BROADCAST,RUNNING,MULTICAST>  mtu 1500
        inet 192.168.19.230  netmask 255.255.255.0  broadcast 192.168.19.255
        inet6 fe80::ad7c:a24f:f6a6:4a89  prefixlen 64  scopeid 0x20<link>
        ether 00:0c:29:95:77:cc  txqueuelen 1000  (Ethernet)
        RX packets 123  bytes 13410 (13.0 KiB)
        RX errors 0  dropped 0  overruns 0  frame 0
        TX packets 214  bytes 20588 (20.1 KiB)
        TX errors 0  dropped 0  overruns 0  carrier 0  collisions 0
```

客户端配置为自动获取IP地址，然后重启网络接口，启动成功后，使用ifconfig查看是否成功获取到IP地址。

第 19 章
Nginx 服务的搭建

Nginx（发音 engine-x）是一款高性能的 Web 服务器和反向代理服务器，也是一款 IMAP/POP3/SMTP 代理服务器。Nginx 的特点是占用内存少、并发能力强，采用了基于事件驱动的异步非阻塞处理方式，转发和代理性能优异，被广泛应用于高并发、分布式系统架构的 Web 服务器集群中。

Nginx 最初由 Igor Sysoev 在俄罗斯开发，2004 年首次公开发布，现在被广泛应用于全球大型的网站、Web 应用和云服务中。

Nginx 主要使用 C 语言开发，也使用了一些 C++语言，以及一些脚本语言，如 Perl、Python 等。C 语言是一种高效、可靠、跨平台的系统级编程语言，非常适合用于网络服务器、操作系统、分布式系统等底层架构领域的开发。因此，Nginx 可以通过 C 语言高效地访问操作系统资源，处理请求和响应，并实现高效的通信。

19.1　Nginx概述

Nginx可以在大多数UNIX/Linux系统上编译运行，并有Windows移植版。Nginx的1.20.0稳定版已经于2021年4月20日发布，一般情况下，对于新建站点，建议使用最新稳定版作为生产版本，已有站点的升级急迫性不高。Nginx的源代码使用2-clause BSD-like license。

Nginx是一个很强大的高性能Web和反向代理服务，它具有很多非常优越的特性：

- 可作为Web服务器，Nginx处理静态文件、索引文件，自动索引的效率非常高，能够支持高达 50 000 个并发连接数的响应。
- 可作为代理服务器，Nginx可以实现无缓存的反向代理加速，提高网站运行速度。
- 可作为负载均衡服务器，Nginx既可以在内部直接支持Rails和PHP，也可以支持HTTP代理服务器对外进行服务，同时还支持简单的容错和利用算法进行负载均衡。

- 在性能方面，Nginx是专门为性能优化而开发的，在实现上非常注重效率。它采用内核Poll 模型，可以支持更多的并发连接，最多可以支持50 000个并发连接的响应，而且只占用很 少的内存资源。
- 在稳定性方面，Nginx采取了分阶段资源分配技术，使得CPU与内存的占用率非常低。Nginx 官方表示，Nginx保持10 000个没有活动的连接，而这些连接只占用2.5MB内存，因此，类 似于DOS这样的攻击对Nginx来说基本上是没有任何作用的。
- 在高可用性方面，Nginx支持热部署，启动速度特别快，因此可以在不间断服务的情况下， 对软件版本或者配置进行升级，即使运行数月也无须重新启动，几乎可以做到7×24小时不 间断地运行。
- Nginx的安装非常简单，配置文件非常简洁（还能够支持Perl语法），Bug非常少。
- Nginx启动特别容易，并且几乎可以做到7×24小时不间断运行，即使运行数月也不需要重 新启动。

综上所述，Nginx是一个安装非常简单、配置文件非常简洁（还能够支持Perl语法）、Bug非常 少的服务。Nginx启动特别容易，并且几乎可以做到7×24小时不间断运行，即使运行数月也不需要 重新启动。Nginx还能够在不间断服务的情况下进行软件版本的升级。

19.2　安装Nginx

默认情况下，Ubuntu并没有安装Nginx服务。用户可以使用以下命令安装Nginx服务及其相关 的组件：

```
liu@ubuntu:~$ sudo apt install nginx
```

安装完成之后，使用以下命令启用和启动Nginx服务：

```
liu@ubuntu:~$ sudo systemctl enable nginx
liu@ubuntu:~$ sudo systemctl start nginx
```

然后查看NFS服务状态，如下所示：

```
liu@ubuntu:~$ systemctl status nginx
● nginx.service - A high performance web server and a reverse proxy server
     Loaded: loaded (/lib/systemd/system/nginx.service; enabled; vendor preset:
enabled)
     Active: active (running) since Tue 2024-01-23 16:45:33 CST; 2min 32s ago
       Docs: man:nginx(8)
   Main PID: 266718 (nginx)
      Tasks: 3 (limit: 4555)
     Memory: 3.9M
        CPU: 36ms
     CGroup: /system.slice/nginx.service
             ├─266718 "nginx: ubuntu process /usr/sbin/nginx -g daemon on;
ubuntu_process on;"
             ├─266721 "nginx: worker process" "" "" "" "" "" "" "" "" "" "" "" ""
"" "" "" "" "" "" "" "" "" "" "" "" "" ""
```

```
         └─266722 "nginx: worker process" "" "" "" "" "" "" "" "" "" "" "" ""
"" "" "" "" "" "" "" "" "" "" "" "" "" "" ""

    1月 23 16:45:33 ubuntu systemd[1]: Starting A high performance web server and a
reverse proxy server...
    1月 23 16:45:33 ubuntu systemd[1]: Started A high performance web server and a
reverse proxy server.
    ...
```

可以发现，Nginx服务已经正常启动了。

19.3　访问Nginx

使用curl命令来访问Nginx，IP地址为Nginx安装的服务器的IP地址，例如：

```
liu@ubuntu:~$ curl  -v 192.168.56.163
*   Trying 192.168.56.163:80...
* Connected to 192.168.56.163 (192.168.56.163) port 80 (#0)
> GET / HTTP/1.1
> Host: 192.168.56.163
> User-Agent: curl/7.81.0
> Accept: */*
>
* Mark bundle as not supporting multiuse
< HTTP/1.1 200 OK
< Server: nginx/1.18.0 (Ubuntu)
< Date: Tue, 23 Jan 2024 08:50:03 GMT
< Content-Type: text/html
< Content-Length: 612
< Last-Modified: Tue, 23 Jan 2024 08:45:31 GMT
< Connection: keep-alive
< ETag: "65af7cab-264"
< Accept-Ranges: bytes
<
<!DOCTYPE html>
<html>
<head>
<title>Welcome to nginx!</title>
<style>
    body {
        width: 35em;
        margin: 0 auto;
        font-family: Tahoma, Verdana, Arial, sans-serif;
    }
</style>
</head>
<body>
<h1>Welcome to nginx!</h1>
<p>If you see this page, the nginx web server is successfully installed and
```

```
working. Further configuration is required.</p>

<p>For online documentation and support please refer to
<a href="http://nginx.org/">nginx.org</a>.<br/>
Commercial support is available at
<a href="http://nginx.com/">nginx.com</a>.</p>

<p><em>Thank you for using nginx.</em></p>
</body>
</html>
* Connection #0 to host 192.168.56.163 left intact
```

使用浏览器访问Nginx，如图19-1所示。

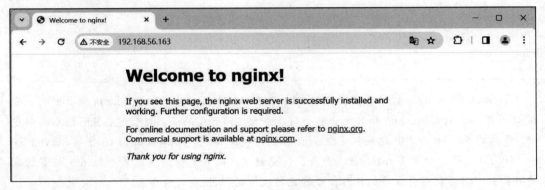

图 19-1　访问 Nginx

第 20 章

Tomcat 服务的搭建与应用

Tomcat 是 Apache 软件基金会（Apache Software Foundation）的 Jakarta 项目中的一个核心项目，由 Apache、Sun 和其他一些公司及个人共同开发而成。由于有了 Sun 的参与和支持，最新的 Servlet 和 JSP 规范总是能在 Tomcat 中得到体现，比如 Tomcat 10 支持 Servlet 5.0 和 JSP 3.0 规范。由于 Tomcat 技术先进、性能稳定，而且免费，因此深受 Java 爱好者的喜爱并得到了部分软件开发商的认可，成为比较流行的 Web 应用服务器。

20.1　Tomcat概述

Tomcat最初是由Sun的软件架构师詹姆斯·邓肯·戴维森开发的。后来他帮助将其变为开源项目，并由Sun贡献给Apache软件基金会。

Tomcat服务器是一个免费的开放源代码的Web应用服务器，属于轻量级应用服务器，在中小型系统和并发访问用户不是很多的场合下被普遍使用，是开发和调试JSP程序的首选。对于一个初学者来说，可以这样认为，当在一台机器上配置好Apache服务器，即可利用它响应HTML（标准通用标记语言下的一个应用）页面的访问请求。实际上，Tomcat是Apache服务器的扩展，但运行时它是独立运行的，所以当公司运行Tomcat时，它实际上作为一个与Apache独立的进程单独运行。

诀窍是，当配置正确时，Apache为HTML页面服务，而Tomcat实际上运行JSP页面和Servlet。另外，Tomcat和IIS等Web服务器一样，具有处理HTML页面的功能，另外它还是一个Servlet和JSP容器，独立的Servlet容器是Tomcat的默认模式。不过，Tomcat处理静态HTML的能力不如Apache服务器。

20.2　安装Tomcat

目前最新的Tomcat版本是11，如图20-1所示。

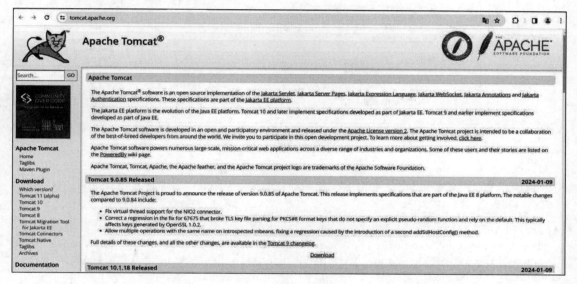

图 20-1　Tomcat 版本

以下使用稳定的Tomcat 9作为安装版本，Tomcat 9要求在系统上安装Java SE 8或者更新版本。我们将会安装OpenJDK 11，Java平台的开源实现。

以root或者其他sudo权限用户身份运行下面的命令来更新软件包索引，并且安装OpenJDK 11 JDK软件包。

```
liu@ubuntu:~$ sudo apt install openjdk-11-jdk
```

安装完成之后，使用以下命令确保安装JDK成功：

```
liu@ubuntu:~$ java --version
openjdk 11.0.21 2023-10-17
OpenJDK Runtime Environment (build 11.0.21+9-post-Ubuntu-0ubuntu122.04)
OpenJDK 64-Bit Server VM (build 11.0.21+9-post-Ubuntu-0ubuntu122.04, mixed mode,
sharing)
…
```

可以发现，JDK已经正常安装了。接下来开始安装Tomcat，需要下载安装包，下载时选择bin文件包，如图20-2所示。

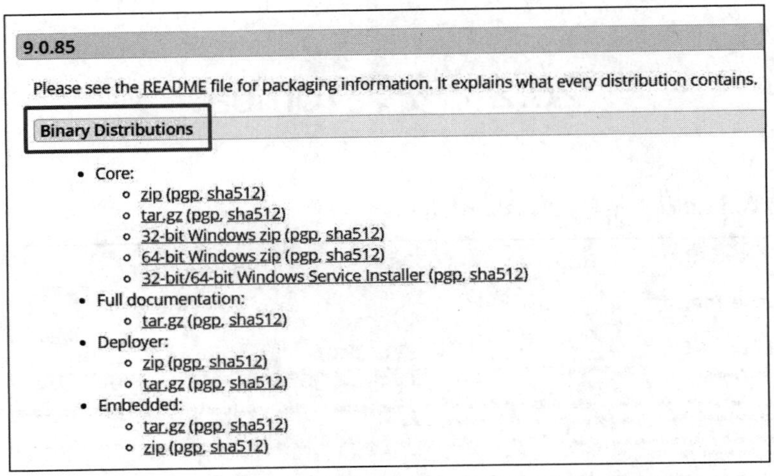

图 20-2　bin 文件包

```
liu@ubuntu:~$ wget
https://dlcdn.apache.org/tomcat/tomcat-9/v9.0.85/bin/apache-tomcat-9.0.85.tar.gz

    --2024-01-23 17:22:13--
https://dlcdn.apache.org/tomcat/tomcat-9/v9.0.85/bin/apache-tomcat-9.0.85.tar.gz
    Resolving dlcdn.apache.org (dlcdn.apache.org)... 151.101.2.132, 2a04:4e42::644
    Connecting to dlcdn.apache.org (dlcdn.apache.org)|151.101.2.132|:443...
connected.
    HTTP request sent, awaiting response... 200 OK
    Length: 11809177 (11M) [application/x-gzip]
    Saving to: 'apache-tomcat-9.0.85.tar.gz'

    apache-tomcat-9.0.85.tar.gz
100%[================================================================================
========================>]  11.26M  3.31MB/s    in 3.4s

    2024-01-23 17:22:18 (3.31 MB/s) - 'apache-tomcat-9.0.85.tar.gz' saved
[11809177/11809177]
```

下载完成之后，创建一个tomcat用户给安装过程使用：

```
liu@ubuntu:~$ sudo useradd -m -U -d /opt/tomcat -s /bin/false tomcat.
```

解压bin文件到/opt/tomcat目录：

```
liu@ubuntu:~$ sudo tar -xf apache-tomcat-9.0.85.tar.gz -C /opt/tomcat/.
```

Tomcat会定期更新安全补丁和新功能。想要更好地升级版本和更新，我们将会创建一个符号链接，称为latest，指向Tomcat安装目录。

```
liu@ubuntu:~$ sudo ln -s /opt/tomcat/apache-tomcat-9.0.85 /opt/tomcat/latest
liu@ubuntu:~$ sudo ls /opt/tomcat/
apache-tomcat-9.0.85  latest
```

稍后，当升级Tomcat时，解压新的版本，并且修改符号链接，指向它。

前面创建的系统用户必须对Tomcat安装目录有访问权限。修改目录归属到用户和用户组

Tomcat：

```
liu@ubuntu:~$ sudo chown -R tomcat: /opt/tomcat
```

给Tomcat的bin文件执行权限：

```
liu@ubuntu:~$ sudo sh -c 'chmod +x /opt/tomcat/latest/bin/*.sh'
```

这些脚本将会被用来启动、停止以及其他对Tomcat的管理操作。

```
liu@ubuntu:~$ sudo /opt/tomcat/latest/bin/startup.sh
```

脚本将会被用来启动Tomcat，访问Tomcat，如图20-3所示。

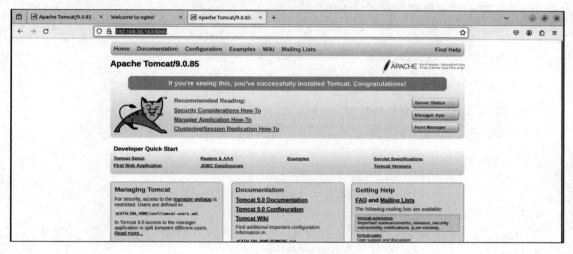

图 20-3　访问 Tomcat

20.3　配置Tomcat

创建SystemD单元文件。

与使用Shell脚本来启动和停止Tomcat服务器相比，将它作为服务来运行。

打开你的文本编辑器，在/etc/systemd/system/目录下创建一个tomcat.service单元文件，并且写入如下配置：

```
liu@ubuntu:~$ sudo nano /etc/systemd/system/tomcat.service
 [Unit]

Description=Tomcat 9 servlet container
After=network.target

[Service]
Type=forking

User=tomcat
Group=tomcat
```

```
    Environment="JAVA_HOME=/usr/lib/jvm/java-11-openjdk-amd64"

    Environment="JAVA_OPTS=-Djava.security.egd=file:///dev/urandom
-Djava.awt.headless=true"
    Environment="CATALINA_BASE=/opt/tomcat/latest"

    Environment="CATALINA_HOME=/opt/tomcat/latest"

    Environment="CATALINA_PID=/opt/tomcat/latest/temp/tomcat.pid"

    Environment="CATALINA_OPTS=-Xms512M -Xmx1024M -server -XX:+UseParallelGC"
ExecStart=/opt/tomcat/latest/bin/startup.sh
ExecStop=/opt/tomcat/latest/bin/shutdown.sh

[Install]

WantedBy=multi-user.target
```

保存并关闭文件，通知systemd一个新的单元文件存在：

```
liu@ubuntu:~$ sudo systemctl daemon-reload
```

启用并且启动Tomcat服务：

```
liu@ubuntu:~$ sudo systemctl enable --now tomcat
```

检查服务状态：

```
liu@ubuntu:~$ sudo systemctl status tomcat
● tomcat.service - Tomcat 9 servlet container
    Loaded: loaded (/etc/systemd/system/tomcat.service; enabled; vendor preset:
enabled)
    Active: active (running) since Tue 2024-01-23 17:43:57 CST; 9s ago
   Process: 383022 ExecStart=/opt/tomcat/latest/bin/startup.sh (code=exited,
status=0/SUCCESS)
  Main PID: 383029 (java)
     Tasks: 29 (limit: 4555)
    Memory: 135.5M
       CPU: 3.851s
    CGroup: /system.slice/tomcat.service
            └─383029 /usr/lib/jvm/java-11-openjdk-amd64/bin/java
-Djava.util.logging.config.file=/opt/tomcat/latest/conf/logging.properties
-Djava.util.logging.manager=org.apache.juli.Cla>

1月 23 17:43:57 master systemd[1]: Starting Tomcat 9 servlet container...
1月 23 17:43:57 master startup.sh[383022]: Tomcat started.
1月 23 17:43:57 master systemd[1]: Started Tomcat 9 servlet container.
```

第 21 章
LAMP 的搭建

使用 LAMP（Linux + Apache + MySQL + PHP）来搭建 Web 应用尤其是电子商务已经是一种流行的方式，因为全部是开源和免费的软件，所以成本非常低廉。本章主要介绍平台的搭建，在搭建平台时，也可以直接使用 RPM 包来安装，但是使用 RPM 包依赖特定的平台，建议使用更通用的方法直接从源代码来安装。

本章首先介绍与 LAMP 密切相关的 HTTP 协议，然后介绍 Apache 服务的安装与配置，以及 PHP 的安装与配置，最后给出 MySQL 的一些日常维护方法。

21.1　Apache HTTP服务的安装与配置

Apache 是世界上应用最广泛的 Web 服务器之一，尤其是现在，使用 LAMP（Linux+Apache+MySQL+PHP）来搭建Web应用已经是一种流行的方式，因此掌握Apache的配置是系统工程师必备的技能之一。本节主要介绍Apache的安装与配置。

21.1.1　HTTP 协议简介

超文本传输协议（Hypertext Transfer Protocol，HTTP）是万维网（World Wide Web，WWW，也简称为Web）的基础。HTTP服务器与HTTP客户机（通常为网页浏览器）之间的会话如图21-1所示。

图 21-1　HTTP 服务器与 HTTP 客户机的交互过程

下面对这一交互过程进行详细分析。

1. 客户机与服务器建立连接

首先客户机与服务器建立连接，就是SOCKET连接，因此要指定机器名称、资源名称和端口号，可以通过URL来提供这些信息。URL的格式如下：

```
HTTP://<IP 地址>/[端口号][/路径][ <其他信息>]
http://dev.mysql.com/get/Downloads/MySQL-8.0/mysql-8.0.41.tar.gz
```

2. 客户向服务器提出请求

请求信息包括希望返回的文件名和客户机信息。客户机信息以请求头发送给服务器，请求头包括HTTP方法和头字段。

常用的HTTP方法有GET、HEAD、POST，头字段主要包含以下字段。

- DATE：请求发送的日期和时间。
- PARGMA：用于向服务器传输与实现无关的信息。这个字段还用于告诉代理服务器，要从实际服务器而不是从高速缓存获取资源。
- FORWARDED：可以用来追踪机器之间，而不是客户机和服务器之间的消息。这个字段可以用来追踪在代理服务器之间传递的路由。
- MESSAGE_ID：用于唯一地标识消息。
- ACCEPT：通知服务器客户所能接受的数据类型和尺寸。
- FROM：当客户应用程序希望服务器提供有关电子邮件地址时使用。
- IF-MODEFIED-SINCE：如果所请求的文档从所指定的日期以来没有发生变化，那么服务器不应发送该对象。如果所发送的日期格式不合法或晚于服务器的日期，服务器会忽略该字段。
- BEFERRER：向服务器进行资源请求用到的对象。
- MIME-VERTION：用于处理不同类型文件的MIME协议版本号。
- USER-AGENT：有关发出请求的客户信息。

3. 服务器对请求做出应答

服务器收到一个请求，就会立刻解释请求中所用到的方法，并开始处理应答。服务器的应答消息也包含头字段形式的报文信息。状态码是一个3位数字码，主要分为以下4类。

- 以2开头，表示请求被成功处理。
- 以3开头，表示请求被重定向。
- 以4开头，表示客户的请求有错。
- 以5开头，表示服务器不能满足请求。

响应报文除返回状态行外，还向客户返回几个头字段，如以下字段：

- DATE：服务器的时间。
- LAST-MODIFIED：网页最后被修改的时间。
- SERVER：服务器信息。
- CONTENT_TYPE：数据类型。

- **RETRY_AFTER**：服务器太忙时返回这个字段。

4. 关闭客户机与服务器之间的连接

此步主要关闭客户机与服务器之间的连接，详细过程请参考TCP/IP协议的关闭过程。

21.1.2 Apache 服务的安装、配置与启动

Apache凭借其跨平台和安全性等优点被广泛使用。Apache的特点是简单、速度快、性能稳定，可以作为代理服务器来使用，支持SSL技术，并且支持多个虚拟主机，是作为Web服务的优先选择。

1. 安装并启动 Apache

Apache的安装方式有很多，对于初学者来说，CentOS的yum命令是一种最为简便的安装方式。本书主要以apt命令安装Apache HTTP服务为例说明其安装过程。安装命令如下：

```
liu@ubuntu:~$ sudo apt-get install apache2
```

在安装完成后，启动并查看运行状态：

```
liu@ubuntu:~$ sudo apache2 -v
Server version: Apache/2.4.52 (Ubuntu)
Server built:  2023-10-26T13:44:44
liu@ ubuntu:~/Downloads$ systemctl status apache2
● apache2.service - The Apache HTTP Server
     Loaded: loaded (/lib/systemd/system/apache2.service; enabled; vendor preset:
enabled)
     Active: active (running) since Tue 2024-01-23 19:01:39 CST; 40s ago
       Docs: https://httpd.apache.org/docs/2.4/
   Main PID: 533505 (apache2)
      Tasks: 55 (limit: 4555)
     Memory: 5.2M
        CPU: 54ms
     CGroup: /system.slice/apache2.service
             ├─533505 /usr/sbin/apache2 -k start
             ├─533506 /usr/sbin/apache2 -k start
             └─533507 /usr/sbin/apache2 -k start

1月 23 19:01:39 master systemd[1]: Starting The Apache HTTP Server...
1月 23 19:01:39 master apachectl[533504]: AH00558: apache2: Could not reliably
determine the server's fully qualified domain name, using 127.0.1.1. Set the
'ServerName' directive globally >
1月 23 19:01:39 master systemd[1]: Started The Apache HTTP Server.
1
```

安装完Apache2后，浏览器中输入IP地址就可以打开Apache2的主页，如图21-2所示。

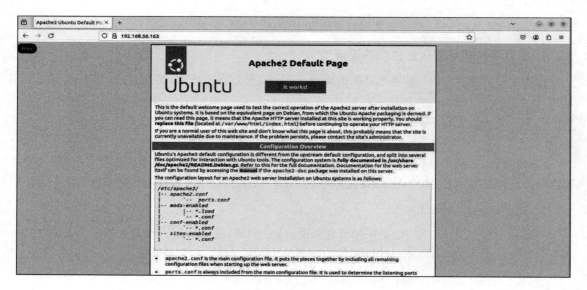

图 21-2　Apache2

2. 配置 Apache

Apache2配置文件主要放在如下的目录结构中：

```
#    /etc/apache2/
#    |-- apache2.conf       主配置文件，它合并处理自身配置和其他文件配置
#    |    `-- ports.conf    监听端口配置文件，始终在apache2.conf文件中包含
#    |-- mods-enabled        激活的模块配置目录，通过对mods-available目录文件进行符号链接来
实现激活
#    |    |-- *.load
#    |    `-- *.conf
#    |-- conf-enabled        激活的全局配置目录，通过对conf-available目录文件进行符号链接来
实现激活
#    |    `-- *.conf
#    `-- sites-enabled       激活的虚拟主机配置目录，通过对sites-available目录文件进行符号
链接来实现激活
#         `-- *.conf
```

主配置文件apache2.conf内容如下：

```
$ cat /etc/apache2/apache2.conf | grep -v "^#" | grep -v '^$'

DefaultRuntimeDir ${APACHE_RUN_DIR}
PidFile ${APACHE_PID_FILE}
Timeout 300
KeepAlive On
MaxKeepAliveRequests 100
KeepAliveTimeout 5
User ${APACHE_RUN_USER}
Group ${APACHE_RUN_GROUP}
HostnameLookups Off
ErrorLog ${APACHE_LOG_DIR}/error.log
LogLevel warn
IncludeOptional mods-enabled/*.load    #引用动态模块配置
```

```
    IncludeOptional mods-enabled/*.conf        #引用动态模块配置
    Include ports.conf                         #引用端口监听文件
    <Directory />
        Options FollowSymLinks
        AllowOverride None
        Require all denied
    </Directory>
    <Directory /usr/share>
        AllowOverride None
        Require all granted
    </Directory>
    <Directory /var/www/>
        Options Indexes FollowSymLinks
        AllowOverride None
        Require all granted
    </Directory>
    AccessFileName .htaccess
    <FilesMatch "^\.ht">
        Require all denied
    </FilesMatch>
    LogFormat "%v:%p %h %l %u %t \"%r\" %>s %O \"%{Referer}i\" \"%{User-Agent}i\""
vhost_combined
    LogFormat "%h %l %u %t \"%r\" %>s %O \"%{Referer}i\" \"%{User-Agent}i\"" combined
    LogFormat "%h %l %u %t \"%r\" %>s %O" common
    LogFormat "%{Referer}i -> %U" referer
    LogFormat "%{User-agent}i" agent
    IncludeOptional conf-enabled/*.conf        #引用全局通用配置
    IncludeOptional sites-enabled/*.conf       #引用虚拟主机配置
```

21.2　安装MySQL

MySQL是一个关系数据库管理系统，由瑞典MySQL AB公司开发，目前属于Oracle公司。MySQL是一种关联数据库管理系统，关联数据库将数据保存在不同的表中，而不是将所有数据放在一个大仓库内，这样就增加了速度并提高了灵活性。

使用下面的命令来安装MySQL：

```
liu@ubuntu:~$ sudo apt install mysql-server
```

安装完成之后，使用以下命令确保MySQL安装成功：

```
liu@ubuntu:~$ systemctl status mysql
● mysql.service - MySQL Community Server
     Loaded: loaded (/lib/systemd/system/mysql.service; enabled; vendor preset:
enabled)
     Active: active (running) since Tue 2024-01-23 19:15:44 CST; 27s ago
    Process: 561651 ExecStartPre=/usr/share/mysql/mysql-systemd-start pre
(code=exited, status=0/SUCCESS)
   Main PID: 561659 (mysqld)
     Status: "Server is operational"
```

```
    Tasks: 38 (limit: 4555)
   Memory: 355.3M
      CPU: 958ms
   CGroup: /system.slice/mysql.service
           └─561659 /usr/sbin/mysqld

1月 23 19:15:43 master systemd[1]: Starting MySQL Community Server…
1月 23 19:15:44 master systemd[1]: Started MySQL Community Server…
```

可以发现，MySQL已经正常安装了。初始安装的数据库默认会有一个root用户，且没有密码，需要进行初始化操作并设置密码：

```
liu@ubuntu:~$ mysql -u root -p
Enter password:
Welcome to the MySQL monitor.  Commands end with ; or \g.
Your MySQL connection id is 16
Server version: 8.0.35-0ubuntu0.22.04.1 (Ubuntu)

Copyright (c) 2000, 2023, Oracle and/or its affiliates.

Oracle is a registered trademark of Oracle Corporation and/or its
affiliates. Other names may be trademarks of their respective
owners.

Type 'help;' or '\h' for help. Type '\c' to clear the current input statement.

mysql>
```

配置MySQL，通过apt安装的MySQL服务配置文件本是/etc/mysql/my.cnf，不过该文件并未实质配置数据，而是在文件中添加了两个连接文件，其中/etc/mysql/mysql.conf.d/mysqld.cnf才是真正的服务器配置文件。

初始安装的数据库配置文件并不允许远程访问，需要配置：

```
$ sudo vim /etc/mysql/mysql.conf.d/mysqld.cnf

[mysqld]
user     = mysql
pid-file= /var/run/mysqld/mysqld.pid      #去掉此行前的注释
socket   = /var/run/mysqld/mysqld.sock    #去掉此行前的注释
port     = 3306                           #去掉此行前的注释
datadir  = /var/lib/mysql                 #去掉此行前的注释
#bind-address         = 127.0.0.1         #注释此行
#mysqlx-bind-address = 127.0.0.1          #注释此行
key_buffer_size      = 16M
myisam-recover-options = BACKUP
log_error = /var/log/mysql/error.log
max_binlog_size  = 100M
```

21.3　安装PHP

PHP是一种创建动态交互性站点的强有力的服务器端脚本语言。

PHP是免费的，并且使用非常广泛。同时，对于像微软ASP这样的竞争者来说，PHP无疑是另一种高效率的选项。

在Ubuntu上安装PHP：

```
liu@ubuntu:~$ sudo apt install php libapache2-mod-php php-mysql php-gd
```

PHP安装好了，重启Apache，重新加载PHP模块：

```
liu@ubuntu:~$ sudo systemctl restart apache2
```

新建PHP网页：

```
liu@ubuntu:~$ sudo nano /var/www/html/test1.php
<?php

phpinfo();

?>
```

PHP网页如图21-3所示。

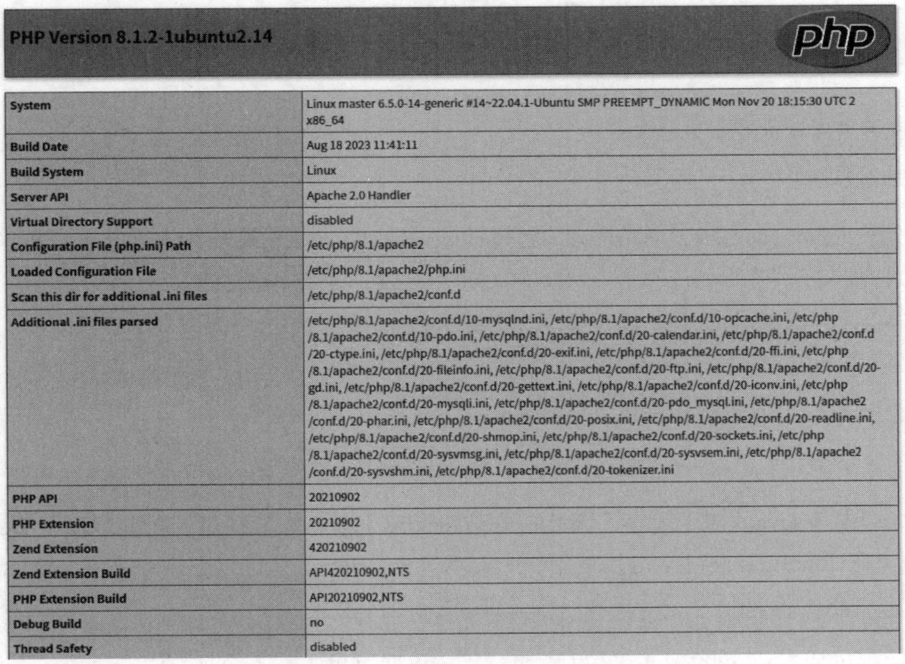
PHP Version 8.1.2-1ubuntu2.14

System	Linux master 6.5.0-14-generic #14~22.04.1-Ubuntu SMP PREEMPT_DYNAMIC Mon Nov 20 18:15:30 UTC 2 x86_64
Build Date	Aug 18 2023 11:41:11
Build System	Linux
Server API	Apache 2.0 Handler
Virtual Directory Support	disabled
Configuration File (php.ini) Path	/etc/php/8.1/apache2
Loaded Configuration File	/etc/php/8.1/apache2/php.ini
Scan this dir for additional .ini files	/etc/php/8.1/apache2/conf.d
Additional .ini files parsed	/etc/php/8.1/apache2/conf.d/10-mysqlnd.ini, /etc/php/8.1/apache2/conf.d/10-opcache.ini, /etc/php/8.1/apache2/conf.d/10-pdo.ini, /etc/php/8.1/apache2/conf.d/20-calendar.ini, /etc/php/8.1/apache2/conf.d/20-ctype.ini, /etc/php/8.1/apache2/conf.d/20-exif.ini, /etc/php/8.1/apache2/conf.d/20-ffi.ini, /etc/php/8.1/apache2/conf.d/20-fileinfo.ini, /etc/php/8.1/apache2/conf.d/20-ftp.ini, /etc/php/8.1/apache2/conf.d/20-gd.ini, /etc/php/8.1/apache2/conf.d/20-gettext.ini, /etc/php/8.1/apache2/conf.d/20-iconv.ini, /etc/php/8.1/apache2/conf.d/20-mysqli.ini, /etc/php/8.1/apache2/conf.d/20-pdo_mysql.ini, /etc/php/8.1/apache2/conf.d/20-phar.ini, /etc/php/8.1/apache2/conf.d/20-posix.ini, /etc/php/8.1/apache2/conf.d/20-readline.ini, /etc/php/8.1/apache2/conf.d/20-shmop.ini, /etc/php/8.1/apache2/conf.d/20-sockets.ini, /etc/php/8.1/apache2/conf.d/20-sysvmsg.ini, /etc/php/8.1/apache2/conf.d/20-sysvsem.ini, /etc/php/8.1/apache2/conf.d/20-sysvshm.ini, /etc/php/8.1/apache2/conf.d/20-tokenizer.ini
PHP API	20210902
PHP Extension	20210902
Zend Extension	420210902
Zend Extension Build	API420210902,NTS
PHP Extension Build	API20210902,NTS
Debug Build	no
Thread Safety	disabled

图 21-3　PHP 网页

第 22 章

Jenkins 服务的搭建与应用

Jenkins 是一个流行的开源自动化工具，用于实现持续集成和持续交付。它提供了一个灵活的平台，用于构建、测试和部署软件项目。本章将详细介绍如何在 Ubuntu 22.04 上安装Jenkins。

22.1　安装Jenkins

安装Jenkins的步骤如下：

步骤 **01** 更新系统。

在开始安装Jenkins之前，首先需要确保系统是最新的。打开终端并执行以下命令来更新系统软件包：

```
liu@ubuntu:~$ sudo apt update
liu@ubuntu:~$ sudo apt upgrade
```

这将更新系统上的所有软件包到新版本。

步骤 **02** 安装Java。

Jenkins是基于Java的应用程序，因此在安装Jenkins之前，需要在系统上安装Java Development Kit（JDK）。在Ubuntu 22.04上，可以使用OpenJDK来安装Java。执行以下命令来安装OpenJDK 11：

```
liu@ubuntu:~$ sudo apt install openjdk-11-jdk
```

安装过程可能需要一些时间。安装完成后，可以通过以下命令验证Java安装：

```
liu@ubuntu:~$ java -version
```

该命令将显示已安装的Java版本信息。

步骤 **03** 添加Jenkins存储库。

Jenkins提供了官方的存储库，可以将其添加到系统中以方便安装和更新。执行以下命令导入Jenkins存储库的GPG密钥：

```
liu@ubuntu:~$ curl -fsSL
https://pkg.jenkins.io/debian-stable/jenkins.io-2023.key | sudo tee \
    /usr/share/keyrings/jenkins-keyring.asc > /dev/null
```

接下来，执行以下命令将Jenkins存储库添加到APT源列表中：

```
liu@ubuntu:~$ echo deb [signed-by=/usr/share/keyrings/jenkins-keyring.asc] \
  https://pkg.jenkins.io/debian-stable binary/ | sudo tee \
  /etc/apt/sources.list.d/jenkins.list > /dev/null
```

添加存储库后，执行以下命令以使APT获取最新的Jenkins软件包信息：

```
liu@ubuntu:~$ sudo apt update
```

步骤 04　安装Jenkins。

现在可以使用APT安装Jenkins了。执行以下命令来安装Jenkins：

```
liu@ubuntu:~$ sudo apt install jenkins
```

安装过程中会提示用户确认安装，按Y键继续。安装完成后，Jenkins服务将自动启动。

步骤 05　访问Jenkins Web界面。

Jenkins安装完成后，可以通过Web浏览器访问其管理界面。打开浏览器并输入以下URL：

```
http://localhost:8080
```

如果你将Jenkins安装在远程服务器上，则需要将localhost替换为服务器的IP地址或域名。
在第一次访问时，你将看到一个页面，提示你输入初始管理员密码。初始化页面如图22-1所示。

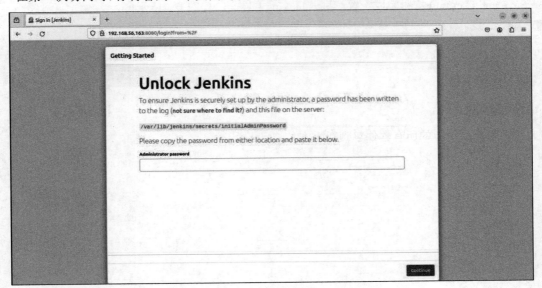

图 22-1　初始化页面

执行以下命令来获取初始管理员密码：

```
liu@ubuntu:~$ sudo cat /var/lib/jenkins/secrets/initialAdminPassword
```

该命令将显示初始管理员密码。复制该密码并粘贴到Jenkins Web界面中，然后单击Continue
按钮继续设置。

接下来，你将被要求选择安装插件的方式。可以选择安装推荐的插件，也可以选择自定义安
装。选择适当的选项并等待插件安装完成，如图22-2所示。

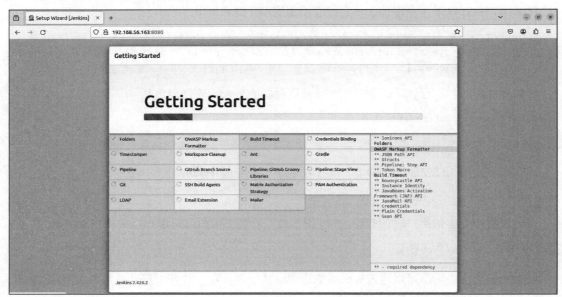

图 22-2　安装默认插件

完成插件安装后，将被要求创建第一个管理员用户，如图22-3所示。输入必要的详细信息，并
单击Save and Continue按钮完成设置，进入Jenkins主界面，如图22-4所示。

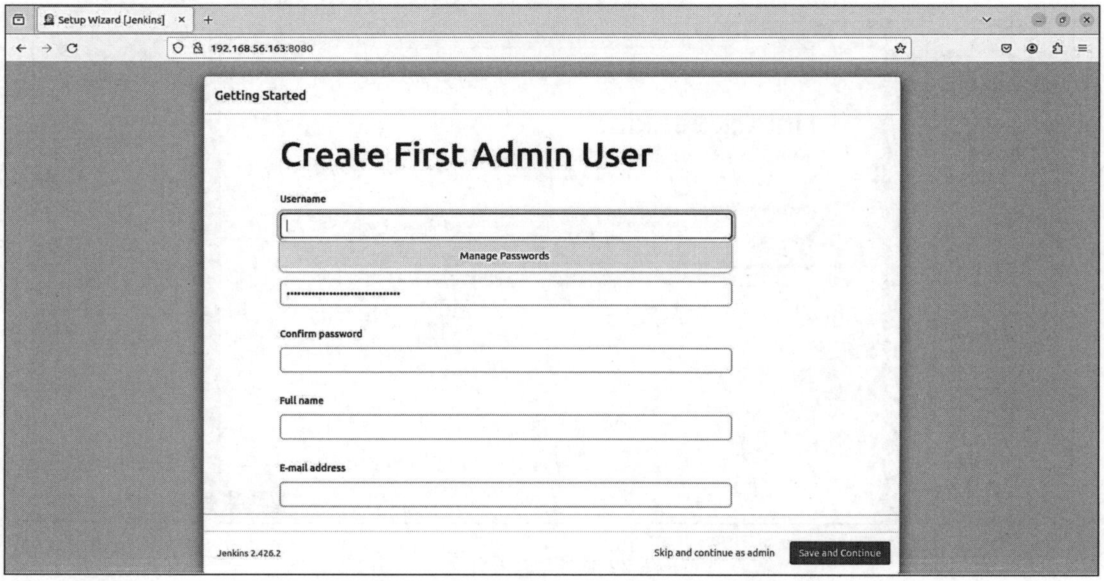

图 22-3　配置管理员用户

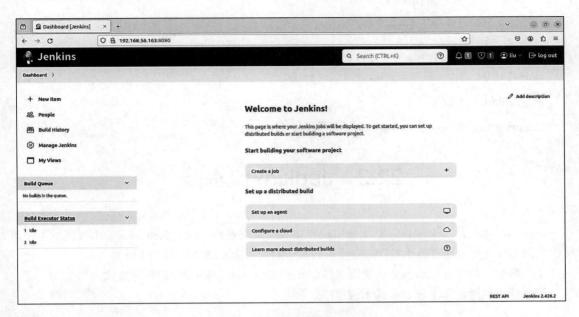

图 22-4　Jenkins 主界面

步骤 06 配置Jenkins。

安装完成后，可以根据需要配置Jenkins。登录Jenkins的管理界面，并执行以下操作：

单击导航栏上的Manage Jenkins，如图22-5所示。根据需求配置Jenkins的各种选项，例如配置JDK、构建工具路径等。

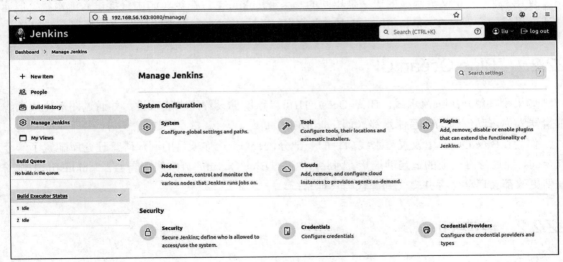

图 22-5　Manage Jenkins

此外，还可以安装其他插件、创建和配置构建任务等。

步骤 07 启动和停止Jenkins服务。

在安装Jenkins后，它将作为系统服务自动启动。你可以使用以下命令来管理Jenkins服务。

启动Jenkins服务：

```
liu@ubuntu:~$ sudo systemctl start jenkins
```

停止Jenkins服务：

```
liu@ubuntu:~$ sudo systemctl stop jenkins
```

重启Jenkins服务：

```
liu@ubuntu:~$ sudo systemctl restart jenkins
```

22.2　Jenkins流水线

Jenkins流水线是一套插件，它支持实现和集成持续交付流水线到Jenkins。流水线提供了一组可扩展的工具，用于通过流水线DSL将简单到复杂的交付流水线建模为"代码"。

本节将介绍如何在Jenkins中创建流水线以及创建和存储Jenkinsfile的各种方式。

流水线可以通过以下任一方式来创建：

（1）通过Blue Ocean。在Blue Ocean中设置一个流水线项目后，Blue Ocean UI会帮你编写流水线的Jenkinsfile文件并提交到源代码管理系统。

（2）通过经典UI。你可以通过经典UI在Jenkins中直接输入基本的流水线。

（3）在源码管理系统中定义。你可以手动编写一个Jenkinsfile文件，然后提交到项目的源代码管理仓库中。

使用3种方式定义流水线的语法是相同的。尽管Jenkins支持在经典UI中直接进入流水线，但通常认为最好的实践是在Jenkinsfile文件中定义流水线，Jenkins之后会直接从源代码管理系统加载。

22.2.1　Blue Ocean UI

如果刚接触Jenkins流水线，Blue Ocean UI可以帮助你设置流水线项目，并通过图形化流水线编辑器为你自动创建和编写流水线（即Jenkinsfile）。

作为在Blue Ocean中设置流水线项目的一部分，Jenkins给你项目的源代码管理仓库配置了一个安全的、经过身份验证的适当的连接。因此，你通过Blue Ocean的流水线编辑器在Jenkinsfile中做的任何更改都会自动保存并提交到源代码管理系统。

22.2.2　经典 UI

使用经典UI创建的Jenkinsfile由Jenkins自己保存（在Jenkins的主目录下）。

接下来通过Jenkins经典UI创建一个基本流水线。如果有要求的话，确保你已登录Jenkins。

从Jenkins主页（即Jenkins经典UI的工作台）单击New Item选项新建任务，如图22-6所示。

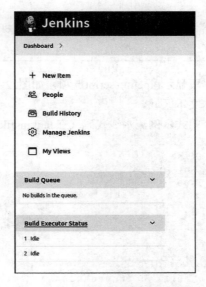

图 22-6　新建任务

输入一个任务名称字段，填写你新建的流水线项目的名称。

警告：Jenkins使用这个项目名称在磁盘上创建目录。建议不要在项目名称中使用空格，因为这样做可能会触发在脚本中不能正确处理目录路径中的空格的Bug。

向下滚动并单击流水线，然后单击页面底部的OK按钮打开流水线配置页（已选中General选项），如图22-7所示。

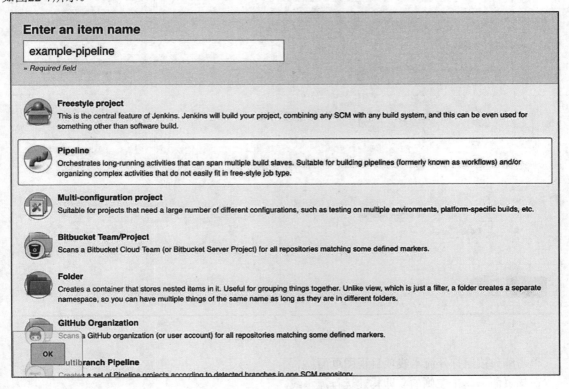

图 22-7　流水线

注意 如果你在源代码管理系统中定义了Jenkinsfile，请按照下面的在源码管理系统中定义的说明进行操作。

在流水线部分，确保定义字段显示Pipeline script选项，如图22-8所示。

将你的流水线代码输入脚本文本区域。

例如，复制并粘贴下面的声明式示例流水线代码（在Jenkinsfile（…)标题下）或者它的脚本化版本到脚本文本区域。

```
Jenkinsfile (Declarative Pipeline)
pipeline {
    agent any
    stages {
        stage('Stage 1') {
            steps {
                echo 'Hello world!'
            }
        }
    }
}
```

agent指示Jenkins为整个流水线分配一个执行器（在Jenkins环境中的任何可用代理/节点上）和工作区。echo写一个简单的字符串到控制台输出。node与上面的agent做了同样的事情。

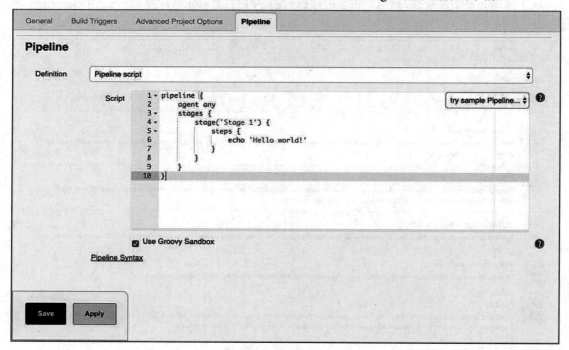

图 22-8　Pipeline script

单击Save按钮打开流水线项目视图页面。

在该页面，单击左侧的立即构建运行流水线。

在左侧的Build History下面，单击#1来访问这个特定流水线运行的详细信息。

单击Console Output来查看流水线运行的全部输出。图22-9的输出显示你的流水线已成功运行。

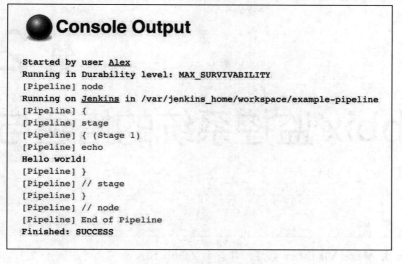

```
● Console Output

Started by user Alex
Running in Durability level: MAX_SURVIVABILITY
[Pipeline] node
Running on Jenkins in /var/jenkins_home/workspace/example-pipeline
[Pipeline] {
[Pipeline] stage
[Pipeline] { (Stage 1)
[Pipeline] echo
Hello world!
[Pipeline] }
[Pipeline] // stage
[Pipeline] }
[Pipeline] // node
[Pipeline] End of Pipeline
Finished: SUCCESS
```

图 22-9　流水线运行图

第 23 章

Zabbix 监控系统的搭建与应用

Zabbix 由 Alexei Vladishev 创建，目前由 Zabbix SIA 公司主导开发和支持。Zabbix 是一个企业级的开源分布式监控解决方案。

Zabbix 是一款监控网络的众多参数以及服务器、虚拟机、应用程序、服务、数据库、网站、云等的健康和完整的软件。Zabbix 使用灵活的通知机制，允许用户为几乎任何事件配置基于电子邮件的告警，以实现对服务器问题做出快速反应。Zabbix 基于存储的数据提供出色的报告和数据可视化功能。这使得 Zabbix 成为容量规划的理想选择。

Zabbix 支持轮询和 Trapping。所有 Zabbix 报告和统计数据以及配置参数都可以通过基于 Web 的前端访问。基于 Web 的前端确保可以从任何位置评估你的网络状态和服务器的健康状况。如果配置得当，不管对于拥有少量服务器的小型组织还是拥有大量服务器的大公司来讲，Zabbix 都可以在监控 IT 基础设施方面发挥重要作用。

Zabbix 是免费的。Zabbix 是在 GPL 通用公共许可证第 2 版下编写和分发的。这意味着它的源代码是免费分发的，可供公众使用。

23.1　Zabbix概述

Zabbix Agent需要安装在被监视的目标服务器上，它主要完成对硬件信息或与操作系统有关的内存、CPU等信息的收集。Zabbix Agent可以运行在Linux、Solaris、HP-UX、AIX、Free BSD、Open BSD、OS X、Tru64/OSF1、Windows NT4.0、Windows（2000/2003/XP/Vista）等系统上。

Zabbix Server可以单独监视远程服务器的服务状态；也可以与Zabbix Agent配合，轮询Zabbix Agent主动接收监视数据（Agent方式），同时还可被动接收Zabbix Agent发送的数据（Trapping方式）。

另外，Zabbix Server还支持SNMP（v1和v2），可以与SNMP软件（例如net-snmp）等配合使用。

1. 支持的平台

由于服务器操作的安全性要求和任务关键性，UNIX是唯一能够始终如一地提供必要性能、容错和弹性的操作系统。Zabbix以市场主流的操作系统版本运行。

经测试，Zabbix组件可以运行在表23-1所示的平台。

表 23-1　Zabbix 组件可以运行的平台

平　　台	Server	Agent	Agent2
Linux	x	x	x
IBM AIX	x	x	-
FreeBSD	x	x	-
NetBSD	x	x	-
OpenBSD	x	x	-
HP-UX	x	x	-
Mac OS X	x	x	-
Solaris	x	x	-
Windows	-	x	x

2. 支持的软件

Zabbix是围绕现代Web服务器领先的数据库引擎和PHP脚本语言构建的，其支持的软件如表23-2所示。

表 23-2　Zabbix 支持的软件

软　　件	支持版本	注　　释
MySQL/Percona	8.0.X 之一	如果 MySQL（或 Percona）用作 Zabbix 后端数据库，则为必需。需要 InnoDB 引擎。建议使用 MariaDB Connector/C 库来构建 Server/Proxy
MariaDB	10.5.00~10.8.X	InnoDB 引擎是必需的。建议使用 MariaDB Connector/C 库来构建 Server/Proxy
Oracle	19c~21c	如果将 Oracle 用作 Zabbix 后端数据库，则为必需
PostgreSQL	13.0~15.X	如果将 PostgreSQL 用作 Zabbix 后端数据库，则为必需。 自 Zabbix 6.0.10 起支持 PostgreSQL 15
TimescaleDB for PostgreSQL	2.0.1-2.8	如果将 TimescaleDB 用作 PostgreSQL 数据库扩展，则为必需。确保安装支持压缩的 TimescaleDB Community Edition。 请注意，TimescaleDB 还不支持 PostgreSQL 15
SQLite	3.3.5-3.34.X	SQLite 仅支持 Zabbix 代理。如果 SQLite 用作 Zabbix 代理数据库，则为必需
smartmontools	7.1 或更高版本	Zabbix Agent 2 需要
who	-	用户计数插件需要
dpkg	-	system.sw.packages 插件需要
pkgtool	-	system.sw.packages 插件需要
rpm	-	system.sw.packages 插件需要
pacman	-	system.sw.packages 插件需要

3. 支持的前端

Zabbix前端支持的最小屏幕宽度为1200px，服务器配套软件的版本要求如下。

- Apache 1.3.12或更高版本。
- PHP 7.2.5或更高版本。注意不支持PHP 8.0。需要的PHP扩展如表23-3所示。

表 23-3　PHP 扩展

软　　件	要　　求	备　　注
gd	2.0.28 或更高版本	PHP GD 扩展必须支持 PNG (--with-png-dir)、JPEG (--with-jpeg-dir)和 FreeType 2 (--with-freetype-dir)
bcmath	-	php-bcmath (--enable-bcmath)
ctype	-	php-ctype (--enable-ctype)
libXML	2.6.15 或更高版本	php-xml，如果由分发者作为单独的包提供
xmlreader	-	php-xmlreader，如果由分发者作为单独的包提供
xmlwriter	-	php-xmlwriter，如果由分发者作为单独的包提供
session	-	php-session，如果由分发者作为单独的包提供
sockets	-	php-net-socket (--enable-sockets)，需要用户脚本支持
mbstring	-	php-mbstring (--enable-mbstring)
gettext	-	php-gettext (--with-gettext)，Required for translations to work
ldap	-	php-ldap，仅当在前端使用 LDAP 身份验证时才需要
openssl	-	php-openssl，仅当在前端使用 SAML 身份验证时才需要
mysqli	-	如果 MySQL 用作 Zabbix 后端数据库，则需要
oci8	-	如果使用 Oracle 作为 Zabbix 后端数据库，则需要
pgsql	-	如果使用 PostgreSQL 作为 Zabbix 后端数据库，则需要

4. 客户端浏览器

浏览器必须启用Cookies和Java Script。支持Google Chrome、Mozilla Firefox、Microsoft Edge、Apple Safari和Opera的最新稳定版本。

5. Server 需要安装的模块（如表 23-4 所示）

表 23-4　Server 需要安装的模块

模　　块	状　　态	描　　述
libpcre	强制	PCRE 库被 Perl 兼容正则表达式（PCRE）支持所需要。命名可能因 GNU/Linux 发行版而异，例如'libpcre3'或'libpcre1'。（Zabbix 6.0.0）支持 PCRE v8.x 及 PCRE2 v10.x
libevent		大量请求指标和 IPMI 监控需要。1.4 及以上版本。Zabbix Proxy 该项可选；IPMI 监控支持必须
libpthread		被互斥锁（Mutex）和读写分离锁（Read-Write Lock）支持所需要
zlib		被压缩支持所需要

（续表）

模　块	状　态	描　述
OpenIPMI		被 IPMI 支持所需要
libssh2		被 SSH 支持所需要，1.0 以上版本
fping	可选	被 ICMP ping 监控项所需要
libcurl		被 Web 监控、VMware 监控和 SMTP 认证所需要。如果是为了 SMTP 认证，需要 7.20.0 以上版本，同时需要 Elasticsearch
libiksemel		被 Jabber 支持所需要
libxml2	可选	被 VMware 监控所需要
net-snmp		被 SNMP 支持所需要

6. Agent 需要安装的模块（如表 23-5 所示）

表 23-5　Agent 需要安装的模块

模　块	状　态	描　述
libpcre	强制	PCRE 库被 Perl 兼容正则表达式（PCRE）支持所需要。命名可能因 GNU/Linux 发行版而异，例如 'libpcre3' 或 'libpcre1'。（Zabbix 6.0.0）支持 PCRE v8.x 及 PCRE2 v10.x
GnuTLS, OpenSSL or LibreSSL	可选	当使用加密时需要。在 Microsoft Windows 系统上需要 OpenSSL 1.1.1 及以上版本

7. Agent2 需要安装的模块（如表 23-6 所示）

表 23-6　Agent2 需要安装的模块

模　块	状　态	描　述
libpcre	强制	PCRE 库被 Perl 兼容正则表达式（PCRE）支持所需要。命名可能因 GNU/Linux 发行版而异，例如'libpcre3'或'libpcre1'。（Zabbix 6.0.0）支持 PCRE v8.x 及 PCRE2 v10.x
OpenSSL	可选	当使用加密时需要。UNIX 平台上需要 OpenSSL 1.0.1 或更高版本。OpenSSL 库必须启用 PSK 支持，不支持 LibreSSL。在 Microsoft Windows 系统上需要 OpenSSL 1.1.1 及以上版本

8. Java 网关

如果你从源代码仓库或存档中获得了 Zabbix，则必要的依赖项已包含在源代码树中。如果你从发行版的软件包中获得了 Zabbix，那么打包系统已经提供了必要的依赖项。

在上述两种情况下，即可准备部署软件了，而不需要下载额外的依赖包。

但是，如果你希望提供这些依赖关系的版本（例如，你正在为某些 Linux 发行版准备软件包），则下面是 Java 网关已知可以使用的库的版本列表。Zabbix 也许可以与这些库的其他版本一起使用。

表 23-7 列出了原始代码中当前与 Java 网关捆绑在一起的 JAR 文件。

表 23-7　原始代码中当前与 Java 网关捆绑在一起的 JAR 文件

库　　名	许　　可	网　　站	备　　注
logback-core-1.2.3.jar	EPL 1.0, LGPL 2.1	http://logback.qos.ch/	0.9.27, 1.0.13, 1.1.1 和 1.2.3 测试通过
logback-classic-1.2.3.jar	EPL 1.0, LGPL 2.1	http://logback.qos.ch/	0.9.27, 1.0.13, 1.1.1 和 1.2.3 测试通过
slf4j-api-1.7.30.jar	MIT License	http://www.slf4j.org/	1.6.1, 1.6.6, 1.7.6 和 1.7.30 测试通过
android-json-4.3_r3.1.jar	Apache License 2.0	https://android.googlesource.com/platform/libcore/+/master/json	2.3.3_r1.1 和 4.3_r3.1 测试通过。关于创建 JAR 文件，详见 src/zabbix_java/lib/README 说明

Java网关可以使用Oracle Java或开源OpenJDK（1.6或更高版本）构建。Zabbix提供的软件包是使用OpenJDK编译的。表23-8提供了按发行版构建Zabbix软件包的OpenJDK版本的信息。

表 23-8　按发行版构建 Zabbix 软件包的 OpenJDK 版本的信息

发 行 版	OpenJDK 版本
RHEL/CentOS 8	1.8.0
RHEL/CentOS 7	1.8.0
SLES 15	11.0.4
SLES 12	1.8.0
Debian 10	11.0.8
Ubuntu 20.04	11.0.8
Ubuntu 18.04	11.0.8

9. 默认端口号

表23-9所示的每个组件的开放端口适用于默认配置。

表 23-9　组件默认端口号

Zabbix 组件	端 口 号	协　　议	连接类型
Zabbix Agent	10050	TCP	on demand
Zabbix Agent 2	10050	TCP	on demand
Zabbix Server	10051	TCP	on demand
Zabbix Proxy	10051	TCP	on demand
Zabbix Java Gateway	10052	TCP	on demand
Zabbix Web Service	10053	TCP	on demand
Zabbix Frontend	80	HTTP	on demand
	443	HTTPS	on demand
Zabbix Trapper	10051	TCP	on demand

1）数据库大小

Zabbix配置文件数据需要固定数量的磁盘空间，且增长不大。

Zabbix数据库大小主要取决于这些变量，这些变量决定了存储的历史数据量。

2）每秒处理值的数量

这是Zabbix Server每秒接收的新值的平均数。例如，如果有3000个监控项用于监控，取值间隔为60秒，则这个值的数量计算为3000/60 =50。

这意味着每秒有50个新值被添加到Zabbix数据库中。

3）Housekeeper的历史记录设置

Zabbix将接收到的值保存一段固定的时间，通常为几周或几个月。每个新值都需要一定量的磁盘空间用于数据和索引。

所以，如果我们每秒收到50个值，且希望保留30天的历史数据，值的总数将大约在（30×24×3600）×50 = 129.600.000，即大约130MB值。

根据所使用的数据库引擎，接收值的类型有浮点数、整数、字符串、日志文件等，单个值的磁盘空间可能在40字节到数百字节之间变化。通常，数值类型的每个值大约为90字节。在上面的例子中，这意味着130M个值需要占用130M×90 bytes = 10.9GB磁盘空间。

10. 时间同步

服务器上拥有精确的系统时间对Zabbix的运行非常重要。ntpd是最流行的守护程序，它将主机的时间与其他计算机的时间同步。强烈建议在运行Zabbix组件的所有系统上保持系统时间同步。

23.2　Zabbix Server服务搭建

在安装Server之前，先准备一下安装环境。检查并关闭防火墙：

```
liu@ubuntu:~$ sudo ufw disable      #关闭防火墙
liu@ubuntu:~$ sudo ufw status       #检查防火墙状态
```

关闭selinux：

```
liu@ubuntu:~$ setenforce 0
liu@ubuntu:~$ sed -i "s/SELINUX=enforcing/SELINUX=disabled/g" /etc/selinux/config
```

修改/etc/selinux/config文件中的设置：

```
SELINUX=disabled
```

然后重启服务器。安装apache2：

```
liu@ubuntu:~$ sudo apt update       更新软件源
liu@ubuntu:~$ sudo apt install apache2      安装apache2
liu@ubuntu:~$ systemctl status apache2      验证apache2
● mysql.service - MySQL Community Server
   Loaded: loaded (/lib/systemd/system/mysql.service; enabled; vendor preset:>
   Active: active (running) since Wed 2024-01-24 15:26:13 CST; 1min 7s ago
  Process: 12007 ExecStartPre=/usr/share/mysql/mysql-systemd-start pre (code=>
 Main PID: 12015 (mysqld)
   Status: "Server is operational"
    Tasks: 37 (limit: 9387)
   Memory: 365.7M
      CPU: 1.179s
   CGroup: /system.slice/mysql.service
           └─12015 /usr/sbin/mysqld
```

```
1月 24 15:26:13 node00 systemd[1]: Starting MySQL Community Server…
1月 24 15:26:13 node00 systemd[1]: Started MySQL Community Server…
```

安装PHP：

liu@ubuntu:~$ sudo apt-get install php   运行命令安装PHP

安装 MySQL：

liu@ubuntu:~$ sudo apt update   更新软件源
liu@ubuntu:~$ sudo apt install mysql-server   安装mysql
liu@ubuntu:~$ systemctl status mysql   验证Mysql的状态
```
● apache2.service - The Apache HTTP Server
     Loaded: loaded (/lib/systemd/system/apache2.service; enabled; vendor prese>
     Active: active (running) since Wed 2024-01-24 15:25:58 CST; 1min 27s ago
       Docs: https://httpd.apache.org/docs/2.4/
   Main PID: 11709 (apache2)
      Tasks: 6 (limit: 9387)
     Memory: 10.0M
        CPU: 64ms
     CGroup: /system.slice/apache2.service
             ├─11709 /usr/sbin/apache2 -k start
             ├─11711 /usr/sbin/apache2 -k start
             ├─11712 /usr/sbin/apache2 -k start
             ├─11713 /usr/sbin/apache2 -k start
             ├─11714 /usr/sbin/apache2 -k start
             └─11715 /usr/sbin/apache2 -k start

1月 24 15:25:58 node00 systemd[1]: Starting The Apache HTTP Server…
1月 24 15:25:58 node00 apachectl[11708]: AH00558: apache2: Could not reliably d>
1月 24 15:25:58 node00 systemd[1]: Started The Apache HTTP Server…
```

在Zabbix官方网站（https://www.zabbix.com/）依据平台选择下载版本，如图23-1所示。

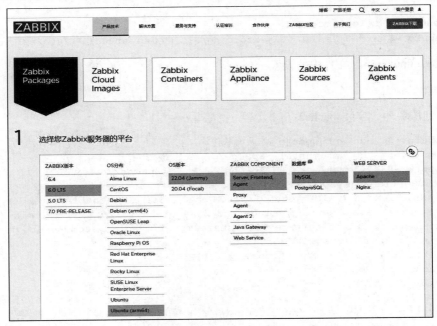

图 23-1　选择 Zabbix Server 安装包下载选项

初始化Zabbix仓库：

```
liu@ubuntu:~$ wget https://repo.zabbix.com/zabbix/6.0/ubuntu-arm64/pool/
main/z/zabbix-release/zabbix-release_6.0-5+ubuntu22.04_all.deb
liu@ubuntu:~$ sudo dpkg -i zabbix-release_6.0-5+ubuntu22.04_all.deb
liu@ubuntu:~$ sudo apt update
```

安装Zabbix Server、Web前端、Agent：

```
liu@ubuntu:~$ sudo apt install zabbix-server-mysql zabbix-frontend-php
zabbix-apache-conf zabbix-sql-scripts zabbix-agent
```

创建初始数据库：

```
liu@ubuntu:~$ sudo mysql
Welcome to the MySQL monitor.  Commands end with ; or \g.
Your MySQL connection id is 10
Server version: 8.0.35-0ubuntu0.22.04.1 (Ubuntu)
Copyright (c) 2000, 2023, Oracle and/or its affiliates.

Oracle is a registered trademark of Oracle Corporation and/or its
affiliates. Other names may be trademarks of their respective
owners.

Type 'help;' or '\h' for help. Type '\c' to clear the current input statement.

mysql> alter user 'root'@'localhost' identified with mysql_native_password by '123456';

liu@ubuntu:~$ mysql -uroot -p
password
mysql> create database zabbix character set utf8mb4 collate utf8mb4_bin;
mysql> create user zabbix@localhost identified by 'password';
mysql> grant all privileges on zabbix.* to zabbix@localhost;
mysql> set global log_bin_trust_function_creators = 1;
mysql> quit;
```

导入初始架构和数据，系统将提示你输入新创建的密码：

```
liu@ubuntu:~$ zcat /usr/share/zabbix-sql-scripts/mysql/server.sql.gz | mysql
--default-character-set=utf8mb4 -uzabbix -p zabbix
liu@ubuntu:~$ mysql -uroot -p
password
mysql> set global log_bin_trust_function_creators = 0;
mysql> quit;
```

为Zabbix Server配置数据库，编辑配置文件/etc/zabbix/zabbix_server.conf：

```
DBPassword=password
```

启动Zabbix Server和Agent进程，并为它们设置开机自启：

```
liu@ubuntu:~$ systemctl restart zabbix-server zabbix-agent apache2
liu@ubuntu:~$ systemctl enable zabbix-server zabbix-agent apache2
```

打开浏览器，输入http://host/zabbix，可以看到Zabbix的Web界面，如图23-2所示。

图 23-2　Zabbix 的 Web 界面

23.3　Zabbix Server配置

本节提供有关Zabbx Web界面的部署步骤说明。Zabbix前端是由PHP语言编写的，所以其网页服务的运行需要支持PHP语言的网站服务器。

在浏览器中输入Zabbix前端的URL来进入主界面。通过依赖包的方式对Zabbix进行安装，其URL的输入格式会略有不同，相关格式如下所示：

- 对于Apache：http://<server_ip_or_name>/zabbix。
- 对于Nginx：http://<server_ip_or_name>。

根据安装方式输入正确的URL后，你将会进入前端安装的向导程序。

23.3.1　欢迎界面与先决条件检查

使用系统默认语言下拉菜单，更改系统默认语言，并以所选语言继续安装过程（非必选），如图23-3所示。确保满足所有软件先决条件，如图23-4所示。

图 23-3　更改系统默认语言

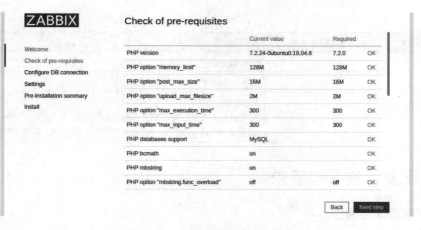

图 23-4　先决条件检查

先决条件具体说明如表23-10所示。

表 23-10　先决条件

先决条件	最 小 值	描　　　述
PHP 版本	7.2.5	-
PHP memory_limit 选项	128MB	在 php.ini 中： memory_limit = 128M
PHP post_max_size 选项	16MB	在 php.ini 中： post_max_size = 16M
PHP upload_max_filesize 选项	2MB	在 php.ini 中： upload_max_filesize = 2M
PHP max_execution_time 选项	300 秒（允许值 0 和-1）	在 php.ini 中： max_execution_time = 300
PHP max_input_time 选项	300 秒（允许值 0 和-1）	在 php.ini 中： max_input_time = 300
PHP session.auto_start 选项	必须禁用	在 php.ini 中： session.auto_start = 0
数据库支持	其中之一：MySQL、Oracle、PostgreSQL	必须安装以下模块之一： mysql、oci8、pgsql
bcmath	-	php-bcmath
mbstring	-	php-mbstring
PHP mbstring.func_overload 选项	必须禁用	在 php.ini 中： mbstring。func_overload = 0
sockets	-	php-net-socket。需要用户脚本支持
gd	2.0.28	php-gd。PHP GD 扩展必须支持 PNG 图像(--with-png-dir)、 JPEG(--with-jpeg-dir) 图像和 FreeType 2 (--with-freetype-dir)
libxml	2.6.15	php-xml
xmlwriter	-	php-xmlwriter
xmlreader	-	php-xmlreader

（续表）

先决条件	最 小 值	描　　述
ctype	-	php-ctype
session	-	php-session
gettext	-	php-gettext。 自 Zabbix 2.2.1 起，PHP gettext 扩展不是安装 Zabbix 的强制要求。 如果未安装 gettext，前端将照常工作，但是翻译将不可用

23.3.2　配置、安装与登录

1. 配置数据库连通性

在如图23-5所示的页面输入连接数据库所需的详细信息。在创建与数据库的连接前，Zabbix
数据库必须先被创建。

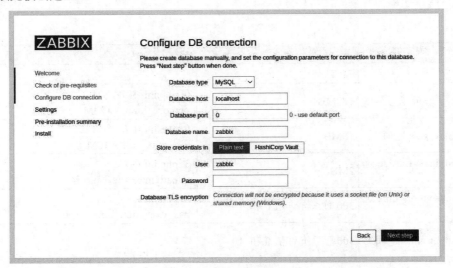

图 23-5　配置数据库

若选择Database TLS encryption选项，则需要在出现的信息栏中填写有关configuring the TLS
connection的配置信息（该功能仅限数据库类型为MySQL或PostgreSQL）。若选择 HashiCorp Vault
选项来存储凭据，则需要在附加的信息栏中输入相关信息，用以说明Vault API端点、隐藏路径以
及身份验证令牌。

2. 配置服务器名称和时区

对Zabbix服务器进行命名的配置为可选配置。该配置一旦提交，设定的服务器名称就会显示在
网页的菜单栏和页面标题中。

配置默认time zone和前端的主题，如图23-6所示。

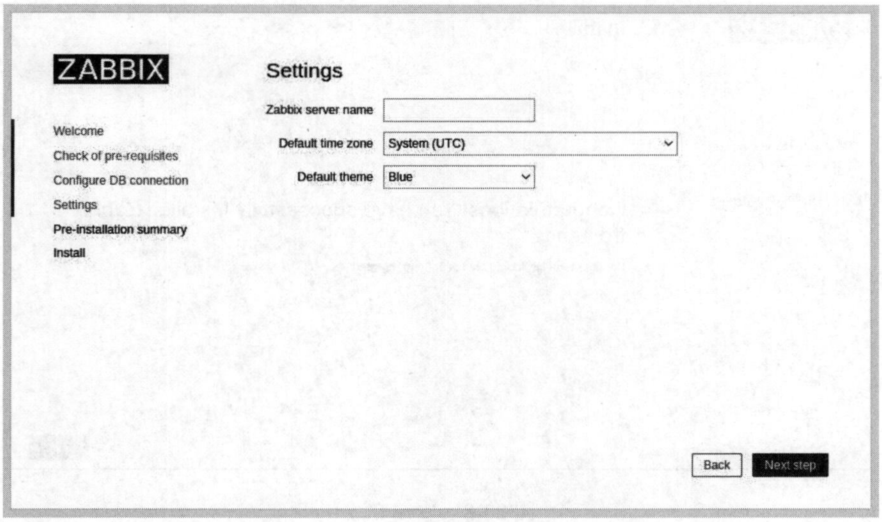

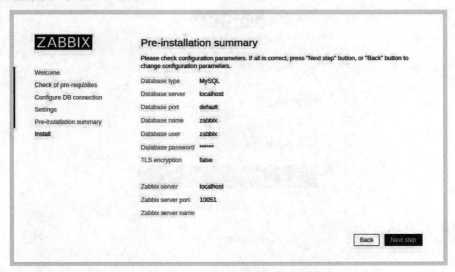

图 23-6　配置服务器名称和时区

3. 预安装总概

查看配置概要，如图23-7所示。

图 23-7　预安装总览

4. 安装

若采用从源代码安装Zabbix，请下载配置文件并将其Zabbix PHP文件复制到所在网站服务器HTML文件子目录中的conf/下。安装完成后，界面如图23-8所示。

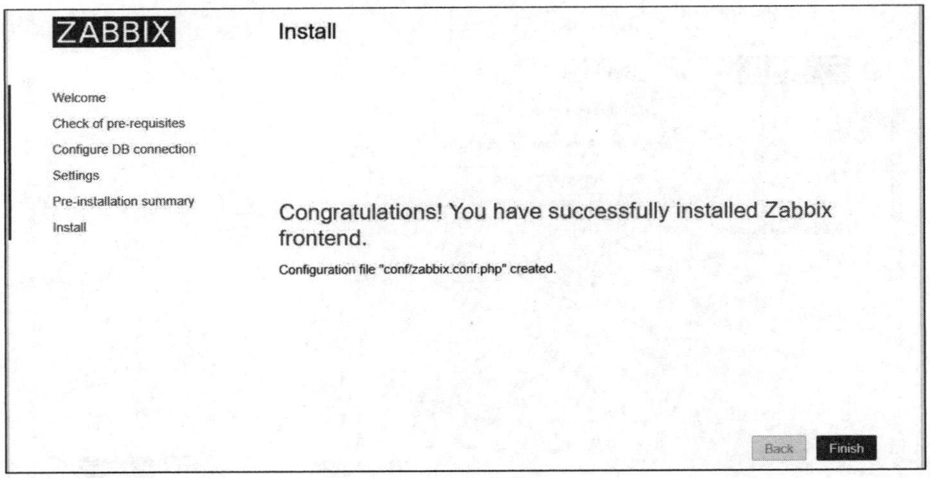

图 23-8　安装完成

5. 登录

Zabbix前端已准备就绪，默认用户名是Admin，密码是zabbix，可以登录Zabbix了，如图23-9
所示。

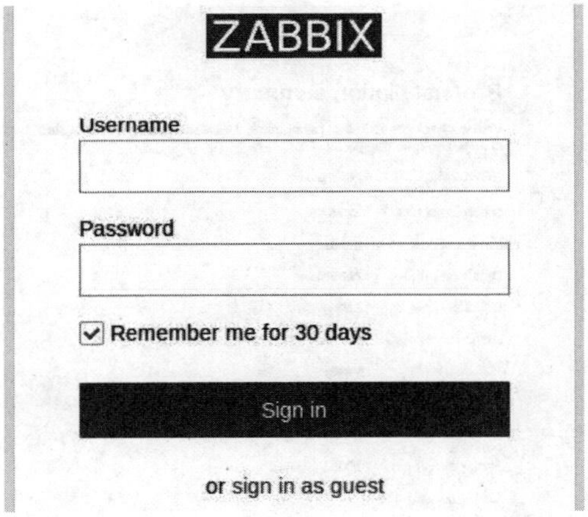

图 23-9　登录

23.4　Zabbix Agent配置

23.4.1　Agent 配置

Agent是作为被监控机器的应用，登录Zabbix官方下载网站，选择Agent2进行安装，如图23-10
所示。

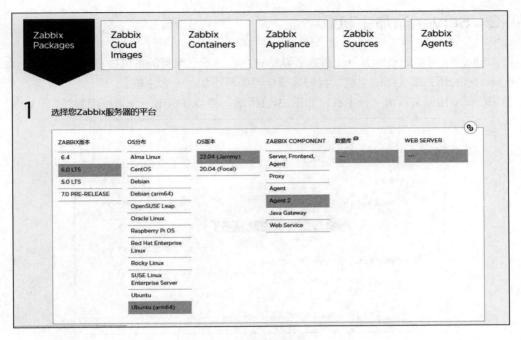

图 23-10　Agent2

初始化Zabbix仓库：

```
liu@ubuntu:~$ wget https://repo.zabbix.com/zabbix/6.0/ubuntu-arm64/
pool/main/z/zabbix-release/zabbix-release_6.0-5+ubuntu22.04_all.deb
liu@ubuntu:~$ sudo dpkg -i zabbix-release_6.0-5+ubuntu22.04_all.deb
liu@ubuntu:~$ sudo apt update
```

安装Zabbix Agent2：

```
liu@ubuntu:~$ apt install zabbix-agent2 zabbix-agent2-plugin-
```

修改配置文件：

```
liu@ubuntu:~$ vi /etc/zabbix/zabbix_agent2.conf
Server= (必须设置，zabbix-server IP地址)
ServerActive= (可以不用设置，也是zabbix-server IP地址)
Hostname= (可以不用设置)
```

启动Zabbix_Agent2进程，并为它们设置开机自启：

```
liu@ubuntu:~$ systemctl restart  zabbix-agent2
liu@ubuntu:~$ systemctl enable   zabbix-agent2
```

配置完成后，需要在Server端添加主机。

在Zabbix中，对于主机的定义非常灵活。它可以是一台物理服务器、一个网络交换机、一个虚拟机或者某些应用程序。

23.4.2　Server 添加主机

在Zabbix中，可以通过配置→主机或者监测→主机查看已配置的主机信息。默认已有一台名为Zabbix servers的预先定义好的主机。我们需要学习如何添加另一台主机。

单击Create Host来新增一台主机，如图23-11所示，将会展示出一个主机配置表。

| Host | IPMI | Tags | Macros | Inventory | Encryption | Value mapping |

* Host name	New host
Visible name	New host
Templates	type here to search
* Groups	Linux servers ✕ Zabbix servers ✕
	type here to search

Interfaces	Type	IP address		DNS name
	Agent	127.0.0.1		
	Add			
Description				

图 23-11　添加主机

所有必填字段均标有红色星号。

至少需要提供以下信息：

- 主机名。输入一个主机名。允许使用大小写字母、数字、空格、点、破折号和下画线。
- 主机组。通过单击选择按钮选择一个或多个现有组，或输入不存在的主机组名以创建新组。
- 接口：IP地址。虽然技术上它不是必填字段，但你可能希望输入主机的IP地址。请注意，如果这是Zabbix Server的IP地址，必须在Zabbix Agent配置文件中指定Server参数值。
- 其他选项暂时使用默认值。

填写完成后，单击Add按钮。你可以在主机列表中看到新添加的主机，如图23-12所示。

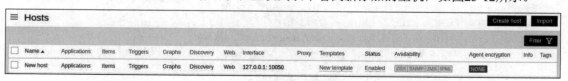

图 23-12　主机列表

可用性列表包含每个接口的主机可用性指标。我们已经定义了Zabbix代理接口，因此可以使用代理可用性图标（上面有ZBX）来判断主机的可用性：

- `ZBX`：表示主机状态尚未建立，尚未发生监控指标检查。
- `ZBX`：表示主机可用，监控指标检查已成功。
- `ZBX`：表示主机不可用，监控指标检查失败（将鼠标光标移动到图标上以查看错误消息），可能是由于接口凭证不正确造成了通信问题。检查Zabbix Server是否正在运行，并稍后尝试刷新页面。

第 24 章

Ansible 工具的配置与应用

Ansible 是一个免费的开源 IT 自动化和配置工具。它几乎适用于所有 Linux 发行版，可用于管理 Linux 和 Windows 系统。现在，Ansible 也被用于管理 AWS、虚拟机和容器等中的 EC2 实例。它不需要托管主机上的任何代理，只需要 SSH 连接。

24.1　Ansible的基础概念

Ansible是新出现的自动化运维工具，基于Python开发，集合了众多运维工具（Puppet、Chef、Func、Fabric）的优点，实现了批量系统配置、批量程序部署、批量运行命令等功能。

Ansible是基于paramiko开发的，并且基于模块化工作，本身没有批量部署的能力。真正具有批量部署能力的是Ansible所运行的模块，Ansible只是提供一种框架。Ansible不需要在远程主机上安装client/agents，因为它们是基于SSH来和远程主机通信的。Ansible目前已经被红帽官方收购，是自动化运维工具中大家认可度最高的，并且上手容易，学习简单，是每位运维工程师必须掌握的技能之一。

以下是Ansible中常用到的几个关键概念：

（1）管理机：任何安装了Ansbile的服务器，都可以使用ansible or ansible-playbook命令。任何安装了Ansbile的机器都可以作为管理节点，便携式计算机、共享桌面和服务器都可以。用户可以配置多个管理节点。唯一需要注意的是，管理节点不支持Windows系统。

（2）受控节点：Ansbile管理的服务器或者网络设备都称为受控节点。受控节点有时也叫作hosts（主机）。受控节点不需要安装Ansible。

（3）Inventory仓库：Inventory仓库是保存受控节点信息的列表，因为有时也叫hostfile，类似于系统的hosts文件。Inventory仓库能够以IP的方式指定受控节点。Inventory同样可以组织管理节点、新增、嵌套组等方式，非常便于扩展。

（4）Modules模块：Modules模块是Ansible执行代码的最小单元。每个模块都有其特殊用途，从特殊类型的数据库用户管理，到特殊类型的网络设备VLAN接口管理。用户可以通过执行单个任务调用一个模块，也可以通过playbook同时调用执行钓具模块。在链接中查看Ansible总共包括多少个模块。

（5）Tasks任务：Ansible执行操作的最小单位。ad-hoc更适合临时执行命令的场景。

（6）Playbooks任务剧本：Playbooks是任务列表的组合，通常会把常用的命令列表通过正确的语法写入Playbooks中。Playbooks可以像普通Tasks一样调用变量，其使用YAML语法，便于读、写、分享、理解。

24.2 Ansible的特点与功能

1. Ansible 的特点

Ansible有以下特点：

- 部署简单，只需在主控端部署Ansible环境，被控端无须做任何操作。
- 默认使用SSH协议对设备进行管理。
- 有大量常规运维操作模块，可实现日常绝大部分操作。
- 配置简单、功能强大、扩展性强。
- 支持API及自定义模块，可通过Python轻松扩展。
- 通过Playbooks来定制强大的配置、状态管理。
- 轻量级，无须在客户端安装Agent，更新时，只需在操作机上进行一次更新即可。
- 提供一个功能强大、操作性强的Web管理界面和REST API接口——AWX平台。

2. 主要模块

Ansible主要有以下模块：

- Ansible：Ansible核心程序。
- HostInventory：记录由Ansible管理的主机信息，包括端口、密码、IP等。
- Playbooks：YAML格式文件，多个任务定义在一个文件中，定义主机需要调用哪些模块来完成相应的功能。
- CoreModules：核心模块，主要操作是通过调用核心模块来完成管理任务。
- CustomModules：自定义模块，完成核心模块无法完成的功能，支持多种语言。
- ConnectionPlugins：连接插件，Ansible和Host通信使用。

3. 任务执行模式

Ansible系统由控制主机对被管节点的操作方式可分为两类，即ad-hoc和playbook。

1）ad-hoc 模式

ad-hoc模式（点对点模式）使用单个模块，支持批量执行单条命令。ad-hoc是一种可以快速输入，而且不需要保存起来，就相当于Bash中的一句话Shell。

2）playbook 模式

playbook模式（剧本模式）是Ansible主要的管理方式，也是Ansible功能强大的关键所在。playbook通过多个task集合完成一类功能，如Web服务的安装部署、数据库服务器的批量备份等。可以简单地把playbook理解为组合多条ad-hoc操作的配置文件。

4．命令执行过程

（1）加载自己的配置文件，默认为/etc/ansible/ansible.cfg。

（2）查找对应的主机配置文件，找到要执行的主机或者组。

（3）加载自己对应的模块文件，如command。

（4）通过ansible将模块或命令生成对应的临时.py文件（Python脚本），并将该文件传输至远程服务器。

（5）对应执行用户的家目录的.ansible/tmp/XXX/XXX.PY文件。

（6）给文件+x执行权限。

（7）执行并返回结果。

（8）删除临时.py文件，以sleep 0退出。

24.3　Ansible的安装与配置

本节示例的安装架构设计：

- Master：192.168.56.163。
- Node：192.168.56.164。

24.3.1　安装 Ansible

通过apt安装Ansible以及免密钥配置：

```
#安装ansible
liu@master:~$ sudo apt install ansible  -y
#配置免密钥认证
#注意：所有服务器都需要配置
liu@master:~$ ssh-keygen
Generating public/private rsa key pair.
Enter file in which to save the key (/home/liu/.ssh/id_rsa):
Enter passphrase (empty for no passphrase):
Enter same passphrase again:
Your identification has been saved in /home/liu/.ssh/id_rsa
Your public key has been saved in /home/liu/.ssh/id_rsa.pub
The key fingerprint is:
SHA256:nWbi5Q4xEu3BF0JrpZZhViVUA2cpN90qQA8Eq/+PRmQ liu@master
The key's randomart image is:
+---[RSA 3072]----+
|       .B*@+*o . |
```

```
|    = OoB+.. .|
|    . @ .+.. . |
|     * +E.. . |
|    o So* .  |
|     + O.   |
|     +..    |
|     +..    |
|     .+..   |
+----[SHA256]-----+
```
#发送至所有服务器（Node 1台，包含本机部署服务器 1台）
Node 1台
liu@master:~$ ssh-copy-id 192.168.56.164
/usr/bin/ssh-copy-id: INFO: Source of key(s) to be installed:
"/home/liu/.ssh/id_rsa.pub"
The authenticity of host '192.168.56.164 (192.168.56.164)' can't be established.
ED25519 key fingerprint is SHA256:O/vnSLc17DcFpoasZBN4EjWMSSsqEF53+vBf1JIhoMI.
This key is not known by any other names
Are you sure you want to continue connecting (yes/no/[fingerprint])? yes
/usr/bin/ssh-copy-id: INFO: attempting to log in with the new key(s), to filter
out any that are already installed
/usr/bin/ssh-copy-id: INFO: 1 key(s) remain to be installed -- if you are prompted
now it is to install the new keys
liu@192.168.56.164's password:

Number of key(s) added: 1

Now try logging into the machine, with: "ssh '192.168.56.164'"
and check to make sure that only the key(s) you wanted were added.
#本机部署服务器 1台
liu@master:~$ ssh-copy-id 192.168.56.163
/usr/bin/ssh-copy-id: INFO: Source of key(s) to be installed:
"/home/liu/.ssh/id_rsa.pub"
The authenticity of host '192.168.56.163 (192.168.56.163)' can't be established.
ED25519 key fingerprint is SHA256:7bKX2Ca7NthT0KRqeb/h5eWyTL30ZWopQ4iUnIQ5Xtg.
This key is not known by any other names
Are you sure you want to continue connecting (yes/no/[fingerprint])? yes
/usr/bin/ssh-copy-id: INFO: attempting to log in with the new key(s), to filter
out any that are already installed
/usr/bin/ssh-copy-id: INFO: 1 key(s) remain to be installed -- if you are prompted
now it is to install the new keys
liu@192.168.56.163's password:

Number of key(s) added: 1

Now try logging into the machine, with: "ssh '192.168.56.163'"
and check to make sure that only the key(s) you wanted were added.
#验证密钥是否复制完成
liu@master:~$ ssh 192.168.56.164
Welcome to Ubuntu 22.04.3 LTS (GNU/Linux 6.2.0-35-generic x86_64)

 * Documentation: https://help.ubuntu.com
```
```

```
    * Management:      https://landscape.canonical.com
    * Support:         https://ubuntu.com/advantage

Expanded Security Maintenance for Applications is not enabled.

181 updates can be applied immediately.
125 of these updates are standard security updates.
To see these additional updates run: apt list --upgradable

Enable ESM Apps to receive additional future security updates.
See https://ubuntu.com/esm or run: sudo pro status

Last login: Wed Jan 24 18:07:25 2024 from 192.168.56.1
liu@node00:~$
```

安装Python，目前Master/Node系统中已经有Python3了，但是没有Python的应用：

```
liu@master:~$ python
Command 'python' not found, did you mean:
  command 'python3' from deb python3
  command 'python' from deb python-is-python3
liu@master:~$ python3
Python 3.10.12 (main, Nov 20 2023, 15:14:05) [GCC 11.4.0] on linux
Type "help", "copyright", "credits" or "license" for more information.
>>> exit()
```

Master/Node上都需要进行软链接：

```
liu@node00:~$ sudo ln -s /usr/bin/python3.8 /usr/bin/python
liu@master:~$ sudo ln -s /usr/bin/python3.8 /usr/bin/python
```

24.3.2　配置 Ansible

Ansible默认读取/etc/ansible/hosts，我们可以创建一个专门存放hosts的目录/server/scripts/ansible/ansible：

```
mkdir -p /server/scripts/ansible
```

创建设置主机的清单/server/scripts/ansible/hosts：

```
vim /server/scripts/ansible/hosts
```

内容如下：

```
liu@master:/server/scripts/ansible$ cat hosts
[Master]
192.168.56.163
[Node]
192.168.56.164
```

测试：

```
liu@master:/server/scripts/ansible$ cd /server/scripts/ansible/
##命令说明 -i表示指定的hosts文件 all为这个文件的所有节点 -m 选择模块 ping是选择的ping模
```

```
块##
    liu@master:/server/scripts/ansible$ ansible -i hosts all -m ping
    192.168.56.164 | SUCCESS => {
        "ansible_facts": {
            "discovered_interpreter_python": "/usr/bin/python3"
        },
        "changed": false,
        "ping": "pong"
    }
    192.168.56.163 | SUCCESS => {
        "ansible_facts": {
            "discovered_interpreter_python": "/usr/bin/python3"
        },
        "changed": false,
        "ping": "pong"
    }
    #以上返回SUCCESS的2条内容全部是绿色，代表执行成功
```

单个执行，只ping其中的一个节点（Node）：

```
liu@master:/server/scripts/ansible$ ansible -i hosts Node -m ping
192.168.56.164 | SUCCESS => {
    "ansible_facts": {
        "discovered_interpreter_python": "/usr/bin/python3"
    },
    "changed": false,
    "ping": "pong"
}
```

在所有节点上执行一条实时命令：

```
liu@master:/server/scripts/ansible$ ansible -i hosts all -a "/bin/echo hello"
192.168.56.164 | CHANGED | rc=0 >>
hello
192.168.56.163 | CHANGED | rc=0 >>
hello
```